해상풍

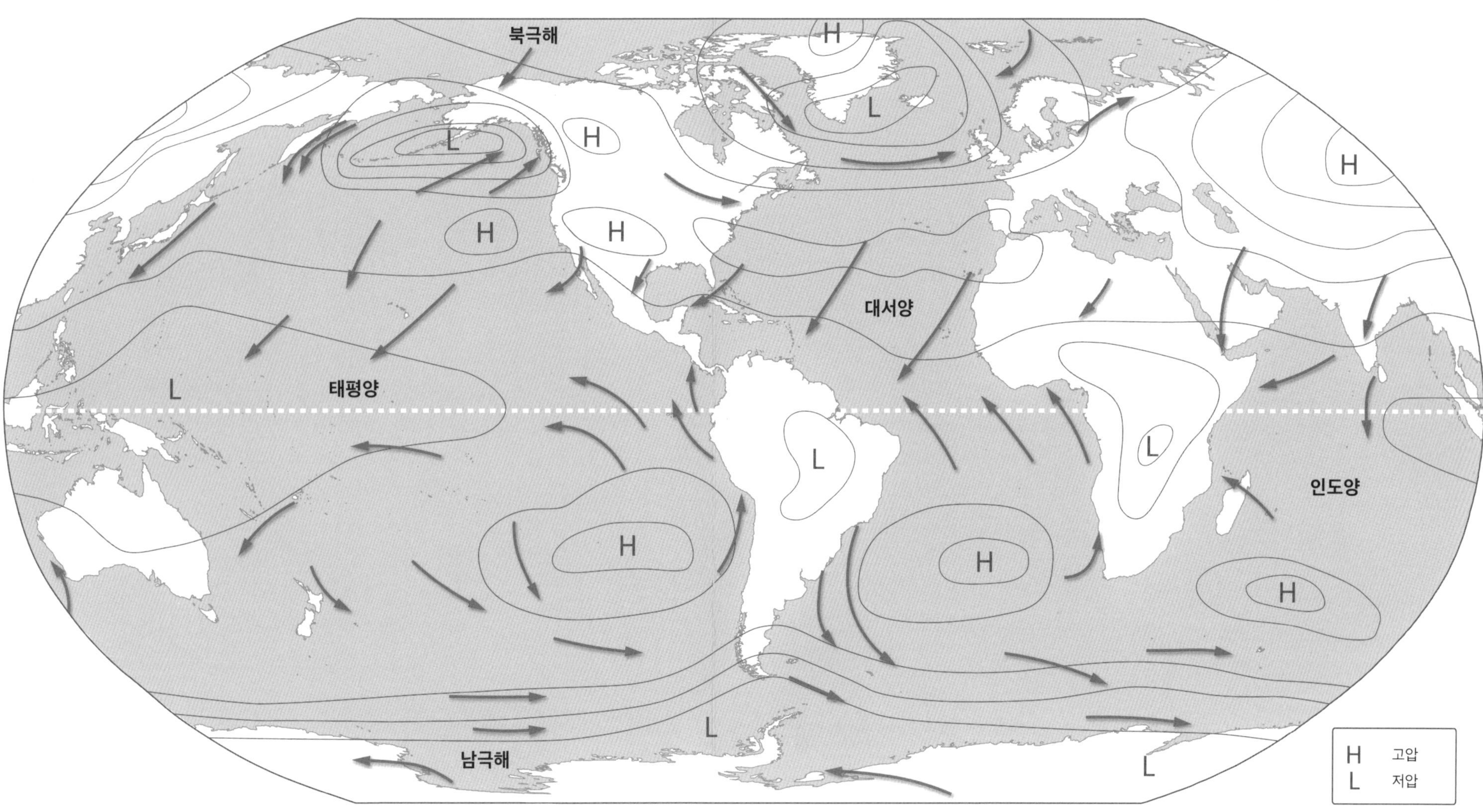

해류도

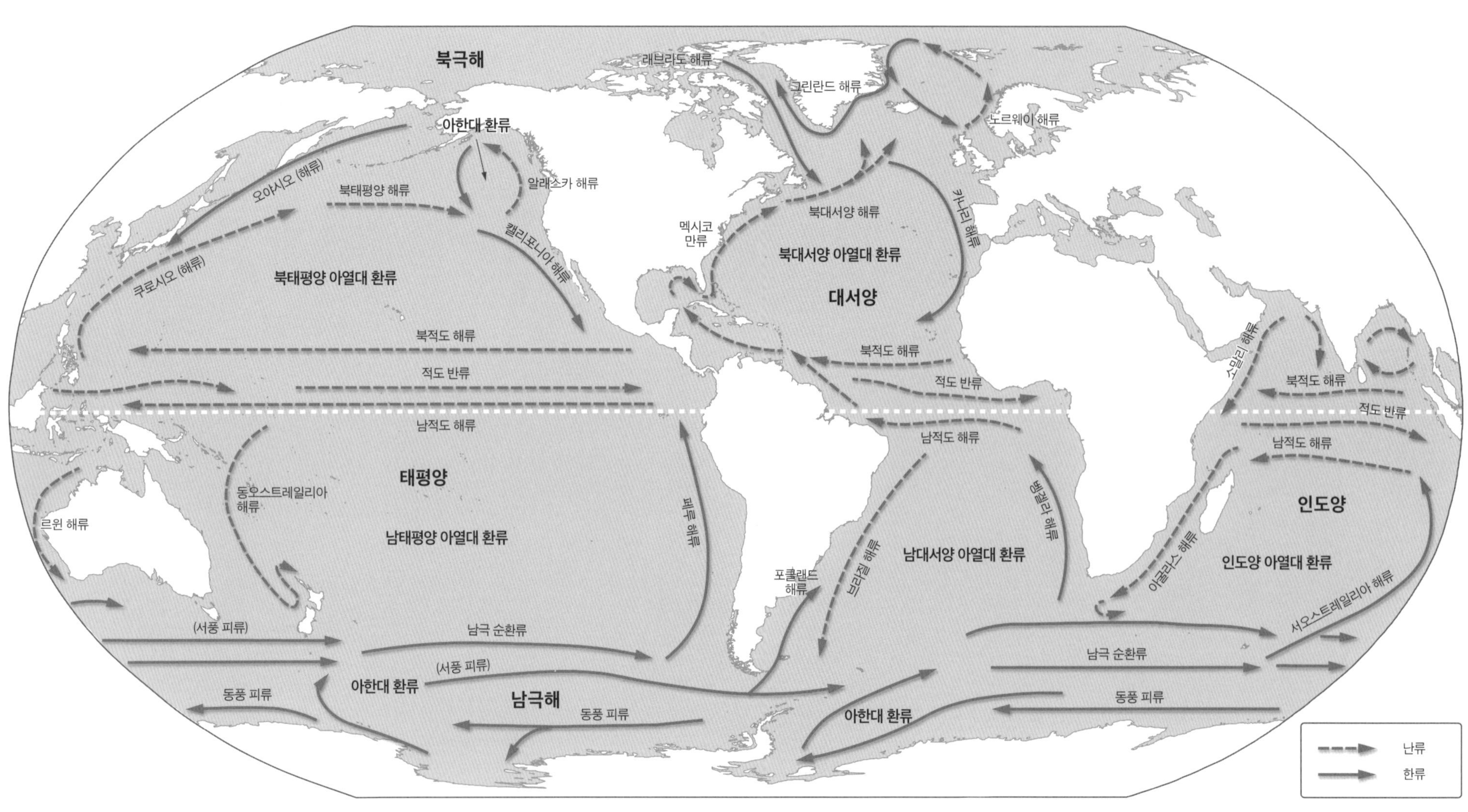

북극해
래브라도 해류
그린란드 해류
노르웨이 해류
아한대 환류
알래스카 해류
오야시오 (해류)
북태평양 해류
쿠로시오 (해류)
캘리포니아 해류
북태평양 아열대 환류
멕시코 만류
북대서양 해류
카나리 해류
북대서양 아열대 환류
대서양
북적도 해류
적도 반류
남적도 해류
소말리 해류
태평양
동오스트레일리아 해류
르윈 해류
남태평양 아열대 환류
페루 해류
브라질 해류
벵겔라 해류
남대서양 아열대 환류
포클랜드 해류
인도양
아굴라스 해류
인도양 아열대 환류
서오스트레일리아 해류
(서풍 피류)
남극 순환류
동풍 피류
아한대 환류
남극해
난류
한류

블루 머신

THE BLUE MACHINE

BLUE MACHINE

바다는 어떻게 세계를 만들고 생명과 에너지를 지배하는가

블루 머신

헬렌 체르스키 지음

김주희 옮김 | 남성현 감수

쌤앤파커스

이 책에 쏟아진 찬사

지구의 영광스러운 생태계와 바다의 연결성을 이해하고 싶다면 이 책을 펼치기를 권한다. 헬렌 체르스키는 바다를 "태양계에서 가장 큰 짐승"이라고 비유하며, 그것이 어떻게 생명에 필요한 물질과 에너지를 운반하는지 설명한다. 그 매혹적 이야기는 우리 모두를 단숨에 몰입하게 만든다. 결코 사라질 수 없을 만큼, 거대하고 거대한 바다의 즐거움을 누구라도 다가갈 수 있는 편한 문체로 풀어낸다. '과학과는 거리가 먼 두뇌'를 가진 사람도 이해할 수 있을 정도로 이 책은 흥미로운 분석으로 가득하다.

– 〈인디펜던트The Independent〉

헬렌 체르스키의 목표는 육지에 가려지지 않은 지구의 10분의 7에서 발생하는 현상을 독자에게 이해시키고, 한발 나아가 독자의 관점을 혁명적으로 변화시키는 것이다. 그는 물리학자로서 지구 표면을 지배하는 바다에서 무슨 일이 일어나는지 설명한다. 거대한 '해양 엔진'은 지구가 받는 태양에너지를 수많은 해양 생물을 지탱하는 광활한 해류 시스템으로 변환한다. 일상 속 과학을 전문적이고 흥미로운 언어로 길어 올리는 그의 이야기는 우리를 넓고 깊은 대양으로 모험을 떠나게 한다.

– 〈파이낸셜타임스Financial Times〉

이 책은 비어 있는 지도를 채우는 탐험을 위한 출발점이다. 헬렌 체르스키는 바다의 광범위하고 중요한 현상, 속성과 개념을 이해하기 쉬운 사례로 흥미롭게 들려준다.

– 〈사이언스Science〉

헬렌 체르스키에 의해 특별하고 거대한 엔진으로 묘사되는 바다는 우리에게 새로운 매력을 선보인다. 그는 바다에 어떤 정교한 물리학이 내재하는지, 그리고 바다가 어떤 작동 원리로 기후변화를 완화하는지 친절하게 알려준다.

— 〈뉴사이언티스트New Scientist〉

우리는 헬렌 체르스키와 함께 세계를 유랑하며 눈부시고 심오한 항해를 떠날 것이다. 이 빛나는 여정에는 역사와 문화, 자연사와 지리학, 동물과 사람이 두루 어우러져 있다.

— 〈네이처Nature〉

아름답고 방대한 이 책은 깊은 바다의 움직임이 수천 년 동안 인류의 삶을 어떤 기상천외한 방식으로 지배해왔는지 보여준다.

— 〈타임스The Times〉

데이비드 애튼버러가 지구상 거의 모든 생명을 탐사해 시청자들에게 소개하며 자연사 다큐멘터리의 거장이 되었듯, 물리학의 다양한 이야기를 지구에 들려줄 가장 유력한 후보는 헬렌 체르스키다. 그는 영리하고 유쾌하고 세련되고 열정 넘치며 우리에게 끝없는 영감을 선사한다.

— 엠마 프류드Emma Freud, BBC 라디오4 '루스 엔즈Loose Ends' 진행자

세상을 바라보는 시각을 변화시키는 훌륭하고 중대한 책이다. 바다라는 '푸른 기계'에 매혹적 숨결을 불어넣는 헬렌 체르스키의 글은 가히 명작이다.

— 트리스탄 굴리Tristan Gooley, 《산책자를 위한 자연수업》 저자

마음을 사로잡는 강렬한 책이다. 헬렌 체르스키는 물이 미끄러지고, 부딪히고, 섞이고, 얼음 또는 수증기로 변화하는 현상을 생생하게 묘사하며, 해양 생물이 어떻게 '푸른 기계' 일부를 형성하는지 설명한다.

— 데이비드 아불라피아David Abulafia, 《위대한 바다》 저자

나의 자매, 이레나Irena를 위해

차례

1부

블루 머신이란 무엇인가

1장 바다의 본질

2장 바다의 형태

3장 바다의 해부학

2부

블루 머신을 여행하다

4장 전달자

5장 표류자

6장 항해자

3부
블루 머신과 우리

일러두기

* 원래 '바다sea'는 육지 부근의 상대적으로 작은 바다를 의미하고, '대양ocean'은 특히 넓은 해역을 차지하는 대규모의 바다를 의미하며, '해양marine'은 이를 통칭하는 개념이다. 다만 이 책에서는 그 구분을 명확히 반영하기보다 원서의 표현을 최대한 따르며, 'ocean'은 넓은 의미의 '바다' 또는 '해양'으로 옮기고 특정 광활한 해역을 지칭할 때는 '대양'이라고 번역했다.
* 인명과 지명 등 외국어 고유명사의 독음은 외래어표기법을 따르되 관용적 표기를 따른 경우도 있다.
* 국내 번역 출간된 도서명은 한국어판 제목을 따랐고, 미출간 도서명은 한국어로 옮기고 원어를 병기했다.
* 본문의 각주는 모두 저자 주다.

서문

지구가 우주에 새긴 푸른 서명, 바다에서 우리의 정체성을 발견하다

적도

우리가 타 있는 카누는 별이 빛나는 밤하늘을 표류하는 작은 점처럼 어둠 속에 조용히 떠 있었다. 수평선 위로 짙푸른 색이 번지며 별빛이 스러지고, 마우이섬의 두 휴화산 중에서 큰 쪽인 할레아칼라산이 웅장한 실루엣을 드러내는 동안 우리는 기다렸다. 보조용 배가 몇 미터 떨어져 우리 카누와 동쪽 수평선 사이에서 위아래로 출렁였다. 나는 6인승 아우트리거 카누에서 앞쪽 다섯 번째 좌석에 앉았다. 물은 파도 없이 잔잔하고 평화로움이 가득했다. 우리는 기다렸다.

할레아칼라산 주위가 분홍빛으로 물들기 시작했다. 첫 번째 신호가 나타나기 직전이었다. 때가 되었다. 키모케오 카파훌레후아Kimokeo

Kapahulehua는 반바지와 티셔츠, 티 잎ti-leaf으로 만든 화환을 걸치고 보조용 배의 측면에서 카누를 마주 보고 일어섰다. 키모케오가 카누와 보조용 배에 탑승한 사람들을 향해 출발 명령을 내렸다. 나는 하와이어를 잘 모르지만 바다와 깊은 유대감을 형성하는 하와이인들의 친숙한 표현 방식이라는 점에서 의미가 와닿았다. 카누는 실용적인 목적으로 설계된 단순한 물리적 물체가 아니다. 카누를 제작하고 운반하고 관리하는 것, 카누에서 노를 젓는 것, 카누의 모든 면이 팀워크의 상징이다. 팀워크가 이 섬나라들을 하나로 묶는다. 팀워크는 하와이어로 '오하나ohana'라고 하는데, 넓은 의미에서 가족 그리고 카누에 탄 사람들을 돌보는 행동이다. 해양은 육지와 다름없이 우리 안식처의 일부다. 바다는 변화무쌍하고 위험하지만, 우리가 겸손한 태도로 관찰하고 탐구하면 우리를 지지하며 도울 것이다.

우리는 카훌루이Kahului 해만에서 출발해 마우이섬의 두 번째 화산인 마우나 카할라와이Mauna Kahālāwai 주위를 돌아서 키헤이Kīhei에 도착하는 항해를 시작했다. 항해를 무사히 마치려면 노련한 기술은 물론 날씨와 바다 상황이 좋은 행운도 따라야 한다. 중요한 점은 항해에 성공하든 실패하든 우리가 함께 보내는 시간과 여정을 통해 무언가를 배운다는 것이다. 적도에서는 해가 빨리 뜨기 때문에 의식은 단 몇 분간만 진행된다. 밝은 라일락색과 분홍색이 할레아칼라산 뒤편의 하늘을 가득 채우면, 키모케오가 노래를 부르며 의식을 마무리하고 우리도 동참한다. '에 알라 에E ala e'는 하와이 어린아이들이 가장 처음 배우는 중요한 노래로, 햇빛이 바다에 처음 닿아 만물이 시작되는 소중한 순간을 기념하는 내용이다.

화창한 하늘 아래로 쏟아지는 강렬한 햇빛이 느껴지는 듯했다. 내 바로 뒤의 여섯 번째 좌석에 앉아 카누 방향을 조종하던 캠Cam이 외쳤다. "호오마카우카우Ho'omākaukau!" '준비'를 알리는 것이었다. 우리는 노를 들어 올렸다. 찬란한 햇빛이 눈앞 바다에 닿는 순간 노가 공중에서 마지막 정적의 순간을 맞이했다. "이무아Imua!" '앞으로 나아가자'라는 구령과 함께 노 6개가 물에 들어갔다. 항해가 시작되었다.

극지방

5달 뒤, 나는 거대한 유빙의 가장자리에 배를 붙이고서 엎드려 있었다.[1] 내 동료 맷 솔터Matt Salter 박사는 바다 위에 떠 있는 가로세로 3m 정도의 목재 발판에 서 있고 나는 그 옆에서 밧줄을 연결하고 있었다. 바닷물 온도는 영하 1.8℃로 지상의 공기보다 훨씬 따뜻했지만(그 당시 기온은 영하 8℃였다) 물은 훨씬 효과적으로 열을 빼앗는다. 실수로라도 젖었다가는 따뜻하기는커녕 꽁꽁 얼어버릴 것이었다. 나는 손가락과 밧줄을 건조하게 유지하려고 애썼다. 목재 발판은 중앙에 위로 야트막하게 솟은 둥근 금속 돔이 장착되어 있었고, 나머지 부분에 필요한 기능을 수행하는 기계장치가 설치되어 있었다. 커다란 금속 상자, 배터리, 두툼한 케이블이 중앙부 주요 장치와 연결되어 데이터,

---

1 유빙은 물에 떠 있는 얼음덩어리다. 내가 머무른 유빙은 지름 2km로 유달리 컸다. 보통 그보다 훨씬 작다.

전자, 공기를 교환했다. 해양이 대기 중에 방출하는 작은 입자를 포획하고 그 수를 세기 위해 맷이 고안한 실험이었다. 나는 새 매듭을 끌어당기고 일어서며 부력 슈트의 주머니에서 아무것도 빠지지 않았는지 확인했다. 내가 고개를 끄덕이자 맷은 유빙을 가로지르며 성큼성큼 걸어와 도움의 손길을 내밀었다. 맷의 털모자에 경쾌하게 흔들리는 방울은 그가 추구하는 '진중한 극지 과학자'의 인상을 누그러뜨렸다.

나는 몇 분간 경치만 바라보았다. 2km 떨어진 유빙 맞은편에 2달 동안 나의 집이 될 스웨덴 쇄빙선 오덴호Oden가 보였다. 빙원 한가운데에는 작은 캠핑카 크기의 빨간색, 흰색 풍선이 하늘에 둥둥 떠 있었다. 풍선 아래로 과학 실험 장치가 매달려 있었다. 다른 방향으로는 새하얀 해빙이 수백 킬로미터에 걸쳐 뻗어 있었다. 우리는 북극점에서 그렇게 멀지 않은 곳에 있었다. 이곳의 여름 해빙은 두께가 2m 정도였다. 유빙은 우르르 소리를 내며 천천히 우리 주위를 돌지만, 매일 아침에 연구 현장이 다르게 보일 정도로 이동한다. 오후에 구름이 걷히며 보기 드문 푸른 하늘이 드러났으나 빈 하늘에서 햇빛이 내려오지는 않을 것이다. 이곳 태양은 수평선 아래로 저물지 않고 그 위를 스치듯 지나가며 구름 없는 날이면 아주 긴 그림자를 드리운다. 북극은 6개월 내내 낮이 계속되지만, 이곳 햇빛은 온기를 유지하지 못하며 부드럽고 은은한 빛만 발하는 장식품으로 느껴진다. 북극의 에너지 흐름은 대부분 눈에 보이지 않고 아래쪽이 아닌 위쪽을 향한다. 내 주위로 지구는 적외선을 방출하며 약간의 열을 하늘로 날려 보낸다. 구름이 가림막이 되어주지 않는 한, 열에너지는 우주로 계속 방출될 것이다. 그러니까 오늘의 맑은 하늘은 내일의 날씨가 춥다는 의미다. 빙하와 바다가 우주에 에너지를 빼앗기기 때문이다. 이러한 과정은 지구 에너지 수지에서 중요한 항목이지만 오늘날에도 정확하게 예측할 수 없다. 우리는 바닷물 위를 떠다니는 유빙에 둘러싸인 채 그 과정을 지배하는 메커니즘을 알아내려는 중이다. 오덴호에 탑승한 과학자 팀은 이처럼 인상적인 환경을 관찰, 측정, 분석하고 최신 장비와 이론을 동원해 바다와 대기의 내부 작동 원리를 탐구한다.

맷은 동료 3명과 함께 돌아왔다. 자연환경에서는 데이터를 얻기 어려우며 때때로 고된 육체적 노력이 투입된다. 우리는 유빙 가장자리로부터 떠내려간 목재 발판이 개빙 구역(유빙이 해수면 면적의 10분의 1 이하로 적거나 거의 없는 구역 - 옮긴이)에서 데이터를 얻을 수 있기를 바랐다. 팀별로 긴 밧줄을 잡고 끙끙거리며 밀고 당기면서 목재 발판을 유빙 가장자리에서 멀리 이동시킨 뒤 그대로 가만히 있는지 지켜보았다. 안전하다고 판단되면 발판을 제자리에 고정해놓고 오덴호로 돌아갈 준비를 했다. 우리가 서 있는 유빙 아래 바다는 깊고 어둡고 조용하고 차가우며 늘 자기 자리를 지키지만, 주목받는 일은 거의 없다.

지구와 바다

지구의 바다는 광활하지만 좀처럼 눈에 띄지 않는다. 인류는 우주로 나간 뒤에야 지구의 가장 큰 특징이 육지가 아닌 물이라는 사실을 깨달았다. 아폴로계획은 인간을 달까지 보냈으나 가장 중요한 성과는 인류에게 지구를 보여준 것이라고 생각한다. 오늘날 인간의 관점을 바꾸어놓은 2장의 사진이 있다. 첫 번째는 1968년 아폴로 8호에서 촬영한 '지구돋이Earthrise', 두 번째는 1972년 아폴로 17호에서 촬영한 '더 블루 마블The Blue Marble'이다. 두 사진을 보면 우주에 떠 있는 창백한 푸른 점, 다시 말해 우리가 아는 모든 것을 품은 지구의 모습과 그 의미가 잊히지 않는다. 하지만 그때까지도 지구의 푸른 해양은 육지가 그려진 캔버스, 거대한 대륙 사이의 공허, 다른 중요한 의문을 해결할 때까지 남겨둘 수 있는 수수께끼로 여겨졌다. 아폴로계획이 종료되고 50년이 지났다. 인류는 마침내 그 광막하고 푸른 구역에 무엇이 있는지 관심을 가지기 시작했다. 우주로 가는 여정은 우리에게 필요한 출발점, 즉 비어 있는 지도를 채울 기회를 제공했다.

지구의 지도는 놀랍고 풍성한 보물창고이며, 지구본은 훨씬 훌륭하다. 지구를 해부하면 매혹적인 구성 요소들이 존재하는 것을 알 수 있다. 해안선, 산맥, 강, 제도, 갖가지 패턴 등 다양하다. 자세히 보면 볼수록 많은 요소가 등장하며 끝없이 이어질 것만 같다. 울퉁불퉁한 대륙은 푸른 해양에 형태를 부여하고, 우리는 지구를 땅과 바다로 나눈다. 비교적 형태가 고정되어 있는 육지에 표식을 남기는 것은 자연스러운 일이다. 그 표식은 수백 년 동안 변하지 않고 지속되기도 한다. 그러한 지도의 고정성은 지구의 가장 중요하고 경이로운 특징을 우리가 쉽게 망각하게 만든다. 바로 바다가 움직인다는 사실이다.

지구의 푸른 바다는 거대한 엔진이자 역동적 액체형 발전소로, 지구 곳곳으로 뻗어나가며 인간 삶의 모든 부분과 연결된다. 대서양을 가로질러 흐르는 방대한 멕시코 만류부터, 부서지는 파도 끝에서 터지는 작은 거품까지 바다에는 다양한 규모의 구성 요소가 있다. 바다는 아름답고 우아하며 촘촘하게 얽히고설킨 시스템으로, 놀라운 연결성과 심오한 결과로 가득하다. 또한 극단적으로 복잡해 보이기도 하지만 큰 틀에서 보면 논리는 간단하다. 물리해양학은 단순하고 명료하고 원리에 충실하다. 바다의 내부 논리를 밝히는 열쇠는 물리학자의 직관을 바탕으로 에너지를 따라가는 것이다.

지구는 태양이 내뿜는 막대한 에너지에서 아주 적은 일부를 가로챈다. 에너지가 우주로 다시 흘러가는 것을 막고, 지구를 구성하는 해양과 대기, 빙하와 생물 등을 통해 훨씬 천천히 통과하도록 에너지 흐름의 방향을 전환하는 것이다. 태양에너지는 지구 시스템을 통과하는 동안 많은 일을 한다. 해양과 대기의 흐름에 실려 다니며 울창한 참나무와 돌담 사이에 작은 이끼를 만들고, 매일 1조t의 물을 대기로 증발시키고, 부엉이와 개미에게 연료를 제공하며, 지금 내가 자판을 두드리는 노트북에 전원을 공급한다.

해양 엔진은 이러한 지구 시스템의 중심이다. 흐르는 태양에너지 일부를 열에너지 또는 운동에너지로 전환한다. 깊고 광대한 바다는 바닷물이 수심에 따라 서로 다른 방향으로 움직이고 지구를 순환하면서 발생하는 거대한 해류의 본거지이며, 해류는 주위를 가열하거나 냉각한다. 반면에 에너지는 지구에 잠시 들르는 손님일 뿐이다. 오랜 순환 끝에 에너지는 열로 전환되고 지구에서 유출되어 우주로 다시 여행을 떠난다. 열역학제1법칙에 따르면 에너지는 생성되거나 파괴될 수 없다. 거대한 흐름에서 안팎으로 균형을 맞출 뿐이다. 지구는 위치에 따라 과잉되고 결핍되는 에너지 공급을 바다를 통해 적절히 재분배한다. 바다는 엔진으로 작동하며 태양에너지를 다른 에너지로 전환하고 생물에게도 전해준다. 그리고 마지막에는 빌린 에너지를 우주에 되돌려준다.

햇빛은 지구 전체에 도달하지만 적도 지방에 더욱 강렬하게 비친다. 따라서 적도 지방은 극지방보다 (단위면적당) 훨씬 더 많은 에너지를 받는다. 반면에 지구의 열 손실은 고르게 일어나므로 극지방이 적도 지방보다 훨씬 더 많은 에너지를 잃는다. 우주에서 지구로 도달하는 에너지는 적도 지방에서 순증가를, 극지방에서 순손실을 기록한다. 적도 지방과 극지방에서 일어나는 이런 대조적 현상은 무척 심오한 결론으로 이어진다. 에너지는 전반적으로 적도 지방에서 극지방으로 흐른다. 대기와 해양이 에너지를 그대로 저장하지 않고 재분배한다는 것이다. 이것이 해양 엔진의 지배적 패턴이다. 바다의 구성 요소는 해양 엔진 패턴의 모자이크에 하나하나 잘 들어맞는다. 해류와 폭풍, 훗날 아마존 상공에 비가 되어 내리는 증발한 바닷물, 침식하는 해안, 이동하는 물고기, 숨구멍으로 배출되어 일시적으로 대기를 통과하는 고래 콧물 등 바다를 구성하는 요소는 모두 각자의 역할이 있다.

바다를 엔진으로 묘사하는 것은 비유적 표현이 아니다. 엔진의 정의는 다른 형태의 에너지(통상적으로 열에너지)를 운동에너지로 변환하는 장치다. 우리는 달걀이 익을 만큼 높은 온도에서 고체 금속 피스톤이 톱니바퀴와 축을 구동하는 장치에 익숙하다. 산업혁명은 이미 과거의 일이 되었지만 소수의 열광적인 애호가들이 증기기관의 세계를 지키고 있다. 그렇게 매혹적인 기술을 어떻게 완전히 버릴 수 있겠는가? 강철로 제작되어 증기의 힘으로 움직이는 증기기관차는 작동 방식이 명확하게 드러나는 면에서 매력적이다. 증기기관에서 피스톤이 톱니바퀴를 회전시키면 이런저런 부품을 거쳐 쇠사슬이 움직인다. 원인에서 결과로 이어지는 우아한 연속성이 매혹적이다. 그런데 엔진이 꼭 고체 재료로 만들어질 필요는 없다.

육지, 해양, 대기는 태양에너지를 흡수하며 열을 얻는다. 그러한 열 가운데 일부는 대류를 통해 즉각적으로 이동한다. 따뜻한 바닷물은 바로 위의 대기를 가열해 부력을 발생시킨다. 따뜻해진 공기가 위로 상승하면 차가운 공기는 아래로 가라앉는다. 이때 생성된 바람이 해수면을 가로질러 불어오는 동안 공기가 물을 떠밀어 파도가 생긴다. 파도는 또 바다로 에너지를 전달하고, 전달된 에너지는 결국 바다의 열로 다시 전환된다. 이는 에너지가 해양 엔진의 모자이크를 통과하는 무수한 경로 가운데 한 가지에 불과하다. 푸른 행성 지구의 해양은 대기, 빙하, 생물, 육지 등 지구의 구성 요소와 촘촘히 연결되어 있다. 다섯 요소는 모두 하나의 시스템으로 묶여 작동한다. 바다는 태양계에서 가장 큰 짐승이다. 지구의 구성 요소 중 그 비중이 가장 크다.

해양 엔진은 햇빛을 흡수해 방대한 수중 해류와 폭포를 만든다. 그리고 생명에 필요한 원료, 이를테면 영양소와 산소 그리고 포타슘, 철 등 미량 금속을 운반한다. 나아가 해안을 형성하며 열을 전달한다. 이는 지구 크기의 웅장한 엔진이다. 해양은 인간이 개발한 독창적인 엔진의 우아함을 모두 갖췄지만 메커니즘이 더욱 미묘하고 복잡하다. 해양에는 깔끔하게 제작된 피스톤 대신 바닷물의 흐름이 존재한다. 서로 다른 방향으로 향하던 바닷물의 흐름이 만나 하나로 합해진다. 무엇이 어디에서 그 흐름을 유발하는지 규명하기는 어렵다. 하지만 이것이 다양한 방식으로 빛과 열을 운동에너지로 바꾸는 엔진임은 틀

림없다.

해양 엔진의 아쉬운 점은 직접 관찰하기 너무 어렵다는 것이다. 만들 수 없지만 가장 가지고 싶은 발명품이 무엇이냐는 질문에 깊은 바다를 가까이 들여다볼 수 있는 쌍안경이라고 대답한 적이 있다. 해저에 조성된 광활한 산맥, 그 위로 흘러내리는 해류, 어쩌면 해저에서 해수면으로 수직 이동하는 미세한 해양 생물의 거대한 기둥을 관측하며 몸길이 4m의 다랑어나 거북 또는 청새리상어 등 드넓은 바다의 항해자도 뱃머리에 선 채로 얼핏 살펴볼 수 있을 것이다. 이 같은 쌍안경은 당분간 더 구할 수 없을 것이다. 하지만 어느 곳을 봐야 하는지 안다면 엔진이 작동하는 모습을 관찰할 수 있다. 인간은 해양 엔진에서 일어나는 일들에 영향을 받는다. 수년간 우리는 인간이 호기심을 품고 거친 해수면을 바라보는 독립적인 관찰자라고 생각했다. 하지만 실제 인간은 거대하고 푸른 액체형 메커니즘의 기슭에 서식하는 작디작은 개미에 불과하며, 이 메커니즘이 도출하는 결과에 전적으로 의존한다. 이러한 관점의 전환은 우리에게 현기증을 일으킨다.

인간과 바다

지구의 거주민으로서 인류는 바다의 영향에서 벗어날 수 없다. 인간은 수 세대에 걸쳐 짙푸른 색 엔진에 올라타고 혜택을 누려왔다. 깊은 바다에서 일어나는 현상은 아랑곳하지 않은 채 작고 취약한 배를 타고 물살이 이끄는 곳이라면 어디든 가서 탐험하고 거래했다. 전투는 바다가 조성한 환경에 따라 승패가 갈렸다. 인간 사회는 왜 여기에 물고기가 있고 저기에 없는지는 전혀 깨닫지 못한 채, 보이지 않는 해양역학에 반응하면서 비옥한 지역을 중심으로 성장했다. 농업에 적합한 지역도 인근 바다로 결정되는 경우가 많다. 바다는 인류 문화에 깊이 얽혀 있다. 여러 문화권의 영리하고 관찰력 뛰어난 이들은 해양 엔진 전체는 보지 못해도 패턴 일부를 발견했다. 항해와 낚시, 탐험과 교역 등으로 생계를 유지할 만큼 바다에 관해 깊은 지식을 습득했다. 이들의 지식은 문화에 자양분을 공급했다. 신화와 이야기는 바다의 패턴을 설명하며 바다가 무엇인지, 왜 중요한지, 그리고 인간이 바다에서 어떻게 행동해야 하는지 등을 생각하는 기반을 마련했다. 바다를 대하는 태도는 땅 위의 문화에도 스며들어 바다에 가본 적 없는 사람에게도 영향을 미쳤다. 그리고 모든 문화에서 바다를 대하는 태도는 부분적으로 지리적 우연에 기반하고 있다.

과학과 문화는 과학자 대부분이 인정하는 것보다 훨씬 깊이 얽혀 있다. 해양과학은 현실에서 눈에 띄지 않는다. 그 이유 가운데 하나는 많은 문화가 좋은 날씨에는 바다를 약간 성가신 존재로, 악천후에는 진정 위험한 존재로 여겼기 때문일 수 있다. 예컨대 영국에서는 지역 해변으로 떠나는 여행이 어린 시절 필수 의식으로 여겨지지만, 때로 아이들은 해변 여행을 즐거움보다 의무로 간주한다. 내가 유년시절을 보낸 영국 북서부에서 해변에 간다는 것은 얼어붙을 듯 차가운 물에서 마지못해 노를 젓고, 바람을 맞으며 누가 끝까지 쓰러지지 않고 버티는지 시합하러 간다는 의미였다. 내가 학교에 다닐 때는 그 누구도 해수면 아래를 들여다보지 않았다. 영국 해안의 바다는 차갑고, 어떤 것도(심지어 여러분의 발가락까지) 보이지 않을 만큼 침전물이 가득한 경우가 많기 때문이다. 윌리엄 터너 같은 화가는 이따금 고요한 바다와 목가적인 해안선을 그렸지만, 이는 바다가 그저 보면서 즐기는 대상이며 안으로 들어가는 대상은 아니라는 점을 또렷하게 암시했다. 터너는 어둡고 성난 구름 아래 거센 파도에 이리저리 흔들리는 배를 그린 그림으로 널리 이름을 알렸다. 이러한 바다의 이미지는 19세기와 20세기 영국 뱃사람들이 자신의 모험담을 이야기하며 강화되었다. 극지의 탐험가 어니스트 섀클턴Ernest Shackleton은 1916년 조난당한 탐험대원을 구하고자 작은 배를 타고 떠났던 '제국 남극 횡단 탐험대'의 특별하고 영웅다운 여정을 다음과 같이 묘사했다. "앞으로 16일간의 이야기는 험난한 파도 속에서 벌어지는 다시없을 투쟁이다. 아남극해sub-Antarctic Ocean는 겨울에 특히 가혹하다는 명성에 걸맞았다." 우연히 지나가던 행인이 한번 들러서 직접 보고 싶게 만드는 묘사는 아니다.

거친 바다의 이미지를 가진 것은 영국뿐만이 아니다. 북대서양 꼭대기에 자리 잡은 아이슬란드는 어업을 기반으로 건설된 국가로 수세기에 걸쳐 전해 내려오는 자랑스러운 해양 유산을 자랑한다. 레이캬비크 항구를 따라 걷다보면 아이슬란드 지도가 그려진 일련의 대형 게시판을 만난다. 지도 해안선 주변에는 난파선이 기호로 표시되어 있다. 그곳에는 배의 이름과 종류, 연도와 사망자 수가 함께 기록되어 있다. 지도에 표시된 난파선 30~40척은 모두 10년간 발생한 사고다. 일련의 지도는 200년 전까지 거슬러 올라간다. 이 기념비들을 지나치지 않고는 배를 탈 수 없다. 게시판이 전달하는 메시지는 분명하다. 바다는 우리를 죽일 수 있다. 아이슬란드 사람들에게 배를 타고 놀러 간적이 있는지 물으면 그들은 언제나 멍한 표정으로 반응했다. 아이슬란드에서는 물고기를 잡으러 바다에 나간다. 아이슬란드 주변 바다는 사납고 위험하다. 아이슬란드 역사가 주는 교훈은 위험한 바다에 대한 경계였다.

지구 반대편의 광활한 태평양에 둘러싸여 살아가는 하와이 사람들은 아주 다른 시선으로 바다를 바라본다. 하와이는 적도에 가까워 돌풍과 강풍이 비교적 드물다. 북쪽으로 수천 킬로미터 떨어진 지역에서 불어오는 폭풍이 부드러운 파도를 일으켜 하와이를 서핑 성지로 만든다. 서핑은 하와이 왕실에서도 인정받은 취미로, 왕과 왕비마저 자신만의 특별한 서핑 보드를 가지고 있을 정도였다.[2] 서핑은 의식이자 권리이자 하와이 사회의 중심이었다. 이런 하와이 사람들에게 바다는 삶의 일부였고, 바닷속으로 들어가거나 바다 위를 누비는 일은 자연스러운 활동이었다. 하와이의 작은 섬들이 바다로 완전히 둘러싸여 있고, 그 환경이 아이슬란드보다 훨씬 온화하기 때문에 하와이 문화에서 바다는 중요할 수밖에 없다. 인간이 바다와 맺는 관계는 바다 그 자체만큼이나 풍부하고 다채롭다.

2 역사 교과서에 실린 영국 왕과 왕비의 칙칙한 정복 차림 사진이 대체로 비참해 보인다는 점(게다가 자신의 지위를 지나치게 의식하는 듯 보인다는 점)을 생각할 때, 영국 왕실도 서핑을 즐겼으면 그들에게 좋은 영향을 주지 않았을까 상상해본다.

어쩌다 해양과학자

해양물리학을 탐구하는 길은 계획하거나 예상한 일이 아니었다. 나는 영국 북부 맨체스터에서 자랐는데, 그곳에서 바다는 무척 이국적인 개념으로 여겨졌다. 맨체스터 인근에는 두 바다가 있다. 동쪽에 얼음처럼 차가운 북해가, 서쪽에 황량한 회색빛 아일랜드해가 자리해 있다. 나에게는 두 바다 모두 특별히 매력적이지 않았다. 나는 사물의 작동 원리에 관심이 있어 물리학을 공부했고, 지구가 어떻게 돌아가는지 궁금할 때면 가끔 지질학도 공부했다. 하지만 두 분야가 겹치지는 않는 듯했다. 실험 폭발 물리학experimental explosives physics 박사 학위를 마치고는 6개월간 논문을 쓰며 다른 연구 주제를 찾아다녔다.

나는 과학적 호기심을 충족하면서 실험 후 뒷정리가 간편한 연구를 바랐다. 이러한 조건에 거품 연구가 딱 맞는 것 같았고, 스크립스 해양연구소 소속 그랜트 딘Grant Deane 박사가 1년간 박사후연구원으로 같이 일할 것을 제안했다. 나는 스크립스 해양연구소가 마음에 들었고, 그랜트 박사의 실험실에서 보낸 첫 3주간 내 집 같은 편안함을 느꼈다. 실험실은 오실로스코프와 친숙한 전자 기기들로 들어찬 거대한 레고 세트 같았다. 서랍과 선반에는 실험 설비를 구성하는 데 필요한 모든 재료가 준비되어 있었다. 어느 날 실험실 출입문 근처에서 큰 구조물을 발견했다. 가운데에는 센서가 담긴 방수 상자가 부착되고 모서리에는 부표가 달려 있었다. 이는 바닷속에서 원하는 대상을 측정할 수 있도록 고안된 견고한 장치였다. 동료들이 소란을 피우는 동안 나는 벽 근처에 거대 거미처럼 조용히 숨어 있었다. 나는 그런 장치를 본 적도 없고 필요하리라고 상상한 적도 없었다. 동료들은 장치에 모든 관심을 쏟았다. 그것은 동료들이 또 다른 세계로 나아가는 관문이자 파도 아래 낯선 영역과 연결되는 통로였다. 나는 경계를 넘어 존재조차 몰랐던 해양 지식의 심연으로 발을 내디뎠다.

처음에는 지식을 듣고 흡수하면서 놀란 마음을 애써 억눌렀다. 그런데 얼마 지나지 않아 알 수 없는 분노를 느꼈다. 어째서 내게 이런 이야기를 한 사람이 전혀 없었을까? 내가 3개의 물리학 학위를 받고, 책 수백 권과 기사를 읽고 강연을 듣는 동안, 어째서 바다에 관해 언급한 사람이 없었을까? 이는 지금까지 들었던 것 중 가장 방대한 과학 이야기였다. 나는 닥치는 대로 글들을 읽고, 스쿠버다이빙을 배우고, 해양학회에서 눈을 크게 뜨고 귀를 쫑긋 세우며 지식을 흡수했다.

내가 아우트리거 카누 세계에 발을 들인 것도 뜻밖의 일이었다. 런던에 처음 왔을 때, 누군가가 지역의 태평양 카누 클럽에 관해 언급하는 이야기를 들었다. 나는 아우트리거가 뭔지도 몰랐지만, 적도 태평양용으로 고안된 카누를 타고 템스강 하구 차갑고 탁한 바다를 누빌 정도로 정신 나간 사람들이 모여 있다면 나도 할 수 있으리라고 예상했다. 내 예상은 옳았다. 카누를 시작하고 1년 정도 지나 노 젓기에 많은 시간을 보내고 나서야 카누와 깊은 관계를 맺을 수 있었다. 아우트리거 카누는 모든 행위에 하와이 문화가 녹아 있다는 점에서 다른 스포츠들과 달랐다. 카누 클럽은 모든 이를 환대하고 존중하며 카누 오하나(가족)로서 구성원을 포용했다. 누군가가 도움을 필요로 할 때는 먼저 나서서 돕고 다양성을 수용했다. 나는 태평양을 횡단하는 항해의 역사를 배웠고, 이를 가능하게 한 놀라운 기술을 습득했다. 연구 주제인 파도와 거품을 비롯해 다양한 대상을 관찰하는 기회도 얻었다. 하와이인도 바다를 보고 나도 바다를 보았지만, 우리가 바다를 보는 관점은 꽤 달랐다. 두 관점을 잇는 연결 고리가 카누였다. 바다는 착시 현상처럼 변화했다. 나는 눈을 깜빡이는 것만으로 한 관점에서 다른 관점으로 전환할 수 있었다. 지구상 가장 위대한 해양 문명을 성취한 태평양 섬 주민들은 내가 측정하고 면밀히 분석해 컴퓨터 프로그램에서 매개변수로 축소한 데이터를 어떻게 이해했을까? 스크립스 해양 연구소에서 새로운 눈으로 바다를 보던 당시 나는 바다의 물리 엔진만 발견했을 뿐, 바다에 깃든 문화는 발견하지 못했다. 카누에 내재하는 정신을 처음 이해했을 때, 내가 핵심을 완전히 놓치고 있었다는 생각을 재차 했다. 카누는 학교 과학 시간에 배우지 못한 바다의 전통과 문화를 내게 알려줬다.

바다에 대한 접근은 매번 새롭다

많은 사람이 적어도 한 번은 해변에 가봤다는 점에서 바다는 완전 접근 불가능한 장소가 아니다(물론 바다의 많은 부분에 접근하려면 실질적인 문제 몇 가지를 극복해야만 한다). 그런데 불과 수십 년 전만 해도 바다는 기본적인 작동 원리조차 베일에 싸여 있었다. 1872년부터 1876년까지 영국 해군 선박(이하 HMS) 챌린저호는 해양학 연구를 목적으로 전 세계 바다를 탐사하고 방대한 양의 샘플과 관측 데이터를 수집해 돌아왔다(많은 사람이 챌린저 탐사를 해양학의 시작으로 간주한다). 챌린저호는 전 세계 바다에서 12만 9,000km를 항해했다. 바다의 수온과 해류를 지도로 표시했고, 수면 아래에서 갖가지 해양 생물을 잡아 올렸다. 과학자들이 드넓은 바다를 횡단하며 채집한 샘플은 그것만으로 이미 풍부하고 매혹적이었다. 챌린저 탐사대는 수심 약 11km로 전 세계에서 최고로 깊은 심해저 해구인 챌린저해연을 발견하기도 했다. 이들이 알아낸 사실은 해연이 그곳에 있다는 것뿐이지만 새로운 과학 지식의 획득은 중요한 성과였다. 챌린저호의 과학자들이 영국왕립학회에 제출한 엄청난 분량의 보고서는 지구에 관한 인류의 지식을 폭넓게 확장했다며 환영받았다. 해양학의 출발은 이렇게 이루어졌다.

탐사에 비용이 많이 들고 큰 어려움이 따른다는 이유로 해양학은 느리게 발전했는데, 제2차세계대전이 발발하며 잠수함 전쟁이 대세를 이루었다. 군대가 느닷없이 바다라는 새로운 전투 공간에 관심을 보이기 시작했고, 전쟁이 끝나자 마침내 해양학은 황금기를 맞았다. 1950년대와 1960년대에 모든 탐사대가 새로운 아이디어와 예상치 못한 발견을 안고 돌아왔고, 1970년대 중반에 이르러 해양 엔진의 윤곽이 드러났다. 이후 등장한 인공위성 데이터에는 수많은 개별 선박이 그리는 점들을 연결해 대규모 해수면 패턴을 밝히는 잠재력이 있었다. 이제 우리는 수년간 바다 위를 표류하거나 며칠 동안 바닷속을 잠수하는 자율 부표 및 자율 선박을 이용해 훨씬 세밀한 데이터를 수집할 수 있는 시대에 접어들었다. 인류는 여전히 배우는 중이다. 매 단계에서 새로운 메커니즘, 복잡성, 연결 고리를 발견한다. 1,000분의 1초에서 수십 년까지, 미생물부터 대양 분지까지 해양 과정들은 모든 규모에서 중요하다. 해양학 연구는 아직 끝나지 않았다. 우리의 바다는 경험 많은 해양과학자조차 끊임없이 놀라게 한다.

지난 10년 동안 초점이 약간 이동했다. 인류는 해양 엔진을 탐험하고 내부 작동 원리를 파악하면서 땅 위의 세상이 이 엔진에 얼마나 크게 의존하는지 주목하지 않을 수 없었다. 해양 엔진은 날씨와 기후를 조절한다. 태평양 적도 해역에서 해양-대기 상호작용으로 발생하는 엘니뇨는 주변 국가의 국내총생산(이하 GDP)에 상당한 영향을 미친다. 바다는 또한 인간이 대기에 추가로 방출하는 이산화탄소를 약 30% 정도 흡수해 지구온난화 진행 속도를 늦춘다. 하지만 이는 바다에 심각한 결과를 초래한다. 바다를 생각하는 일은 이제 호기심 많은 이들이 부리는 사치가 아니다. 바다는 인류를 위한 생명유지시스템에서 중요한 부분을 차지한다. 우리는 이를 진지하게 받아들여야 한다.

인류는 광활한 바다가 인류의 영향에서 벗어날 만큼 충분히 크지 않다는 사실도 배우는 중이다. 많은 사람이 인류가 해양에 미치는 영향을 인식하기 시작하면서 수십 년간 미뤄온 대화 주제가 점차 공공 의제로 확산되고 있다. 그런데 대화가 커다란 장애물에 가로막혔다. 변화가 어떻게 일어나는지 모르면 그에 대한 대응을 논의하기는 거의 불가능하다. 예컨대 의사가 환자에게 신장에 문제가 있다고 말한다면, 아마도 환자는 이미 신장이 어디에 있고 무슨 일을 하는지 어렴풋이 알고 있을 것이다. 학교에서 자기 몸의 생명유지시스템에 관해 일부 배웠기 때문이다. 하지만 바다에 관해서는 배우지 않는다. 남극해에서 장기간에 걸쳐 크릴새우의 개체 수가 감소하고 있다는 뉴스 기사를 읽으면 우리는 어렴풋이 나쁜 현상으로 인식한다. 그런데 여기에는 고래의 굶주림을 넘어서는 문제가 존재한다. 크릴새우는 해양 엔진의 일부로 얽혀 있는 생물이다. 우리는 이들의 개체 수 변화를 논의하고 적절한 조치를 취하기 전에 최소한의 맥락을 이해해야 한다.

바다를 깊이 들여다보는 것은 우리의 정체성과 지구의 거주민이 된다는 개념이 무슨 의미인지 고찰하는 것이다. 먼 우주의 관점에서 인류의 이야기는 햇빛이 지구에 도착하며 시작된다. 도착한 햇빛은 지구 엔진을 통과하며 반사되고 산란되고 흡수되어 다양한 형태의 에너지로 전환된다. 그리고 마침내 다시 빛이 되어 우주로 떠나면서 이야기는 끝이 난다. 우주로 다시 여행을 시작하는 빛에는 보이지 않는 적외선, 숲의 녹색, 바위의 갈색, 구름과 빙하에서 반사되는 하얀빛, 물의 푸른색 등 역동적인 지구의 흔적이 고스란히 담겨 있다. 단순하고 날카로운 햇빛이 알록달록한 팔레트로 변했다. 이는 살아 있고 끊임없이 움직이는 지구가 우주에 새긴 서명이기도 하다. 대체로 파란 이 서명에 우주를 향한 우리의 메시지가 담겨 있다. "우리는 바다다."

내가 탐구했던 그 어떤 과학 분야보다 바다는 내가 인간이라는 사실을 상기시킨다. 나는 바다에서 인생 최고의 모험을 하고 끈끈한 우정을 쌓았다. 때로 무섭고 짜릿하고 지루하고 피곤했지만, 육지에 머물렀던 어느 시간보다 만족스러웠다. 카누에 타면 개인적인 관점과 과학자로서의 관점이 통합된다. 실제로 두 정체성은 분리된 적이 없다.

바다와 인간이 맺은 무수한 관계는 인류의 역사, 문화, 생활 전반에 기록되어 있다. 눈에 잘 띄는 곳에 '숨겨져' 있다. 이제는 바다와 인간의 관계를 강조하며 명시적으로 밝혀야 할 때다. 바다를 대하는 인간의 태도는 바다를 향한 인간의 행동을 결정하고, 우리는 우리가 행동한 결과를 실제로 마주할 수 있는 첫 세대다. 인류는 사회적으로 지구의 푸른 바다를 어떻게 대할지 결정해야 한다. 이 결정은 바다를 향한 인류의 행동을 안내하는 지침이 될 것이다. 과학적 지식이 반드시 뒷받침되어야 하지만 이는 문화적 결정이다. 바다와 관련된 전통적인 지식과 태도는 우리가 중대한 결정을 내리는 데 도움이 될 것이다. 위기 상황에 대한 인식이 점차 고조되는 가운데 우리는 수많은 경쟁적 이해관계와 태도를 어떻게 조율할 수 있을까? 각 사회가 전에 같은 문제에 직면한 바 있지만, 이제 우리는 전 지구적 합의를 도출하기 위해 문화적 태도를 새롭게 정립하고 공유해야 한다. 우리에게는 하나의 지구와 하나의 바다가 주어졌으므로, 미래 세대가 푸른 지구에서 최고의 경험을 누리기를 원한다면 더는 지체할 시간이 없다.

항해를 시작하자

바다를 이해한다는 것은 간단한 일처럼 느껴진다. 그러나 우리는 자전하는 지구를 둘러싼 물의 껍질에서 아름답게 몰아치는 소용돌이라는 복잡한 실체를 만난다. 해류와 크릴새우, 해빙과 퇴적물이 이루는 크고 작은 패턴들은 뚜렷한 경계 없이 포개져 있다. 해양 엔진에는 다른 엔진과 마찬가지로 기본 구조를 이루는 구성 요소가 있고, 구성 요소 사이에는 연결 고리가 존재한다. 해양 엔진이 제대로 작동하기 위해서는 구성 요소와 연결 고리 모두 필요하다. 아무리 정교한 피스톤이라도 다른 부품들과 연결되지 않으면 무용지물이다. 증기기관에서 피스톤은 보통 다른 두 가지 요소와 연결되지만, 바다에서 해류는 수십 수백 가지 요소와 연결된다. 이는 해양 시스템의 본질적 특징이자 바다를 끝없이 매혹적으로 만드는 요인이다. 시스템에는 따르는 기본 원칙이 있다. 우리는 푸른 기계를 끊임없이 작동시키는 구성 요소와 연결 고리의 미로를 탐험하면서, 그 기초도 함께 알아갈 것이다.

이 책은 여러분을 세계 바다 곳곳으로 안내하며 역사와 문화, 자연사와 지리학, 동물과 인간에 얽힌 이야기를 넘나들고, 푸른 기계의 기본 형태를 밝힐 예정이다. 또한 바닷속을 모험하며 액체형 엔진을 구성하는 물리적 메커니즘과 생물을 탐구할 것이다. 그러면 우리가 관찰하고 발견하는 해양 현상이 무작위성의 결과가 아니라, 해수면 아래에서 늘 작동하는 엔진의 표면적 현상에 불과하다는 사실을 깨달을 것이다. 바다의 복잡성을 이 책에 전부 요약할 수는 없다. 그러나 바다의 윤곽을 묘사하고, 바다의 작동 원리에 대한 기본 원칙을 제시할 수는 있다. 이 정도면 추가적 탐구 활동에서 지도 역할을 하기에 충분하다. 이 책을 통해 바다를 보는 관점, 자신을 보는 관점이 변화하기를 바란다. 바다는 알면 알수록 좋다. 그럼 항해를 시작하자.

1부

블루 머신이란 무엇인가

1장

바다의 본질

지구의 바다는 변화무쌍하게 모습을 바꾼다. 열대지방의 얕은 만은 신비로운 청록색을 띠고, 바람이 거세게 몰아치는 북쪽 해안은 음울한 회색으로 일렁이며, 수천 킬로미터에 걸쳐 펼쳐진 고요한 감청색 해안은 해 질 무렵 오렌지색으로 잠시 뒤덮인다. 바다를 관찰하면 온갖 풍부한 구경거리가 발견되며, 우리 눈을 사로잡는 독특한 특징들은 시시각각 변화한다. 이때 해안가로 다가가 그 모든 다양성의 근원을 접하면 세 가지 요소가 가장 먼저 확인된다. 바다는 액체이고, 짠맛이 나며, 수온이 현저하게 높거나 낮다는 것이다. 이러한 바다의 기본 특징, 즉 습윤성과 염분과 수온은 해양 엔진이 일으키는 모든 현상의 토대가 된다. 이 세 요소는 폴리네시아 출신의 노련한 항해사나 대서양에서 일하는 어부는 물론 10살짜리 어린아이도 쉽게 이해할 수 있다. 바다의 세 요소는 우리가 당연하게 여기는 세계에 제각기 직접적인 영향을 미친다. 해안에서 한발 물러나 넓은 시야로 보면, 세 요소가 하나의 체계로 연결되어 강한 영향력을 발휘하며 세계를 아름답게 한다.

해안에 부딪히며 부서지는 파도 하나부터, 해안선이 후퇴하는 수백 킬로미터의 만까지, 나아가 바다 전체로 시야를 확장하면 또 다른 요소가 눈에 들어온다. 우리는 자전하는 지구 위에 살면서도 일상에서 지구의 자전을 체감하지 못하지만, 바다는 출렁이는 대규모 액체인 까닭에 자전을 무시할 수 없다. 지구의 자전은 바다라는 액체가 아름답게 순환하고, 굽이치고, 큰 소용돌이를 형성하며, 수면 아래에서 거대한 파동을 일으키게 한다.

바다에 내재하는 놀라운 복잡성과 패턴을 곧장 조사하고픈 유혹이 밀려든다. 그러나 가장 광범위한 시각으로 바다를 들여다보기 전에 지구의 푸른 기계를 작동시키는 주요 물리적 요소인 수온, 염분, 밀도, 회전을 이해해야 한다. 모든 기계는 작동하려면 에너지가 필요하다. 바다가 에너지를 저장하는 방식이자 해양과학자가 에너지를 추적하는 척도인 수온부터 살펴보자.

바다의 잠재력을 깨우는 온도 차

넓은 콘크리트 바닥에 수평으로 설치된 쇠창살 너머를 관찰하는 동안 보이는 것은 고요한 수면에 반사된 하늘과 내 얼굴뿐이었다. 키스 올슨Keith Olson이 물웅덩이 쪽으로 몸을 숙이자 그의 얼굴이 내 얼굴 옆으로 불쑥 나타났다. "1,000년 만에 처음으로 이 바닷물에 햇빛이 닿았을 것입니다"라고 키스가 말했다. 지금 우리는 하와이 빅아일랜드 코나섬 인근 용암지대에서 울타리가 설치된 좁은 구역의 중심에 있다. 울타리 내부 구역에는 지름 0.5m의 대형 관 4개가 지하에 묻혀 있다. 이 관들은 지상으로 뻗어 나와 2개로 합쳐져 해양 용암지대를 가로지른다. 관 4개는 물을 끌어올리는 펌프의 색으로 또렷이 구별된다. 펌프 2개는 빨간색, 나머지 2개는 파란색이다. 이곳은 하와이 자연에너지 연구소(이하 NELHA)로 태평양 한가운데에 자리한다. NELHA는 신선한 바닷물을 수돗물로, 정확히는 뜨거운 수돗물과 차가운 수돗물 두 종류로 공급한다. 이들은 활화산이 있는 척박한 환경에서 수돗물을 풍부하게 생산한다. 이 모든 성과의 핵심은 온도 차다.

NELHA는 1973~1974년 겨울 발생한 충격적 사건에 대응하려는 목적에서 출범했는데, 당시 원유 가격이 하룻밤 사이에 배럴당 24달러(약 3만 원)에서 56달러(약 7만 원)로 2배 이상 치솟았다. 하와이는 미국 본토에서 수천 킬로미터 떨어져 있어 유조선으로 운반되는 석유에 거의 전적으로 의존하고 있었다. 그래서 화석연료에서 벗어나는 쪽이 낫겠다고 판단했고, 하와이에 도달하는 적도의 풍부한 일조량은 화석연료 배제로 향하는 좋은 출발점이었다. 그런데 공학자들은 하와이에 숨겨진 또 다른 해결책을 발견했다. 깊은 바다로 접근하는 것이었다. 하와이제도는 수심 4~5km 바다에 생성된 순상화산[1] 섬으로, 해안선에서 바다 쪽으로 멀리 나갈수록 화산이 바다 밑으로 계속 이어졌다. 그 화산 경사면 아래로 관을 깊숙이 박으면 차가운 물이라는 놀라운 결과물을 얻을 수 있었다. 현재 NELHA에서 가장 깊숙하게 박은 관은 길이가 1,000m에 달하며, 파란색 펌프가 5℃의 바닷물을 해수면으로 퍼 올린다. 빨간색 펌프는 25℃의 표층수를 운반한다. 두 펌프는 매일 1억 1,300만ℓ(11만 6,000t)라는 어마어마한 양의 바닷물을 쏟아낸다. 그런데 이 모든 과정의 핵심은 물의 공급이 아니다. NELHA가 생산하는 가장 값진 상품은 에너지다.

물은 열 형태로 막대한 양의 에너지를 저장한다. 크기가 자몽만 한 물 덩어리 2개가 나란히 있다고 상상하자.[2] 하나는 영하 1.8℃의 북극 바닷물로 가득 차 있고, 다른 하나는 30℃의 페르시아만 바닷물로 채워져 있다. 따뜻한 물은 더 많은 열에너지를 지닌다. 30℃짜리 물 덩어리의 에너지가 기계적인 일에 전부 투입된다면 2t에 달하는 SUV 차량을 약 7m까지 들어 올릴 수 있다. 높이 7m는 2층 건물 꼭대기와 맞먹는다. 이 엄청난 에너지가 고작 물 1kg에 담긴 것이다. 물 데우기는 무척 어려운 일로 수온을 조금이라도 올리려면 에너지를 상당량 가해야 한다.[3] 그래도 일단 데우고 나면 열이 방출되며 물이 식기 전까지 에너지가 열 형태로 저장되는 덕분에 에너지 손실은 없다. 따라서 물은 상상 이상으로 효과적인 에너지 저장 수단이다. NELHA에서 매일 막대한 규모로 퍼 올리는 따뜻한 물은 그 온도에 해당하는 수천 기가줄의 에너지를 운반한다. NELHA의 과제는 그 에너지를 추출하는

---

1 순상화산은 흘러나오는 용암 때문에 경사가 비교적 완만하다. 용암이 서서히 쏟아져 나오며 형성한 넓고 낮은 화산 원뿔이 마치 땅에 엎어놓은 방패처럼 보인다.

2 이 비유에서 과일은 무작위로 선택된 것이 아니다. 보통 자몽은 지름이 약 12cm로, 물 1kg과 부피가 거의 같다.

3 그래서 집에서 에너지를 많이 소모하는 가전 중 하나가 전기 주전자다.

것이다.

초창기 아이디어는 온도 차를 활용해 전기를 생산하는 열기관을 작동하는 것이었다. 이 같은 방식을 해양온도차발전(이하 OTEC)이라고 부른다.[4] 물은 모든 온도에서 열에너지를 지니지만, 그 에너지를 추출하려면 따뜻한 물과 차가운 물 사이에 발생하는 온도 차가 필요하다. 따뜻한 물에서 차가운 물로 흐르는 에너지 일부를 추출하는 것이다. 이 단계에서 마카이 오션 엔지니어링Makai Ocean Engineering 기업의 열 엔진 기술이 요구된다.[5] 2015년부터 전력망과 연결된 시범 공장이 가동 중인데 최대 100kW 전력을 생산할 수 있다. OTEC는 제어가 쉬워 전력 생산량을 필요에 따라 증감할 수 있고, 전력망의 기저부하(전력 수요가 적을 때도 꾸준히 소비되는 발전 용량-옮긴이)에도 유연하게 대응할 수 있다. 그렇다면 이 기술이 극복해야 하는 가장 큰 장애물은 무엇일까? 먼저 OTEC 기술을 구현하려면 해양 온도 차가 20℃ 이상 발생해야 한다. 다행히 그러한 조건에 부합하는 열대지방 섬은 다수 존재한다. 그리고 심해로의 접근성도 수월한 편이다. 이 기술의 가장 큰 문제는 비용 효율을 높이려면 발전 시설을 크게 확장해야 한다는 것이다. 발전 시설을 어떻게 확장할지, 그럴 가치가 있는지, 예상하지 못한 결과가 나

---

4 냉장고의 작동 원리를 거꾸로 생각하면 쉽다. 냉장고는 전기에너지로써 냉장고 내부와 외부에 온도 차를 형성한다. OTEC는 반대로 이미 형성된 온도 차를 전기에너지로 변환하는 것이다.

5 열 엔진의 작동 방식은 간단하다. 바닷속 암모니아를 계속 순환시키는 것이다. 끓는점이 낮은 암모니아는 상온에 기체 상태이지만, 약한 압력을 가한 상태에서 차가운 물을 통과시키면 냉각되어 액체가 된다. 그러고 다시 뜨거운 물을 통과시키면 끓는점을 지나 매우 높은 압력의 기체가 된다. 그 기체로 터빈을 작동해 전기를 생산한다. 터빈을 지난 기체는 다시 차가운 물로 냉각시켜 이전의 과정을 반복한다.

오는 것은 아닌지 등 의문점은 여전히 남아 있다. 그러나 해수면에 저장된 태양에너지를 추출한다는 개념은 적합한 장소만 존재한다면 오늘날 분명한 가치가 있다.

주민들은 시범 공장 지역을 통틀어 OTEC라고 부르지만 이는 일부에 불과하다. 코나섬 구석구석에 따뜻한 물과 차가운 물을 활용하는 소규모 기업이 육성되고 있다. 이들은 모두 1801년 후알랄라이 Hualālai 화산 폭발로 조성된 용암지대의 꼭대기에 자리한다. 검은 바위에 세워진 소박한 건물 안에는 다양하고 놀라운 기업이 있었다. 바닷물로 가열되고 냉각되어 적정 온도를 유지하는 거대한 탱크에서는 스피룰리나가 재배된다. 양식업의 거물로 손꼽히는 한 기업은 흰다리새우 Litopenaeus vannamei 모하(양식에 쓰이는 어미 새우-옮긴이)의 50~60%를 생산한다. 전 세계 요리사가 애용하는 바다 연체동물인 전복도 양식된다. 수소 발생기, 조개 양식 설비, 해조류 양식장, 몽크바다표범 치료소도 있다. 무엇보다 NELHA 사무실에는 바닷물로 작동하는 에어컨이 설치되어 있다. 차가운 바닷물이 상수도의 물을 냉각하면, 냉각된 물은 태양에너지를 이용해 건물 곳곳으로 이동한다. 나는 에어컨이 설치된 건물을 환영하지 않지만 NELHA 사무실은 기꺼이 받아들일 수 있다.

NELHA는 소규모로 운영되고 바닷물에서 추출하는 에너지로는 세계 에너지 문제를 해결하지 못할 것이다. 하지만 이 사례는 따뜻한 물(뜨거운 물이 아닌 '따뜻한 물')이 아주 방대한 에너지 저장소임을 입증한다. 행성 규모로 보면 지구의 바다는 거대한 열 저장고인 것이다. 온도가 조금만 올라도 바다에 저장된 열의 양은 어마어마하게 증가한다. 그런 점에서 수온은 에너지 저장량을 알리는 중요한 척도다.

그런데 열에너지는 지구 전체에 균일하게 분포하지 않는다. 열에너지의 위치와 그 막강한 영향력을 이해하려면, 열에너지가 어디에서 왔으며 왜 특정 위치에만 존재하는지 살펴봐야 한다.

별에서 시작하는 바다의 온기

따뜻함은 별에서 시작한다. 우리는 태양계를 떠올릴 때 태양을 공유하는 행성들의 다양성과 신비로움에 매혹되고는 한다. 밤하늘을 유랑하며 인류의 상상력에 불을 지피는 이 행성行星들은 접근하기 어려운 7개의 거대한 천체다. 이 7개의 행성에서 태양계 다양성의 99%가 발견된다고 주장하는 사람도 있을 것이다. 하지만 태양계 총 질량의 99.86%는 태양이 차지한다. 태양계는 구형球形 먼지 조각으로 단단히 둘러싸인 하나의 방대한 원자로다. 태양 중심부에서는 수소 원자가 높은 온도와 압력을 받아 헬륨 원자로 융합되며 1초마다 물질 400만t이 에너지로 변환된다. 새롭게 방출된 에너지는 수만 년간 태양 내부를 뒹굴뒹굴 돌아다니다가 태양 표면에 도달한다. 이후 플라스마 영역(고온과 고에너지로 양성자, 중성자, 전자 같은 입자들이 분리되는 영역-옮긴이)을 벗어나면 적외선, 가시광선, 자외선 형태로 우주에 쏟아져 나온다. 이처럼 범람하는 에너지 중에서 지구에 도달하는 비율은 10억분의 1도 되지 않는다. 물리법칙은 태양에너지를 지구의 필수 화폐로 정하고, 지구에서 발생하는 모든 현상마다 고정 수지를 편성한다.[6] 태양에너지의 수지는 주위 상황에 맞춰 빠르게 분배된다. 3분의 1은 우주로 반사되어 지구 시스템에 거의 도달하지 않는다. 소량은 대기에 차단된다. 약 3분의 2가 지구 표면에 닿는다. 태양에서 유래한 원시 에너지가 마침내 지구의 바닷물에 도달한다.

그런데 지표면 도달이 지구로의 진입을 보장하지는 않는다. 물리학은 엄격한 기준으로 어느 광선을 입장시킬지 선택하는 문지기다. 바다 저편에 떠오르는 태양을 바라본다고 상상하자. 고요한 날 바다 표면은 아름다운 오렌지색 일출을 거울처럼 완벽히 반사할 것이다. 햇빛이 좁은 각도로 수면에 도달하면, 수면이 거울과 똑같이 작동하며 빛을 하늘로(혹은 일출을 촬영하려고 기다리는 여러분의 카메라 렌즈로) 전부 반사한다. 하지만 시간이 흘러 태양과 수면 사이의 각도가 커지면, 햇빛이 공기와 수면의 경계를 통과할 확률이 상승한다. 따라서 햇빛이 바다에 주는 영향을 관측하기에 가장 적합한 장소는 열대지방이다. 적도에 가까운 지역은 한낮이면 태양이 하늘 높이 떠 있으므로 햇빛이 해수면을 통과할 가능성이 높다. 해수면 아래로 내려간 햇빛은 바다에서 인기 있는 볼거리인 열대 산호초를 밝게 비춘다.

건강한 산호초는 다채롭고 특별한 환경을 조성한다. 산호는 섬세한 엽상체와 사슴뿔처럼 갈라진 가지, 형형색색 돌출부 군집과 거대한 봉우리가 어우러진 바다 풍경을 만든다. 밝은색을 띠는 비늘돔은

---

6 핵분열(그리고 바라건대 미래의 핵융합)은 한정된 태양에너지 수지에 포함되지 않는다. 전 세계에 공급되는 원자핵에너지 총량은 지구에 도달하는 태양에너지의 100만분의 1도 되지 않는다. 지열, 우주 방사선, 자기폭풍, 태양과 달이 일으키는 조력을 비롯한 몇몇 소규모 에너지원도 에너지 공급에 기여한다. 그런데 이들을 전부 합쳐도(거의 지열) 태양에너지의 1%를 기준으로 40분의 1에 불과하다.

쏜살같이 헤엄치다가 잠시 멈춰 산호를 갉아 먹는다. 붉은다람쥐고기red squirrelfish는 어두운 틈에 숨어 세상이 돌아가는 모습을 구경한다. 나비고기[7]는 사소한 공격에도 반격할 태세를 갖춘 채 자기 영역을 순찰한다. 갯민숭달팽이, 곤충, 새우, 조개, 해면 등의 서식 동물들은 활기찬 해양 도시를 구성한다. 해수면 가까이에서 관찰하면 풍부한 빛이 자연 세계를 장식하는 줄무늬와 반점, 훈색(물질 표면이 연속적으로 변하며 무지갯빛으로 보이는 현상으로 흔히 비눗방울에서 관찰된다-옮긴이)과 위장 무늬, 모래와 암석을 밝게 비추는 듯 보인다. 그러나 통념과 다르게 물은 빛을 투명하게 투영하지 않는다. 깊은 수심으로 내려갈수록 물이 빛을 전부 흡수한다. 주위는 점점 푸르게 보이다가 캄캄해진다. 인간은 세상을 바라볼 때 그러한 시각적 손실에 치우치는 경향이 있다.

여기서 물리법칙은 다른 관점을 제시한다. 빛은 사라질 수 있으나 에너지는 사라질 수 없다는 것이다. 가시광선은 바다의 열로 전환된다. 사진작가의 손실은 바다 수온계의 이득인 셈이다. 햇빛은 산호초 물고기를 두 번 감싼다. 처음에는 빛으로 감싸고, 물이 빛을 흡수한 뒤에는 열로 감싼다. 바다는 태양에 의해 가열된다.

인간의 시각 세계를 구성하는 무지갯빛 가시광선은 태양에서 지구로 오는 빛의 절반에 불과하다. 지구 표면에 도달하는 햇빛의 나머지 절반은 무지개에서 빨간색 영역 너머에 존재한다. 그것이 인간의

---

7 나는 산호초에 사는 수많은 물고기의 영문명이 왜 육지 동물에 기반을 두는지 궁금했다. 염소고기Goatfish, 양머리놀래기sheepshead wrasse, 매고기hawkfish 등 목록은 끝이 없다. 개구리고기frogfish는 길 잃은 두꺼비처럼 생겼지만, 개구리고기와 두꺼비고기toadfish는 완전히 다른 종이다.

눈에는 보이지 않는 적외선赤外線이다. 어둠 속에서 따뜻한 물체 근처에 손을 대면 온기가 느껴진다. 그 물체가 에너지를 포함하는 적외선을 방출하고 있기 때문이다. 눈으로는 아무것도 감지할 수 없지만 가까이에 따뜻한 물체가 있음을 인식하게 된다. 적외선은 태양에서 쏟아져 나와 바다에 닿지만, 물이 적외선 파장을 통과시키지 않으므로 수 밀리미터 깊이만 흡수되었다가 이내 대기로 방출된다. 가시광선은 바닷물을 가열하지만, 우리가 온기를 느끼는 적외선은 바닷물을 조금도 가열하지 못한다.

햇빛은 바닷물을 가열하며 에너지를 쏟아붓는다. 태양을 떠난 에너지는 바닷물에 장기적으로 저장되어 조심성 많은 나비고기를 따뜻하게 해준다. 물이 데워졌다가 식기까지는 오랜 시간이 걸리므로, 열대지방의 바닷물은 낮과 밤 내내 거의 같은 온도를 유지한다.

태양의 직접적인 가열은 적도에서 가장 활발하게 일어난다. 그 덕분에 열대어가 서식하는 따뜻한 지대가 형성된다. 태양과 멀어지는 북반구와 남반구일수록 태양의 직접적인 가열은 영향력이 낮아진다. 극지방 바다는 적도 바다와 비교하면 지극히 다른 장소다.

그린란드 상어가 열대의 심해를 찾은 이유

북극권은 대서양 북쪽 경계선 너머 그린란드에서 동쪽으로 2,000km에 달하는 먼바다까지 뻗어나가고, 아이슬란드를 스쳐 지난 뒤 회색빛 물살을 건너 노르웨이 북부에 다다른다. 매년 동짓날 정오에 태양이 지평선을 잠시 스친 다음 지구 곡면 뒤로 저물면, 북극은 하루 종일 우주의 혹독한 어둠과 마주한다. 동짓날을 기점으로 6개월이 지나 북극 해수면이 24시간 내내 햇빛을 비스듬히 받는 시기가 오면, 기울어진 지구 자전축 때문에 빛의 대기 통과 시간이 길어지며 빛의 세기가 약해진다. 그 결과 극지방 바다는 전 세계 바다와 판이한 모습을 보인다. 이곳은 춥고 어둡다. 지구상 모든 생물은 서식지 환경에 맞게 진화하며 각 세부 특징을 세심하게 조정해왔다. 모든 생물은 환경의 흔적을 지닌다.

아이슬란드와 그린란드의 중간 지점에서 해수면 아래로 400m 내려가면 어둠 한 조각이 움직인다. 이것은 4초에 1m씩 느긋하게 미끄러지듯 헤엄친다. 길쭉하고 둥근 몸에 얼룩덜룩한 회색 피부를 지녔다. 이 생물과 가까운 친척 종은 신체 말단이 날카롭고 몸 윤곽선이 날렵하지만, 이 생물은 착용감이 너무 편해서 버릴 수 없는 헐렁하고 낡은 점퍼를 연상시킬 만큼 몸 윤곽선이 부드럽다. 이 둥근 생물은 길이 4.5m에 무게가 자그마치 400kg이다. 속도는 중요하지 않다. 그린란드 상어는 서둘러 이동하지 않는다. 그럴 필요도 없다. 그만한 크기의 그린란드 상어 개체는 아마도 산업혁명 초기에 태어나 240년간 유유히 바다를 헤엄쳤을 것이다. 그린란드 상어는 적게 잡아 300살까지 살고(아마 그보다 오래 살 것이다), 약 150살까지 성성숙에 도달하지 못하며, 일평생 매년 약 1cm씩 꾸준히 성장한다고 알려져 있다. 우리가 아는 한, 그린란드 상어는 세상에서 제일 오래 사는 척추동물이다. 이처럼 예외적으로 긴 수명은 추위와 관련이 있다고 추정되는데,[8] 추위는 생명 과정을 늦추며 상어의 수명을 10배 늘린다. 수백 미터 깊이에 약 0℃의 물속에서 이 느림보 거인은 느긋한 삶을 산다. 그린란드 상어의 둥근 몸이 지닌 가장 큰 수수께끼는 먹이를 잡는 방식이다. 성체 그린란드 상어는 가자미와 홍어를 비롯한 물고기, 그리고 이따금 갓 잡아먹힌 바다표범이 위장을 가득 채운 상태로 발견된다. 어째서 이들은 느릿느릿 헤엄치는 포식자를 쉽게 따돌릴 수 없었을까? 여기에 수수께끼를 더하자면, 거의 모든 그린란드 상어는 한쪽 또는 양쪽 눈이 기생충에 감염되어 앞을 제대로 보지 못한다. 이러한 장애물은 깊은 바다의 짙은 어둠에서는 괜찮지만, 수면 가까운 곳에서 사냥할 때는 문제가 될 것이다. 먹이피라미드 꼭대기에 놓인 포식자의 왕좌는 움직임이 빠르고 관찰력이 뛰어나며, 강한 무기와 공격력을 타고난 동물이 차지한다는 통념이 있다. 그린란드 상어는 그러한 통념을 뛰어넘는 생존법과 사냥 방식이 존재함을 입증한다.

산호가 사는 열대지방과 그린란드 상어가 서식하는 북극은 해수면 부근의 수온 차이가 크다. 수온은 햇빛 노출량으로 정해지고, 햇빛 노출량은 위도와 계절에 밀접한 관련이 있다. 햇빛이 잘 드는 적도 바다는 수온이 약 30℃로 쾌적하지만, 북극의 중심부는 수온이 영하 1.8℃까지 내려가기도 한다. 적도는 해양 에너지 저장량이 넘쳐나지만, 극지방에 가까워질수록 에너지 저장량이 극도로 고갈된다. 그런데 해수면 온도가 상세히 표기된 도표를 들여다보면 그런 규칙을 벗어나는 소소한 예외가 발견된다. 이는 바다 밑의 복잡성으로 안내하는 새

8 그린란드 상어를 연구하는 최신 국제 공동 연구 과제명은 멋지게도 'Old and Cold-the Biology of the Greenland Shark(노화와 추위: 그린란드 상어의 생물학)'였다.

로운 문을 연다. 해안선 인근은 수온이 따뜻하거나 차가운 구역들이 조화롭지 않게 배열되어 있다. 해안에서 멀리 떨어진 지역은 따뜻한 물이 잔잔하게 소용돌이치거나 차가운 물이 주위의 따뜻한 구역으로 뱀처럼 파고든다. 이 모든 우아하고도 복잡한 패턴은 근본적으로 영하 2℃부터 30℃까지 오가는 수온, 그리고 적도와의 근접성이 폭넓게 관련되어 있다. 그런데 에너지 저장 패턴이 바다의 표면에서만 발견되는 것은 아니다. 깊이에 따른 패턴도 존재한다.

2013년 8월 해양조사선(이하 R/V) 애팔라치호Apalachee는 3년 전 선원 11명이 사망한 석유 시추 시설 '딥워터 호라이즌'의 폭발 사고 현장과 가까운 멕시코만에서 연구를 진행하고 있었다. 해당 지역의 위도는 북위 29도로 북극보다 적도에 훨씬 가깝고, 8월 표층수 온도는 일반적으로 30℃ 정도다. 플로리다주립대학교 연구 팀은 기름 유출의 영향을 평가하기 위해 심해어 군집에서 표본추출을 하고 있었다. 이들이 낚은 한 물고기는 몸 길이 3.7m에 갈회색으로 어린 그린란드 상어가 분명했다. 녹색 그물에 갇힌 물고기는 강한 여름 햇살을 받으며 갑판으로 옮겨졌고, 생애 어느 순간보다 뜨거운 열기 속에서 죽음을 맞이했다. 이는 멕시코만에서 최초로 포획된 그린란드 상어였다. 몇몇 인터넷 뉴스에 기사화될 만큼 주목받았지만, 연구 팀은 크게 놀라지 않았다. 이 극지 상어는 한여름 멕시코만에서 무엇을 하고 있었을까?

그린란드 상어를 잡은 낚싯바늘은 해수면 1,749m 아래 매달려 있었다. 이처럼 깊은 바다는 수온이 4℃로 그린란드 상어가 편안함을 느낄 만한 공간이다. 바다 상층부는 목욕물만큼 따뜻하지만 바다 하층부는 그렇지 않다. 이는 정상적 상태다. 그린란드 상어는 북극이든 낚싯바늘에 걸린 멕시코만이든 깊은 바다에 서식한다. 깊은 바다가 대체로 수온이 낮기 때문이다. 바다 표면의 온도를 알록달록한 색으로 나타낸 해수면 온도 지도를 보면 적도는 넓은 빨간색 가로줄로 표시된다. 강한 햇빛이 비치는 표층수와 수십 년간 햇빛이 닿지 않은 심해 사이의 온도 차는 극단적이다. 멕시코만 표면의 따뜻한 해수층은 두께가 100~200m에 불과하지만, 멕시코만 안에 자리한 거대 대양 분지는 깊이가 거의 4,000m에 달한다. 멕시코만 분지에서 수심 1,000m 아래는 북대서양 분지 대부분과 흡사하게 차가운 바닷물로 가득 채워져 있다. 이 차가운 바닷물은 카리브해에서 흘러들어 멕시코만 분지를 끊임없이 새롭게 채운다. 수심 1,000m 위에는 그보다 복잡한 다른 해수층들이 존재한다.

우리 눈에 보이는 바다, 즉 인간이 편안하게 걸어 들어갈 수 있고 햇빛이 비치며 각양각색 생물과 식량이 가득한 바다는 전체 바다에서 극히 일부분에 불과하다. 열대 산호초는 해양 생물의 생존에 꼭 필요하며 지구에 커다란 기쁨을 선사하지만, 얕은 바다에 드물게 형성되어 있다. 여기에서 핵심은 눈에 띄지 않는다고 바다에서 큰 비중을 차지하는 심해를 간과해서는 안 된다는 점이다. 어두운 심해의 차가운 바닷물에서 일어나는 현상은 바다 표면만큼 흥미롭고 영향이 크다. 바다 표면의 온도가 표시된 평평한 지도를 들여다보는 일만으로는 충분하지 않다. 우리는 바다의 깊이에 따른 변화에도 관심을 기울여야 한다.

층층이 쌓인 바다가 돼지를 기르게 된 사연

바다는 지구를 감싸는 얇은 피부다. 평균적으로 그 깊이는 4km, 지름은 1만 2,740km에 달한다. 내부 구조가 인상적인데, 바다는 평평한 층들로 이루어지고 각 층은 수온과 염분으로 특징지어진다. 이러한 바다의 특성은 지구상 위치에 따라 또 달라진다. 해류가 주위 바닷물과 합쳐지고, 바닷물이 특정 지역에서 가라앉거나 솟아오르며, 광활한 해령들을 가로질러 흐르는 동안 해수층이 분열되기 때문이다. 그렇지만 전반적인 패턴은 뚜렷하다. 심해저 분지에는 주요 해수층 3~4개가 쌓여 있다. 해양과학자는 그렇게 성질이 거의 똑같은 해수가 모인 층을 '수괴'라고 부른다. 수괴는 각기 다른 특성과 생성 기원을 지니며 해양 엔진을 구성하는 중요한 요소가 된다. 여기에서 꼭 기억해야 할 점은, 바다는 해수가 층층이 쌓인 구조이며 해수층은 외부 요인이 없으면 대부분 서로 섞이지 않는다는 것이다.

해수층 전체에서 수온 변화가 가장 두드러지는 구간은 수온약층이다. 수심이 깊어질수록 수온이 급격히 변화하는 얇은 해수층으로, 위아래 두 층 사이에 수온 변화를 드러낸다. 일반적으로 수온약층은 따뜻한 햇빛이 비치는 표층수와 어둡고 차가운 심해수 사이의 구간을 가리킨다. 따뜻한 상층부는 혼합층이라고 불린다. 이는 지구 바다 대부분에 존재하며 발전소 역할을 하는 태양에서 열에너지를 공급받아 해양 엔진을 구동한다. 광활한 해저 분지는 혼합층보다 훨씬 차가운 물로 가득 차 있다. 차가운 심해수에는 수백 년간 햇빛이 닿지 않기도 한다. 태평양에서 수온약층의 깊이는 일반적으로 60~200m다. 이보다 아래로 내려가면 바닷물의 특성이 큰 폭으로 변화한다. NELHA는 수온약층보다 훨씬 아래인 수심 약 1,000m에서 차가운 바닷물을 얻을 수 있다.

인간 눈에 보이는 바다는 해양 엔진을 덮는 뚜껑에 불과하지만, 이 뚜껑이 엔진에 절대적으로 중요하다. 지금부터는 뚜껑, 즉 따뜻한 바닷물로 이루어진 혼합층에 집중하자. 보편적 규칙에 따르면 수온은 적도에서 가장 높고 극지방으로 갈수록 균일하게 감소한다. 혼합층은 바다의 모든 요소와 마찬가지로 이동할 수 있고, 그러한 면에서 앞서 말한 보편적 규칙을 벗어나는 경우가 생긴다. 몇 가지 예외가 불러온 결과는 놀랄 만큼 유익했지만, 역사에서 종종 드러나듯 인간 활동의 개입으로 파국을 맞이했다.

바다가 지닌 여러 수온 특성은 수 세기에 걸쳐 항해자들에게 알려졌다. 각 지역의 수온 특성을 취합해 세계적 패턴을 파악하기 시작한 최초의 인물은 독일의 열정 넘치는 박물학자 겸 과학자인데, 시인의 감성과 과학자의 이성을 발휘해 지구를 폭넓게 서술한 업적으로 유명하다.

알렉산더 폰 훔볼트는 자연 세계에 열중하는 인물이었다.[9] 1769년 베를린(당시 프로이센의 일부)에서 태어난 그는 세계를 탐험하기로 결심했는데, 이 선택은 만약 그의 어머니가 살아 있었다면 큰 실망을

9 훔볼트는 세계를 관찰하고 과학적, 문화적, 예술적 측면들을 연결하는 데 특출한 능력을 지녔다. 그는 찰스 다윈과 랄프 왈도 에머슨에게 영감을 줬다. 훔볼트의 일대기를 알고 싶다면 안드레아 울프의 탁월한 저서 《자연의 발명》을 추천한다. 그는 인간이 초래하는 기후변화를 1800년에 최초로 인식했다.

안겼을 것이다. 훔볼트의 어머니는 그가 프로이센에서 공직자로 대성하기를 바랐기 때문이다. 이국적인 장소들을 여행하는 내내 호기심이 끓어올랐던 그는 모든 대상을 면밀히 조사하고 스케치하며 궁금증을 해결하고자 했다. 노년에 들어서는 인간을 비롯한 자연을 하나의 거대한 연결망으로 간주했는데,[10] 이 관점은 만물을 질서정연하게 분류하는 데 몰두하던 당시 대다수 과학자의 견해와 극명히 달랐다.

1802년 훔볼트는 처음으로 태평양을 경험하고, 페루의 도시 리마에서 출항해 남아메리카 해안선을 따라 북쪽으로 나아간 끝에 멕시코에 도착했다. 그로부터 오랜 세월이 흐른 뒤, 저서 《코스모스: 우주를 물리적으로 묘사하는 스케치Cosmos: A Sketch of the Physical Description of the Universe》에서 항해 도중 만난 해류를 다음과 같이 설명했다.

> 1년 중 특정 시기에 그 한류寒流는 열대 해역인데도 온도가 60°F(16°C)에 불과한 바닷물을 수송했다. 인접한 해역의 다른 바닷물은 81.5°F, 83.7°F (27.5°C, 28.7°C)였다. 남아메리카에서 서쪽으로 가장 치우친 페이타Payta 남부 해안에서는 해류가 해안선과 같은 방향으로 급격히 꺾였다. 그 까닭에 북쪽으로 항해하는 배가 한류를 접하다가 돌연 난류暖流를 만나게 되었다.

훔볼트는 바닷물 수온이 위도를 토대로 예측한 28°C가 아니라 16°C라고 기록했다. 따뜻한 바닷물과 차가운 바닷물 사이의 전선front은 뚜렷했다. 페루의 도시 리마는 적도에서 남쪽으로 위도가 12도밖

10 1979년 제임스 러브록이 주창한 가이아 이론의 개념보다 170년 앞섰다.

에 떨어지지 않아 누가 봐도 열대지방에 속한다. 현대에 기록된 세계 해수면 온도 지도에도 그러한 이상 현상이 분명하게 드러난다. 차가운 바닷물을 수송하는 한류는 남아메리카의 서쪽 해안을 따라 나아가다가 칠레 남북 축의 중간 해역에 다다르면 페루로 북상한다. 그런 다음 적도와 가까운 남위 4도 부근에서 멈춘다. 이 같은 해류의 기묘한 특성은 세계 지정학geopolitics과 아타카마사막 그리고 무수히 많은 어부와 돼지에 광범위한 영향을 미쳤다. 이를 알았다면 훔볼트는 대단히 흥미로워했을 것이다.

그 한류에서 가장 눈에 띄는 서식 동물은 페루 멸치Peruvian anchoveta로 크기는 작지만 영향력은 막대하다. 페루 멸치는 가느다란 몸에 은색을 띠고, 몸의 위쪽이 아래쪽보다 색이 어두우며, 크고 둥근 눈이 머리의 대부분을 차지한다. 성체가 되어도 길이가 기껏해야 약 20cm여서, 수백만 마리가 조밀하고 방대한 무리를 이루며 작은 체구를 극복한다. 페루 멸치 무리는 서식지의 차가운 표층수를 고등어, 정어리, 민대구hake, 숭어 등 다른 물고기 무리와 공유한다. 이들은 가다랑어, 바다사자, 바닷새 등 몸집이 더 큰 포식자의 먹이가 된다. 한류가 흐르는 좁은 바다는 움직이는 연회장이다. 먼바다 대부분과 비교하면 먹이가 풍부하다. 이러한 생물학적 현상의 근원에 도달하려면 생물 간 먹고 먹히는 먹이사슬을 추적해야 한다. 가다랑어처럼 몸집이 큰 포식자는 페루 멸치처럼 작은 물고기에서 에너지를 얻고, 페루 멸치는 더 작은 크릴새우를 먹어치우며, 크릴새우는 식물성플랑크톤을 섭취한다. 광합성을 하는 식물성플랑크톤은 태양에너지를 전환하는 덕분에 먹이사슬의 다른 생물들이 사용할 수 있는 에너지로 전환한다는 측면에서 중요한 해양 생물이다. 식물성플랑크톤이 태양에너지를 다른 에너지로 충분히 전환함으로써 먹이사슬의 다른 생물들이 풍요롭게 번성할 수 있다. 해양생태계에 생물 밀도가 높게 유지되려면 먹이인 식물성플랑크톤도 그만큼 많이 공급되어야 한다. 그런데 지구상 가장 작은 동력원인 플랑크톤은 왜 희한하게도 바로 옆 따뜻한 바닷물이 아닌 한류가 수송하는 차가운 바닷물에서 폭발적으로 번성할까?

이 질문의 답은 층층이 쌓인 바다에 있다. 식물성플랑크톤은 아름답고 다채로우며 복잡한 생물군이지만, 이들이 필요로 하는 주요 요구 사항은 무척 단순하다. 식물성플랑크톤은 물, 이산화탄소, 햇빛, 영양소가 필요하다. 이 가운데 물은 바다에서 제한 요인(생물의 분포나 개체 밀도를 제한하는 환경 요인-옮긴이)으로 여겨지지 않는다. 문제는 햇빛과 영양소다. 일반적으로 따뜻한 바다 상층부는 풍부한 햇빛이 비친다. 그런데 상층부에서는 영양소가 상당히 빠르게 소모된다. 반면 깊은 바다 밑 차가운 물은 영양소가 풍부하지만 햇빛이 들지 않는다. 작은 단세포 식물성플랑크톤은 해양 먹이사슬의 토대를 구축하는 뜻깊은 임무를 수행해야 한다. 이들이 그러한 역할을 해내려면 빛과 영양소, 즉 에너지와 원료 물질이 모두 존재해야 한다. 그런데 층층이 쌓인 바다가 빛을 상층부로, 영양소를 하층부로 분리한다. 훔볼트가 언급한 한류(그의 이름을 따서 훔볼트 해류라고 부른다)는 이런 근본적 문제가 효과적으로 해결되는 장소다.

페루 멸치는 바다 표면으로부터 50m 이내에서 활발히 헤엄치며 크릴새우를 잡아먹는다. 바다의 주요 현상은 상층부와 하층부 모두에서 발생하고, 페루 멸치는 두 구간 사이에서 그러한 현상의 결과를 독식한다. 바다 표면에서는 해상풍이 바닷물을 서쪽, 즉 태평양 쪽으로 밀어낸다. 해안선을 따라 밀려난 따뜻한 표층수는 강한 바람의 힘을 받아 해안선에서 완전히 멀어진다. 그러면 페루 멸치의 활동 구간보다 더 깊이 있는 하층부가 움직일 때다. 수심 약 300m에 있는 차가운 바닷물이 그 틈을 메우기 위해 해안과 맞닿을 때까지 동쪽으로 이동한 뒤 상층부로 솟아오른다.

이때 페루 멸치도 상층부로 올라와 햇빛을 받는 바닷물에서 헤엄치게 된다. 이처럼 바닷물이 해수면으로 솟아오르는 현상을 '용승'이라고 한다. 차갑고 영양소가 풍부한 바닷물이 따뜻한 뚜껑 밑에서 빠져나오면서 햇빛을 다량으로 접하게 된다. 이러한 현상이 모든 해안선을 따라 일어나지는 않지만, 남아메리카 해안에서는 흔히 발생한다. 식물성플랑크톤은 햇빛을 게걸스럽게 먹어치우고 어마어마한 양의 태양에너지를 비축한다.

바다의 보편적인 법칙이 무너지는 것은 굉장히 중대한 문제다. 한류가 흐르는 좁은 바다는 전 세계 바다에서 차지하는 면적이 0.05%에 불과하지만, 어획량이 전 세계 15~20%에 달한다. 최근까지 페루 멸치는 연간 어획량이 단일 야생 어종 가운데 가장 많았다. 최고치를 기록한 1971년에는 1,310만t(약 2,000억 마리)이 잡혔다(이 놀라운 어획량을 기록하고 이듬해에 개체 수 감소가 일어났음을 기억하자). 2018년 페루 멸치 어획량은 전 세계 총 어획량 약 9,000만t 중에서 약 500만t을 차지했다. 이쯤 되면 페루 멸치가 여러분이 사는 동네에서 왜 생선 튀김으로 팔리고 있지 않은지 궁금할 것이다. 이 작고 기름진 물고기는 바다사자의 입맛은 만족시키지만, 사람의 입맛에는 맞지 않기 때문이다. 심지어 멸치 요리를 좋아하는 사람들도 '독특하다' 또는 '대담하다' 같은 단어를 써서 페루 멸치의 맛을 묘사한다. 1950년대에는 거의 아무도 페루 멸치를 먹지 않았다(다만 동아시아 문화권에서는 오래전부터 멸치를 잘 식용해왔다-옮긴이). 하지만 인간은 그토록 풍부한 바다의 보물을 내버려두지 않았다. 수백 년간 누적된 축산업의 성과는 인간이 먹지 않는 식량으로 무엇을 해야 하는지 명확하게 알렸다. 바로 돼지에게 먹이는 것이다.

제2차세계대전 이후 식량은 부족했고, 쌀·밀·옥수수 같은 기초 농산물의 가격은 큰 폭으로 변동했다. 영국 전시 정부는 국민이 스스로 식량을 생산하도록 강력히 권고했다. 이는 수많은 가정이 닭을 사육하고 '돼지 클럽'이 조직되는 결과로 이어졌다. 돼지 클럽이란 돼지를 기르기 위해 뭉친 집단으로, 사육하는 돼지의 절반은 소유하고 나머지 절반은 정부에 보내 전쟁을 지원했다. 돼지 사육은 가정에서 배출되는 음식물 쓰레기를 활용하는 좋은 방안이었다. 풀만 먹고 사는 소와 다르게 돼지는 단백질을 반드시 섭취해야 하기 때문이다. 전쟁이 끝나고도 돼지 생산량 확대는 긍정적으로 여겨졌다. 하지만 가정에서 나오는 음식물 쓰레기로 대규모 농장 수요를 다 충족할 수는 없었다. 양돈업자들은 문제에 직면했다.

영국에서 8,000km 떨어진 캘리포니아에서 정어리를 잡는 어부들은 그보다 더 큰 문제에 직면했다. 정어리 어업 전체가 절벽 아래로 곤두박질쳤다. 존 스타인벡의 소설 《통조림공장 골목》은 유명 정어리 통조림 공장들을 배경으로 한다. 이들은 정어리 어업이 40년간 폭발적으로 성장한 이후, 정어리 개체 수가 급격히 감소한 끝에 몰락한다.

1934년부터 1946년까지는 수산생물학자의 예측이 빗나가면서 매년 정어리가 약 50만t씩 잡혔다. 그러나 1947년에 이르러 어획이 중단되었다. 정어리 어장이 붕괴한 것이다. 캘리포니아 공장 경영주들은 단념하지 않았다. 새로 입수한 장비와 전문 지식과 자본을 페루로 가져가 페루 멸치 어업을 발전시키고자 했다. 이들의 관심 대상은 사람이 먹을 생선 통조림이 아니라, 사료나 비료로도 쓰이는 어분魚粉을 생산하는 것이었다.

물고기는 수억 년에 걸쳐 진화하며 체득한 바다에서의 놀라운 생존법을 제시한다는 점에서 정교하고 매혹적인 생물이다. 어분은 물고기를 건조하고 으깬 다음 분쇄해 만든 가루로,[11] 물고기의 특성이 고스란히 담겨 있다. 그래서 단백질이 놀랄 만큼 풍부하다. 어분 무게를 기준으로 50~70%가 단백질이다. 1950년 양돈업자들은 어분의 잠재력을 깨닫기 시작했다.

전 세계는 칠레와 페루가 훔볼트 해류에서 페루 멸치를 잡아 올리는 대로 신속히 어분을 사들였다. 캘리포니아에서 장기간 정어리를 어획한 결과로 얻은 교훈은 완전히 무시했다. 1950년부터 1973년까지 전 세계 총 어획량은 3배나 증가했지만, 인간이 직접 섭취하는 물고기의 양은 변함없었다. 나머지 물고기는 어분으로 가공되어 가축용 사료 첨가제로 쓰이며 현대 축산업의 필수 원료로 자리 잡았다. 영국은 어분을 가능한 한 전부 수입했고, 1960년까지 어분 수입량 가운

11 어분 일부는 잡어와 물고기 손질 후 버려지는 찌꺼기로 생산된다. 그러나 상당량은 여전히 '식품 등급'인 물고기로 생산된다.

데 절반을 돼지 사료로 사용했다. 공장식 축산과 항생제가 도입되자 양돈업자들은 기존보다 적은 공간과 돈을 들여 더 많은 돼지를 더욱 빨리 기르게 되었다. 페루는 1960년 세계 최대 어분 생산국이 되었고, 1964년 전 세계 총 어획량의 40%를 잡았다. 그런데 어류 남획과 환경 문제로 1972년 페루의 어획량이 급감하며 어분 공급이 중단되었다. 영국의 베이컨 가격은 즉각 2배 상승했다.

남아메리카 해안에서 솟아오르는 차가운 바닷물이 가져온 결과는 비교적으로 좁은 구역에 거대한 해양생태계를 조성했다는 선에서 그치지 않았다. 한류는 전 세계 돼지와 닭, 그리고 생산량이 점점 증가하는 양식 어류에게 생물학적 사료를 풍족히 제공했다. 이들은 길러져 인간의 식량이 되었지만, 정작 인간은 동물단백질의 원천이 바다이며 그로 인해서 자연환경이 엄청난 대가를 치렀음을 인지하지 못했다.

새똥도 보물로 만드는 페루 바다의 날씨

바다는 다양한 방법으로 육지 생물에게 영향을 준다. 바다에서 공급되는 식량은 그중 하나에 불과하다. 많은 사람에게 눈에 띄는 영향을 미치는 것은 날씨다. 앞서 언급했듯 수온은 저장된 에너지를 나타내는 척도다. 햇빛이 해수면을 비출 때 해양 엔진은 위로부터, 대기 엔진은 아래로부터 에너지를 공급받는다. 열 저장고인 바다는 날씨를 움직이는 열판 역할을 한다.

페루에서 북쪽으로 4,000km 떨어진 곳에서 느긋한 육지 동물이 나무를 오르고 있다. 나무는 해안에서 10km 떨어진 내륙에 조성된 울창한 열대우림에 둘러싸여 인근 카리브해에서는 보이지 않는다. 폭우가 이제 막 잦아들어 나뭇잎 무성한 우듬지 사이로 물방울이 여전히 똑똑 떨어진다. 물방울 일부는 산책하러 갈지 고민 중인 녹갈색 털북숭이에게 찰박 튄다. 갈색목세발가락나무늘보가 2m 앞의 푸릇푸릇한 나뭇가지를 느긋하게 응시한다. 나무늘보는 배에 돋은 털들이 구획을 이루고 있어 거꾸로 매달릴 때면 빗물이 무수한 고랑을 따라 흘러 옆구리 쪽으로 빠져나간다. 나무늘보가 움직이자 물방울이 숲의 바닥으로 연신 떨어진다. 이 지역의 연간 강우량은 4m 이상으로 이곳 코스타리카 전국 평균 강우량의 거의 2배에 달한다. 이 빗물은 전부 바다에서 유래한다.

해수면에서 증발한 따뜻한 물은 수증기를 형성하고, 수증기가 대기로 높이 올라가 응축되면 작은 물방울을 이룬다. 바람이 구름을 움직여 물방울의 크기가 비로 내릴 수 있을 만큼 커지면, 바닷물에서 유래한 막대한 양의 물이 육지로 쏟아져 내리며 열대우림에 공급된다. 그런데 이처럼 물이 증발하고 분배되는 방대한 과정은 이 이야기의 단면에 불과하다. 나머지 보이지 않는 단면은 그러한 과정에서 대기에 직접 축적되는 어마어마한 해양 에너지가 물의 순환을 촉진하는 동시에 날씨를 움직인다는 내용이다. 나무늘보와 그들이 사는 푸른 서식지는 물의 순환과 날씨에 의존한다.

바다는 태양에너지를 저장하는 액체형 저장고다. 태양에너지는 개별 물 분자의 충돌에 저장된다. 물 분자는 수온이 상승할수록 더욱 빠르게 빙글빙글 돌면서 서로 부딪힌다. 일부 물 분자는 바다 표면에서 탈출할 수 있을 만큼 빠른 속도로 움직여 스스로 대기로 상승한다. 이것이 증발 과정이다. 바닷물이 상태변화를 일으킬 만큼 가열되어도 모든 물 분자가 동시에 탈출하는 것은 아니다. 에너지가 가장 높은 분자부터 대기 중으로 올라가는데 그 시점에는 바닷물의 수온이 더 오르지 않는다. 바다가 가지는 열에너지가 수온 상승이 아닌 상태변화에 쓰이기 때문이다. 물리학에서는 이를 '잠열'이라고 한다. 찻물을 올릴 때를 생각해보자. 물을 가열하면 100℃에서 끓기 시작한다. 그런데 끓는 물은 그것이 완전히 수증기가 될 때까지 100℃를 넘지 않는다. 가해진 열에너지가 수온을 높이지 않고, 주전자 뚜껑을 달그락거리는 수증기의 상태변화에 쓰이기 때문이다. 따라서 액체에서 기체가 되는 분자는 에너지를 운반해야 한다. 이는 물의 증발 과정에서 바다가 물 분자와 함께 에너지를 잃어 해수면 수온이 낮아진다는 의미다. 이후 높은 대기로 올라간 물 분자는 응축되어 구름방울과 합쳐지고 다시 액체가 될 때 에너지를 잃는다. 구름방울은 이동하면서 거듭 성장하다가 마침내 비가 되어 땅으로 떨어진다. 수증기가 빗방울이 되며 잃어버린 에너지는 하늘에 머무른다. 그 에너지가 대류와 바람을 일으키며 날씨를 역동적으로 변화시킨다.

바다는 열에너지를 효과적으로 저장하지만 그것을 원활히 이동시키지는 못한다. 이와 반대로 대기는 열 저장 능력이 떨어지지만 에너지를 아주 빠르게 이동시킨다. 따뜻한 바다는 하늘에 에너지를 꾸준히 공급한다. 덕분에 몇 주 동안 구름이 태양을 가려도 대기는 계속 움직일 수 있다. 대기를 움직이는 에너지는 대부분 증발하는 물이 공급하지만, 해수면이 직접 방출하는 열이 바로 위 대기로 약간 전도되기도 한다. 이 모든 현상을 바탕으로, 바다는 주요 에너지 저장고로서 태양의 불규칙한 에너지 공급을 완화하고 전 세계로 분배되는 에너지 흐름을 원활하게 한다. 이뿐만 아니라 바다는 하늘에 존재하는 거의 모든 물의 원천이다. 해수면 수온은 지구의 기후 패턴을 끊임없이 변화시키고 현대 기상관측에 중요한 정보를 제공한다.

점심시간에 이르러 비가 다시 내리기 시작한다. 나무늘보는 가장 가까운 나뭇잎에 맺힌 물을 식전주 삼아 마시고 나뭇잎을 먹는다. 열대우림과 나무늘보가 이 지역에 존재하는 이유는 바다가 따뜻한 비warm rain를 안정적으로 공급하는 덕분이다. 서쪽의 대서양에 멕시코 만류가 따뜻한 바닷물을 수송하는 영향으로 영국 콘월에서는 야자나무가 자란다. 미국 동해안을 강타하는 허리케인은 따뜻한 대서양 바닷물에서 에너지를 공급받는다. 최근 연구에 따르면 아마존 분지의 강우량 증가도 따뜻한 대서양 바닷물이 원인이다. 지구의 날씨와 바다는 떼려야 뗄 수 없는 관계다.

남아메리카 서해안을 따라 흐르는 한류로 되돌아가보자. 훔볼트 해류라는 보기 드문 자연현상이 시사하듯 세상은 경이로움으로 가득하다. 차가운 바닷물을 수송하는 훔볼트 해류는 인근 지역 날씨에 직접 영향을 미치며 비가 내리지 않게 한다. 구아나휜배쇠가마우지Guanay cormorant와 페루 얼가니새는 훔볼트 해류를 타고 이동하는 페루 멸치를 잔뜩 잡아먹는다. 섭취한 물질은 반드시 배설해야 하기에 새들이 인근 섬으로 돌아올 때면 새똥이 산처럼 쌓인다. 페루 멸치가 각광받기 훨씬 전인 1800년대 초 일부 구아노 더미는 높이가 30m에 달했다. 구아노는 질소와 인을 비롯한 온갖 미량 광물질이 풍부하게 함유된 마른 새똥이다. 그것은 높이 쌓여 회색 봉우리를 이룬다. 잉카 공동체는 이 생태학적 보물을 소중히 여겼다. 구아노가 농작물 경작에 큰 도움이 되는 거름이었기 때문이다. 농업계의 하얀 보물을 일컫는 명칭인 '구아노guano'는 케추아어로 거름을 뜻하는 단어 '와누wanu'에서 유래했다. 잉카족은 구아노 더미를 보호했다. 새를 괴롭히는 사람들을 처벌했고, 본질적으로 새의 개체 수가 풍부해야 새똥이 지속적으로 공급될 수 있다고 정확하게 인식했다. 훔볼트는 구아노를 발견하고 1804년 영국으로 가져왔지만, 그 매캐한 흰 가루가 유용한 물질이라는 것을 조금도 알아차리지 못했다. 수년이 흐르고 유럽 농부들은 소량의 구아노가 농작물 수확량을 획기적으로 늘린다는 사실을 입증했다. 1840년대에 이르러 구아노는 선풍적인 인기를 끌었고, 서구는 절제력이 없었다.

페루 정부는 악취 나는 회색 섬에서 구아노를 열렬히 채취하기 시작했다. 유독한 구아노를 퍼내는 혹독한 노동은 노예들이 맡았다. 구아노 채굴로 인한 환경 파괴는 페루 멸치를 거름으로 탈바꿈시킨 바닷새 개체군에 심각한 타격을 입혔다. 하지만 그런 문제로 무역이 중단되지는 않았다. 구아노 수출은 급격히 증가했다. 1850년대 페루가 수출한 구아노 중에서 절반(20만t)은 최종 목적지가 영국이었다. 구아노는 영국 농부들이 대량으로 사들인 유일한 거름이었다. 영국은 구아노를 다름 아닌 순무에 거름으로 뿌렸다.[12] 페루 멸치는 영국 돼지를 배불리기 100년 전에 영국 뿌리채소 밭을 비옥하게 했다.[13]

유럽의 새들도 비슷한 양의 똥을 쌀 텐데 왜 굳이 남아메리카에서 새똥을 수입했을까? 결정적 차이는 훔볼트 해류였다. 차가운 해수면이 비가 내리지 않게 막은 덕분에, 남아메리카 구아노는 빗물에 젖어 화학적 변화를 일으키지 않았다. 그 대신 신속하게 건조되며 그대로 퇴적되었다. 대체로 축축하고 습한 유럽의 환경에서는 새똥이 빗물에 씻기거나 화학적 변화를 일으켰다. 차가운 바닷물은 페루 멸치와 새의 생존에 적합한 환경을 조성했을 뿐만 아니라, 질소를 풍부하게 함유한 새똥을 효과적으로 보존했다.

구아노 무역에서 발생한 이익은 페루의 경제를 지탱했다. 페루는 '구아노 시대'를 지나는 동안 재정 안정을 누릴 수 있었다.[14] 이 귀중한 자원은 전 세계 국가가 부러워하는 대상이 되었다. 미국은 1856년 '구아노 제도법Guano Islands Act'을 통과시키며 자국민에게 구아노 제도를 영유할 권리를 부여했다. 이는 미국이 최초로 수행한 제국주의 실험으로 널리 여겨진다. 1865년에 시작해 1879년에 종식된 '친차 제도 전쟁Chincha Islands War'은 가치 높은 섬 일부를 놓고 벌어진 사건이었다. 1880년대 초 발발해 볼리비아가 해안 지대를 칠레에 빼앗긴 태평양 전쟁은 값비싼 구아노가 분쟁의 원인이었다. 구아노 전쟁이 플로리다가 아닌 칠레에서 일어났다는 사실은 우연이 아니다. 이는 해양 엔진이 다른 지역을 제외하고 오로지 한 지역에만 직접적으로 커다란 행

12 이는 역사 속 황당한 사건인데, 당시에도 순무에는 질산염보다 인산염이 풍부한 거름이 유익하다는 사실이 알려져 있었기 때문이다. 수많은 다른 작물에 구아노를 공급했다면 더 큰 이익을 얻었을 것이다. 그러나 1840년부터 1860년까지 구아노는 순무 거름으로 쓰였다.

13 순무는 가축 먹이로도 활용되었으니 어쨌든 돼지가 이득을 보았다고 주장할 수 있겠다.

14 잉글랜드 북부 요크셔에는 "오물이 있는 곳에 놋쇠가 있다"라는 격언이 있다. 불결한 일이 있는 곳에서 누군가는 그러한 일로 많은 돈을 번다는 의미다. 페루 사례는 위의 말을 전 세계에 명백히 입증한다.

운을 가져다준 결과다. 문명에 영향을 주는 패턴, 이를테면 날씨와 자원과 문화는 대부분 해양 엔진이 빚어낸 결과물이다. 인간은 해수면 위를 바삐 돌아다니며 코앞에 닥친 문제만 해결하고, 수면 아래 해양 엔진이 돌아가는 일에는 관심을 기울이지 않는다. 그러나 해양 엔진은 늘 해수면 아래에 있으며, 인간이 아닌 물리법칙에 지배받아 작동한다. 페루 멸치와 구아노의 사례로 보듯 바다의 수온과 에너지는 인간 문명에 중요하다. 그런데 해양 엔진이 지구에 미치는 영향은 훨씬 막중하다.

육지에 사는 인간은 지구 온도를 생각할 때 기온에 집중하는 경향이 있다. 그런데 과학자들이 지구의 열에너지를 탐구하면서 대기는 부수적 요소에 지나지 않는다는 사실이 분명해졌다. 지구 표면에는 면적 1m²당 대기 10t이 존재한다. 대기권은 지상에서 고도 수백 킬로미터까지 뻗어 있다(비록 대기 질량의 75%는 고도 10km까지 최하층에 있지만). 면적 1m²의 정사각형 해수면을 정하고 그 위 대기 온도가 1℃ 상승할 때까지 가열한다고 상상하자. 그만큼의 에너지로 해양 온도를 1℃ 높인다면 정사각형 해수면 아래 2.5m까지만 데울 수 있다. 해양의 평균 수심이 4km인 것을 생각하면 이는 극히 일부에 불과하다. 따라서 대기가 지닌 전체 열에너지는 해양의 전체 열에너지와 비교하면 매우 적다. 지구 표면의 나머지 30%를 차지하는 육지는 어떨까? 단단한 육지는 열을 빨리 흡수한다. 암석 1m²는 다량의 열에너지를 저장한다. 하지만 암석은 움직이지 않으므로 지표면 근처에 열이 머무른다. 이처럼 지표면의 열이 지하 깊숙한 곳의 암석까지 도달하지 못하는 까닭에 육지는 열에너지 저장에 기여하지 못한다. 즉, 대기와 육지는 열에너지 저장에 큰 도움이 되지 않으며 해양이 그러한 역할을 도맡는다.

해양은 지구의 온도계다. 소용돌이치며 흐르는 광활한 푸른 해양은 지구의 에너지 저장소 역할을 하고, 따라서 해양의 평균 수온은 지구에 저장된 열에너지의 양을 나타내는 척도가 된다. 해양은 또한 기후의 극심한 변동을 완화하고 낮과 밤, 여름과 겨울의 차이를 줄이는 거대한 완충장치로 작용한다. 해양이 제공하는 이 같은 안정성은 생물들의 섬세한 생화학적 기관이 쉽게 얼거나 타버리지 않게 보호한다. 그런데 수온은 해양 엔진을 작동하는 주요소 중 하나일 뿐이다. 다음 요소는 눈에 보이지 않고 흔하며 무엇보다 평범하지만, 우리 세계에 미치는 파급력은 대단하다. 바로 소금이다.

바닷소금의 비밀을 푸는 과학자들

바다가 지닌 한 가지 커다란 모순은, 바닷물은 지구상 모든 물의 97%에 해당해 우리 주위 어디든 있지만 그냥 마셨다가는 탈수증으로 죽을 수 있다는 것이다.[15] 물론 원인은 소금이다. 소금은 물에 녹으면 구성 이온이 해리되어 물 분자 틈으로 침입해 눈에 보이지 않게 된다. 그런데 이 작은 침입자들은 해양 엔진의 작동 방식에 막대한 영향을

15 새뮤얼 테일러 콜리지의 유명한 시 〈노수부의 노래〉에는 "물, 물, 사방이 물인데도 / 마실 물은 한 방울도 없었네"라는 구절이 있다.

준다. 지구는 소금이 없었다면 지금과 아주 다른 환경이었을 것이다.

소금은 우리가 알고 있듯 생명에 필수적이다. 성인 체내에 약 200g 존재하며 몸속에서 가만히 머무르는 물질이 아니다. 소금은 신경과 근육을 통한 신호 전달과 혈액 조절을 지속적으로 돕는다. 땀이나 소변을 지나치게 배출한 경우는 소금을 보충해야 한다. 고기를 주로 섭취하는 동물은 먹이에서 소금을 보충할 수 있지만 초식동물은 생존하려면 소금 공급원을 별도로 찾아야 한다.[16] 이는 농경 사회에 사는 인간도 마찬가지다. 소금은 공급이 풍부한 지역에서만 흔하고, 해안에서 멀어지면 구하기 힘들다. 인류 문명 역사에는 소금이 곳곳에 등장한다. 아즈텍제국, 대영제국, 중국을 비롯한 여러 국가가 소금 공급을 통제하고, 소금 추출 및 운송을 돕는 기발한 기술이 등장하고, 많은 사람이 소금을 거래하며 갈등을 빚거나 속임수[17]를 쓰는 등 소금과 관련된 크고 작은 이야깃거리가 가득하다.[18]

지구에는 소금이 부족하지 않다. 욕조 부피의 바닷물은 소금 5kg을 함유한다. 이는 중간 크기 양동이를 채울 수 있는 상당한 양이다. 내일 소행성이 지구에 충돌해 바닷물이 전부 증발한다면, 남은 소금은 전체 해저에 약 65m 두께로 깔릴 것이다. 이 소금의 양을 무게로 환산하면 4,900경t이다. 소금은 전 세계 바닷물에 비교적 고르게 분포하고 있지만, 바다에 존재하는 다른 요소와 마찬가지로 특정 패턴이 있어

---

16 그래서 코끼리, 염소, 사슴은 소금 섭취를 위해 함염지salt lick로 모이고, 육식동물은 오직 먹이 사냥을 위해 함염지로 간다.

17 마크 쿨란스키의 저서 《소금》에 관련 이야기가 자세히 서술되어 있다.

18 6장 '항해자'를 참조하라.

서 이를 파악하면 정보를 얻을 수 있다. 해수면 염분 분포 패턴의 단서를 해독하는 것은 상당히 가치 있는 일이다. 오늘날 미국항공우주국(이하 NASA)과 유럽우주국(이하 ESA)은 값비싼 인공위성을 발사해서 궤도에 올리고 해수면 염분을 연속적으로 관측한다. 그런데 소금이 왜 중요한지, 심지어 왜 소금이 바다에 존재하는지조차 명백히 드러나 있지 않았다. 이 식용 암석은 역사상 수많은 위대한 학자를 당황하게 했다.

17세기의 유명한 과학자 로버트 보일, 그의 초상화를 보면 썩은 바닷물에 코를 박고 킁킁대는 사람일 것이라고는 예상되지 않는다. 초상화에서 보일은 어깨 위로 길고 풍성한 곱슬머리를 늘어뜨리고 있다. 배경은 화려하게 레이스로 장식되어 있어 부유하고 사회적·재정적 지위가 높은 인물임이 분명하게 드러난다. 그는 누군가가(가급적 본인) 실제로 실험해 확인한 것이 아니면 아무것도 믿지 않는다는 신념으로, 현실의 자연을 섬세하고 끈기 있게 탐구해 과학 분야에서 탁월한 업적을 쌓았다. 오늘날에는 비범하게 들리지 않을 수도 있겠으나, 현실을 이해하는 과정에 대체로 미신과 역사적 선언이 뒷받침되던 17세기에는 보일의 사고방식이 선구자적이었다. 보일은 얼음의 형성, 공기의 작용, 색의 의미 등 수많은 주제를 실험한 뒤 솔직하고 정밀하게 기록했다.[19] 그는 영국왕립학회(그리고 전신인 '보이지 않는 대학')의 창립 회원 가운데 한 사람으로, 보통 '누구의 말도 믿지 마라'라는 의미로 번역되는 문구 "눌리우스 인 베르바Nullius in verba"를 완벽히

19 보일은 진공상태에 독사를 집어넣는 실험도 수행했다. 압력 변화가 신체에 어떤 영향을 주는지 연구하는 고압 의학의 시초였다.

실현했다. 그리고 1674년에는 저서《바다 염류에 관한 관찰과 실험 Observations and Experiments about the Saltness of the Sea》을 발표했다.

보일은 햇빛이 바닷물에 짠맛을 부여한다는 아리스토텔레스의 주장을 검증하고자 했다. 민물을 햇빛에 노출하고 짠맛이 나는지 확인했지만 결과적으로 짠맛은 나지 않았다. 그런 다음 실험의 기준점이 단 하나라는 한계를 인식하고 바다 전체를 대상으로 실험했다. 만약 아리스토텔레스가 옳다면 바다는 바닥보다 표면이 염분이 높아야 했다. 보일은 아리스토텔레스의 주장을 뒷받침할 설득력 있는 근거가 없다고 판단했다. 그는 진주를 수확하기 위해 굉장히 깊은 바다를 잠수한다고 널리 알려진 어부들에게 의견을 모았다. 어부들은 바다의 바닥도 표면과 마찬가지로 짜다고 말했다.[20] 보일은 아리스토텔레스의 주장을 대체할 대안을 열정적으로 탐구했다.

그러한 과정에서 두세 번 옆길로 새기도 했다. 바닷물은 양동이에 담아 햇빛에 노출해도 썩지 않는다는 주장을 검증하기 위해 실험한 뒤 "몇 주 만에 그 바닷물에서 지독한 악취가 풍겼다"라고 발표했다. 그리고 조수 로버트 훅이 현미경으로 관찰한 미시 세계가 모든 이를 충격에 빠뜨린 지 불과 수년 후였다. 보일은 "많은 뱃사람이 광활한 바다는 어마어마한 수의 미소체Corpuscle로 가득 차 있고, 그 미소체가 온갖 방식으로 바다의 구성 요소를 다양화하며 바다가 단순한 소금물이 되지 않게 막는다고 생각한다"라고 조심스럽게 언급했다.

마지막으로 그는 시간이 흐를수록 바다의 염분이 증가하는지, 모

---

20 그런데 당시 바다의 바닥이 실제로 어디인지 아는 사람은 아무도 없었다.

든 바다의 염분이 동일한지 등을 추측해 가장 선구적인 의견을 남겼다. 그것만으로도 명석한 두뇌가 필요한 질문이었다. 보일은 포괄적이고 근원적인 질문을 대담하게 던지면서도 그에 대한 자신의 의견에 한계가 있음을 알고 있었다. 보일은 눈앞의 증거를 벗어나 추측하기를 주저하며, 바다의 모든 지점에서 염분이 동일한지를 밝히기 위해서는 다양한 기후와 여러 해양 지역에서 수없이 관측해야 한다고 설명했다. 보일이 저술을 남기고 350년이 흐르는 사이(특히 최근 30년 동안) 해양과학자들은 바다를 수없이 관찰했다. 세심한 관찰자였던 보일은 지엽적 관찰 결과도 좋아했겠지만, 푸른 기계로 밝혀진 사실에 훨씬 흥미로워했을 것이다. 그럼 소금이 바다에 어떻게 고르게 퍼지는지 확인하기 앞서 한 걸음 물러나 생각해보자. 우리가 바닷소금이라 부르는 이 물질은 정확히 무엇일까?

내 책장에는 남극에서 채집한 바위, 북극에서 채집한 물 샘플이 진열되어 있고, 그 옆에 소금이 담긴 작은 금속 용기가 있다. 이는 하와이 코나섬에서 구입한 것으로 NELHA가 끌어올린 차가운 해양 심층수에서 얻은 소금이라고 자랑스럽게 적혀 있다. 이 소금을 먹으면 해양 심층수는 내 일부가 되어 신경이 신호를 보내고 근육이 수축하는 작용을 도울 것이다. 그런데 먼바다에서 유래한 이 소금은 내가 유년시절을 보낸 지역의 인근인 노스위치 또는 낸트위치에서 채굴한 암염과 다른 점이 있을까?[21] 이 질문의 답은 1872년부터 1876년까지 이어진 챌린저 탐사를 통해 밝혀졌다. 챌린저호는 헌신적인 과학자들을

21 영국에서 '-위치-wich'로 끝나는 지역명은 소금 생산과 관련이 있다.

태우고 4년간 대서양과 태평양, 남극해 일대를 순환하면서 전 세계를 누볐다. 이 탐사에서 참신하고 놀라우며 예상치 못한 과학적 성과가 도출되기는 했으나, 그 탐사 자금이 인간의 호기심을 충족하기 위해 선의로 조달된 것은 아니었다.

챌린저 탐사는 심해를 가로질러 전신케이블을 구축해 통신망을 개선하고자 하는 해군 및 산업계의 관심과 과학적 호기심이 만나는 교차점에서 출발했다. 영국왕립학회는 과학적 호기심을 품고 있었고, 영국수로국은 측량 경험이 있었으며, 해군은 항구와 석탄, 보호 능력 그리고 선박 HMS 챌린저호를 보유하고 있었다.[22] 배에 오른 과학자들은 낯선 심해 생물과 퇴적물에 흥미가 있었고, 해군은 해저지형에 관심이 많았다. 중요한 측량 작업이 진행되는 동안 과학자들은 바다에서 접근할 수 있는 모든 데이터를 수집했다. 바다에서 수개월 동안 머무르다가 육지에 잠시 체류할 때면 여러 식민지 항구에서 파티를 열어 무도회와 만찬을 즐기고 현지 관광지에서 귀빈 대접을 받았다.

챌린저호는 방대한 데이터를 가져왔다. 챌린저호에 오른 과학자들이 가공 전 원시raw 데이터를 수집하며 그 가치까지 즉시 파악할 수는 없었기에, 챌린저호가 돌아온 뒤에 모든 데이터가 분석되고 발표되기까지는 거의 20년이 걸렸다. 이러한 격차는 오늘날에도 존재한다(요즘은 많이 짧아져 1~4년 정도 걸린다). 바다에서는 고품질 데이터를 최대한 많이 수집하는 것을 목표로 하지만 그 분석은 고생스럽고

22 챌린저 탐사대가 전 세계를 누빌 수 있었던 이유는 당시 대영제국이 세계 곳곳에서 경제 기반을 장악하고, 막대한 영향력을 행사하고 있었기 때문이다.

더디다. 하선한 직후 과학자들은 무엇을 알아냈는지 질문을 받으면 대부분 아직 모른다고 대답한다. 흔히 탐사 직후에는 어떤 놀라운 발견들이 있었는지 제대로 드러나지 않는다. 이는 새로운 데이터가 바다에 대한 이해를 재정립하는 까닭이다.

전 세계 바닷소금이 같은 물질인지에 관한 질문의 답은 챌린저호가 가져온 바닷물 샘플 77개에 조용히 담겨 있었다. 이 샘플들은 생선 절임, 퇴적물 상자, 수많은 연체동물 껍데기 사이에 보관되어 있다가 글래스고에 사는 윌리엄 디트마르William Dittmar에게 보내졌다. 디트마르는 수년간 다양한 해역과 수심의 바닷물에서 화학적인 단서들을 얻었다. 1884년 발표한 보고서에 그 모든 내용이 상세히 담겨 있다. 이 보고서를 포괄하는 한 가지 결론은 바닷물에 포함된 소금 양은 바다의 위치에 따라 다르지만, 소금의 주요 성분(소듐, 염소, 마그네슘, 포타슘 등)은 바다의 위치와 깊이를 가리지 않고 언제나 동일하다는 것이다.[23] 열대지방 코나섬에서 채취한 나의 귀중한 소금은 회색빛 음산한 아일랜드 바다에서 나는 소금과 똑같다.[24]

아리스토텔레스는 소금이 바다에 유입된 경로는 그릇되게 설명했지만, 바닷물에서 물을 모두 제거하면 소금이 남는다는 올바른 정의를 제시하기도 했다. 크고 얕으며 옆면이 완만하게 경사진 그릇에

---

23 이 아이디어는 요한 포르크하머Johan Forchhammer가 사망하기 직전, 1865년에 처음으로 제안했다. 하지만 그것을 입증하기 위해 화학적으로 철저히 탐구한 최초의 인물은 디트마르였다.

24 코나섬에서 소금을 구입한 당시에 나는 이 내용을 이미 알고 있었다. 소금 99g에 10달러(약 1만 3,000원)를 지불한 것은 말도 안 되는 짓이었다. 하지만 수백 년간 햇빛을 보지 못한 소금이라는 발상이 마음에 들었다.

바닷물을 증발시키면 하얀 소금이 나이테 같은 고리 무늬로 남는다. 이는 바닷소금이 한 가지 성분으로 이루어지지 않았음을 드러내는 첫 번째 단서다. 바닷소금을 구성하는 모든 성분은 지구에서 떨어져 나온 파편들이 이동하다가 우연히 바다에 용해된 것이다. 이 모든 성분은 이산화탄소가 풍부한 대기로 뒤덮여 뜨겁고 황량한 초기 지구에서 유래했다. 지상으로 노출된 육지의 암석은 주기적으로 산성비를 맞았다. 산성 성분이 암석과 반응해 소듐, 포타슘, 마그네슘, 칼슘 등 일부 원소족이 선택적으로 떨어져 나갔다. 이들은 모두 주기율표 왼쪽 상단에 자리한 원소로, 기회가 주어지면 전자 1~2개를 잃고 양전하를 띤 이온이 된다. 양이온의 특징은 물에 쉽게 녹는다는 것이다.[25]

초기 지구는 화산활동이 매우 활발히 일어난 끝에 내부가 안정되었다. 화산은 수소 이온과 염화 이온의 결합체로 반응성이 강한 염산과 황 화합물을 다량 분출했다. 이 과정에서 음전하를 띤 염화 이온과 황산 이온이 바다에 유입되었다. 이온들은 각자 양전하 또는 음전하를 띤 상태로 바다의 물 분자 사이에 침투했다. 바닷물 1ℓ는 염화 이온 18.9g, 소듐 이온 10.6g, 황산 이온 2.6g, 마그네슘 이온 1.3g, 칼슘 이온 0.4g, 포타슘 이온 0.4g과 그 외에 많은 이온을 미량 함유한다.[26] 이 다

---

25 화학자는 물 분자를 극성으로 취급하며, 이는 분자 내에 음전하를 띤 전자구름이 분자의 특정 위치에 모이는 경향이 있음을 가리킨다. 전자구름의 밀도가 높은 곳은 약한 음전하를 띠고, 전자구름의 밀도가 낮은 곳은 약한 양전하를 띤다. 그래서 물은 실온에 액체다. 물 분자에서 양전하를 띤 부분은 근처 다른 물 분자에서 음전하를 띤 부분을 강하게 끌어당긴다. 두 물 분자를 떼어내는 것, 즉 물을 증발시키는 것은 많은 에너지를 필요로 한다. 그리고 물 분자의 강한 극성 때문에 전자 1~2개를 얻거나 잃은 원자(이를테면 양전하를 띤 소듐 이온, Na^+)는 물 분자들의 틈으로 쉽게 들어간다.

양한 이온은 바다에서 서로 거의 반응하지 않는다. 그러나 물이 증발하면 양이온과 음이온은 짝을 이루어 고체 염鹽을 형성한다. 이는 용해도가 가장 낮은 이온의 조합부터 순차적으로 일어난다. 이러한 과정을 통해 바닷물은 증발하면서 나이테 같은 고리 무늬를 형성한다. 주된 이온 조합은 염화나트륨으로 일반적인 소금이다. 바닷물은 이온을 위한 결혼 중개 업체로 소듐 이온과 염화 이온이 교제하는 장소를 제공한다. 물이 완전하게 제거되어야만 두 이온이 친밀하게 짝을 이룬다. 바닷소금은 바닷물이 증발하고 남은 물질로 어느 바다에서나 같다.

바닷소금 애호가는 지나치게 걱정하지 않아도 된다. 소금 자체는 변화하지 않고, 자연적으로 몇몇 다른 성분이 요리용 소금에 첨가될 수는 있다. 모든 소금은 바다에서 유래하지만 대부분 육지를 수백만 년간 떠돈 뒤 식탁에 오른다. 인류는 많은 에너지를 투입해 바닷물을 증발시키고 소금을 얻는다. 그 힘든 작업을 수천 년 전에는 태양이 훨씬 수월하게 했다. 암염은 얕은 바다가 마르면서 땅속 깊은 층에 소금이 쌓여 생성된다. 정제되지 않은 소금은 해조류, 세균, 기타 광물을 미량 함유할 가능성이 높다. 이런 첨가물이 소금의 색과 맛에 작은 차이를 불러온다. 고급 소금에 매료된 사람은 독특한 색과 맛에 비용을 지불한다. 핑크 솔트와 블랙 솔트는 육지에 잠시 머무르는 동안 얻었던 화학적 흔적을 지닌다. 흔하고 뻔한 '식탁 소금'은 가공 과정에서 염화

---

26 바닷물 1ℓ는 탄산수소염 0.14g도 함유하는데, 이는 지구의 해양 탄소순환을 돕는 숨은 조력자다.

나트륨을 제외한 모든 성분이 제거된 제품이다.

1870년대에 챌린저호를 탑승한 존 뷰캐넌John Buchanan은 소금이 어디에서 왔는지 알지 못했다. 그러나 탐사대의 화학자로서 바다에 소금이 얼마나 많이 있고 특히 어디에 존재하는지, 바다의 모든 위치와 깊이에 똑같이 존재하는지 알아내는 것이 그의 임무였다. 바닷물을 화학적으로 분석하려면 거칠게 움직이는 배 안에서도 유리로 된 섬세한 실험 도구를 매일 정교하게 다뤄야 했다. 이는 실험 사고로 이어지는 지름길이었다. 그래서 그는 아주 단순하고 견고한 장치를 고안했다. 그는 바닷물에 소금을 첨가하면 밀도가 상승하므로, 밀도를 측정하면 염분을 밝힐 수 있음을 알아차렸다. 뷰캐넌이 고안해낸 기발한 해결책은 밀도가 바닷물과 거의 같은 원통형 장치로 상단에 길고 가느다란 구획이 돌출되어 있다. 이 장치는 바닷물 샘플에 넣으면 거의 완전히 물에 잠기지만, 바닷물의 밀도에 따라 미세하게 더 가라앉거나 떠오른다.[27] 원통 상단의 가느다란 구획에 새겨진 눈금을 읽으면 밀도가 더 정확하게 측정된다. 원통과 바닷물은 배 한가운데에 매달린 용기에 담겨 있어 배가 거칠게 움직여도 흔들리지 않았다.

뷰캐넌은 탐사하는 4년간 염분을 2,000번 측정했고, 바다 전체 염분으로 지도를 작성한 최초의 인물이 되었다.[28] 그는 챌린저호가 가는 모든 바다의 염분이 매우 비슷하며, 10%라는 좁은 범위 내에서 뚜렷

---

27 이 방법이 완전히 새로운 것은 아니었다. 1674년 로버트 보일은 그와 아주 비슷한 장치를 활용해 선장을 바다로 보내는 법을 설명했다.

28 뷰캐넌의 1877년 논문에는 챌린저 탐사 이전에 더 좁은 구역에서 채취한 샘플의 데이터가 수록되어 있다.

한 패턴을 보인다는 점을 발견했다. 바다를 구성하는 여러 층은 염분이 서로 다르며, 대서양이 태평양보다 염분이 더 높다는 것도 알아냈다. 오늘날 해양과학자는 실용 염분 단위Practical Salinity Scale로 염분을 측정한다. 이 측정값은 일반적으로 바닷물 1kg당 녹아 있는 염류의 질량(g)과 같다.[29] 실용 염분 단위를 기준으로 해양 평균 염분은 약 35, 대서양 표면 염분은 약 37, 남극해 표면 염분은 약 34에 해당한다. 이후 대두된 질문은 바다 염분이 그토록 다양한 이유에 관한 것이었다. 이 질문에 대한 답의 일부는 챌린저 탐사 당시에도 눈에 뻔히 보이는 곳에 숨겨져 있었다. 그 답은 수 세기 동안 무역업자들이 누비고 다닌 바다이자 성격이 서로 판이한 바다인 지중해와 발트해에 있었다.

지구의 해양 전체는 하나로 연결되어 있지만, 다른 해양과 거의 닿지 않아 고립된 몇몇 반폐쇄 바다가 있다. 가장 유명한 반폐쇄 바다는 유럽 남쪽 경계를 이루는 지중해로 웅장한 지브롤터해협을 통해 대서양과 맞닿아 있다. 지브롤터해협은 폭이 14km에 불과하지만, 지중해는 스페인부터 시리아까지 동쪽으로 거의 4,000km 뻗어나가며 21개국의 해안선과 접한다. 북유럽에 위치하는 바다인 발트해는 덴마크와 스웨덴 사이 얕고 구불구불하며 폭이 25km까지 좁아지는 카테가트해협을 통해 또 다른 바다인 북해와 연결된다. 해협 안쪽에서는 길이 1,500km에 달하는 넓은 바다로 펼쳐지며 스웨덴과 핀란드, 러시

29 실용 염분 단위는 오늘날 가장 널리 사용되는 바닷물 염분 측정 방식이다. 전기전도도의 비율이므로 단위가 없다. 2010년에는 절대 염분을 측정하는 새로운 방식인 TEOS-10이 개발되었다. 이는 정밀하지만 계산이 복잡하다.

아 해안선과 접한다. 구조적 관점에서 보면 지중해와 발트해는 둘 다 대서양과 약하게 연결된 넓은 바다라는 점에서 굉장히 유사하다. 그러나 해수면 아래에서 헤엄치는 동물들 관점으로 보면 두 바다는 지극히 다르다. 발트해는 수온과 염분이 모두 낮은 바닷물로 채워져 있다.[30] 연평균 해수면 수온은 약 8℃이며 염분은 8이다. 반면 지중해는 수온과 염분이 높다. 연평균 해수면 수온은 20℃이고 염분은 38이다. 두 바다는 서로 완전히 딴판이다.

지중해와 발트해의 차이는 두 과정이 작용하는 결과다. 두 과정 모두 소금과 직접적인 관련은 없다. 두 바다는 유입되는 바닷물이 전체 바닷물의 평균값에 영향을 주기에는 바다의 입구가 너무 좁아 두 과정의 영향력이 또렷하게 드러난다. 첫 번째는 물 분자가 제거되는 과정이다. 따뜻한 바다를 구성하는 물 분자가 하늘로 증발하며 소금을 남긴다. 두 번째는 빗물과 강물 형태로 민물이 바다로 돌아가는 과정이다. 지중해와 발트해는 여러 강과 연결되어 주변 광활한 땅에서 모인 빗물이 강을 타고 흘러든다. 지중해와 발트해는 두 과정 사이의 균형에서 차이가 있다. 추운 북부 발트해는 강물과 빗물이 상당량 유입되고, 기온이 낮아 해수면에서 민물이 거의 증발하지 않는다. 따라서 균형이 민물 쪽으로 강하게 치우친다. 유입되는 강물의 양에 비해 소금의 양이 부족하기 때문이다. 반면 따뜻한 지중해는 다량의 민물이 하늘로 증발하지만, 뜨겁고 메마른 땅을 흐르는 얕은 강에서 지중해로 흘러드는 민물은 거의 없다. 즉 지중해는 물 분자를 계속 잃으면

30 염분이 바닷물과 민물의 중간에 해당하는 물을 전문용어로 '기수汽水'라고 한다.

서 거의 회수하지 못해 염분이 무척 높다.

핵심은 바닷물의 염분이 소금의 양에 의존하는 수치가 아니라는 점이다. 소금은 흐르는 물에 실려 다니는 승객일 뿐이다. 상당량의 소금이 새롭게 바다로 투입되거나, 바다로부터 빠져나가지 않는다.[31] 지금 바다에 존재하는 소금은 앞으로 존재할 소금의 거의 전부다. 바다에서 염분 변화가 나타나면 그 변화 패턴은 소금이 아닌 물의 움직임을 알릴 것이다.

염분은 대양의 물리적 구조와 체계에 큰 차이를 불러온다. 해양 엔진에 사는 무수한 생물에게 소금은 삶과 죽음을 결정하는 요소이자 지속적으로 주의하고 대응해야 하는 대상이다. 소금은 지나치게 섭취하면 빠르게 사망한다는 점에서 우리에게 수수께끼를 남긴다. 바닷물이 유일한 물 공급원인 상황에 빠지면 인간은 목숨을 잃지만 물고기는 살아남는다. 그렇다면 해양 생물은 어떻게 물을 섭취할까?

장수거북과 8ℓ의 눈물

노바스코샤 앞바다를 흐르는 차가운 바닷물은 뿌연 청록색으로, 수면 위는 햇빛이 산란되어 반짝이지만 수면 아래는 어두컴컴하다. 바닷속 안개는 부유하는 생물에서 떨어져 나온 작은 조각들로 이루어졌다. 그러한 조각 하나하나는 눈에 보이지 않지만 조각들이 모여 형

31 암염 생성량은 소금의 총량에서 아주 작은 비중을 차지한다.

성하는 안개는 모든 해양 생물이 5m 앞도 보지 못하도록 시야를 흐릿하게 만든다. 바다는 고요하다. 때때로 수면에서 부서지는 파도와 먼 바다에서 들려오는 뱃고동의 소리가 정적을 깨뜨린다. 안개를 뚫고 불쑥 나타난 장수거북이 텅 빈 물속을 천천히 미끄러지듯 헤엄친다. 장수거북은 꼬리까지 길이가 거의 2m로 크고 단단하며, 얼룩덜룩한 회색 타원형 지느러미와 들창코를 지녔다. 그리고 카리브해에 자리한 번식지에서 출발해 거의 4,000km를 여행한 까닭에 배가 고프다.

장수거북과 인간은 분자 수준에서 크게 다르지 않다. 장수거북은 체내 평균 염분이 바닷물 염분의 3분의 1 정도이고, 파충류의 신장은 혈액보다 염분이 높은 소변을 생성하지 못한다. 바닷물이 장수거북 체내에 침투하면 세포가 망가질 것이다. 가죽처럼 단단한 피부는 소금을 차단하는 요새다.

어두컴컴한 바다 밑에서 들려오는 소리가 귓가를 맴돈다. 혹등고래의 길고 느릿한 울음소리다. 혹등고래는 물고기를 먹고 살며 물고기의 체내 염분은 바닷물보다 낮다. 혹등고래가 물고기를 소화하는 동안 탄수화물과 지방이 물을 내놓고 물고기 자체도 물을 함유한다. 그 덕분에 혹등고래는 물고기를 삼키기 전 바닷물을 밖으로 배출하는 식으로 조심스럽게 행동한다면, 소금을 지나치게 섭취하지 않고도 먹이에서 물을 충분히 얻을 수 있다. 아직 확실히 밝혀지지는 않았으나 혹등고래는 물을 마실 필요가 없어 보인다.[32] 과도하게 섭취한 소금을 배출하는 과정은 혹등고래가 잡아먹는 물고기의 몸에서 대부분 일어난다. 물고기는 바닷물을 마신 뒤 아가미와 대소변을 통해 소금을 능숙하게 바다로 내보낸다. 해양 척추동물은 물을 직접 마시는 사례가 거의 없다. 이들 모두 물을 체내에 저장하고 소금을 몸 밖으로 배출하는 어려움에 직면한다.

장수거북은 소금 배출의 대가大家다. 장수거북이 헤엄치는 청록색 바다는 그들의 먹이인 살아 있는 해파리가 즐비한 뷔페식당이다. 색이 없는 돔형 젤리에 주황색 넝쿨손이 어지럽게 매달린 어두운 실루엣이 주기적으로 꿈틀대며 안개를 뚫고 1~2분마다 등장한다. 장수거북이 지느러미발을 살짝 비틀어 불운한 젤리 덩어리 쪽으로 접근한다. 장수거북이 덥석 물어뜯자 해파리가 갈기갈기 찢어진다. 이 과정에서 장수거북은 소금 수지에 타격을 입는다. 해파리는 생물의 탈을 쓰고 있지만 바닷물이 담긴 작은 양동이에 불과하다. 해파리의 몸은 96%가 물이고 나머지 4%가 소금이어서 바닷물만큼 염분이 높다. 유용한 먹이인 유기물은 해파리의 몸에서 1%도 되지 않는다. 장수거북은 먹이를 한입 뜯을 때마다 유기물보다 3배 많은 소금을 섭취한다. 그런데 장수거북은 덩치가 크다. 이 장수거북의 몸무게는 450kg이고, 번식을 위해 열대지방으로 돌아가기 전까지 100kg 더 늘어야 한다. 해파리 1마리에서 얻을 수 있는 영양소는 거의 없다. 따라서 장수거북은 먹고 먹으며 자기 몸무게의 80%를 영양가 없는 젤리로 채워야 한다. 이때 장수거북이 매일 섭취하는 소금을 전부 합치면 10kg이 넘는다. 어떻게 장수거북은 몸속이 쪼그라들지 않고 살아남을 수 있을까?

32 이는 고래가 육상 포유류로서 진화하다가 바다로 다시 돌아갔음을 고려하면 특히 놀라운 성과다. 육지에서는 마실 물이 부족한 환경에 대처하는 것이 긴 잠수를 견디는 호흡보다 우선시되는 진화 과제였을 것이다.

장수거북의 해결책은 기발한 동시에 우리 마음을 슬프게 한다. 이 상냥한 거인은 먹이를 섭취하며 눈물을 흘린다. 장수거북 머리의 상당 부분은 소금샘, 즉 소금을 눈물관 밖으로 배출하는 기관이 차지한다. 장수거북의 눈물은 걸쭉하고 점성이 있으며 염분이 바닷물보다 약 2배 높다. 소금을 계속 섭취하면서도 목숨을 잃지 않으려면, 장수거북은 시간당 약 8ℓ씩 눈물을 흘려야 한다.[33] 이는 바닷물 속에서 살아가는 데 따르는 비용이다.

인류는 극한 환경에 사는 동물에 관심이 많다. 이를테면 영하 20℃ 또는 120℃를 견디는 미생물, 위산만큼 수소 이온 농도(pH)가 낮은 화산 온천에서 살아남는 세균 등이 있다. 그런데 바다도 무척 가혹한 환경이다. 수많은 해양 동물이 소금과 물을 엄격히 조절해야 생존할 수 있다. 우리는 그 사실을 쉽게 잊는다. 소금과 물 모두 생명에 필수적인 요소다. 바다에서 한 요소를 피해 다른 한 요소만 섭취하기는 불가능하다. 해양 동물은 소금과 물 사이에서 줄타기하는 해양 생활에 적응해야 한다.

인간은 매일 바다를 먹는다. 지금 우리 몸에서 나트륨은 시냅스를 분주하게 이동하며 몸 구석구석 신호를 보낸다. 이 물질은 바다에서 유래했다. 염소는 우리 몸이 혈압을 조절하고, 세포 내부와 외부를

33 생존을 위한 장수거북의 노력은 이뿐만이 아니다. 장수거북은 배가 부풀지 않게 먹이를 아주 빠르게 소화하며, 몸무게의 25%에 해당하는 먹이만 내장에 담는다. 그리고 몸에 닿는 엄청난 양의 바닷물에 에너지를 빼앗기고, 체온을 유지하기 위해 또 자신의 에너지를 소모한다. 빠른 소화와 에너지 순환을 위해 장수거북은 먹이를 먹는 동시에 몸의 다른 한쪽 끝으로 액상 배설물을 다량 배출한다. 이는 효율적이지 않은 생활 방식이다.

연결하는 관문을 제어하는 과정에 도움을 준다. 이 물질 또한 바다에서 유래했다. 땀 한 방울이 혀에 떨어져 짭짤한 맛을 느끼는 것은 바다를 맛보는 것과 같다. 땀방울 속 물질은 바다에서 탈출한 보기 드문 이온이다. 바닷속 소금은 수백만 년에 걸쳐 육지와 해양을 오가며 아주 천천히 순환한다. 그동안 바닷속 소금의 양은 거의 고정되어 있다. 하지만 그 소금이 모든 바다에 균일하게 분포하지는 않는다. 그것이 NASA가 인공위성으로 바다의 염분을 관측하는 이유다.

가라앉느냐 떠오르느냐, 보라고둥의 생과 사

일상생활에서 수온과 염분의 조합은 일반적으로 수프의 맛이나 빙판길의 위험을 논할 때 언급된다. 육지에서는 대개 고립된 시스템(수프 한 냄비 또는 도로 하나)을 다루므로 바람직한 상태에서 벗어나도 비교적 수월하게 관리할 수 있다. 반면에 대양은 광활하다. 그리고 해양에 존재하는 바닷물은 믿을 수 없을 만큼 천천히 섞인다. 그래서 외부에서 유입되는 열과 소금이 바다 전체에 고르게 영향을 미치기가 어렵다. 바다에서 서로 동떨어진 해역은 장벽으로 막혀 있지 않아도 수온과 염분이 확연히 다를 수 있다. 수온과 염분의 조합은 바닷물이 있던 위치와 바닷물에 최근 일어난 현상에 관해 많은 정보를 알려준다. 수온과 염분을 변화시키는 요인이 적고, 변화해도 그 속도가 느리기 때문이다. 그래서 해양과학자는 쉽게 바뀌지 않는 열과 염분을 기준으로 수괴를 식별한다. 이는 마치 특정 인물의 성격을 묻는 것과 같다. 수온과 염분은 또한 바닷물의 현재 상태뿐만 아니라 앞으로의 움직임을 드러낸다. 이는 두 지표가 바닷물의 이동 경로에 막대한 영향을 주기 때문이다.

태평양 적도 해역을 잔잔하게 흐르는 짙푸른 바닷물은 햇빛에 반짝인다. 고래는 숨 쉬기 위해 종종 물 위로 나와 까만 등을 드러낸다. 수백 킬로미터에 걸쳐 뻗어 있는 바다는 겉보기에 비어 있는 것처럼 보인다. 그러나 가까이 다가가 관찰하면 육지에서 떠내려온 해조류 조각이나 나뭇가지, 2펜스 동전만 한 하얀 거품 덩어리 등 방해꾼들이 고요한 해수면에 파문을 일으킨다. 특정 거품 덩어리 밑면에는 밝은 보라색 달팽이가 거꾸로 뒤집힌 채 붙어 있다. 이들은 점액과 공기 방울에만 의존해 수심 4km 바다 위를 이리저리 떠다닌다. 이 달팽이는 보편적인 연체동물처럼 살다가 물 위를 자유롭게 떠다니도록 진화한 보라고둥Janthina janthina이다.

살아 있는 세포는 물과 유기물질이 가지런히 정리되어 담긴 꾸러미로, 각 세포는 생명 유지에 필요한 모든 지침과 장치와 조절 체계가 내재한 작은 생화학 공장이다. 이 꾸러미에서 물을 제외한 거의 모든 물질은 긴 사슬분자다. 이러한 분자는 여러 원자를 하나로 묶는 효율적 방법이다. 이 때문에 살아 있는 세포는 단위 부피당 질량, 즉 밀도가 물보다 대부분 높다. 암석에 붙어서 살거나 죽은 양의 내장을 먹으며 사는 생물에게는 세포와 물의 밀도 차가 그리 중요하지 않다. 그런데 바다에 사는 생물은 중력이 주변 바닷물보다 몸을 강하게 끌어당겨 저항하지 않는 한 쉽게 가라앉는다. 바다 달팽이는 대개 바다 밑바닥에서 암석과 퇴적물 위를 기어다닌다.[34] 이들은 바닷물보다 밀도가 높아 더 강한 중력을 받는 탓에 밑바닥에 머무른다. 그런데 보라고둥 조상이 그 규칙을 무너뜨렸다.

규칙을 무너뜨린 보라고둥 조상은 암컷으로, 잔잔한 물살에 밀려 암석에서 떨어져 나온 뒤 기체로 가득 찬 점액성 알 주머니에 매달려 햇빛을 향해 천천히 이동했을 것이다. 밀도의 재미있는 특징은 물체 전체의 평균 밀도가 중요하다는 것이다. 질량이 거의 없고 부피만 큰 물체에 달라붙으면 자기 몸의 높은 밀도를 분산할 수 있다. 알 주머니는 부풀어 오른 풍선 역할을 하며 암컷 보라고둥 조상을 해수면 위에 올려놓았다. 이 조상은 여러 세대에 걸쳐 환경에 적응한 끝에 보라고둥으로 탄생했다. 푸른 바다에 은신하기 위해 껍데기가 보라색으로 변했다.[35] 몸무게를 최소화하기 위해 껍데기가 얇아졌다. 암컷과 수컷 모두 거품 뗏목을 만들도록 진화하며 이 생물종은 바다 밑바닥을 떠났다.

보라고둥의 생존 방식에는 진정 위험이 따른다. 보라고둥은 거품 뗏목에서 떨어지면 다시 돌아온다는 희망 없이 바닷속으로 가라앉아 목숨을 잃을 것이다. 그러나 보라고둥이 거품 뗏목에 달라붙어 있는 한, 이들은 물보다 밀도가 낮아 해수면에 계속 떠 있을 수 있으므로 안전하다. 보라고둥은 발에 달린 깔때기 형태의 구조를 써서 공기를 가

34 바다 달팽이는 폐가 아닌 아가미를 지녔다.

35 로마제국이 사랑한 염료 티리언 퍼플의 원료인 뿔고둥과 보라고둥은 다르다. 두 고둥이 지닌 염료는 화학적으로 전혀 다르지만 모두 보라색이다.

두어 점액으로 덮는다. 그리고 그것을 거품 뗏목에 붙인 다음 바닷물에서 굳힌다. 거품이 부족해지면 위험하므로 보라고둥은 상당히 튼튼한 이 점액 거품을 지속적으로 관리한다. 거품이 많을수록 보라고둥과 거품 뗏목은 밀도가 낮아져 물 위로 높이 뜬다. 거품이 터질수록 이들은 밀도가 높아져 물 아래로 차츰 내려간다. 거품이 지나치게 터져 밀도가 물과 비슷해지면 보라고둥과 거품 뗏목은 어두운 심해로 가라앉는다. 중력은 모든 사물을 밀도 순으로 정렬하며 계층구조를 형성한다. 바다 달팽이는 밀도가 가장 높으므로 바다 밑바닥에서 산다. 바닷물은 밀도가 중간에 해당하므로 바다 달팽이 위에 존재한다. 거품 뗏목에 매달린 보라고둥은 밀도가 가장 낮으므로 해수면에 떠오른다. 그런데 중력 규칙이 이들에게만 적용되는 것은 아니다. 바다 물리 구조 자체가 중력이 형성한 밀도 계층구조에 기반하므로, 바다에서 발생하는 모든 현상에는 밀도가 무척 중요하다. 밀도의 작은 변화가 엄청난 결과를 초래하기도 한다.

얼어붙은 북극해를 횡단하는 프람호

세상이 회색빛과 흰빛으로 물든 어느 날, 바닷가에 자리한 몇몇 삼각형 건물의 가파르고 뾰족한 외곽선이 눈 내리는 고요한 하늘을 가르고 있었다. 건물 안으로 들어서자 안도감이 느껴지는 동시에 원근감의 변화가 시야에 훅 들어왔다. 내 머리 위에서 양쪽으로 우뚝 솟은 거대하고 둥근 덩어리와 마주했다. 이 덩어리는 나무로 만든 선박으로, 돛대가 건물 꼭대기까지 솟아오르고 선체가 건물 바닥을 가득 채웠다. 선박 측면은 크림색, 검은색, 빨간색으로 밝게 칠해져 있었다. 선체는 깊고 둥그스름하며 길이가 너비의 3배에 지나지 않는 독특한 형태였다. 마치 선박을 가장한 그릇처럼 매끈하고 불룩하며 곡선미가 있었다. 나는 이처럼 견고하고 안락한 선박은 본 적이 없었다. 이 선박에 관해 다룬 글을 많이 읽었지만, 그 실체를 내게 고스란히 전한 글은 없었다. 극지방에서 일해본 사람에게 이곳에 오는 일은 성지순례와 같다. 이 선박은 인간애와 겸손과 협동심을 토대로 탐험을 준비하고, 자연을 있는 그대로 탐구하며, 과학적 가설을 시험한 희대의 도전을 상징한다. 그 명칭은 프람호Fram로 극지 과학 및 탐험 역사상 가장 위대한 항해를 마치고 돌아와 박물관에서 조용히 잠들었다. 프람호는 북극해를 최초로 횡단한 선박이자, 얼음을 이기는 방법은 완전히 항복하는 것이라는 원칙에 기초해 건조된 유일한 선박이다.

1800년대 후반의 서양 극지 탐험가는 상상할 수 없을 만큼 혹독한 환경과 육체적 고난, 탐험 도중 사망할지 모르는 중대한 위험을 무릅쓰고 모험을 감행한 당대의 우주비행사였다. 사진술의 발달로 대중은 낯선 세계의 풍경과 끔찍한 위험이 담긴 시각적 증거들을 접했고, 과학적 사고의 급속한 발전으로 과학자는 세상의 이해를 돕는 측정과 관찰을 더욱 갈망하게 되었다. 무엇보다 '최초로 달성 가능한 것들'의 목록이 비공식적으로 존재했다. 북극 또는 남극을 탐험하고, 북서항로를 통과하며, 세계지도의 위쪽이나 아래쪽에 빈 공간을 채운다면 무엇이든 발견의 업적을 이루는 것이었다. 프리드쇼프 난센Fridtjof Nansen은 야외에서 스키와 낚시를 즐기며 유년시절을 보내고, 대학에서 동물학을 전공해 해양 생물의 신경계 연구로 박사 학위를 받은 뒤 우연히 이 세계에 발을 들였다. 20대 초반에 이미 노련한 극지 탐험가였던 난센은 논쟁의 여지가 있는 새로운 아이디어를 접했다. 북극해의 한 쪽에서 다른 쪽으로 가로지르는 해류가 있을지 모른다는 내용이었다. 이 아이디어의 결정적 증거는 북극 맞은편에서 난파되었다고 알려진 미국 함선(이하 USS) 지넷호Jeannette의 잔해가 그린란드 해안에서 발견된 것이었다. 북극점에 도달하려는 시도는 대부분 그린란드 쪽에서 시작되었지만, 난센은 북극 횡단 해류를 거스르는 대신 러시아 쪽에서 출발해 해류를 타고 이동하는 전략을 해결책으로 제안했다. 그런데 북극 횡단 해류가 실제로 존재한다면 해류는 문제가 아니었다. 문제는 빙하였다.

화학 교과서나 교실 화이트보드에서 확인할 수 있듯 물 분자는 아주 단순해 보인다. 작고 둥그스름한 산소 원자에 더 작은 수소 원자 2개가 106도 각도로 연결되어 미키마우스의 귀처럼 보인다. 그런데 단순한 것은 보이는 모습에 불과하다. 산소와 수소는 음전하를 띤 전자구름을 공유하며 분자의 각 부분, 구제적으로 산소 주위는 음전하, 수소 주위는 양전하로 완전히 다른 전하를 띤다. 음전하와 양전하 사이의 인력이 미키마우스의 귀를 안으로 끌어당긴다. 그래서 물 분자는 다른 분자보다 크기가 작다. 그리고 귀는 주위 환경에 맞춰 끊임없이 움직인다. 106도 각도는 평균값일 뿐이다. 진정 복잡한 문제는 한 물 분자 근처에 다른 물 분자가 있을 때, 한 물 분자의 양전하와 음전하가 다른 물 분자의 양전하와 음전하에서 당기는 힘을 느끼며 드러난다. 결과적으로 물 분자는 다른 물 분자에 강하게 끌린다.

그렇기에 물 분자는 크기가 작지만 상온에서 액체로 존재한다. 메탄, 아산화질소, 이산화탄소 등 크기가 비슷한 다른 분자는 자연 그대로의 기온과 기압에서 서로 멀리 떨어져 기체 상태가 된다. 그러나 물 분자는 붐비는 액체 무도회장에 갇혀 빙글빙글 돈다. 댄스 파트너를 교환하지만 무대를 떠나지는 못한다. 물을 데우고 파티의 분위기가 뜨거워지면 소수의 분자부터 기체가 되기에 충분한 에너지를 가지고 이곳을 탈출한다. 반대로 물이 식으면 에너지를 잃은 분자의 움직임이 느려지면서 분자 사이 거리가 가까워진다. 여기에서 더 많은 에너지를 잃으면 물 분자는 새로운 규칙으로 서로 달라붙어 고체를 형성한다. 이것이 얼음이다. 이때 물 분자가 예상치 못한 방식으로 거동한다. 물이 냉각되며 에너지를 잃고 분자들이 규칙적인 패턴으로 달라붙기 시작하면, 물 분자는 새로운 열린 구조를 형성하기 위해 다른 분자를 밀어낸다. 그 결과 얼음은 물보다 많은 공간을 차지한다. 따라서 얼음은 가장 차가운 액체 상태의 물보다 밀도가 약 8% 낮다.[36] 이것이 얼음이 물에 뜨는 이유다. 이러한 물의 특성이 얼마나 기이한지는 아무리 과장해도 지나치지가 않다. 물을 제외한 거의 모든 물질은 얼면 부피가 작아지므로 언 부분이 바닥으로 가라앉는다. 얼음만이 액체 상태인 물 위를 쉽게 둥둥 떠다닌다.

---

36 전체 이야기는 이보다 훨씬 기묘하다. 액체 상태의 민물은 냉각되며 4℃에 도달할 때까지 밀도가 상승한다. 4℃보다 온도가 낮아지면 물 분자는 좁은 간격을 두고 군집을 만든다. 아직은 얼음이 아니지만 4℃ 이상인 물보다 더 많은 공간을 차지해 밀도가 낮다. 따라서 액체 상태의 민물은 4℃에서 최대 밀도를 보인다. 4℃와 0℃ 사이의 밀도 차이는 0.2% 미만이다. 바닷물은 다르다. 바닷물은 어는점에 도달할 때까지 밀도가 상승한다. 소금이 분자 군집 형성을 방해하기 때문이다.

지구 극지방은 흰색을 띤다. 밀도가 낮아 떠오르는 유빙이 극지방 바다를 뒤덮기 때문이다. 이때 북극점에 도달하고 싶은 사람이 직면하는 문제는 바다 표면에서 유빙이 깔끔하게 하나의 덩어리로 얼지 않는다는 점이다. 해수면이 열에너지를 잃으며 얼음 결정이 생성되면, 결정 위에서 더 많은 물이 얼어붙으며 얼음 결정이 점점 두꺼워지고 넓어진다. 이는 결국 거대한 유빙으로 성장한다. 주위에서 발생하는 조류와 해류, 바람에 밀리며 자연의 힘을 받을수록 유빙은 조각조각 부서지고 서로 뭉치거나 회전한다. 이 현상은 울퉁불퉁한 유빙의 위험한 가장자리와 얼음 더미 그리고 유빙 사이를 가로지르는 개빙 구역을 남긴다.

난센이 북극점에 도착하기 위해서는 위험하게 떠다니는 유빙 조각, 즉 극지방을 덮은 뚜껑에 맞서 살아남아야 했다. 북극 유빙은 여름에 일부 녹았다가 겨울에 다시 꽁꽁 얼어붙고 바닷물과 바람에 밀려 균열을 일으켰다. 특히 수 킬로미터 떨어진 곳에서 시작된 바람이나 조류에 밀리는 유빙은 큰 위험이었다. 밀려다니는 유빙 사이로 들어간 선박은 덫에 걸린 것처럼 옴짝달싹할 수 없었다. 나아가 유빙의 움직임은 어떤 선박도 견디지 못할 충격을 가할 수도 있었다. 난센과 그의 선택을 받은 선박 설계자 콜린 아처Colin Archer[37]는 문제를 해결할 계획을 마련했다. 그 계획은 프람호로 발전했다.

---

37 아처의 부모는 스코틀랜드인이지만 그는 노르웨이에서 태어나고 자랐다. 1892년 그의 도선선 몇 척이 노르웨이 남동부 해안에서 어선을 구조했다. 이후 그는 노르웨이의 주문으로 독특한 형태의 구명정을 설계했다. 내구성과 안전성을 입증한 그의 선박을 모방한 사례가 많아지면서 해당 유형의 선박을 모두 '콜린 아처'라고 부르게 되었다.

프람호는 어두운색 목재로 제작된 넓고 탁 트인 갑판이 있어 특히 거대하게 느껴진다. 실제로는 길이 39m, 폭 11m, 주갑판에서 용골까지 깊이 약 5m로 대형선이라고 보기 힘들다. 그러나 프람호에서는 탐험대원 13명과 개 여러 마리가 생활했다. 이들은 모두 노르웨이를 떠나 3~5년의 항해를 준비했다. 주갑판 아래에는 각 탐험대원을 위한 선실과 주방, 식사 공간과 휴게실은 물론, 재봉틀과 목공 공간, 심지어는 커피 그라인더도 있었다. 돛대에 달린 작은 풍차가 배터리를 충전하는 덕분에 극지방에서 깊은 밤을 맞이할 때도 전등을 켤 수 있었다. 탐험대원 13명과 개 여러 마리, 과학 장비와 보급품이 없는 상태에서도 선실 내부는 좁게 느껴질 것 같았다. 하지만 프람호는 편안하고 마음이 안정되는 나무집처럼 느껴졌다. 그리고 뱃머리에 자리한 화물칸에 들어서 프람호의 진면목을 확인할 수 있었다. 선박의 둥근 뱃머리 쪽으로 갈수록 공간이 좁아지면서, 색이 어둡고 두툼한 참나무 부벽이 서로 가까워지면서 내 손 한 뼘만 한 간격으로 교차했다.

프람호는 바다를 떠다니는 요새였다. 참나무로 제작된 두께 70~80cm의 선박 측면과 두께 1.25m의 뱃머리가 외부의 차가운 유빙으로부터 승객을 보호했다. 이처럼 든든한 방어막을 넘어서는 프람호의 진정한 강점은 그릇처럼 매끄럽고 둥근 측면의 형태에 있었다. 프람호는 유빙이 선박 안쪽에 강한 압력을 가하면 마치 엄지손가락과 집게손가락으로 씨앗을 누를 때처럼 쏙 빠져나와 유빙 위로 미끄러져 나갈 수 있도록 설계되었다. 프람호의 목표는 유빙을 밀어내는 것이 아니라 유빙에 실려 가는 것이었다. 프람호는 러시아에서 출발해 북극 횡단 해류를 타고 북극해를 가로지르며 북극점 옆을 지나 북극

반대편에 도달하고자 했다. 그동안 탐험대원은 지구의 마지막 미개척 바다를 이해하기 위해 최신 기술을 토대로 물과 얼음을 측정하고, 가능한 한 많은 과학적 관찰을 수행하며 분주히 일할 것이었다.

1893년 탐험을 떠나기 전 탐험대원 13명을 촬영한 사진이 눈에 띈다. 모두 결연한 표정으로 카메라를 응시하고 있다. 그중에서도 난센의 창백하지만 포식자 특유의 날카로운 눈빛은 수십 년 앞을 내다보는 듯하다. 난센은 아이디어를 시험하기 위해 목숨을 걸 준비를 마치고 현존하는 최고의 선박과 탐험대를 지원받았다. 탐험대는 여름에 출항해 9월 북위 77도 44분에 해당하는 러시아 쪽 유빙 가장자리에 도달했다.

여름이 지나가고 겨울이 오면 북극은 24시간 낮인 곳에서 24시간 밤인 곳으로 바뀐다. 태양이 사라지고 열이 해수면에서 대기로 빠져나가면 바닷물은 에너지를 잃는다. 민물은 0℃가 되면 얼지만 바닷물은 소금이 어는점을 낮춘다. 북극 표층수는 염분에 따라 어는점이 영하 1.8℃까지 내려간다. 바닷물 밀도는 수온에 영향을 받지만, 난센과 탐험대와 개들이 프람호에서 첫 겨울을 맞이했을 때는 다른 요소가 바닷물 밀도를 변화시키고 있었다. 튼튼한 참나무로 건조된 프람호 주변에서 바닷물이 얼어붙었다. 해빙海氷이 생성되자 탐험대는 얼음에서 마실 수 있는 민물을 얻었다. 해양 엔진은 가장 깊숙한 부분까지 작동시키는 힘을 얻었다. 소금이 이동하고 있었다.

해빙은 지구를 구성하는 인상적인 요소로, 무겁고 변덕스러우며 대기와 해양에서 유래한 강력한 힘만으로 이동한다. 그러나 해빙의 기원은 섬세하고 깨지기 쉬우며 그 생성 과정이 냉동실에서 얼음이 얼 때보다 훨씬 복잡하다. 해빙은 작은 바늘처럼 보이는 얼음 결정인 결정빙frazil ice에서 시작한다. 결정빙은 몇몇 물 분자가 많은 에너지를 잃으며 이동 능력을 상실하고 다른 물 분자에 붙어 단단한 연결망을 형성한 결과다. 이러한 얼음 결정 위에 다른 물 분자들이 점차 자리를 잡을수록, 자유롭던 무도회장은 물 분자들이 엄격하고 체계적으로 배열된 공간으로 바뀐다. 이 엄격한 배열에는 물 분자만 수용된다. 소금은 완전 배제된다.

결정빙이 서로 충돌하고 달라붙어 더 큰 얼음 구조를 형성하면 짭짤한 바닷물이 내부에 갇힐 수도 있다. 하지만 그렇게 고립된 바닷물은 일부만 얼어붙는다. 얼지 않고 남은 바닷물에서 물 분자는 계속 벗어나 결정질 얼음과 결합하며, 남은 바닷물은 점점 염분이 높아진다. 고립된 바닷물 주머니는 해빙이 성장하고 압축되어 갈라지면 바다로 다시 빠져나갈 가능성이 높다. 즉 해빙의 생성 과정은 물에서 소금을 배제하는 물질의 분류 과정이라는 측면에서 중요하다. 성장하는 해빙 바로 아래에는 다른 바닷물보다 수온이 낮고 염분이 높아 고밀도인 매우 차고 짠 바닷물이 천천히 흐르며 심해로 가라앉는다. 해빙이 커지는 시기면 고염분 바닷물이 깊은 수심으로 이동한다.

프람호가 북극해 안쪽으로 나아가는 동안, 난센과 탐험대는 주위 바다를 측정했다. 이들은 바닷물의 수온과 염분을 기록하기 위해 샘플 채취기를 바다 밑으로 내려보냈다. 빙하에 구멍을 뚫고 측심선(바다에서 수심을 잴 때 사용하는 줄-옮긴이)을 내려 북극 수심이 거의 4km에 육박한다는 사실을 밝혔다. 북극 수심이 얕으리라고 추정되던 중에 이는 놀라운 발견이었다. 깊은 바다에는 물이 밀도에 맞춰 배열될 수 있는 잠재력이 있었다. 바닷물의 밀도는 수온과 염분에 따라 변화하는데 특히 염분에 영향을 주는 몇 가지 현상이 있다. 강물이나 빙하 녹은 물이 바다로 흘러들면 염분이 낮아진다. 반대로 해수면이 증발하거나 얼면 물이 손실되어 염분이 상승한다. 수온과 염분은 바닷물을 식별하는 기준일 뿐만 아니라, 바닷물이 바다의 어느 지점에 위치할지를 결정하는 주요소다. 바닷물은 액체여서 움직임에 제약이 없다. 위치 결정 요소라고는 밀도밖에 없다. 수온과 염분은 일반적으로 바닷물의 밀도를 1% 미만으로 변화시킨다. 그 범위를 단위로 환산하면 1,020~1,028kg/㎥다. 이 밀도 차이는 사소해 보이지만 중요한 문제다. 프람호의 탐험대가 마실 물을 얻을 수 있었던 것은 빙하가 바다 위에 둥둥 뜬 덕분이었다.

북극해 대부분은 무척 차갑고 비교적 염분이 낮은 해수층이 해수면 가까이 존재한다(1년 중 특정 시기와 장소에만 빙하 생성으로 고염도 바닷물이 생성된다). 낮은 수온은 분자 사이의 거리를 좁히고 물질의 부피를 줄임으로써 밀도를 높인다. 반면에 염분이 낮으면 바닷물에 포함된 소금의 양이 적은 것으로 밀도가 낮다. 즉 북극해의 낮은 수온은 바닷물 밀도를 높이지만 낮은 염분은 밀도를 낮춘다. 북극해 해수면의 해수층은 낮은 염분이 차가운 수온을 압도해 맨 위로 떠오른 것이다. 북극해의 중간층은 염분이 높아 비교적 밀도가 높은 바닷물로 이루어져 있고, 이는 표층보다 다소 따뜻하다(영하 1.7℃보다 높은 약 1℃).[38] 중간층은 따뜻한 온도에서 나오는 부력을 높은 밀도가 압도하므로 표층에서 멀리 떨어진 심해에 갇힌다. 중간층 아래에는 세계 바다에서 밀도가 가장 높은 바닷물이 있다. 이 바닷물은 매년 특정 시기 빙하가 어는 과정에서 생성된다. 중간층과 비교하면 염분은 비슷하지만 수온은 더 낮다. 이 차갑고 염분과 밀도가 높은 바닷물은 북극에서 생성되지만 북극에만 머무를 필요는 없다. 밀도는 바닷물을 움직이게 한다.

스칸디나비아는 오랜 북극해 탐험의 역사를 간직하고 있다. 오슬로 프람호박물관에서 길을 따라 내려가면 나타나는 바이킹박물관에서는 난센의 선조 이야기를 들려준다. 8세기부터 11세기까지 난센의 선조는 바다를 누비며 낯선 땅과 재물을 약탈하거나 이국적인 물건을 거래하면서 겪은 모험담을 품고 고향으로 돌아왔다. 그런데 유명한 노르웨이 탐험가 붉은 에이리크Eiríkr hinn rauði는 지구상 가장 극적인 지형을 조금도 눈치채지 못한 채 바로 그 위를 항해했다. 에이리크는 배의 부력 덕분에 안전하게 해수면에 머물렀지만, 불과 수백 미터 아래에서는 밀도의 영향으로 바다의 지형이 폭넓게 재편되고 있었다.

---

38 북극에서는 약간 따뜻한 해수층 위에 비교적 차갑고 염분이 낮은 해수층이 떠 있는 모습이 흔히 관찰된다. 이는 지구의 나머지 바다에서 발견되는 모습과 극명하게 다르다. 일반적으로는 최상층인 혼합층이 아래의 모든 층보다 따뜻하다.

심해로 숨어드는,
세계에서 가장 큰 폭포

바이킹은 인상적인 공예술과 무역망을 갖춘 세련된 문화를 향유했지만 현대까지도 고정관념이 만연하다. 붉은 에이리크는 우리에게 익숙한 '피에 굶주린 바이킹'에 걸맞은 삶을 살았다. 아이슬란드 사가에 따르면, 에이리크는 950년 노르웨이에서 태어났으나 부친이 살인으로 추방당하면서 10살이 되던 해에 어쩔 수 없이 고향을 떠나야만 했다. 에이리크의 가족은 아이슬란드로 이주했다. 성장한 에이리크는 자신의 농장에서 살다가 이웃과의 지독한 분쟁에 휘말려 마을에서 추방당하는 처벌을 받았다. 새로운 마을로 이주한 그는 이교도가 보유하고 있던 가보를 두고 갈등을 일으키다가 살인을 저지른 죄로 또 추방당했다. 노르웨이는 물론 아이슬란드에서도 환영받지 못했지만 에이리크는 노련한 뱃사람이었다. 그는 바다 건너 먼 곳에 넓은 땅이 있다는 소문을 조사하기 위해서 배를 타고 서쪽으로 향했다. 그리고 오늘날 덴마크해협으로 알려진 바다를 700km 정도 건너 정말 사람이 살지 않는 광활한 땅덩어리를 발견했다. 그 땅은 얼음으로 뒤덮여 있었고, 남쪽 끝까지 항해한 뒤에 접근과 상륙에 적합한 해안을 찾을 수 있었다. 에이리크는 3년의 망명 생활을 마치고 아이슬란드로 돌아와 새롭게 발견한 놀라운 땅에 관한 소문을 퍼뜨렸다. 그는 새로운 땅이 더 매력적으로 들리게 '그린란드'라고 이름 붙였다. 그리고 사람들을 설득해 새로운 땅에 유럽인 최초로 정착지를 만들었다.

현대 과학 기록은 1000년경 북유럽이 전례 없이 따뜻했음을 암시하지만, 아이슬란드에서 그린란드로 처음 횡단하는 과정은 괴로웠을 것이다. 북쪽, 즉 에이리크의 배 오른쪽에는 차가운 북극해가 있다. 남쪽, 다시 말해 에이리크의 배 왼쪽에는 북대서양이 흐른다. 이 지역은 바닷물이 따뜻하지만 폭풍이 매우 격렬하게 몰아친다. 에이리크의 배에서 바다 밑으로 들어가면 북극해 심해와 대서양 심해를 가르는 지형이 있다. 비교적 평평하고 수심이 얕은 암붕ledge이다. 이는 해수면에서 100~300m 아래에 있어 에이리크의 눈에 보이지 않았지만, 수심 2~3km에 달하는 북극해와 대서양 사이에서 장벽 역할을 할 만큼 높이 솟아 있었다. 암붕의 북쪽은 차갑고 염분과 밀도가 높은 북극해 바닷물이 가득 차 있다. 이 밀도 높은 바닷물은 욕조에서 흘러넘치는 물처럼 암붕 너머로 주르륵 미끄러져 대서양과 만난다. 대서양 바닷물은 상대적으로 따뜻하고 밀도가 낮다.

다량의 북극해 바닷물이 대서양 바닷물을 파고든다. 수심 2.5km, 거의 바다 밑바닥까지 내려간다. 이는 덴마크해협 범람Denmark Strait Overflow으로 세계에서 가장 큰 폭포다. 추정에 따르면 덴마크해협 범람에는 바닷물이 1초당 300만m^3씩 쏟아져 내린다. 이 추정값은 나이아가라폭포 유량의 1,000배가 넘는다. 범람은 원활히 일어나지 않는다. 차가운 바닷물이 아래로 내려가는 동안 따뜻한 바닷물이 그 위로 끌어올려지며 대규모 난류를 형성한다. 이 과정에서 차가운 바닷물은 따뜻해진다. 하지만 차가운 북극해 바닷물이 대서양 바닥에 끝없이 다량으로 공급된다. 차가운 바닷물은 밀도가 높아 바닥으로 가라앉는다. 이것이 깊은 바닷물 온도가 낮은 이유다. 프람호 아래 해빙이 어는 동안 생성된 새로운 수괴는 이후 전 세계 바다로 이동했다. 밀도는 바다의 구조를 결정한다는 점에서 중요하다. 그런데 해양 엔진에 큰 영향을 미치는 또 다른 요소가 있다. 바로 지구의 자전이다.

자전하는 지구 위를 날아가는 포탄

지구가 태양 주위를 맴돌며 자전하는 동안 1년, 1세기, 지질시대가 지나는 것을 상상하면 현기증이 느껴진다. 7,000만 년 전 지구의 하루는 23.5시간밖에 되지 않았다. 지구 생물은 지구 자전 리듬에 맞춰 번성해갔다. 얕은 바다에 서식하는 조개는 햇빛을 받는 동안 빠르게 성장했지만, 지구의 자전으로 서식지가 태양을 등지고 광대한 우주 바깥을 향하며 어둠에 묻히면서 성장이 느려졌다. 4,500년 전 이집트에서는 매일 새로운 날이 밝았고, 떠오르는 태양이 평원에 건설되는 피라미드 위로 새롭게 쌓인 벽돌을 밝게 비췄다. 1945년 어느 날 아침, 뉴멕시코에서 최초의 원자무기가 폭발하며 인류는 원자 시대에 발을 들였다. 지구의 방대한 역사는 하루하루 점진적이고 반복적으로 전개되었다. 지구의 공전과 자전은 끝없이 계속되고 있다.

1918년 유럽에서는 제1차세계대전이 막바지에 접어들었다. 인간이 만든 절망과 고통과 죽음의 구렁텅이였던 참호는 서부전선을 따라 구축되어 거의 4년 동안 지축을 중심으로 회전했다. 지상에서 인간에게 벌어지는 끔찍한 재앙과 상관없이 땅은 1초당 310m씩 동쪽으로 계속 이동했다. 병사 수백만 명을 어둠으로 몰았다가 빛으로 이끈 뒤 다시 어둠으로 데려갔다. 지구는 자전축을 중심으로 어마어마하게 빠르게 회전하지만, 사람은 주위에 보이는 모든 물체와 같은 속도로 회전하므로 지구의 움직임을 느낄 방법이 없다. 그러나 일출과 일몰 주기는 천체 시계가 변함없이 똑딱거리고 있다는 증거다. 죽음이나 파괴가 깃든 거대한 물결이 밀려와도 시간은 멈추지 않았다.

1918년 3월 독일군이 파리를 120km 앞둔 지점까지 진격했을 때, 파리 시민은 도시에서 일상을 이어나갔다. 제한된 물품 공급으로 곤란을 겪으면서도 교회와 극장, 공장 문을 열어두었다. 비교적 가까운 거리에서 전투가 벌어졌지만, 전방에서 파리까지 탄환이 도달하는 무기는 없었기에 파리 시민은 상대적으로 안전하다고 느꼈다. 그러나 1918년 3월 23일 오전 7시 18분, 파리가 어둠에서 깨어나 새로운 아침의 햇살을 맞이할 무렵 상황이 바뀌었다. 센강 변 일부가 폭발했다. 도시 전체에 폭발음이 울려 퍼졌다. 15분 뒤 또 다른 폭발이 이어지며 파리는 운명이라는 잔인한 추첨 결과에 따라 무작위로 파괴되었다. 그 폭발은 체펠린비행선에서 떨어진 폭탄에 의한 것이 아니었다. 대포에서 발사된 포탄이 원인이었다.

며칠 몇 주가 지나도 포탄은 계속 떨어졌다. 파리의 상대적 평화는 산산조각이 났다. 파리 시민은 사기를 잃고 무리 지어 도시를 탈출했다. 마침내 포탄이 날아오는 지점이 파리에서 북동쪽으로 120km 떨어진 적진 뒤쪽의 작은 언덕이라고 밝혀졌다. 이는 아주 먼 거리로, 해당 언덕에서 날아온 포탄이 도시를 강타했다는 사실은 가히 충격적이었다. 언덕 위에는 세계에서 가장 크고 성능이 뛰어난 최신 대포 3문이 설치되어 있었다. 대포는 포신의 길이가 37m에 달했고, 106kg짜리 포탄을 음속의 5배에 가까운 초속 1,640m로 발사할 수 있었다.

이는 '파리 대포Paris Gun'의 첫 번째이자 유일한 실전 배치였으며,[39] 군사 목적으로만 활용되었으나 기록에 남을 성과를 거두었다.[40] 대포의 크기와 사거리만으로도 충분히 기록에 남을 만했지만, 그것은 더 어마어마한 기록을 남겼다. 각 포탄은 목표물을 향해 날아가는 3분 동안 고도 40km(에베레스트산 높이의 5배)까지 올라가며 인간이 만든 물체 가운데 최초로 성층권에 도달했다.

지구에 사는 조그마한 거주민들이 허둥대면서 스스로 죽음과 파괴를 일으키는 동안에도 지구는 자전을 멈추지 않았다. 포탄은 파리 대포에서 발사되었다가 목표 지점으로 떨어지는 3분 동안 일시적으로 지구의 속박에서 벗어났다. 파리가 지구의 자전축을 중심으로 원을 그리는 동안 포탄은 지면의 마찰을 받지 않았기 때문이다. 발사 당시 포탄은 동쪽을 향해 초속 310m로 날아갔고, 이는 파리의 자전 속도와 일치했다. 그리고 포탄은 뉴턴의법칙에 따라 포물선을 그리며 날아가 성층권에 도달한 뒤 내려왔다. 그 3분 동안 파리는 포탄 아래에서 자전축을 중심으로 원을 그리며 동쪽으로 총 55km 이동했다. 자전까지 고려해 발사한 포탄은 포물선을 따라 이동한 거리 120km에 55km를 추가로 이동해 파리에 떨어질 수 있었다. 파리는 지구에 붙어 원을 그리며 이동하고 발사된 포탄은 일직선으로 움직였다. 그 결과

39 같은 전쟁에서 앞서 활용된 장거리포 '빅 베르타Big Bertha'는 이에 해당하지 않는다.

40 가장 놀라운 점은 포신에서 포탄을 밀어내는 과정이 너무 격렬해 1발 쏠 때마다 포신의 상당 부분이 마모되었다는 것이다. 그래서 각 포신은 포탄 60발만 발사할 수 있었으며, 포탄의 너비가 조금씩 넓어지는 특수 포탄 세트를 사용해야 했다. 파리 대포는 전쟁이 끝나기 전 독일군이 전부 파괴해 세부 사항이 거의 알려지지 않았다.

완벽하게 평평하고 정지한 지표면에서 발사된 포탄과 비교하면, 파리 대포 포탄은 목표 지점에 도달하기까지 오른쪽으로 약 400m 굴절되었다. 이는 코리올리효과라는 물리법칙을 바탕으로 우주가 빚어낸 필연적 결과였다.

바다는 바람을 따라 흐르지 않는다

움직이는 물체의 궤도를 계산할 때는 지구 자전도 고려해야 한다. 단단하게 고정되지 않은 물체, 즉 지구에 붙어 있지 않은 물체는 자전의 영향을 받지 않고 더욱 단순한 경로로 이동하기 때문이다. 땅 위에 서 있는 관찰자에게는 그 물체가 굴절되는 듯이 보인다. 만약 회전목마에서 캐치볼을 한다면 그런 효과를 직접 경험해볼 수 있을 것이다. 돌고 있는 회전목마 가장자리에서 중심축을 가로지르게 공을 던지면 직선이 아닌 곡선 경로를 따라 휘어져 날아가는 것처럼 보인다. 이러한 편향은 코리올리효과로 알려져 있으며, 그 방향은 여러분의 위치에 따라 달라진다. 북반구에서는 고정되지 않은 물체의 이동 경로가 오른쪽으로 굴절되고 남반구에서는 왼쪽으로 굴절된다.[41]

1918년 파리는 너비가 약 7.5km로 작아 포탄이 목표 지점을

---

41 적도에서 북반구와 남반구 부분이 서로 다른 방향으로 회전하는 소용돌이를 보여준다고 주장하는 사람이 있다면 그것은 속임수일 가능성이 높다. 어느 반구에 해당하든 적도는 코리올리효과가 너무 미약해 잘 관측되지 않기 때문이다.

400m 벗어났어도 도시의 파괴를 피하지 못했다. 그래도 포탄의 이동 거리가 멀다는 점에서 편향을 보정하는 일은 무척 중요했다. 올림픽경기에서 창을 던지고, 윔블던선수권대회에서 테니스공을 치고, 어릴 적 가지고 놀던 장난감 총을 발사할 때도 같은 물리법칙이 적용된다. 그런데 창, 테니스공, 장난감 총알은 가까운 거리를 짧은 시간 동안 날아가므로 코리올리효과가 측정할 수 없을 정도로 미미하다. 한편 바다도 지구에 고정되어 있지 않다. 오랜 시간에 걸쳐서 장거리를 이동하므로 코리올리효과가 바닷물의 이동 방식에 큰 영향을 준다. 1890년대에 프람호를 타고 지구 꼭대기를 가로지르던 난센은 바다의 코리올리효과를 암시하는 명백한 단서를 발견했다.

난센은 프람호를 타고 바다를 표류하는 첫 단계가 걱정되었다. 선박과 주위를 둘러싼 유빙이 분명 북쪽으로 떠내려가고 있었으나, 속도가 느리고 선박이 가끔 빙빙 돌거나 한동안 뒤로 물러났기 때문이다. 북극 횡단 해류를 타고 표류하는 일이 불가능한 것은 아니었다. 하지만 대략적 계산에 따르면 프람호가 꾸물대면서 북극을 가로지를 때 반대편 먼바다에 도달하기까지는 7~8년이 소요되었다. 이 느린 속도는 활발히 활동해야 하는 탐험대를 지치게 했다. 그런데 과학적 측면에서는 몹시 생산적이었다. 탐험대는 날씨, 유빙 두께, 바닷물 등 명백하게 눈에 띄는 요소들을 측정해 풍부한 데이터를 도출했다.

그리고 그로부터 놀라운 관찰 결과도 몇 가지 얻었다. 가장 의미 있는 관찰 결과는 유빙이 바람을 타고 예상 경로대로 이동하지 않는다는 것이었다. 목욕물에 장난감 오리를 띄우고 옆에서 입으로 바람을 훅 불면, 오리는 그 바람을 타고 이동하며 여러분으로부터 멀어질 것이다. 난센은 유빙이 그런 방식으로 움직이지 않는다는 것을 알아차렸다. 관찰 결과에 따르면 유빙은 표류하는 동안 바람 방향에서 오른쪽으로 20~40도 한결같이 휘어져 나갔다.[42] 난센은 북극해 전체가 지구 꼭대기에서 빙글빙글 돌고 있음을 깨달았고, 유빙의 기이한 움직임이 지구의 자전과 코리올리효과에서 유래했을 가능성이 높다고 정확히 지목했다. 유빙의 움직임이 수학적으로 완벽히 기술된 시점은 반 에크만Vagn Walfrid Ekman에게 유빙 관찰 결과가 전달된 후였다.

에크만이 경력 초기 발견한 성과는 해양물리학의 기초를 떠받치는 기둥이 되었다. 해수면 해류는 대개 바람에 떠밀리지만, 그것이 바람과 해류가 같은 방향으로 움직임을 의미하지는 않는다. 자전하는 행성에서는 상황이 그렇게 간단하지 않다. 에크만은 난센이 의문스러워한 현상을 이해하는 수학적 틀을 마련했다. 바람이 바다 표면의 얇은 층을 끌고 가면, 그 층이 그 아래 얇은 층을 끌고 가고, 그다음 아래층에서도 같은 현상이 반복된다고 상상하는 것이다. 이는 종이 더미를 쌓은 다음 첫 번째 종잇장을 손으로 누르며 옆으로 미는 상황과 같다. 여러분의 손은 첫 번째 종잇장만 움직이지만, 마찰이 발생하며 두 번째 장도 함께 움직이고, 두 번째 장은 또 세 번째 장을 밀어낸다. 바다의 최상층은 움직이는 순간 코리올리효과가 발생한다. 최상층은 가

42 현재는 유빙이 상황에 따라 바람 방향에서 오른쪽으로 0~90도 휘어진 경로로 이동한다고 알려져 있다. 북극에서 근무하며 그런 현상을 관찰한 적이 있는데, 바람과 얼음과 물이 제각기 독립적으로 움직이는 것처럼 보여 혼란스러웠다. 극지방에 여름이 오면 상황을 파악하기가 더 어려워진다. 태양은 온종일 지평선 위를 스쳐 지나가고, 우리가 선 유빙은 회전할 뿐만 아니라 바람을 맞으며 표류하고 있어 고정된 기준 방향이 없기 때문이다.

속도가 붙을수록 (북반구 기준) 바람 방향의 오른쪽으로 굴절된다. 그런데 최상층 바로 아래층은 바람이 아닌 새로운 방향으로 움직이는 최상층에 의해 떠밀린다. 아래층으로 내려갈수록 코리올리효과가 유발한 편향이 더해져 바람 방향에 대해 훨씬 큰 각도로 휘어진다. 각 해수층이 그 아래층을 떠미는 현상이 잇달아 발생하면 에크만나선이라고 알려진 나선형 패턴이 형성된다. 해수층 아래로 내려갈수록 바람이 유발하는 해류의 속도는 느려지고 이동 방향은 (북반구 기준) 오른쪽으로 굴절된다. 나선을 따라 어느 정도 내려가면, 바람에 의해 생성되었지만 바람과 반대 방향으로 움직이는 느린 해류가 나타난다. 바람이 해류를 생성했을 때, 층마다 다르게 움직이는 해류의 이동 방향은 평균적으로 (북반구 기준) 오른쪽으로 90도 휘어진다.

프람호는 18개월 표류 끝에 북위 84도 4분에 도달하며 2개월 전 최북단 도달 기록을 경신했다. 1895년 3월 14일 난센과 얄마르 요한센Hjalmar Johansen은 북극점까지의 남은 여정을 위해 개를 데리고 스키를 타기 시작했다. 두 사람은 3주 후 북위 86도 13.6분에 도달했지만, 난센의 묘사에 따르면 "수평선을 따라서 한없이 뻗은 얼음덩어리가 빚어낸 진정한 혼돈"에 앞길이 가로막혀 돌아갔다. 북극점은 인류의 손길이 닿지 않는 곳으로 좀 더 남아 있었다. 긴 여정 끝에 난센과 요한센은 얼음 문제는 덜하지만 온통 꽁꽁 얼어붙어 사람이 살지 않는 프란츠요제프제도Franz Josef Land에 도착했다. 그동안 프람호에 남은 탐험대원들은 표류하면서 바다와 자기장과 날씨를 관측했고, 스키 연습을 하면서 선박을 정비했다. 프람호는 극지방의 바다를 톡톡히 활용하는 물 위의 실험실이 되었다. 1895년 11월 프람호는 북위 85도

55분에 처음 도달한 선박이라는 신기록을 세우고 계속 남쪽으로 표류했다. 선내에는 지루함이 감돌았다. 1896년 여름 프람호는 마침내 얼음에서 빠져나와 노르웨이 북부로 향했다. 그곳에서 난센과 요한센은 문명의 세계로 돌아온 지 일주일 만에 탐험대와 재회했다. 다시 뭉친 탐험대는 남쪽으로 항해하면서 모든 항구에서 영웅 대접을 받았다. 프람호는 1896년 9월 9일 오슬로(당시 크리스티아니아)에 정박했다. 난센은 북극 횡단 해류를 결정적으로 입증했고, 향후 수십 년 동안 극지방 해양학 지식의 기반을 형성할 방대한 데이터를 가져왔다. 이후에도 프람호는 4년간 그린란드 북부 주변 바다를 탐험하고, 로알 아문센Roald Amundsen을 태우고 처음으로 남극점 도달에 성공하는 등 많은 모험에 동원되었다. 그리고 1936년 오슬로 해안으로 인양되어 프람호 박물관에 보관되었다.

프람호는 성공적인 탐험과 해양과학의 강력한 상징이었다. 나는 난센의 탐험만큼 대담한 일을 해본 적은 없으나 그가 대의를 위해 얼마나 헌신했는지 깊이 이해하고 있다. 프람호는 견고한 목재 구조여서 철제 선박보다 친근하게 느껴진다. 자연에서 유래한 재료로 만들어진 선박으로, 자연 탐사에 활용되며 자연 친화성을 부각했다. 현대 해양조사선은 갈수록 크고 안정감 있게 건조되어 해양과학자와 바다 사이를 갈라놓는다. 프람호는 바다 일부였다. 바다와의 장벽이 아닌 연결 고리였다. 나는 현대 해양과학에 프람호의 뜻이 더 반영되어야 한다고 믿는다.

지금까지 해양 엔진의 작동 방식을 결정하는 기본 요소를 대부분 확인했다. 수온은 해양 엔진에 저장된 방대한 열을 나타내고, 염분은 밀도를 결정함으로써 심해를 움직이며, 지구 자전은 액체인 바닷물에 큰 영향을 준다. 해양 엔진의 작동 방식과 관련된 또 다른 요소는 바람이다. 바람까지 고려하면 해양 엔진 전체에서 발견되는 대규모 패턴을 설명할 수 있다. 그런데 바람의 영향을 살펴보기 전 고려해야 할 것이 더 있다. 어마어마하게 거대한 바다의 '형태'가 바다를 제약한다는 것이다. 바다는 자연이라는 극장을 가득히 채우는 무대다. 열, 소금, 자전, 바람이 근본적인 원동력이 되어 극을 이끄는 것은 그다음이다. 이제 무대를 준비할 시간이다.

2장

바다의 형태

액체는 형태를 자유롭게 바꾼다. 액체를 기술하는 한 가지 정의에 따르면, 액체는 어떤 용기에 담겨도 그 용기의 형태를 취한다(고양이도 이러한 정의를 만족하는지 조사된 적이 있다[1]). 지구의 중력은 액체 상태인 바닷물을 지구 중심으로 끌어당긴다. 바다는 지구 표면 중에서도 중심부에 가장 가까운 공간을 채운다.[2] 그런데 조그마한 인간의 시각에서 지구는 울퉁불퉁하지만 실제 지구 표면은 상당히 매끈하다. 가장 깊은 해구 바닥에서 에베레스트산 정상까지 거리가 지구 반지

1 쓸데없이 기발한 연구나 업적에 수여하는 이그노벨상의 2017년 물리학상은 고양이가 고체인지 액체인지 논의한 논문으로 마크 앙투안 파르딘Marc-Antoine Fardin이 받았다. 논문에는 유리병, 세면대 등 다양한 용기의 형태를 취하고 스스로 매끄러운 바닥에 쏟아지는 고양이 사진이 수록되었다.

름의 0.3%밖에 되지 않는다. 바다의 평균 수심은 그 거리의 5분의 1인 3.68km로 지구 반지름의 0.06%에 불과하다. 지구를 공기로 가득 채워진 파란색 파티용 풍선으로 가정하면 바다의 깊이는 늘어난 고무의 두께와 맞먹는다. 그런데 지구를 감싸는 물로 이루어진 껍질이 그토록 얇다면, 그 껍질이 위치에 따라 좀 더 얇거나 두껍다는 특징은 왜 중요할까? 정답은 수평운동 때문이다. 해수층이 각기 수심을 유지하며 서로 수평으로 미끄러져 이동하는 현상이 해양 엔진을 지배한다. 남아메리카 해안의 용승 현상에서 확인했듯, 수괴를 위나 아래로 밀어내는 모든 요소는 해양 엔진 작동에 큰 변화를 일으킨다. 그리고 대륙처럼 아주 거대하며 움직이지 않는 장애물이 길을 가로막으면 장애물 쪽으로 흐르던 바닷물은 방향을 완전히 바꾼다.

우주에서 지구를 보면 바다는 얕고 둥글며 군데군데 비어 있는 물웅덩이 같다. 그 바다가 담긴 용기의 독특한 형태는 해양 엔진을 흥미롭게 만든다. 용기 형태는 바닷물의 움직임에 제약을 가하며, 이는 해양 엔진이 다양한 방식으로 작동하게 한다. 바다는 형태가 고정되지 않는다. 바다의 가장자리는 밀물과 썰물이 반복되고 계절이 바뀌는 동안 끝없이 변화한다. 쉴 새 없이 출렁이는 파도를 제거해도 바다 표면은 완벽하게 매끄러워지지 않는다. 따라서 바다의 내부 구조를

2 이 문장은 엄밀히 말하면 사실이 아니다. 지구는 균일한 대칭 중력을 지닌 완벽한 구체가 아니기 때문이다. 지구가 자전하면 적도가 불룩해지고 바위의 밀도와 분포가 다양해져 중력도 불균일해진다. 평균 해수면을 활용해 지표면보다는 단순하고 회전타원체보다는 실제에 가깝게 나타낸 지구 형태를 '지오이드'라고 하는데 바다 평균 표면은 이를 따른다. 지오이드는 지구 질량의 분포에 따라 일부 지역의 중력이 미세하게 더 강하다는 점까지 고려한다. 중력장에서 아래가 존재하면, 바다는 더 내려갈 수 없을 때까지 내려간다.

탐구하기 전에 바다의 경계, 즉 외형부터 조사할 필요가 있다. 바다를 관측할 때 가장 먼저 보이는 해수면부터 시작하자.

대기와 바다를 잇는 파도

새벽 3시가 되자 야영장의 사람들이 깨어나기 시작했다. 나는 해변에서 별빛을 받으며 잠들어 있었고, 다른 사람들은 지역 카누 클럽이 소유한 헤일hale(지붕만 있는 오두막) 아래쪽 탁자에 자리를 잡거나 카누 옆 바닥에 웅크리고 있었다. 카누는 전날 밤에 횃불을 비춰 전통 방식으로 밧줄을 묶고 현대식 방수 덮개를 씌워 채비를 마쳤다. 새벽 3시 45분 키모케오가 카누 선원 40명을 전부 헤일로 불렀다. 희미하게 빛나는 전구 4개가 익숙하고 낯선 얼굴들을 비췄다. 항상 그랬듯 항해를 시작하기에 앞서 모든 선원이 큰 원을 그리고 서서 손을 맞잡았다. 키모케오는 '쿠푸나kūpuna(원로)'에게 변함없이 감사 인사를 했고, 하늘과 바다와 땅 사이에 존재하는 우리의 위치에 관해 이야기했다. 그리고 항해의 원칙, 즉 노를 젓는 기술이 아닌 카누 선원 간의 유대감에 관해 설명했다. 하와이인 여성 원로는 다음과 같이 말했다. "바다는 여러분을 포용할 수도, 파괴할 수도 있습니다. 내일 해협에 들어가며 꼭 '알로하aloha'라고 인사하세요." 하와이 사람들에게 알로하는 단순 인사말을 넘어선다. 알로하는 사랑과 평화와 연민을 의미하고, 협동하는 인간에게 최고로 중요한 가치를 상징한다. 우리가 그린 원은 함께 카누를 타고 노를 젓는 모든 사람 사이의 상호 의존성을 물리적으로 떠올리게 하는 상징이었다. 키모케오의 이야기가 끝나자 잠시 간 정적이 흘렀다. 사람들은 서로 맞잡은 손을 꼭 쥔 다음 흩어져 카누를 물가로 옮기고 항해를 시작했다.

목표는 하와이 빅아일랜드에서 마우이섬으로 건너가는 것이다. 마우이섬 주변 해안을 따라 목적지까지 가는 길은 90km에 달하며 6인승 카누 3대가 동원된다. 각 카누에서는 선원 6명이 노를 젓고, 나머지 6명은 보조 배에 탑승하고 있다. 하루 종일 1시간마다 교대로 노를 젓는다. 나는 어둠 속에서 카누가 이끄는 보조 배 뒷자리에 앉아 있었다. 해가 뜨기 직전 우리는 빅아일랜드의 끝자락에 도착했다. 경이로울 정도로 아름다운 아침이었다. 별이 지고 바다가 분홍빛으로 물들자 갑자기 시야가 변하며 뒤통수 머리카락이 곤두섰다. 사람 몸집만 한 카누는 수평선을 지배하는 마우나로아산과 마우나케아산의 거대한 윤곽선과 대비되며 어느새 몹시 작고 보잘것없는 점이 된다. 해가 뜨면 첫 번째 선원이 노를 저으며 항해가 시작된다.

하와이 사람들은 빅아일랜드와 마우이섬 사이 해협을 '알레누이하하해협Alenuihāhā'이라고 부른다. 이 명칭은 '부서지는 거대한 파도'를 뜻한다. 무역풍이 섬들 사이로 불면 하와이 연안 해역에서 가장 빠른 바람이 생성되고, 파도가 서남서쪽으로 꾸준히 무리 지어 밀려간다. 알레누이하하해협의 파도는 '바람에 생성되고 부서지는 파도'의 놀라운 사례였다. 나는 이 주제를 10년간 연구했다. 약 초속 8m의 바람이 높이 1.5m의 파도를 밀어 올렸다. 그 파도는 정점에 다다르자 부서졌고, 파도가 배열된 풍경은 아름다웠다. 교과서에 수록된 도표처럼 완벽히 일정한 간격으로 배열된 파도를 목격하는 일은 처음이었다.

교대는 다음과 같이 진행된다. 먼저 보조 배의 선원들이 배 뒤쪽에서 바다로 뛰어내린다. 그리고 일렬로 줄지어 선헤엄을 치며 카누를 기다린다. 다가온 카누의 선원들이 노를 놓고 바다로 뛰어내리면, 보조 배의 선원들이 바닷물 밖으로 몸을 빼고 카누에 탑승한다. 이는 드넓은 바다에서 하기에 그렇게 우아하지 않은 과정이지만 모두가 개의치 않고 카누에 타자마자 노를 젓는다. 그래야 항해가 시작될 수 있다. 내 오른편에서 높은 파도가 쉴 새 없이 솟아올랐다. 금세 내 자리가 바닷물로 가득 찼다. 다행히도 카누를 안정시키는 보조 선체인 아마가 내 왼편에 있었다. 그것은 우리가 노를 저어 앞으로 나아가는 동안 카누가 똑바로 떠 있게 했다.

나는 카누 앞에서 두 번째 좌석에 앉았는데, 파도가 밑에서 밀려와 카누 앞부분이 해수면 위로 불쑥 올라갈 때면 앞의 선원은 이따금 공중에서 노를 휘저었다. 그다음 카누 앞부분이 해수면에 부딪히며 발생한 물보라가 우리를 덮칠 때면, 우리는 노를 물속으로 더욱 깊숙이 밀어 넣었다. 보조 배는 거친 파도를 맞으면서도 안전하게 떠 있다. 카누는 파도 덕분에 훨씬 안전해진다. 카누를 앞으로 미는 노 6개와 키잡이(여섯 번째 좌석 뒤에 있다)의 조종술을 바탕으로 카누가 바다에 밀착해 한 몸이 되기 때문이다. 시간이 순식간에 흐르고 보조 배에 다시 올랐다. 마우나로아산과 마우나케아산이 성큼 멀어져 있었다.

카누는 방향을 틀어 파도와 바람을 타고 달린다. 키잡이와 카누 맨 앞에 앉는 정조수는 모두 경험이 풍부한 하와이 출신 선원이다. 이들이 카누를 타는 이유는 단 하나다. 인간과 카누와 바다가 조화되며 잠재력이 정점에 이를 때 1시간 내내 아드레날린이 넘쳐흐르는 기쁨을 만끽하기 위해서다. 카누가 기울어질 때마다 하와이인들은 "전진, 전진, 전진"을 미친 듯 외친다. 인간 엔진은 파도와 함께 앞으로 나아가기 위해 질주한다. 열광적인 환호성과 순수한 기쁨은 다시 전진해 다음 파도와 만나자는 외침으로 바뀐다. 나는 파도와 또 다른 파도에 완전히 집중했다. 집중력을 유지하는 데 필요한 고된 육체적 노력은 바다와 함께 카누를 타는 동안 완전히 잊혔다. 카누 코치들이 물과 노가 연결되어야 한다고 이야기하는 것을 들은 적은 있지만 그런 느낌은 처음이었다.

우리가 손에 쥔 노는 카누와 바다를 하나로 묶고, 우리를 바다 표면에 밀착시켜 바다의 에너지를 공유하게 한다. 바다와 하나가 된 덕분에 우리는 자연과 함께하는 아름다운 경험에서 절대적 기쁨과 활력을 듬뿍 보상받는다. 자연과의 연결은 앞으로도 계속될 것이다. 나는 노를 통해 바다를 느낄 수 있었다. 이는 과학이 내게 주지 못한 연결 고리였다. 하와이인이 바다와 하늘과 땅의 연결을 이야기할 때, 그것은 공허한 말이 아니다. 자연에 맞서는 대신 자연의 일부가 되는 잠재력을 있는 그대로 경험하면 그들의 말은 의미가 무한히 풍부해진다. 1시간 노를 젓고 다시 보조 배에 오른 뒤, 나는 마우이섬이 얼마나 가까워졌으며 우리가 얼마나 빨리 이동했는지를 깨닫고 깜짝 놀랐다. 항해는 총 9시간이 걸렸다. 마지막에는 기상 조건이 다소 불리했다. 하지만 순풍 구간의 기억으로 나머지 구간을 꿋꿋이 버텼다.[3]

파도는 일시적으로 존재하고 이동할 수 있다는 점에서, 파도를 바다 형태의 주요 요소로 다루는 일은 이상해 보인다. 위치와 순간에 따라서 다르게 나타나는 파도는 바다의 형태를 대변하기에 지엽적이라고 느껴진다. 높이 10m 파도를 동반한 거대한 폭풍일지라도 수심 4km에 달하는 북대서양 중심부 해수면에서는 가벼운 춤에 지나지 않는다. 수심이 1m 정도 되는 수영장에 서서 수면을 향해 입으로 바람을 살살 불면 작은 파문이 만들어진다. 이는 먼바다에서 강풍이 해수면 형태에 수직적으로 미치는 효과와 거의 유사하다. 그런데 파도의 형태 변화는 수동적이지 않고 능동적이다. 이는 해양 엔진의 작동과 직접적인 관련이 있다. 파도는 대기와 해양을 잇는 연결 고리다. 파도는 바람이 생성하지만 둘을 잇는 연결 고리가 늘 간단하지는 않다. 내일이나 다음 주에 발생할 파도를 예측하는 일은 무척 까다롭다. 인류 역사 전반에서 파도의 도래는 단순한 제비뽑기였다. 제2차세계대전의 연합군이 재앙에 직면하기까지 파도 예측을 진지하게 받아들이는 사람은 아무도 없었다.

전쟁사에 남은 파도를 읽는 과학자

1943년 미국의 젊은 해양과학자 월터 뭉크Walter Munk는 워싱턴 D.C.에서 전쟁을 지원하던 중 연합군이 북아프리카에 부대를 상륙시키려고 한다는 것을 알게 되었다. 부대는 소형 상륙정을 타고 해안에

3 한 선원이 GPS를 활용해 우리의 이동 경로를 추적했다. 하루가 끝날 무렵 그는 우리가 586m의 고도 상승을 경험했다고 자랑스럽게 발표했다. 정확성은 확신할 수 없으나 이 수치는 그날 얼마나 크고 많은 파도가 우리를 오르내리게 했는지 분명히 보여줬다.

접근해 뱃머리를 낮추고 신속히 출격한다는 계획이었다. 그런데 문제는 바다 표면의 형태가 변하는 것이었다. 해변에서 수 미터에 달하는 파도가 상륙정을 옆으로 밀며 그 내부를 바닷물로 가득 채웠다. 가벼운 조사로 뭉크는 제안된 상륙 지점의 파도가 거의 항상 안전 한계치보다 높다는 사실을 밝혀냈다. 몇 안 되는 평온한 날이 아니면 상륙에 실패할 수밖에 없었다. 성공으로 향하는 길은 두 가지, 미래의 파도를 예측하거나 행운을 맹목적으로 바라는 것뿐이었다. 이전에는 누구도 파도를 예측하려 하지 않았고, 미 해군 또한 예측의 필요성을 확신하지 못했다. 뭉크는 이전 상사이자 스크립스 해양연구소 소장인 하랄 스베르드루프Harald Sverdrup와 상의했다. 스베르드루프는 파도 예측이 가능하다고 생각했다. 스베르드루프의 권위는 해군에게 파도 예측을 시도해야 한다고 설득하기에 충분했다. 파도를 예측하는 유일한 방법은 파도의 여정을 처음부터 끝까지 추적하는 것뿐이었다. 그들은 파도의 시작에서 출발했다.

매끄럽고 정지된 수면에 입김을 불면, 공기 흐름이 수면을 아래로 밀어 잔물결이 일어난다. 표면장력은 수면을 탄성 시트처럼 유연하게 움직이도록 한다. 수면의 한 지점이 아래로 빠르게 밀리면 파문이 나머지 지점으로 퍼진다. 바다에서 파도가 시작되는 현상도 이와 비슷하지만 해수면을 아래로 미는 힘이 아래쪽으로 부는 바람에서 오는 것은 아니다. 상공에서 끊임없이 소용돌이치는 난기류는 빠른 바람을 생성하고 압력 변화를 일으킨다. 그로 인해 해수면이 왜곡된 결과가 파도다. 일단 잔물결이 발생하면 비스듬히 부는 바람은 잔물결과 상호작용한다. 바람이 부는 방향으로 잔물결에 힘이 가해진다. 그 결과 잔물결은 더 크고 가파르며 오래 지속되는 파도로 성장한다. 조금 있으면 해수면은 크기가 제각각인 파도들로 무질서해진다. 파도들은 제각기 다른 속도로 조금씩 다른 방향을 향해 이동하며 바람이 부여한 에너지를 전달한다.

뭉크와 스베르드루프는 자세한 내용은 알지 못했지만, 파도의 크기와 형태가 바람의 속도 그리고 바람이 불어오는 거리에 따라서 달라짐을 알아챘다. 두 사람은 일기예보를 토대로 먼바다에서 바람이 생성하는 파도를 예측했다. 그런데 국지적 바람으로 생성되어 무질서하게 섞인 파도들, 다른 말로 풍랑wind sea은 상륙정에 문제를 일으키는 원인이 아니었다. 바람이 잦아들어도 파도는 여전히 남아 해수면을 가로지르며 에너지를 전달했다. 파도는 반드시 움직여야만 하는 형태다. 그것이 중요했다. 다음으로 두 사람은 폭풍우(파도 예측 지역에서 수백 킬로미터 떨어진 지점에 존재할 수도 있다)에서 생성된 파도가 해변에 도착할 때까지 파도에 어떤 일이 일어나는지 분석했다. 파도의 일부, 특히나 짧은 파도는 매우 빠르게 에너지를 잃었다. 하지만 긴 파도는 계속 이동하고 퍼져나가며 굴곡이 넓게 펼쳐져 형태가 더욱 부드러워졌다. 이처럼 바람이 부는 지역에서 벗어나도 잔류하며 파고가 완만해진 긴 파도, 즉 너울은 바람이 거의 불지 않는 날에 가장 두드러졌다. 해수면에 풍랑이 없기 때문이었다. 너울은 쉽게 해안선까지 나아갈 수 있었다. 마지막으로 뭉크와 스베르드루프는 파도의 도착 지점에 어떤 현상이 일어나는지 분석했다. 경사진 해변에 도착한 파도는 부서지기 직전에 형태가 더욱 가파르게 변했다. 이 마지막 분석을 통해 상륙정을 덮치는 파도의 높이가 명확해졌다. 두 사람은 3단

계를 개별적으로 고려해 파도 예측 모델을 구축했으며, 대략적이지만 제대로 큰 그림을 그려냈다.[4]

새로운 파도 예측법은 온화한 북아프리카의 상륙을 전망하는 데 성공적으로 쓰였다. 또한 미 해군은 이 방법이 실제로 유용한 훈련이 될 것이라고 확신했다. 뭉크와 스베르드루프는 캘리포니아 라호야La Jolla에 해군과 공군 장교를 훈련하는 학교를 설립했다. 둘은 장교들을 가르치는 동안에도 파도 예측법을 끊임없이 개선했지만, 진짜 시험은 아직 남아 있었다.

제2차세계대전의 끝이 다가오고 있었다. 1940년 독일이 서유럽 대부분을 점령하자 1944년 초여름 연합군은 그 영토를 탈환하기 위해 영국 해안에서 대규모 침공을 개시하기로 했다. 이 침공이 노르망디상륙작전Operation Overlord이다. 영국해협을 기습적으로 건너 프랑스 북부에 하루 동안 병력 13만 2,000명을 배로 상륙시키고, 2만 4,000명을 비행기로 수송하는 작전이었다. 임무 수행에 쓰일 상륙정에 관한 논쟁을 지켜보던 당시의 영국 총리 윈스턴 처칠은 일기에 "두 제국의 운명이 상륙정과 탱크라는 저주받은 물건에 묶여 있는 것 같다"라고 불평했다. 상륙정이 건너야 할 바닷물, 상륙을 시도하는 순간 밀려올 파도에 이들의 운명이 묶여 있었다. 너울이 심하면 부대가 육지에 상

---

4 뭉크는 파도에 관한 표준적 설명이 상륙정 조타수의 직관과 일치하지 않음을 발견했다. 그래서 그는 수학적으로 계산되고 파도를 경험하는 사람의 직관과도 일치하는 통계량을 고안했다. 이를 '유의파고significant wave height'라고 부른다. 높은 파고 순으로 나열해 상위 3분의 1까지를 평균한 값이다. 오늘날 유의파고는 기술적 정의가 조금 바뀌었지만 모든 파도예보 모델과 해상 파도 측정에 활용되고 있다.

륙하기도 전에 많은 사상자가 발생할 것이었다. 캘리포니아의 뭉크와 스베르드루프 그리고 영국 기상청은 일기예보를 전달받고 전날 발생한 폭풍의 영향으로 프랑스 북부 해안에 일어날 현상과 해수면 변화를 예측했다. 상륙을 위해서는 보름달이 뜨고 조수 간만의 차가 적당하고 날씨가 좋아야 했다. 이 모든 조건을 충족하는 날은 많지 않았다. 파도 예측에 따르면 가장 선호되는 예정일인 6월 5일은 성공적인 상륙이 불가능했다. 그다음 날은 '매우 어렵지만 불가능하지는 않은' 조건이었고, 그보다 미뤄지면 적당한 시기를 놓치게 되었다. 훗날 뭉크가 동료에게 전한 말에 따르면, 역사에 남은 6월 6일까지 상륙작전을 연기하도록 드와이트 아이젠하워를 설득한 과정에는 파도 예측이 중요하게 다뤄졌다고 한다.[5] 6월 5일에는 연합군에게 심각한 재난을 초래했을 파도가 해안을 덮쳤다. 하지만 지구가 1바퀴 더 자전하면서 바다의 형태가 바뀐 덕분에 인류 역사에서 가장 중대한 상륙작전이 수행된 날에는 훨씬 온화한 파도가 밀려왔다. 작전 첫날 진행 상황은 순조롭지 않았다. 낮은 너울에 상륙정 병력이 뱃멀미에 시달렸지만, 이 침공은 종전의 시작을 알렸다. 해수면의 일시적 형태는 인간사에 현실적이며 실질적인 영향을 미친다.

해수면의 형태는 해양 엔진에도 영향을 준다. 바람은 광활한 해수면을 가로질러 불면서 파도에 계속 에너지를 공급한다. 파도는 수 킬로미터에 걸쳐 점차 또는 파도가 부서지는 순간 에너지를 잃는다.

---

5 이때 조수 예측도 중요하게 다뤄졌다. 조수 간만의 차가 적당한 날은 6월 5~7일뿐이라는 전망이 군에 보고되었다. 이 이야기는 휴 앨더시 윌리엄스의 저서《조수Tide》에 수록되었다.

우리는 파도가 해안에서 부서진다고 생각하지만 대체로 먼바다에서 부서진다. 파도는 풍력 에너지를 소량의 열에너지로 전환하는 통로다. 해수면은 에너지가 일시적으로 보관되는 저장고다. 지구 시스템을 통해 흘러가는 에너지가 끝없이 채워지고 비워진다. 뭉크와 스베르드루프가 남긴 연구 성과는 오늘날 파도 및 너울 예측의 토대를 이루지만 두 사람은 모두 다른 연구 주제로 옮겨갔다.[6]

해수면에서 해저로 나아가기

수단과 방법을 가리지 않고 전 세계 바람을 잠재워 파도가 발생하지 않게 해도 해수면은 여전히 독특한 형태를 유지할 것이다. 해수면 형태의 패턴은 너무 미세해 눈으로 직접 볼 수 없다. 하지만 정밀한 과학 장비로 측정하면 해수면 형태가 해양 엔진을 어떻게 작동하고 있는지 확인할 수 있다.

바람이 불지 않는 가상의 바다에 다시 바람을 일으키면(그러면 해류도 발생할 것이다), 해수면은 대개 1m 높이 미만으로 불룩 솟아오르거나 울퉁불퉁해질 것이다. 이런 불규칙한 구조는 수 킬로미터에

6 스크립스 해양연구소에서 일하기 시작한 2달간 나는 같은 연구소의 영국인 과학자들에게 저녁 초대를 받았다. 그들은 열정 넘치는 이웃도 초대해 풋내기 과학자였던 내게 바다 거품 연구에 관해 이야기해보라고 격려했다. 이웃은 당시 90세에 가까운 월터 뭉크였다. 그는 내가 살아온 시간의 2배가 넘게 파도를 고민해왔지만, 나의 초보적 해양 이야기에 자신의 방대한 지식을 뽐내거나 불편한 기색을 내비치지 않았다. 그 대신 존경과 격려를 보내고 흥미로운 질문을 던지며 내게 귀 기울였다.

걸쳐 광범위하게 나타나고, 파도는 그 구조 위에 올라탄다. 이러한 불규칙 구조 중 일부는 날씨가 직접적인 원인이다. 북대서양에서 회전하는 거대한 폭풍의 중심은 폭풍 바깥의 대기보다 기압이 약 4% 낮다. 폭풍 중심의 기압이 낮으면 해수면에 가해지는 하향 압력도 현저히 감소하고, 그로 인해 해수면이 위로 부풀어 오르며 주위보다 40cm 높은 돔이 생성되어 폭풍과 함께 이동한다. 돔은 파도나 쓰나미와 달리 바다 일부가 위로 부풀어 오른 구조다. 이처럼 부풀어 오른 구조가 생성되면 만조 시기에 해안 지대는 파도가 밀려오는 동안 더 심각한 피해를 입는다. 해수면이 높아져 내륙까지 파도가 도달하기 때문이다. 또 대규모 해류가 생성되면 해류 옆으로 작용하는 힘에 대항하기 위해 해류 내에 물이 쌓여 해수면이 불룩 솟아오른다.

해수면의 높이가 눈에 띄게 다른 곳도 있다. 이는 해수면 아래 존재하는 다양한 암석의 중력 변화에 기인한 것이다. 북대서양 해수면에는 높이 54m, 지름 수천 킬로미터에 달하는 돔이 있다. 인도의 남쪽 끝 바다에는 94m 깊이의 거대한 구멍이 있다. 항해자들에게는 그 지형의 존재가 눈에 띄지 않지만 바다에는 그와 같은 지형이 가득하다. 이를 발견하려면 인공위성이 필요하다.[7] 또는 중력 강도gravity strength와 해수면 높이를 지도화하고 이를 역추적해도 실제 해저지형을 발견할 수 있다. 예를 들어 바닷속에 거대한 산이 있으면 중력을 받아 끌려 내

7 현대 인공위성은 고도계라는 특수 장치로 해수면 형태 변화를 추적 관찰하고, mm 단위인 해수면 높이 변화를 세밀하게 측정한다. 이는 해류의 흐름을 파악하고, 오늘 또는 이번 주의 해양 엔진이 어떻게 작동하는지 판단하는 유용한 자료가 된다.

려간 해수면이 그 비탈을 따라 약간 솟아 있을 가능성이 높다. 이러한 해수면 형태는 파도와 해류, 날씨와는 무관하며 지오이드라고 불린다. 이처럼 해수면은 다양한 요인에 의해 솟아오르고 가라앉는다. 바다 표면은 평평하지 않다. 특히 해저 형태는 해양 엔진의 전체 구조를 결정하는 중요한 요소다. 이제 해수면은 뒤로한 채 어둠을 뚫고 아래로 내려가 바다 밑바닥에 사뿐히 착지하자.

바다 연구에서 가장 큰 비극은 바닷물의 물리학 탓에 해저의 웅장한 전경을 볼 수 없다는 점이다. 물속에서 빛은 수십 수백 미터 내에 흡수되거나 산란된다. 투광기를 넓게 비춰도 먼 앞이 보이기는커녕 자신의 현재 위치도 파악되지 않는다. 그래도 심해로 여행을 떠났던 수백 명은 마치 우주비행사처럼 놀라운 사진들을 촬영해왔다. 그런데 심해 사진은 우주를 배경으로 한 지구 같은, 원근감이 느껴지는 풍경 사진이 아니다. 세밀하고 매혹적인 근접 사진이다. 그래서 우리는 우주 사진을 보면서 우주비행사가 된 자신을 상상할 수 있지만, 해양 엔진 밑바닥으로 떠나는 항해는 머릿속에 그려지지 않는다.

"별을 헤치며 내려가는 기분입니다." 워싱턴대학교 소속 데보라 켈리Deborah Kelley 교수는 자신의 사무실에 앉아 잠수정을 타고 심해로 내려가는 상황을 설명했다. "여러분은 작고 어두컴컴하며 다소 불편한 구球 안에 있습니다. 잠수정은 긴장감으로 가득합니다. 방향감각도 속도감도 느껴지지 않죠. 하강하는 동안 창문에 얼굴을 바짝 대고 발광생물을 바라보며 대부분의 시간을 보내는데 그 생물들이 누구인지는 모릅니다. 바다 밑으로 100m쯤 내려가면 조명이 켜집니다. 시애틀 인근 해안은 물이 정말 맑아 바닷속이라는 사실조차 잊을 정도죠. 꼭

하늘을 나는 것 같습니다. 그런데 너무 강렬한 경험이라 완전히 탈진하게 됩니다."

데보라는 1990년대 중반부터 심해잠수정 앨빈호Alvin를 타고 50회 넘게 바다 밑에 내려간 해양지질학자다. 그의 전문 분야는 바다 화산과 열수구로, 데보라는 심해저가 어떤 곳인지 직접 눈으로 확인했다. 그의 말투는 부드럽지만 열정이 넘쳤다. 사무실 여기저기에 크기가 신발 상자만 하고, 형태가 불규칙하며, 완벽하게 동그란 구멍이 숭숭 뚫린 검은색 유리질 덩어리가 놓여 있었다. 데보라는 그 유리질 덩어리가 수중 화산 정상에서 흘러나온 용암의 일부라고 설명했다. 우리가 대화하는 동안 책상에 놓인 그 물체는 햇빛을 받아 반짝이며 내게 질문을 유도했다.

데보라는 수십 년간 해저를 연구하고 방문했지만, 해저만 떠올리면 여전히 경탄을 감추지 못하는 인상이었다. 그의 잠수정은 어둠 속에 뻗어 있는 광활한 평원을 이동했다. "해저를 가로지르며 달리는 것 같았다"라고 표현할 정도로 평원에 그의 잠수정을 가로막을 장애물은 아무것도 없었다. 한가로운 항해였다. 그러던 중 탐조등이 섭입대(지구 표층을 이루는 판이 서로 충돌해 한쪽이 다른 한쪽 밑으로 침강하는 지역-옮긴이) 화산의 시작을 알리는 높은 벽을 비췄다. 그는 수십 미터 높이의 벽과 갑자기 마주했을 때의 충격을 설명했다. 지각 활동이 활발한 지역은 거칠고 혼란스러운 바닥에 아치형 또는 기둥형 구조가 튀어나와 있다. 용암이 흘러간 흔적은 텅 빈 강바닥처럼 보인다. 가장 인상적인 구조는 어두운 심해에 자리한 귀중하고 값진 보석인 심해 열수구다. "심해 열수구는 색이 아주 놀라울 정도로 다양합니다. 밝은 보라색과 파란색과 흰색을 띠고 굴뚝은 동물로 덮여 암석이 보이지 않을 정도죠.” 그는 화산 지역의 변화 속도를 거듭 강조했다. 수개월 뒤에 돌아가면 아주 다른 장소처럼 보일 정도라고 이야기했다. 정량 증거를 제시해 이해를 발전시키는 일은 과학이 담당하지만, 심해에 관한 통념을 바꾸는 것은 이러한 경험이다.

최근까지 ‘심해’ 하면 머릿속에 떠오르는 이미지는 텅 비어 있는 캔버스, 즉 아무도 없는 광활한 공간이었다. 이야기꾼들이 스릴 넘치는 바다 괴물 이야기로 돈벌이하기는 했지만, 바다는 장소라기보다 위협적 존재였다. 최초의 항해자들이 이 신비로운 영역을 다녀온 지 100년도 되지 않았다. 항해자들의 이야기는 심해를 실존하는 장소로 만들었다. 텅 비어 있던 캔버스는 환상이 아닌 실체적 특성, 서식하는 생물들, 그리고 수수께끼로 채워졌다.

인류 최초의 심해 탐험가

버뮤다제도 해안에서 400m 밑 바다는 칠흑같이 어둡다. 감각을 상실한 것 같은 빛의 완전한 부재와는 다르다. 희미하고 어렴풋한 빛의 흔적으로 오히려 부각되는 어둠이 주위를 가득 메운다. 햇빛이 바닷물에 완전히 흡수되었지만, 이 지점은 해저로 가는 길에서 아직 10분의 1밖에 되지 않는다. 멀리에서 고래 울음소리만 들려온다. 지금이 몇 시인지 알 길은 없다. 고요한 생명의 파편, 그리고 이따금 화려한 빛으로 반짝이며 꿈틀대는 해파리만이 새카만 물속을 떠다닌다. 해수면에서 발생한 죽음의 미세한 잔해가 어둠을 뚫고 하강한다. 얇고 긴 검은 리본에 이빨이 돋은 형상의 블랙드래곤피시가 지나간다. 1930년 6월 3일, 가느다란 전선에 매달린 작은 쇠구슬이 이곳에 느닷없이 나타났다. 그 쇠구슬 안에는 햇빛이 비치는 세계에서 온 연약한 탐험가들이 있었다. 윌리엄 비브William Beebe와 오티스 바턴Otis Barton은 쇠구슬에 타지 않았다면 수압에 짓눌려 죽었을 것이다.

비브는 본인이 얼마나 작고 취약한 존재인지 분명히 이해했고, 훗날 "바다 한가운데에서 출렁이는 선박의 갑판 아래로 늘어뜨린 0.8km 거미줄에 매달려 있는 빈 완두콩 안이었다"라고 묘사하며 당시 느낀 완전한 고립감을 강조했다. 비브와 바턴은 좁고 속이 빈 완두콩 안에서 인류 최초로 심해 생물을 직접 관찰하고 그들의 서식지를 조사했다. 그리고 이 낯선 바다 세계에 온몸을 던진 육상 포유류로서 첫 소감을 밝혔다. 두 사람은 신체가 심해 환경에 취약해 관측 외에 다른 활동은 할 수 없음을 인정하고 겸손한 방식으로 새로운 환경에 진입했다. 그들의 탐험은 바다를 과학적으로 분석하고 통계자료를 제출하는 다른 연구와는 달랐다. 비브와 바턴은 단지 심해에 직접 가보고 싶은 마음, 그리고 갈 수 있다는 판단을 토대로 심해에 갔다. 비브는 자연을 향한 열정, 자연을 알아가는 재미와 모험을 공유하는 자연주의자이자 작가로 이미 유명했다. 바턴은 비브의 저서 《해저 800미터Half Mile Down》(도서명 번역은 《역사에 길이 남을 숨겨진 역사적 사건들 5》를 참고했다-옮긴이)에 주요 인물로 나와 세계적으로 유명해진 공학자로 심해 탐사용 강철 구형 잠수정을 설계했다.[8] 1934년 비브와 바턴은 923m까지 잠수하며 세계신기록을 세웠을 뿐만 아니라 심해에 선풍적인 관심을 불러

일으켰다. 이는 1950~1960년대 많은 해양생물학자의 경력에 좋은 출발점을 제공했다고 인정받았다. 대중의 상상력을 사로잡은 것은 광활한 해령이 아니었다. 그것은 탐험가가 암흑 속으로 들어가기 전, 연약한 탐조등 불빛으로 비춘 낯선 동물과의 짧고 가까운 만남이었다.

비브의 상상력은 바다에서의 활동이 평범한 일상이 되는 빛나는 미래를 그렸다. 《해저 800미터》도 그러한 상상력에서 시작되었다. 해안가의 사람들은 마치 장 보러 가듯 수중 정원을 구경하기 위해 다이빙 헬멧을 쓰고 헤엄친다. 바다에서 키운 말미잘을 지역 대회에 출품하고, 바닷속에서 그림을 그리며 수면 아래 빛의 특징을 아름답게 표현한다. 그런데 이러한 상상력과 다르게 우리 생활은 아직 바닷속과 멀리 있다. 스쿠버다이빙도 등장한 지 90년이 지났지만, 장비와 훈련에 드는 비싼 비용 탓에 운 좋은 몇몇 사람만 즐길 수 있는 전유물이 되었다. 초기 공상과학소설 작가들은 2020년대까지 많은 사람이 우주나 심해를 직접 경험하지 못한다는 사실에 무척 실망할 것이다. 초기 해양 낙관론자와 비교하면 완전 다른 관점에서 우리는 지구를 바라보고 있다. 이는 공들여 데이터를 수집하고 분석한 끝에 얻은 결과다. 과학적 절차 대부분은 측정값을 신중하게 축적하는 일이다. 그래서 그 결과를 '팩트fact', 즉 참으로 간주하는 경우가 많다.[9] 이따금 과소평가

8 《해저 800미터》는 모험도 부분적으로 다루지만, 구형 잠수정의 실체를 책 전반에 걸쳐 솔직히 묘사했다는 점에서 읽을 가치가 있다. 두께 3cm 강철로 만들어진 지름 150cm의 구형 잠수정에는 창문이 3개 있었는데 그중 2개만 사용했다. 입구는 지름 36cm의 원형 구멍이었다. 이러한 까닭에 2명이 몇 시간만 탈 수 있었고, 때로 수증기로 가득 찼으며, 가끔 물이 샜다.

되지만 과학의 진짜 영향력은 측정값을 해석한 끝에 얻는 '관점'에서 나온다. 20세기 중반 심해의 형태는 아주 치열한 논쟁의 대상이었다. 논쟁을 촉발한 원인은 관점의 혁신적 변화였다.[10] 이런 새로운 관점과 더불어 새로운 의문 그리고 해저 형태를 바라보는 새로운 사고방식이 등장했다.

주위보다 약간 낮게 자리 잡은 암석이 있다. 그로 인해 움푹 파인 공간이 생기더라도 바다는 그곳에 고요히 머무르지 않는다. 해저 형태는 암석이 어느 성분으로 만들어져 어떤 작용을 하는지에 따라 결정된다. 바다 밑에서 일어나는 현상은 땅 밑에서 일어나는 현상과 근본적으로 다르다. 인류의 호기심은 1960년대 해저에 구멍을 뚫는 대담한 시도로 이어졌다. NASA가 미국인을 최초로 우주에 보내려는 동안 지질학자는 지구의 중심을 관찰하는 방대한 과학적 실험 '모홀'을 계획했다.

---

9 과학적 절차를 통해 얻는 것은 당시 이용 가능한 최선의 데이터에서 도출된 잘못된 해석이다. 모든 가설은 수정될 수 있다. 시간이 흐를수록 더욱 다양한 방법으로 가설을 시험한다. 가설의 수정 범위는 점차 줄어든다.

10 이 논쟁이 일어난 배경, 그리고 이 논쟁이 과학사에서 비교적 늦게 등장한 이유는 나오미 오레스케스의 저서 《어느 임무에 관한 과학Science on a Mission》에서 훌륭히 설명되었다.

세계에서 가장 깊은 구멍

그것은 월터 뭉크의 아이디어였다. 1957년 지질학자들은 대륙이 동설에 관한 논쟁을 종식시킬 증거에 점차 가까워졌다. 광활하고 단단한 대륙이 지구를 이리저리 떠돌며 오랜 세월을 보냈다는 의견은 1596년부터 있었지만 허무맹랑한 일이라며 비교적 쉽게 일축되었다. 무엇이 대륙을 움직인다는 것인가? 그런데 대륙 이동이 예외적 사건이 아닌 정상 활동의 일부였을지 모른다는 증거가 수십 년간 누적되고 있었다. 지구에 지층이 있고, 얇은 최상층인 지각과 그 아래층인 맨틀이 완전 다른 물질로 이루어졌다는 사실은 이미 밝혀져 있었다.[11]

지각 두께는 평균 35km다. 화강암 같은 암석으로 이루어진 대륙지각, 두께가 5~10km에 불과하고 현무암 같은 고밀도 암석으로 이루어진 해양지각으로 나뉜다. 두 지각 모두 맨틀 위에 떠 있지만, 대륙지각은 해양지각보다 두껍고 부력이 커서 더 높이 솟아오르며 더 깊이 내려간다. 반면 해양지각은 맨틀 표면에 정교하게 자리 잡고 있으며 대륙지각에 비해 눈에 띄지 않는다. 이는 해양지각 표면이 얇고 꽤나 평평하고, 대륙지각 표면보다 대개는 몇 킬로미터 낮은 지점에 있어 물이 해양지각 표면 위 공간을 먼저 채우기 때문이다. 심해는 물이 채우는 공간보다 낮은 곳에 있는 해양지각 표면에 자리하는 까닭에 깊

11 지각판tectonic plate은 움직이는 지구 표면의 단단한 부분이다. 지각crust과 혼동하기 쉽지만 다른 개념이다. 지각판은 대개 특정 지역의 지각과 그 아래 있는 맨틀의 단단한 부분까지 전부 포함한다. 지각판 아래는 천천히 흐르는 연성 맨틀이 있다. 모홀의 목표는 맨틀로 들어가 다른 종류의 암석에 접근하는 것이었다.

이가 깊다. 심해의 광활한 평야를 대양 '분지basin'라고 부르는 것은 화장실 '세면대basin'처럼 깊이가 있어 물이 고이는 지역이기 때문이다.

1975년 뭉크는 미국 국립과학재단에서 주최한 회의에 참석해서 미래 과학 연구 제안서를 검토했다. 책상 위의 아이디어는 모두 뛰어나고 빈틈이 없었지만, 다소 모험심이 부족하게 느껴졌다. 지구과학 역사에서 이전과 이후를 구분하는 기준이 될 실험, 즉 자금을 지원할 만큼 광범위하고 대담한 과학적 아이디어가 있는지 논의되었다. 뭉크는 역사상 가장 깊은 구멍을 파서 지구 내부를 직접 조사하자고 제안했는데, 지구 지각을 통과하는 구멍을 파면 맨틀 아래에 도달해 샘플을 채취할 수 있으리라고 설명했다. 당시 지구 내부에 관한 거의 모든 지식은 현실과 거리를 둔 논리적 추론에서 나온 것이었다. 사람들은 실제 암석을 만질 수 있다는 생각에 흥분했다. 이 실험은 새로운 지질학 이론의 시험장이 되어 대중의 많은 관심을 받을 것이 분명했다.

저명한 지질학자와 해양과학자들이 뭉크의 아이디어를 환영하고 연구 자금 확보를 돕기 시작했다.[12] 그런데 뭉크의 도전에는 새로운 범위의 기술이 필요했다. 깊은 구멍을 판다는 것은 까다로운 일이다. 구멍을 곧게 유지하며 드릴 날을 타공打孔 면에서 위아래로 이동하는 것이 어렵기 때문이다. 즉, 맨틀에 도달하는 가장 쉬운 방법은 지각에 가장 짧은 구멍을 뚫는 것이었다. 이는 두꺼운 대륙지각이 아닌 얇은 해양지각을 뚫는 것을 의미했다. 이 구멍은 역사상 가장 깊은 구멍

---

12 이때 러시아도 심해 시추를 논의해왔다는 사실이 도움이 되었는데, 미국 정치인은 우주 경쟁과 지구 심해 탐사 경쟁에서 모두 승리하고 싶은 욕망을 벗어날 수 없었기 때문이다.

이어야 할 뿐 아니라 사람이 접근할 수 없는 장소에서 시작되어야 했다. 지각과 맨틀 사이의 경계는 모호면Moho이므로,[13] 그 경계를 넘는 수직 터널은 자연스럽게 모홀Mohole이 되었다.

프로젝트는 매우 고무적인 출발을 보였다. 1961년 깊이 3,800m의 해저를 뚫을 수 있는 실험용 선박을 활용해 초기 시추공을 성공적으로 뚫었다. 이 첫 단계를 향한 대중의 관심은 실제로 굉장했다. 잡지 〈라이프Life〉는 취재를 위해 존 스타인벡(이듬해인 1962년에 노벨문학상을 받았다)을 파견했다.[14] 초기 시추공을 뚫으려면 바람, 해류, 파도, 조수의 영향을 받아 선박이 움직이려고 할 때도 정확히 같은 위치에 머무르게 하는 방법을 찾아야 했다. 이를 위해 공학자들은 스러스터thruster(선박의 조종 성능을 향상시키는 보조 추력기-옮긴이) 4대를 도입해 선박 위치를 섬세하게 조정했다. 해당 시스템은 오늘날 '자동 위치 제어dynamic positioning'라는 이름으로 여전히 활용된다. 드릴 날이 깊은 해저의 두꺼운 퇴적층을 뚫고 그 아래 암석에 접근해 신선한 해양지각 샘플을 최초로 가져왔다. 당시 대통령이던 존 F. 케네디는 연구원들에게 "과학 및 공학 발전의 역사적 이정표"라는 찬사가 담긴 전보를 보냈다.

그러나 모홀은 현실이 되지 못했다. 프로젝트의 다음 단계는 비

13 이 명칭은 1909년 해당 경계를 발견한 과학자 안드리야 모호로비치치Andrija Mohorovičić의 이름에서 유래했다. 모호로비치치는 지진파 데이터를 바탕으로 지각의 바닥에서 밀도가 급변했다는 것을 알아냈다. 이는 서로 다른 물질로 구성된 두 층이 존재하는 명백한 증거였다. 밀도가 변하는 전체 구역의 명칭은 '모호로비치치불연속면'이지만 단순한 개념에 긴 이름을 붙이고 싶은 사람은 없으므로 모호면이라고 불린다.

14 존 스타인벡은 기사에서 시추선을 "쓰레기를 운반하는 평저선 위에 세워진 옥외 화장실과 같은 날렵한 디자인"이라고 거칠게 묘사했지만, 역사에 남을 임무를 수행하는 선박의 긴장감과 흥분은 아름답게 설명했다.

용 증가, 프로젝트 관리 문제, 우선순위 및 책임자 논란에 휩싸였다. 대중의 관심이 조롱으로 바뀌었다. 베트남 전쟁 비용이 눈앞으로 다가오자 미국 의회는 결국 1966년 모홀 프로젝트를 중단했다. 그로부터 56년이 지나 이 글을 쓰는 지금, 몇몇 현행 프로젝트가 모호면에 접근하고 있으나 모호면은 여전히 뚫리지 않은 채로 남아 있다.

언뜻 모홀 프로젝트는 흥미롭지만 비용만 많이 들고 쓸모없는 엉터리로 보일 것이다. 그러나 모홀은 전문 시추선 글로마챌린저호Glomar Challenger와 조이데스레졸루션호JOIDES Resolution 등이 동원되어 오늘날까지 지속되는 국제 해양 시추 프로젝트의 시초였다. 해저를 이루는 광활한 평지는 지구에서 가장 상세한 역사책이라고 알려져 있다. 45억 년 된 지구에서 '고작' 2억 년만 거슬러 가도 사람 손길이 닿지 않은 보물이 간직되어 있다. 해저 시추의 시작은 완전히 새로운 과학 분야의 탄생이었다. 자동 위치 제어의 발명은 석유산업, 특히나 2011년 전체 석유 생산량의 30%를 차지한 얕은 바다에서의 해상 석유 탐사를 촉진했다.

모홀 프로젝트를 시도하고 반세기가 지난 지금, 우리는 해저의 전체적 형태를 명확하게 파악하고 있다. 해저 형태의 패턴을 관측하는 일은 판구조론 세계에서 크고 오래된 짐승인 대륙에서 출발한다. 아일랜드 서해안에서 대서양을 조사하면 깊이 수백 미터 해저를 구성하는 바위가 발밑 해안 바위와 거의 비슷할 것이다. 이 바위들은 대륙지각의 일부다. 대륙지각은 위쪽으로 산맥이 솟아오르고 아래쪽으로 기저면이 맨틀을 침투하며 위아래가 불룩한 대칭을 이룬다. 대륙은 거의 모든 인류가 발을 딛고 시간 대부분을 보내는 곳이다. 대륙 암석은 수십억 년 전 생성되었고, 대륙은 충돌하고 분열하며 재배치된다. 하지만 대륙지각이 그 모든 과정을 능동적으로 주도하지는 않는다. 해안에서 바다를 관측하면 가득 찬 바닷물이 대륙으로 넘쳐흐르는 모습을 보게 된다. 해안 근처에서 바다 깊이는 대륙으로 넘쳐흐르는 바닷물에 의해 결정되며 보통 수백 미터를 넘지 않는다. 이처럼 수심이 얕은 대륙 일부분을 대륙붕이라고 한다. 일부 해안가는 대륙붕이 해안에서 1,000km 떨어진 지점까지 뻗어 있다. 대륙붕은 많은 생물이 서식하는 주요 해안 지역이지만 실제로 바닷물을 많이 포함하지는 않는다.

바다를 찾으려면 대륙의 가장자리, 즉 대륙붕의 가장자리로 다가가야 한다. 다가갈수록 수심은 점점 깊어져 대양 분지를 구성하는 깊고 평평한 바닥에 도달할 것이다. 지금 여러분 발밑에는 대륙이 갈라지며 벌어진 틈새로 용암이 스며들어 생성된 해양지각이 있다. 이곳의 수심은 갑자기 3,000m를 넘는다. 이제 지구 전체 표면을 절반 넘게 차지하는 심해저 평원에 도착했다. 심해저 평원은 대양 분지 일부분으로 깊고 평평하며 광활하게 펼쳐져 있다. 여기 지구상 거의 모든 물이 담겨 있다. 대양 분지는 대륙 사이에 자리 잡고 있어 대서양, 태평양, 인도양, 남극해, 북극해처럼 다양한 이름으로 불린다. 하지만 바다는 서로 연결되어 하나만 존재한다. 대양 분지는 마치 항공기 기내식이 담긴 식판의 구획처럼 서로 분리된 듯 보일 수 있지만 물은 그런 것을 신경 쓰지 않는다. 태평양 분지는 지구상 모든 물의 52%를 담고 있다. 하지만 이 분지의 물과 다른 분지의 물 사이에 경계는 없다.

판구조론 과정에 따라 대륙지각이 이동하며 발생하는 변화를 수용하는 것은 얇고 평평한 해양지각이다. 대륙이 이동하는 동안 대륙의 대략적 형태는 변하지 않지만 바다의 형태는 끊임없이 변한다. 심해저 형태는 심해저에서 일어나는 현상에 따라 변한다. 심해저 형태를 알면 심해저의 물리적 요소뿐만 아니라 본질에도 접근하게 된다. 실제로 깊은 바닷속 대양 분지 바닥 일부는 매우 분주하게 움직인다. 2014년부터 해양과학자들은 분지 활동을 실시간으로 감시할 수 있게 되었다.

움직이는 지각판과 해저지형

퍼시픽시티Pacific City는 시애틀에서 남쪽으로 약 320km 떨어진 북아메리카 서부 해안에 자리한 작은 도시다. 19세기 전반 아메리카 원주민이 침입자, 그들이 가져온 질병, 산불을 피해 도시를 떠나자 해안의 풍부한 어류 자원은 비원주민 개척자들을 끌어들였다. 이후 어류 남획과 관광업이 성행했다. 오늘날 퍼시픽시티 부동산의 절반 이상은 별장으로 쓰인다. 이 도시는 태평양으로부터 밀려오는 파도를 지상에서 평화롭게 감상하기에 완벽한 아름다운 바위 해안선이 특징이다. 그런데 고요한 해변 아래는 상황이 다르다.

퍼시픽시티 바다 밑은 끊임없이 움직이는 전자들로 붐빈다. 8kV 전원 공급 장치와 함께 데이터를 1초에 240Gb씩 전송할 수 있는 광케이블 2개가 매설되어 있기 때문이다. 1분에 2시간짜리 고화질 영화를 약 900편 전송할 수 있는 속도다. 두 케이블은 해변 아래에서 바다로 이어진다. 첫 번째 케이블은 깊이가 약 300m로 일정한 대륙붕을 가로질러 100km를 뻗어가다가 대륙의 울퉁불퉁한 가장자리를 넘어 깊이가 2,900m인 심해저에 도달한다. 데이터 신호는 케이블을 타고 서쪽으로 계속 이동하다가 묵직한 노란색 금속 상자에서 잠시 멈춘 뒤 다시 이동해 해안에서 500km 떨어진 수중 산맥에 다다른다. 최종 목적지는 수중 산맥의 기슭과 정상 부근에 설치된 2개의 센서 클러스터(여러 섹터 단위 데이터를 하나로 묶어 처리하는 장치-옮긴이)다. 두 번째 케이블은 해안 근처 대륙붕을 감싸면서 또 다른 센서 클러스터 3개를 연결한다. 150개가 넘는 센서로 이루어진 이 연결망은 심해 감시 시스템 '국지적 케이블 배열Regional Cabled Array'의 눈과 귀 역할을 한다.[15] 여기 시스템이 설치된 이유는 이 지역이 전체 심해저의 축소판이기 때문이다. 모든 지각판은 움직이기에 그들 사이에 경계가 발생한다. 이는 해양지각이 비교적 평평하다는 보편 규칙을 벗어난다. 지각판의 형태가 바뀌지 않는다면, 동그란 지구를 감싼 달걀 껍데기 같은 지각판은 움직일 수 없다. 그러한 측면에서 지각판 사이의 경계는 막대한 지질학적 힘이 변화하는 장소다. 지각판 가장자리가 서로 부딪히거나 멀어지는 동안 수중 화산으로 이루어진 산맥은 꿀렁거리다가 틈새로 용암을 토한다. 오래된 해저는 맨틀 속으로 밀려 내려가면서 두꺼운 대륙판과의 마지막 대결에서 패배한다. 국지적 케이블 배열을 활용하면 이러한 거의 모든 과정을 북아메리카 해안선으로부터 수백 킬로미터 이내에서 실

15 미국 국립과학재단과 해양관측이니셔티브Ocean Observatories Initiative, OOI가 자금을 지원한다.

시간으로 관찰할 수 있다.

고대 해양지각 한 조각이 2억 년에 걸쳐 북아메리카 서쪽 아래에서 동쪽으로 서서히 미끄러져왔다. 지구의 지각판은 섭입대에서 아래로 가라앉아 맨틀에 통합되는 활동을 거의 마쳤지만 마지막 작은 조각은 여전히 아래로 끌려 내려가 합쳐지는 중이다. 이 조각이 바로 후안데푸카판Juan de Fuca Plate이다.

후안데푸카판은 삼각형의 작은 지각판 조각으로 한쪽에는 해저 확장이 일어나는 활동성 확장대spreading zone가 있고 대륙 쪽 가장자리에는 섭입대가 있다. 국지적 케이블 배열의 센서 클러스터 중 하나는 북태평양에서 가장 활발한 수중 화산인 축방향 해산Axial Seamount 꼭대기에 설치되어 있다. 데보라 켈리는 국지적 케이블 배열의 책임자로, 해저 거대 지형에 설치된 이 복잡한 과학적 연결망을 관리하는 역

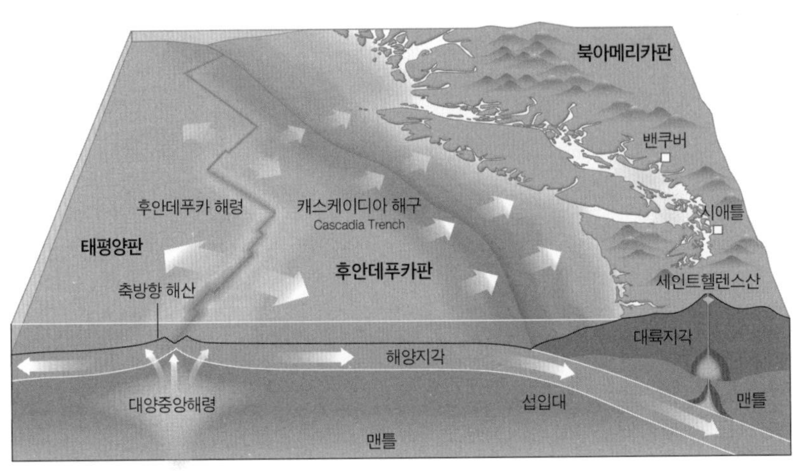

◦ 동태평양 아래 후안데푸카판.

할을 맡았다. 데보라에 따르면 수중 지질학 드라마의 문제는 우리가 그 드라마를 볼 수 있는 적당한 시간과 장소에 거의 머무르지 않는다는 점이다. 따라서 국지적 케이블 배열은 1년 내내 24시간 수중 지형을 추적 감시하고 케이블을 통해 실시간으로 해안에 데이터를 전송해 과학자에게 경보를 발령하는 것을 목표로 삼는다. 대양중앙해령이 분화하는 모습을 영상으로 본 적은 없지만 그 과정을 거쳐 해저 전체가 형성되었고 지금도 형성되는 중이다. 나중에 축방향 해산이 분화하면 전 세계 이목이 집중될 것이다.[16]

어니스트 헤밍웨이는 소설 《태양은 다시 떠오른다》에서 한 등장인물이 파산하는 과정을 "서서히, 그러다가 갑자기"라고 묘사한다. 심해에서 일어나는 끊임없는 지각변동도 마찬가지다. 점진적 변화는 지구의 판 전체가 1년에 수 센티미터씩 천천히 이동하는 것이다. 그러면 갑작스러운 변화는 어떤 모습일까? 축방향 해산은 매년 6cm씩 멀어지는 두 지각판 사이의 직선형 가장자리에 자리 잡고 있으며 분화하는 동안 지각판 사이의 틈을 메우는 새로운 암석을 생성한다. 2015년 국지적 케이블 배열이 작동하기 시작하자마자 첫 번째 실전 테스트가 진행되었다. 규모가 너무 작아서 해저 아니면 어디에서도 감지되지 않는 약한 지진이 수천 번 감지되어 장비에 불이 들어왔다. 이후 센서가 놓인 단단한 해저가 2.4m 내려앉았다. 이는 분명 분화였고, 분화 활동 대부분이 산맥을 기준으로 센서 패키지 맞은편에서 발생했다. 상

16 국지적 케이블 배열은 지질학적 변화만 추적하지 않는다. 해양화학 및 해양생물학 분야에서 심해 화산활동이 해저 생태계에 어떤 영향을 주는지 연구하는 과정에도 활용된다.

황이 진정되고 지질학자가 원격 조정 무인 잠수정(이하 ROV)을 바다 밑으로 내려 보낸 결과, 두께 127m로 거대한 검은색 유리질 용암 흐름이 발견되었다. 데보라가 책상 위에 둔 물체가 바로 그 조각이다. 이 새로운 암석 표면에는 1달도 되지 않아 미생물이 발생했다. 이들은 층을 이루며 새로운 환경을 이용했다. 이는 과학자들을 깜짝 놀라게 했다. 데보라가 화산 지역의 변화 속도를 연거푸 강조했듯이 용암호, 수로, 가파른 암벽이 지질 활동으로 눈 깜짝할 사이에 생성되었다가 재배열되고는 "서서히, 그러다가 갑자기" 사라졌다. 바닷속의 ROV가 해저를 관찰할 때면 오랫동안 기다린 생일 선물을 여는 기분이다. 매번 바다라는 보호막 아래 숨어 있던 아름답고 놀라운 세계가 드러나기 때문이다.

지각판은 이처럼 판의 경계가 다양하다는 점이 매력이다. 축방향 해산 측면 아래쪽에서는 해양 배관 시스템이 새로운 드라마를 만들고 있다. 지각판이 서로 멀어지며 생성된 새로운 암석들은 매끄럽고 단단한 기반을 형성하지 못한다. 새로운 암석은 상태가 엉망인 배관처럼 온통 금이 가 있고 그 내부가 아주 뜨겁다. 금이 난 사이로 암석은 바닷물을 깊이 빨아들인다. 암석 속에 침투한 바닷물은 높은 온도에 의해 가열되고 광물질을 녹여낸다. 그리고 암석은 광물질이 녹아 있는 뜨거운 바닷물을 다시 밖으로 배출한다. 철, 황, 다양한 원소 화합물로 가득한 이 뜨거운 바닷물은 차갑고 잔잔한 바다로 쏟아져 열수구를 형성한다. 열수구는 검은 굴뚝 또는 하얀 굴뚝이라는 이름으로도 유명하다. 바닷물에 용해된 금속 화합물이 차가운 환경과 만나 주위에 수십 미터 높이로 우뚝 솟은 굴뚝을 형성하기 때문이다. 관찰자들은 대개 열수구를 뒤덮은 기이한 생물 무리에 관심을 두지만 데보라는 내게 다른 것을 보여주고 싶어 했다. 그는 직접 물속에서 열수구를 촬영한 동영상을 컴퓨터에서 찾았다.

"거꾸로 흐르는 폭포가 보일 거예요." 처음에는 무슨 말인지 알아듣지 못했다. "굴뚝 벽에 금이 가고 열수가 새어 나오면서 오래된 숲속 나무에 자라는 버섯과 비슷한 무언가가 생성되죠." 어둠 속에서 거대한 굴뚝이 모습을 드러냈다. 정말 굴뚝 벽에서 뜨거운 물이 새어 나왔다. 뜨거운 물은 차가운 물보다 밀도가 낮아 위쪽으로 계속 빠르게 흘렀다. 뜨거운 물이 차가운 물에 처음 닿은 지점에서 광물질이 침전되며 돌출부가 형성되었다. 그것이 데보라가 말하는 버섯 모양이었다. 돌출부 형성 이후 흘러나오는 물은 돌출부 밑면을 따라 바깥으로 흘러야 위쪽으로 향할 수 있었다. 그런데 돌출부 밑면이 뒤집힌 그릇처럼 움푹해 뜨거운 물이 그 안에 고여 있었다. 시간이 지나 움푹한 구조에서 쏟아져 나온 뜨거운 물은 어둠 속으로 하염없이 흘러갔다. 진정 거꾸로 흐르는 폭포였다. "정말 아름답죠. 누가 이런 광경을 볼 수 있으리라고 생각했겠어요?" 그 감상이야말로 실험가와 현장 과학자가 필요한 이유였다. 자연계에는 상상보다 훨씬 더 기상천외한 것들이 숨겨져 있었고, 그 증거를 찾아내는 것이 실험가와 현장 과학자들의 임무였다.

지구의 주요 지각판 7개와 그 틈을 메우는 작은 지각판들은 전 세계 바다 밑에 서로 접하는 경계를 두고 있다.[17] 길고 울퉁불퉁한 해령은 그 경계를 지그재그로 표시한다. 지각판은 저마다 역동적으로 활동하고 분화하지만 대부분 바다에 완벽히 가려져 있다. 해령이 바다 바깥쪽 세계를 침범하는 지역도 있다. 아이슬란드는 대서양중앙해령의 일부분으로 북아메리카판과 유라시아판이 서로 멀어지는 지점에 있다. 아이슬란드에서 일어나는 지진과 화산은 심해에서 무슨 일이 일어나는지를 암시한다. 만약 열을 흡수하고 관성을 제공하는 덮개인 바다가 없다면 그 결과는 다를 것이다. 바다가 있든 없든 지질학적 지형이 생성되고 파괴되는 현장은 거칠고 가혹하고 변덕스러우며 형태 변화를 동반한다. 한눈팔았다가 다시 돌아보면 다른 무언가가 여러분을 기다릴 것이다. 하지만 모든 심해가 그렇게 분주한 것은 아니다.

바다의 감자밭

인간은 은하수나 웅장한 산맥이 보이는 압도적 공간 규모뿐만 아니라, 오래된 나무나 석기시대 기념물이 지나온 천문학적 시간 규모도 본능적으로 깊이 경외한다. 우리 삶은 쉴 새 없이 변화하고 복잡하며 덧없다. 그래서 느리고 자유로우며 영원한 존재는 우리에게 평온과 안도의 해방감을 준다. 광활한 우주 속의 자기 자신을 상상하며 관점을 뒤로 멀리 옮기면 상대적으로 인간이 얼마나 보잘것없는지 깨닫는다. 빛이 닿는 곳에 있는 오래된 나무와 별, 유물은 규모와 나이를 관측할 수 있다. 하지만 지구에서 가장 크고 오래된 황무지는 수천 킬로

---

17 주요 지각판 7개는 아프리카판, 남극판, 유라시아판, 인도-오스트레일리아판, 북아메리카판, 태평양판, 남아메리카판이다.

미터에 걸쳐 깔린 어둠 속에 숨어 있다. 넓디넓은 심해저 평원의 형태는 수백만 년 동안 거의 변화하지 않았다. 정적인 영원의 안정을 느끼기에 제격인 곳이다. 하지만 그것이 이곳에 아무 일도 일어나지 않는다는 의미는 아니다.

하와이와 멕시코를 가르는 동태평양에 수천 킬로미터 펼쳐져 있는 심해저 평원은 완벽히 평평하지 않고 얕은 능선이 아주 완만하게 오르내린다. 심해저 평원 중 상당 부분에는 수백 미터 높이의 언덕, 즉 해산이 형성되어 있다. 축방향 해산은 활동을 중단한 화산으로, 해양지각 위에 형성된 작은 용암 언덕이 주위 바다로 퍼지고 있다. 이러한 해산은 심해저 평원 곳곳에 흩어져 있으며 아주 흔하다.

해저에는 부드러운 진흙이 퇴적되어 있지만 그와 대비되는 독특한 지형도 있다. 딱딱하고 크기가 감자만 하며 색이 어두운 단괴(퇴적암 속 특정 성분이 응집되어 단단해진 덩어리-옮긴이)가 수 센티미터 간격을 두고 배열된 층이다. 이러한 단괴층이 수천 킬로미터까지 뻗어 있다. 해저의 진흙은 지표면 생물의 잔해가 굶주린 미생물과 해파리를 피하며 4km가 넘는 깊이를 하강해 퇴적된 것이다. 클라리온-클리퍼톤 해역으로 알려진 이 지역은 진흙이 1cm 쌓이는 데 1,000년 넘게 걸린다. 1,000년이라는 시간은 단괴의 나이와 비교하면 찰나로 느껴진다. 각 단괴는 나이가 100만 살도 훨씬 넘기 때문이다. 이처럼 오래된 바다를 배경으로 매달려 있거나 기어다니는 생물이 있다.

"누구도 본 적 없는 독특한 생물을 발견하는 것은 정말 영광스러운 일입니다." 아드리안 글로버Adrian Glover 박사는 런던 자연사박물관 소속의 심해생물학자다. 우리는 넓은 박물관 전시실에서 몇 층 위에 마련된 그의 사무실에 앉아 있었다. 이름표가 붙은 상자와 유리 용기, 샘플이 담긴 병으로 가득 찬 공간에 청명한 겨울 햇살이 쏟아져 들어왔다. 칠흑같이 어두운 심해에서 평생을 살다가 지금은 후대를 위한 박물관 소장품으로 보존 처리된 생물들이 빛을 받고 있었다. 바나나만 한 생물도 있었지만, 대부분 너무 작아 제대로 보고 있는지 확인해야 할 정도였다. 생물들은 흰색, 갈색, 그리고 흰색과 갈색이 섞인 색을 띠고 있었다. 외계 생명체 같은 몸만 봐서는 정체를 식별할 수 없었다. 생물들이 살았던 고향은 단괴로 뒤덮인 깊이 4,500m의 심해저 평원이었다.

아드리안은 상자를 열어 크기가 내 주먹만 하고 약간 납작한 회색 덩어리를 조심스럽게 꺼냈다. 덩어리는 윗면보다 아랫면이 더 매끄럽고, 표면 일부분이 연한 갈색 껍질로 덮여 있었다. 이 덩어리는 심해에서 가장 이상하고 신비로운 물체인 다금속polymetallic 단괴였다. 다금속 단괴가 만들어지려면 해저 지역이 두 가지의 중요한 조건을 충족해야 했다. 바로 깊이가 3,500~6,500m이고 퇴적물이 1,000년간 1cm 미만의 속도로 쌓여야 한다는 것이었다. 이는 엄격해 보이지만 심해저 평원에서 상당 부분이 두 조건을 충족한다. 물고기 이석이나 상어 이빨처럼 사체의 딱딱한 잔해가 해저에 가라앉는다. 그리고 고요한 영겁의 세월에 걸쳐 믿기지 않을 만큼 느리게 표면이 코팅된다. 다금속 단괴가 시작되는 과정이다. 단괴 표면은 바닷물에 노출되어 있든 퇴적물에 파묻혀 있든 갖가지 화학반응이 발생한다. 바닷물에 녹아 있던 희소금속 원자가 침전되면서 매년 원자 100개의 두께만큼 표면층에 쌓인다. 육지 생물종이 등장했다가 멸종하고, 대륙이 지구에서 이리저리 이동하는 동안에 심해는 단괴를 빚었다. 대부분을 차지하는 망가니즈 외에도 철, 실리콘, 알루미늄, 코발트, 니켈, 구리 등의 다양한 원자가 복잡한 배열을 이루면서 단괴 표면에 침전되었다. 이 과정은 느리지만 깔끔하지 않았고, 때로는 진흙층이 섞여 단괴 전체가 깨지기 쉬워졌다.

아드리안의 책상에 놓인 단괴는 크기로 미루어 볼 때, 내부가 양파처럼 층층이 쌓여 있고 생성 시점이 수백만 년 전일 가능성이 높다. 이는 인간종인 호모사피엔스가 출현하기 훨씬 전이고(약 30만 년 전), 심지어 호모속의 첫 번째 종인 호모에렉투스가 출현하기도 훨씬 전일 것이다.[18] 나는 단괴가 긴 세월 같은 위치에 놓여 있었는지 물었다. 아드리안은 이유는 확실하지 않으나 거의 모든 단괴가 어느 시점에 뒤집힌 것처럼 보인다고 답했다.[19] 해삼이 스치듯 지나가다가 이따금 단괴를 움직였을 수는 있으나 확신하기 어렵다. 분명한 사실은 단괴로 덮인 해역이 무척 독특한 생태계를 유지하며, 단괴의 표면과 그 주위에 사는 생물을 연구하는 일이 아드리안의 임무라는 점이다.

아드리안의 일은 간단하지 않다. 실험실 수조에서 그런 생물을 키워본 사람은 없다. 해저에서 1마리를 성공적으로 데려와도 그 생물

---

18 아드리안은 박물관 단괴 전시실에 메갈로돈 이빨이 중심에 있는 단괴가 있다고 말했다. 메갈로돈은 오늘날 멸종한 거대 상어종으로 2,300만~360만 년 전에 살았다. 그 단괴는 적어도 360만 년 전에 생성되었다.

19 또 다른 미해결 문제는 단괴가 왜 해저 표면에 머무르는지다. 퇴적물이 1,000년 동안 약 1cm씩 쌓이고 단괴가 100만 년 동안 수 밀리미터씩 커진다면, 단괴는 왜 퇴적물에 의해 뒤덮이지 않을까? 브라질너트 효과(견과를 그릇에 담고 흔들면 큰 견과가 위로 올라오는 것)나 생물학적 교반이 단괴를 퇴적물 위로 올릴 수도 있으나 답은 아무도 모른다.

이 무엇을 먹고 필요로 하고 좋아하는지 알기 어렵다. 런던 자연사박물관의 심해생물학자들은 태평양 탐사 연구를 마치고 최근 돌아왔다. 그들은 연구 대상과 거리가 먼 망망대해 위 선박에서 시간을 보냈다. 심해생물학자들이 사용하는 최고의 도구는 해저에서 신속하게 이동하는 ROV다. 아드리안의 책상에는 샘플과 문서 그리고 ROV가 해저 황무지를 탐사하며 촬영한 몇 시간 분량의 영상이 담긴 대용량 데이터 저장 장치가 있다. 영상에는 무수히 많은 단괴가 등장했다. 단괴들 사이에 퇴적된 진흙 덩어리와 불가사리[20], 해면, 해삼, 새우, 물고기도 이따금 모습을 드러냈다. 생물이 화면에 잡히면 카메라 뒤에서 뻗어 나온 로봇 팔이 그것을 잡아 박물관에 보낼 샘플 용기에 담았다. 이처럼 해저에서 5km 위 선박에 앉아 나중에 검사할 샘플을 채취하는 방식으로 심해생물학자는 연구하는 생물에 가까이 접근한다. 기초적인 내용부터 명백히 밝히기 위해 인내심을 갖고 수년 동안 연구에 매달린 결과, 우리는 무엇을 알아냈을까? 아드리안은 책상에서 가로세로 50cm 정도 비어 있는 공간을 손으로 가리켰다.

"이만한 넓이의 심해저 평원에서 동물이 20~30마리 발견되는데, 이 개체 수는 남극해나 북해의 해저와 비교하면 무척 적습니다. 그중에서 5%는 비교적 흔해 어디에서나 눈에 띄죠. 나머지 95%는 대부분 하나의 개체만 발견됩니다. 심해 생태계에는 독특하고 희소한 생물이

---

20 불가사리starfish는 '별 모양 물고기'라는 뜻의 영문명과 다르게 물고기가 아니며, 심지어는 가까운 친척조차 아니다. 따라서 '바다별sea star'이 적합한 명칭이다. 해파리jellyfish, 가재crayfish, 갑오징어cuttlefish, 양좀silverfish도 물고기가 아니다. 하지만 이름을 바꾸어야 한다고 주장하는 사람은 없다.

무수히 많아요. 개체 수가 극도로 적지만 다양성만은 풍부합니다. 이는 연구자들을 당혹스럽게 하며 중요한 의문을 불러옵니다."

해저에는 생물학자들을 좌절시키고 매료시키는 것이 많다. 단괴 내부에는 미생물이 존재한다. 이들이 외부 바닷물과 차단된 상태로 어떻게 먹이를 찾는지는 알려지지 않았다. 또 단괴 표면에서 자라는 동물도 있다. 이들은 단괴를 발판 삼아 해저에서 먹이를 찾아다니는 것으로 추정된다. 이 동물들이 몇 살인지나 얼마나 오래 사는지는 그 누구도 모른다. 다만 모두 공간은 충분하고 먹이는 부족한 아주 느린 생태계에서 산다.

심해는 완전한 암흑으로 여겨진다. 그런데 아드리안이 갓 발견된 단괴의 갈라진 틈에 작은 곤충이 끼어 있는 사진을 보여줬다. 그 곤충은 눈이 있었다. 암흑에서 어떻게 앞을 본다는 것일까? ROV의 촬영 영상을 보면 기이하게 생긴 제노피오포르xenophyophore가 시야에 들어온다. 바닥에서 손을 뻗어 올린 모습으로 단단해 보인다. 이 큼지막한 유기체는 단세포생물로 주위 광물질을 빨아들여 외골격을 형성해 자신을 보호하는 유공충의 일종이다. 제노피오포르도 심해저 평원에서만 발견되며 우리에게 답보다 질문을 더 많이 안긴다. 평평하고, 깊고, 생물 사체로 뒤덮여 소용돌이치는 다른 생태계에서 멀리 떨어져 있다는 심해저 평원의 특징은 그곳에 사는 생물의 유형을 결정한다.[21]

---

21 심해 생물을 더욱 자세히 알고 싶다면, 알렉스 로저스Alex Rogers의 저서 《심해The Deep》와 헬렌 스케일스의 저서 《눈부신 심연》을 추천한다.

심해를 달과 비교하면 안 되는 이유

다음 주제로 넘어가기 전에, 의견 하나를 진솔하게 털어놓으려 한다. 그것은 심해에 관해 자주 언급되는 표현 하나가 명백히 틀렸고, 상당히 위험한 방식으로 오해를 불러일으켜서 우려스럽다는 것이다. 잘못된 표현은 바로 '우리는 심해보다 달과 화성에 관해 아는 것이 더 많다'라는 것이다. 나는 이 문장을 들을 때면 마음이 불편하다. 그런데 이러한 표현은 1948년 이후 끊임없이 언급되었다.[22] 오늘날 논란은 해저 지도화 논의에서 비롯된 것이다. 달 표면은 전체 면적이 해상도 100m(데이터가 입력된 점 사이의 거리)로 지도화되었지만,[23] 심해는 상당 부분이 해상도 1km로 지도화되었다(물론 이보다 더욱 세밀하게 알려진 곳도 많다). 하지만 지도화 작업이 연구의 모든 성과와 발전을 대변하지는 못한다.

달과 심해는 서로 비교될 수 없다. 바다는 끊임없이 변화하는 복잡하고 역동적인 시스템이다. 이리저리 이동하며 다양한 현상을 동반하는 물로 채워져 있고 생물이 가득하다. 달은 수십억 년간 거의 변하지 않은 죽은 암석이다. 우리는 분명 심해에 관해 더 많이 알고 있는데, 이는 심해에 알아야 할 것이 더 많기 때문이다. 데보라 또는 아드리

---

22 "인간은 미지의 세계에 무한한 호기심을 발휘해 수많은 영역을 개척했다. 발전한 탐험 기술에 가장 늦게 굴복한 영역은 해저다. 최근 몇 년 전까지만 해도 지구 표면에서 4분의 3을 차지하는 광활한 영역보다 달 표면이 잘 알려져 있었다." (F. P. 셰퍼드Francis Parker Shepard의 저서 《해저 지질학Submarine Geology》, 1948년)

23 달은 빛을 반사하므로 멀리 떨어진 곳에서도 비교적 쉽게 지도화할 수 있다.

안 같은 과학자 수백 명이 수십 년간 심해를 방문해 샘플을 채취하며 지식을 쌓아왔음에도, (이 글을 쓰는 시점을 기준으로) 반세기 전 3년간 12명이 85시간보다 짧게 다녀온 죽은 암석에 관해 더 많이 알고 있다고 표현하는 것은 과학자와 바다 모두에게 아주 모욕적이다.

우리는 아폴로계획에서 촬영된 사진을 통해 달이 텅 비어 있음을 확인했다. '지구돋이' 사진은 달 표면 너머로 지구가 떠오르는 것 같은 구도로 촬영되었다. 이는 광활한 우주에서 지구가 얼마나 특별한지 돋보이게 했다. 달은 배경일 뿐 주된 관심 대상으로 보이지 않았다. 지구를 특별하게 만드는 것은 바다이지만, 심해는 달과 비교당하며 꾸준히 과소평가되었다. 달은 텅 비어 있고 변하지 않고 죽어 있지만 심해는 그렇지 않다. 그런데도 둘을 계속 비교한다면, 인간은 광활하고 변화무쌍하며 매혹적인 심해가 지구의 특별한 영역이라는 인식을 잃을 것이다. 따라서 우리는 다음같이 표현해야 한다. '심해가 진정 방대하고 역동적인 까닭에 인간은 심해에서 밝혀내야 할 지식의 표면만 겨우 긁어모을 수 있었다.' 나는 심해와 달에 관한 지식을 비교하는 행위가 중단되고 심해가 마땅히 존중받기를 바란다.[24]

24 내가 달 과학 연구를 반대하는 것은 아니다. 순수하게 호기심을 충족할 뿐만 아니라 인간과 지구에 관한 정보를 밝히기 위해 지구의 유일한 위성인 달을 이해하는 것은 중요하다. 하지만 바다에도 알아내야 할 정보가 어마어마하게 많다.

바다의 가장자리를 그리다

얕은 해안은 심해보다 우리에게 익숙하지만, 그렇다고 중요하지 않은 것은 아니다. 해안은 바다와 땅이 연결되는 지점으로 해양 엔진에 결정적 역할을 한다. 우리는 해안을 지도상에 표시된 날렵한 선으로 여기지만 현실은 그보다 훨씬 복잡하다. 육지와 해양의 경계는 생각보다 모호하고 독특하다. 바다 가장자리, 즉 육지와 해양을 가르는 해안선을 시각적으로 표현하는 또 다른 핵심 도구는 지구본이다. 지구본은 평면인 지도와 다르게 동그란 모형이다. 그래서 해양과 육지가 끊어질 필요 없이 연결되어 있다. 이는 지구 전체 이미지를 입체적으로 보여준다. 나아가 우리는 지구의 위아래를 직관적으로 인식하고 그것을 뒤집은 모습까지도 쉽게 상상할 수 있다.

인류 최초로 지구본을 만든 사람은 기원전 2세기 그리스에서 살았던 교육자 겸 철학자인 말로스의 크라테스Crates of Mallus였다. 크라테스는 모든 정보(2,000년 전 알려진)를 상세히 반영하려면 지구본 지름이 최소 3m는 되어야 한다고 주장했다. 현대의 방대한 지리 지식을 고려하면 이처럼 큰 지구본은 오늘날에 더욱 절실히 필요하다. 문명이 성장하고 지구 탐험이 활발해질수록 왕과 제독은 전보다 세밀하고 정교한 지구본을 만들기 위해 막대한 돈을 썼다. 투자의 첫 번째 이유는 지구본이 그만큼 아름다운 발명품이었고, 두 번째 이유는 지식이 곧 권력이었기 때문이다. 오늘날에 고풍스러운 주택이나 박물관에 가면 19세기와 20세기 초에 학교 교실 및 응접실의 단골 장식품이었던 지구본을 발견할 수 있다.

지구본에 표시된 꿈틀대는 해안선은 시간이 흐를수록 오늘날의 해안선에 점차 가까워진다. 그런데 1946년까지만 해도 알려진 모든 해안선은 고등교육을 받은 사람들이 추측한 내용에 지나지 않았다. 이후 모든 해안선의 위치는 수천 번 측정한 시간과 태양 위치에 기반해 논리적으로 추론되었고, 그 결과 정확하고 유용한 지구본이 만들어져 사람들에게 공유되었다. 1946년 미국 뉴멕시코에서는 V-2 로켓이 불시착에도 견디는 보호 장치에 싸인 영화 촬영기를 싣고 발사되었다. 이때 찍힌 사진은 전체 해안선 형태가 보일 만큼 멀리에서 실제 지구를 촬영한 최초의 사진으로 기록되었다. 당시에도 현재와 같은 지구본이 널리 받아들여졌기에 V-2의 지구 사진은 큰 놀라움을 불러일으키지 않았지만, 과거 수행한 과학적 방법이 옳았음을 검증했다. 최초의 인공위성이 포착한 해안선은 해양 탐험가들이 여러 세대에 걸쳐 힘을 모아 그린 해안선과 일치했다. 이를 통해 수 세기 동안 공들인 결과가 순식간에 참으로 입증되었다.

오늘날 지구 해안선의 형태는 벽걸이 지도, 테이블 매트, 머그컵, 물놀이 공, 행주 그리고 내 책상 서랍에 있는 커다란 구슬 등 어디에서나 볼 수 있다. 많은 사람이 그 익숙한 무늬를 더는 유심히 관찰하지 않는다. 그러나 우리가 당연시하는 것 중 일부가 매우 중요하다. 대양과 대륙의 분포, 대양과 대양의 연결은 해양 엔진에 일반적으로 적용되는 분명한 패턴을 형성한다. 우선 대륙의 3분의 2는 북반구에 있다. 이는 남반구가 80%는 대양으로 20%는 대륙으로 구성되어 있음을 뜻한다. 육지의 개입이 적은 남극해(남극 대륙을 둘러싼 바다의 고리)는 태평양, 인도양, 대서양을 하나로 연결하는 세계 해양의 접속 배선함

junction box이다. 지도나 지구본을 통해 세계의 모습을 멀리에서 관망하면 대륙은 커다란 덩어리이고, 대륙 사이에는 대양이 채우는 넓은 공간이 있는 것처럼 보인다. 모든 대양이 광활하지만 태평양의 규모는 특히 어마어마하다. 태평양은 적도를 따라 측정한 지구 둘레의 3분의 1을 차지할 만큼 넓게 펼쳐져 있다. 태평양 중심 위에서 지구를 내려다보면 대륙은 거의 보이지 않는다. 반면 북극해는 태평양(베링해협)과 대서양(캐나다와 노르웨이 사이)으로 통하는 작은 출구를 제외하면 거의 완전히 대륙으로 둘러싸여 있다. 한편 대양이 다른 대양과 만나거나 대륙 사이를 지나갈 때 출근 시간의 도로처럼 교통 정체 현상이 일어나기도 한다. 이러한 현상은 남아메리카의 남쪽 끝, 아시아와 오스트레일리아 사이의 섬들, 북극해의 입구에서 두드러진다. 이처럼 대양 분지들 사이의 연결은 세계 바닷물이 이동하는 방식과 해양 엔진의 작동을 결정한다.

바다와 육지의 중개자, 해조류

콘월 반대편에서는 강풍이 해안선을 강타해 쓰러진 나무와 날아다니는 잔해를 경고하는 뉴스가 쏟아진다. 반면 콘월은 하늘이 맑고 바람이 고요하며 바다가 파도 없이 잔잔하다. 마지막 울타리를 지나자 회색 띠가 나타난다. 무릎 높이 바위가 50m 거리로 늘어서서 만든 회색 띠가 매력적인 청록색 바다와 풀로 우거진 육지를 가른다. 회색 띠의 공간은 누구도 환영하지 않는 듯 보인다. 육지도 아니고 바다도 아닌, 거칠고 황량하며 쓸모없는 공간처럼 느껴진다. 하지만 이곳은 고유의 규칙을 지키는 아름답고 활기찬 생태계의 본거지로, 습윤 지대와 건조 지대의 중간에 해당한다.

육지와 해양이 맞닿은 곳은 때때로 혼란스럽고 모호하기 때문에, 지도에 육지와 해양을 구분하는 선을 깔끔하게 그으려는 시도는 자주 좌절된다.[25] 그곳은 또한 변화무쌍하다. 2015년 콘월의 포스레번Porthleven 해변은 겨울에 강한 폭풍이 몰아쳐 하룻밤 사이에 모래가 완전히 사라졌다. 모래는 얼마 지나지 않아 다시 쌓였지만, 지역 주민에게 모래를 당연하게 여기지 말라는 경각심을 일깨웠다. 바다 가장자리는 먼바다에서 밀려오는 거센 파도를 맞거나, 육지 절벽에서 이따금 낙하하는 흙과 바위에 부딪히며 모든 충격을 견딘다. 썰물에는 뜨거운 여름 햇빛이 비치는 동안 자외선을 받아 그을리며 바짝 건조되고, 밀물에는 수 미터 높이로 바닷물이 차오르며 파도에 밀려온 무거운 자갈이 바닥에서 구른다. 바닷물이 들어오고 비가 내리는 상황이 반복되면서 해안 지역은 소금물과 민물을 번갈아 만난다. 바다의 가장자리에서 생존하려면 회복력이 강해야 한다. 이 같은 환경에서도 완전무결한 지배자로 살아남을 생물군이 해조류다. 코니시 해조류 주식회사Cornish Seaweed Ltd의 공동 창립자이자 프리랜서 보전생물학자인 팀 반

25 해안선의 모호성은 수학자 브누아 망델브로가 널리 알렸다. 1967년 망델브로는 '영국의 해안은 길이가 얼마인가?How Long Is the Coast of Britain?'라는 제목의 논문을 발표했다. 여기에서 훗날 프랙털로 알려진 개념에 대한 자신의 아이디어를 확장하기 위해 영국 해안선을 사례로 들었다. 큰 자는 구불구불한 모양을 무시해 해안선을 짧게 측정하고, 작은 자는 구불구불한 모양을 반영해 해안선을 길게 측정한다. 자의 길이에 따라 해안선 길이도 달라지므로 정답은 없다.

베르켈Tim van Berkel은 국경 지대에서 살아남는 데 유리한 해조류의 특징이 육지에서 인간이 겪는 다양한 문제를 해결하는 과정에도 도움이 되리라고 확신한다.

건조된 바위 위로 올라가 만조선을 지나자 아직 축축한 바위에 널려 있는 검은 해조류 덩어리가 보였다. 여기는 현재 간조 시각이고 6시간 전에는 바위 위로 바닷물이 수 미터씩 들어차 있었다. 팀이 바위 사이로 뛰어다니며 해조류를 가리켜 설명을 시작했다. 거무칙칙한 해조류 덩어리 하나하나가 다양한 색과 질감으로 다시 보였다. 마치 내 팔뚝만 한 적갈색 다시마는 잎사귀가 크고 매끄러웠다. 덜스dulse는 반짝이는 보라색 끈처럼 보였다. 그 옆 움푹 들어간 바위에는 검붉은 색을 띤 연약한 실들이 매달려 있었다. '토끼 귀bunny's ears'라는 별칭으로도 불리는 로멘타리아 아티큘라타Lomentaria articulata였다. 바위에서 튀어나온 파래는 밝은 녹색 주름 같았다. 그 밖에도 다양한 해조류가 맨 바위에 직접 고정되어 있었다. 몇몇 바위에는 산호말이 거칠거칠한 분홍색 얼룩을 그렸다. 바다로 다가갈수록 바닷물 웅덩이들이 나타났다. 그 위로 떠오른 해조류의 색이 더욱 진하게 보이며 자랑할 만한 수중 정원이 모습을 드러냈다. "여기는 야생 지대입니다. 머리 위에 새가 있고 큰 바위 뒤에 바다표범이 있죠." 팀이 말했다. 그는 허리를 숙여 넓은 다시마 잎을 집어 들었다. 그 잎은 길이가 반으로 잘려 한쪽 끝 가장자리가 반듯했다. "이 다시마는 최근 수확했는데 벌써 다시 자라기 시작했습니다." 해조류가 지닌 놀라운 특징은 성장 속도다. 코니시 해조류 주식회사는 수년간 이곳에서 짧은 해안선을 오가며 해조류를 수확했지만, 해조류의 개체 수가 감소하거나 품질이 낮아지지는 않았다. 바다가 해조류를 돌보는 덕분에 비료나 살충제도 필요하지 않았다. 다 자란 해조류는 가위를 사용해 손으로 수확하며 일부만 채취하고 나머지는 그대로 둔다. 수확한 해조류는 건조하고 껍질을 벗겨 식용으로 판매한다. 해조류의 유용성은 여기에서 끝나지 않는다. 해조류는 혹독한 환경에 대처하며 진화하는 동안 인간에게도 유용한 습성을 개발했다.

해조류는 인간이 맨눈으로 보고 손으로 집을 수 있을 만큼 크기가 큰 '대형 조류macroalgae'다. 꽃을 피우는 식물은 바닷물의 염분에 대처할 수 없어 대부분 육지에서 산다. 그래서 해안에서는 꽃을 피우는 식물의 생태적 지위를 해조류가 차지한다. 해조류는 홍조류, 녹조류, 갈조류라는 서로 밀접한 관련이 없는 세 종류로 구분된다. 세 가지 해조류 모두 태양에너지로 광합성하고, 물속 물질을 양분 삼아 자기 몸을 스스로 구성하며, 수많은 해양 생물에게 먹이와 서식지를 제공한다. 해조류는 주변의 바닷물에서 필요한 물질을 직접 얻으므로 뿌리가 필요하지 않다. 해조류가 달라붙기에는 모래보다 바위가 적합하므로 바위가 깔린 해변이 서식지로서 완벽하다. 해조류는 밀물 시기에는 바닷물이 가하는 충격을 견디고, 썰물 시기에는 소금에 뒤덮여 탈수 현상을 견딘다. 밀물과 썰물의 교차는 하루 네 번 발생한다. 팀은 바닷물에 가까워질수록 해조류의 종류가 점점 달라진다고 설명했다. 이를테면 만조선 근처에는 블래더랙bladderwrack이 살지만, 그보다 아래로 내려가면 '톱니 모양의 해초serrated wrack'라고 알려진 푸쿠스 세라투스Fucus serratus가 산다. 그리고 그 밑에는 덜스와 김이 뒤섞여 서식한다. 바다와 가까워 썰물 시기에도 공기에 완전히 노출되지 않는 구역에는 꼬시래기가 산다. 만조선과 간조선 사이에 해당하는 좁은 조간대에는 해조류가 실제 조간대보다 좁은 구역에 서식한다. 서식지 범위는 해조류가 견딜 수 있는 공기 및 자외선 노출량에 따라 결정된다.

넓은 다시마 잎의 양쪽 끝을 잡고 조심스럽게 잡아당겼다. 늘어났다. 더 세게 당겼다. 더 늘어났다. 다시마는 고무처럼 질겨서 물살을 맞아 윗부분이 당겨져도 스스로 지탱할 수 있다. 해조류의 신축성은 많은 해양 생물에게 중요하다. 이는 해조류가 먹이로 공급될 뿐만 아니라 튼튼한 잎으로 파도의 에너지를 흡수해 아래쪽과 뒤쪽 공간을 보호하기 때문이다. 다시마 세포의 신축성은 내부 구조에서 유래한다. 내부 구조에는 식품 증점제로 쓰이는 알긴산이 포함되어 있다. 한천agar, 카라기난carrageenan은 알긴산과 유사하지만 홍조류에서 발견되는 물질로 오늘날의 각종 식품에 함유되어 있다. 이처럼 다양한 형태로 거의 모든 사람이 매일 해조류를 섭취한다. 영국은 해조류를 통째로 먹는 문화가 없지만(웨일스에서는 김빵laverbread을 여전히 즐겨 먹는다) 코니시 해조류 주식회사가 이를 바꾸려고 한다. 팀이 잔가지에 붉은 잎이 달린 페퍼 덜스pepper dulse 조각을 건넸다. 독특하게도 해조류라기보다는 톡 쏘는 양상추 같은 맛이 났다. 샐러드 재료로 넣으면 정말 맛있을 듯했다. 해조류는 다양한 문화권에서 일상적으로 섭취하며 전 세계적으로 양식되고 있다.

해조류는 파도가 밀고 당기는 힘에 언제나 저항할 수는 없으므로 생존하려면 빠르게 다시 성장하는 능력이 중요하다. 이것이 해조류 수확이 지속 가능한 이유다. 사람들은 해조류를 일부만 채취하고 나머지는 절단면에서 다시 자라나도록 둔다. 해조류의 성장 속도가 빠르다는 개념은 이들이 영양소와 탄소를 빠르게 흡수하고 주위 광물질과 영양물질을 체내에 농축한다는 것을 의미한다. 해조류는 우수한 아이오딘 공급원으로 유명하다. 아이오딘은 바다에는 풍부하지만 육지에는 드문 물질이다.[26] 해조류의 유일한 단점이라면 지나친 섭취가 아이오딘 과잉을 일으킨다는 것이다. 그러나 권장량보다 약간 초과 섭취한 아이오딘은 대부분 체내에서 보충제 역할을 한다. 해조류는 또한 천연비료, 식품 포장재, 피부 관리 용품, 가축 사료[27] 등 다양한 용도로 활용된다.

우리는 조수 웅덩이를 옮겨 다니며 더 많은 해조류 종을 식별하고, 해조류를 먹이로 삼는 해양 생물을 발견했다. 그동안 팀은 식량과 원료를 공급하고 해양 생태계를 구축하는 해조류의 잠재력을 열정적으로 이야기했다. 해조류가 갈색이고 끈적끈적해 보이는 덕분에 인간에게 남획되지 않았을 것이라는 의견에 우리는 공감했다. 해조류가 육지와 바다에 어떻게 연결되어 있는지를 이해한다면, 자연과 조화를 이루는 방식으로 양식과 수확 규모를 확대할 수 있을 것이다. 육지와 바다를 가르는 척박한 경계는 특별한 서식지다. 이 지역의 슈퍼 생존자 해조류를 과소평가하는 것은 곧 경계 지역을 과소평가하는 것과 같다.

육지와 바다 사이의 모호한 지역은 다채로운 외형을 드러낸다.

---

26 사람들은 유제품과 해산물에서 아이오딘을 섭취한다. 채식주의자에게는 특히 해조류가 중요하다.

27 해조류 사료는 소의 메탄 배출량을 줄여 대기 중 온실가스 감축에 도움이 된다.

영국인은 그러한 지역을 해조류로 뒤덮인 바위들, 절벽에 막힌 모래 해변으로 흔히 떠올린다. 세계 다른 나라에서는 염생 습지, 맹그로브 늪, 해초 초원 등 다양한 모습으로 존재하며 이는 막대한 부를 낳는다. 육지와 바다의 경계에 넓게 형성된 이 지역은 어느 세계에도 완전히 속하지 않는 강인한 생물들이 서식한다. 야생동물에게 주요 서식지를 제공하며, 기후변화를 막고 피해를 줄이려 하는 노력에서도 유용한 도구로 점점 인정받고 있다. 우리는 늘 바다가 저 멀리 어딘가에 존재한다고 생각하지만, 바다는 육지 위로 밀려 올라와 아름답고 다양하고 귀중한 고유의 생태계를 구축한다.

신대륙으로 향하는 '미역길'

해조류는 확실히 현대에 유행하는 먹거리는 아니다. 1977년 미국 인류학자 톰 딜리헤이Tom Dillehay는 칠레 남부의 몬테 베르데Monte Verde에 자리한 고고학 유적지를 발굴하기 시작했다. 발견된 유물은 대형 돌 난로, 나무 오두막 잔해, 식물, 고깃덩이, 목재 도구, 옷, 과일, 베리, 동물 가죽으로 놀라울 정도로 잘 보존되어 있었다. 이 유적은 인간의 소규모 정착지로 당시 주민들이 발자국 흔적까지 남겼다. 수 세기에 걸쳐 파괴되고 남겨진 돌과 뼛조각 몇 개에서 작은 정보라도 찾으려 몇 년 동안 공을 들이는 고고학자들에게 이 유적지는 상상할 수 없을 만큼 풍요로웠다. 인근 하천이 범람함으로써 온도가 높고 산성이며 산소가 부족한 이탄습지가 유적지를 덮쳤다. 그 결과 수천 년간 미생물이 차단되며 유적지가 보존된 것이었다. 유기물로 만들어져 변질이 쉬운 일상적 유물들도 딜리헤이가 발굴하기 전까지 보존되었다. 이는 먼 과거로 향하는 실체적 다리였다. 그런데 한 가지 이상한 점이 발견되었다. 방사성탄소연대측정법에 따르면 이 유적지는 1만 4,800년 전의 것이었다. 당시 중론에 의하면 인류가 아메리카 대륙에 도착한 것은 그보다 적어도 1,000년이 지난 뒤였다. 그렇다면 나무 오두막을 지은 사람들은 누구였을까? 조사가 이어지고 그들의 주택에서 한 가지 특별한 식재료가 눈에 띄었다. 바로 아홉 가지 해조류였다. 그런데 해조류의 의미는 역사 속에 한층 더 깊이 묻혀 있었다.

오늘날 기준으로 볼 때 약 2만 6,000년 전 지구 대부분은 환경이 극도로 척박했다. 전체 육지에서 4분의 1이 영구빙permanent ice으로 덮여 있었고, 지구의 평균 기온은 지금보다 6℃ 낮았다. 현재의 캐나다 전역과 미국 상당 부분이 얼음으로 덮이면서 대서양부터 태평양까지 두꺼운 흰색 방어벽이 형성되었다. 태양에너지를 얻어 바닷물에서 증발한 물은 비나 눈이 되어 내린 뒤 육지에서 단단하게 얼어붙었다. 너무 많은 물이 바다에서 증발하고 대륙에 쌓인 까닭에 해수면이 지금보다 약 120m 낮았다. 태평양은 러시아와 알래스카 사이 새롭게 드러난 육지 때문에 북극해와 완전히 단절되었다. 모든 인간은 광활한 얼음 방어벽의 서쪽에 있었다.[28] 거대나무늘보giant sloth, 검치호, 털매머드

---

28 이는 북아메리카 대륙 동쪽 지역에서 가장 넓은 면적을 뒤덮은 로렌타이드 빙상Laurentide Ice Sheet이었다. 북아메리카 대륙 서쪽부터 태평양까지는 코르디예라 빙상Cordilleran Ice Sheet이 뻗어 있었다. 북아메리카 대륙은 강을 기준으로 동쪽과 서쪽이 나뉜다. 서쪽에서 내리는 비는 전부 태평양으로, 동쪽에서 내리는 비는 전부 대서양으로 흘러간다.

woolly mammoth가 서식하는 북아메리카와 남아메리카는 얼음 방어벽의 동쪽에 해당했다. 그런데 지구가 따뜻해지며 얼음이 녹기 시작했다.

얼음이 녹아 물이 되고, 물이 다시 바다로 흘러 들어가면서 북태평양 해안선이 북쪽으로 올라가 러시아 알래스카 육교를 잠식했다. 빙하기의 혹독한 추위를 피해 남쪽으로 떠났던 해양 생물들은 북태평양 환류라는 거대한 수중 회전목마에 태워져 시계 방향을 따라 동쪽에서 서쪽으로 운반되어 얕은 해안에 밀려왔다. 바다가 확장되며 얕고 차갑고 영양소가 풍부한 바닷물이 바위투성이 해저 위를 채웠다. 이는 한 가지 특정 생물에게 최적의 환경이었다. 바로 다시마였다. 적절한 조건만 주어지면 다시마는 풍부하고 역동적인 바다 생태계 형성에 필요한 토대를 구축할 것이었다.

고요한 해수면에서 불과 몇 미터 아래를 흐르는 밝은 녹청색 바닷물을 타고 표류한다고 상상하자. 바닷물이 약간 뿌연 탓에 먼 앞이 보이지 않지만 1m 간격으로 늘어선 굵은 수직 밧줄로 둘러싸여 있어 문제가 되지 않는다. 중심 줄기에서 제각기 뻗어 나온 손바닥 너비의 황갈색 잎이 가랜드를 연상시킨다. 밧줄은 만지면 부드럽고 유연하지만, 손을 떼면 이내 똑바로 세워진 형태로 되돌아간다. 이것은 세계에서 가장 큰 해조류인 거대다시마giant kelp다. 거대다시마 숲에서 잠수하면 어김없이 육지의 숲을 떠올리게 된다. 위를 올려보면 숲의 상층부 틈새로 밝은 햇살이 스며든다. 모든 다시마가 금빛으로 물든다. 아래를 내려다보면 꼿꼿하고 반듯한 다시마 줄기가 끝없이 뻗어 어둠 속으로 사라진다. 이는 현기증을 일으킨다. 바닷물이 다소 뿌옇게 보이는 이유는 유충과 다시마 조각, 유기물 입자 등 생명과 죽음의 파편 때문이다. 작은 물고기 떼가 거대다시마 틈을 헤엄치고 다닌다. 물속 부유하는 먹이를 잡아먹으며 다시마 숲 주민인 큰 물고기와 게, 연체동물과 경쟁한다. 농어 같은 큰 물고기는 이따금 우리 시야에 느릿느릿 들어온다. 하지만 귀찮게 굴면 꼬리를 휙휙 움직이며 몸을 숨긴다. 바다표범 1마리가 모든 것이 신기하다는 듯 다시마 사이를 비집고 다니다가 저녁 먹잇감을 사냥한다. 거대다시마는 인상적인 건축가로 하루에 30cm씩 성장하고,[29] 바위가 많은 해저에 단단히 고정되어 있다. 그렇게 밀려오는 바닷물에 저항해 파도와 해류를 완화한다. 생물 수백 종에게 잔잔한 바다, 먹이, 은신처를 제공한다. 건강한 거대다시마 숲에는 자연의 풍요로움이 무한히 펼쳐진다.

다시마와 나무 사이에는 한 가지 중요한 차이점이 있다. 육지에 자리 잡은 숲은 묘목부터 오래된 그루터기에 이르는 나무들이 제각기 같은 자리를 지키며 천년을 견딘다. 다시마는 생존 방식이 좀 더 유연하다. 하나의 다시마 개체가 고작 10년을 살기도 하고, 다시마 숲이 강력한 폭풍에 휘말려 빠르게 사라진 뒤 그 근처에서 새로운 세대가 처음부터 다시 시작되기도 한다. 다시마 숲은 안정적으로 조성되지만, 숲의 정확한 위치는 매년 달라질 것이다. 다시마와 다시마 숲에 서식하는 생물종은 모두 이곳저곳으로 쉽게 이동할 수 있다. 빙하기가 정점을 지나고 바다가 북태평양 해안으로 다시 밀려들자 풍부한 생물종이 이동했다.

빙하기 이후 더 따뜻해진 세계는 거대한 다시마 숲 왕관을 쓰고

29 이는 환경조건이 좋을 때의 평균값이다. 최대로는 하루 60cm까지 성장한다.

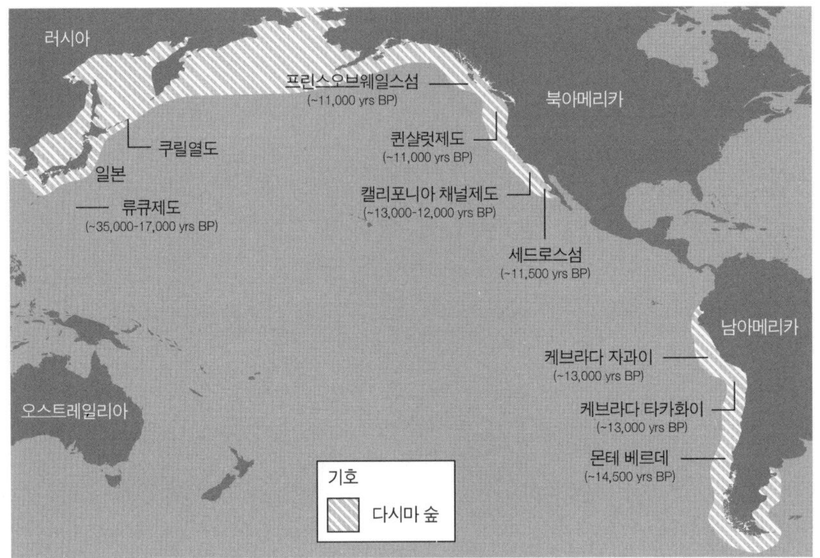

◦ 오늘날 태평양 주위의 다시마 숲과 초기 해안 고고학 유적지의 위치. (BP는 고고학에서 쓰이는 시간 측도로, 방사성탄소연대측정법이 시작된 1950년대를 기준으로 약 몇 년 전인지를 나타낸다. - 옮긴이)

있었다.[30] 다시마 숲은 일본에서 북태평양을 건너고 알래스카를 거쳐 남쪽 캘리포니아까지 뻗어가 9만km의 기나긴 호를 그렸다. 오늘날 캘리포니아에서 발견되는 해조류는 일본에서도 많이 발견된다. 호를 따라 형성된 생태계는 비교적 일관성을 유지했을 것이다. 그 당시의 인류는 해안에서 해조류를 채집하고, 물고기와 바다표범을 사냥하며, 달

30 당시 다시마 숲으로 덮여 있던 지역은 오늘날 깊이 수십 미터 바다에 잠겨 있다. 순환 능력이 뛰어난 바다에서 다시마 잔해를 찾을 수는 없다. 하지만 본문에 언급된 지역은 오늘날 다시마 숲이 우거져 있다. 이는 해당 지역이 다시마 서식에 유리한 조건임을 보여준다.

팽이와 전복과 게를 잡아다 먹었을 것이다. 그렇게 다시마 숲에서 생존하는 법을 익히면서 긴 해안선을 따라 빠르게 이동했을 것이다. 현재의 캐나다 지역을 덮고 있던 거대한 얼음 방어벽이 녹으며 좁고 긴 땅이 해안을 따라 드러났다. 인류는 얼어붙은 중앙 통로가 녹을 때까지 기다릴 필요가 없었다. 최초로 아메리카 대륙에 도착한 인류는 적어도 1만 6,000년 전 빙하기 동안 익숙한 생태계를 따라 해안 경로로 이동했으리라 추정된다.[31] 인류는 육지 생물이었지만, 생존을 위한 길은 바다 옆에 머무르는 것이었다.

그런데 몬테 베르데의 정착지는 마지막 거주민이 떠났을 당시에 해안에서 90km 떨어져 있었다. 거주민은 해안의 수렵인, 채집인들과 교역했을 것이다. 이는 자원을 수집하고 공유하는 고도로 발달한 체계가 있었음을 시사한다. 정착지 거주민은 해조류를 식용과 약용으로 대담하게 활용했다고 추정된다. 해조류는 바닥에 으깨져 있거나 난로 근처에 흩어져 있거나 석기에 붙어 있는 등 유적지 곳곳에서 발견되었다. 육상식물도 많이 발견되었지만, 그들이 육상식물과 해양식물을 어떤 비율로 소비했는지 판단할 근거는 충분하지 않다. 그러나 몬테 베르데 거주민은 분명 바다에 익숙했다. 오늘날까지 현지 원주민이 그들이 채집한 해조류를 약으로 쓴다. 해안은 인류에게 수백 세대에 걸쳐 자원을 공급했다.

20세기 대부분의 시간 동안, 아메리카 대륙에 최초로 도착한 인

31 인류와 다시마 숲의 친밀성을 암시하는 증거는 없지만, 이 아이디어는 '미역길Kelp Highway' 가설이라는 흥미로운 이름으로 불린다.

류는 클로비스인Clovis으로 받아들여졌다. 이들은 웅장한 로키산맥에 가로막혀 바다의 영향이 미치지 않아 얼어붙지 않은 길로 이동했다. 이동 시기는 약 1만 3,000년 전으로 거슬러간다. DNA 증거에 따르면 클로비스인은 아메리카 원주민 80%의 직계 조상이다. 하지만 몬테 베르데와 다른 유적지에서 발견된 증거는 이들이 아메리카 대륙에 최초로 도착한 인류가 아님을 암시한다. 다른 인류가 적어도 1,000년 먼저 얼어붙은 지역의 통로를 찾아 해양 생태계에 의존하며 해안을 따라 이동했을 수도 있다. 몬테 베르데에 사람이 살았던 후에도 해수면이 계속 상승하면서 잠재적 고고학 증거가 바다 밑으로 가라앉은 탓에 수수께끼를 해결하기는 어려울 것이다. 해수면의 상승과 하강은 바다의 가장자리를 변화시킨다. 세월의 흐름을 따라 육지와 바다의 경계가 이동하면 그 혜택과 위험도 끝없이 경계를 넘나든다. 그런데 육지와 바다 사이에는 해안보다 더 직접적인 연결 고리가 있다. 바로 민물이 바닷물의 경계를 뚫고 가로지르는 통로, 하구다.

떠나고 또 돌아오는 뱀장어의 생애

해양은 지구상 모든 물의 97.5%를 차지하는 바닷물의 영역이다. 육지는 나머지 2.5% 민물이 잠시 머무르는 영역이다. 바닷물은 항상 여행하고 있다. 증발한 바닷물은 하늘을 거쳐 풀, 나무, 바위에 비로 내린다. 바닷물이 민물로 변화하는 과정은 아주 빠르다. 바다 표면에서 순간적으로 충분한 에너지를 얻은 물 분자가 소금을 남기고 대기로 빠져나간다. 그런데 물 분자가 바다로 돌아오는 여정은 복잡하다. 물이 지하 깊이 스며들어 토양이나 생물이 형성한 공간을 채우거나, 다시 이동할 때에 필요한 에너지 없이 얼어붙어 갇힌 경우, 여정은 수십 년 또는 수백 년간 멈출 수 있다. 그러나 에너지와 중력은 결국 다시 작용한다. 모든 물 분자는 졸졸 흐르고 증발하고 응축되었다가 다시 흐르기를 반복한 끝에야 바다로 되돌아온다. 우리가 마시는 차 1잔, 인체 성분의 60%, 반려견이 영역을 표시한 오줌, 에베레스트산 정상을 덮은 눈 등 모든 민물은 바다에서 빌린 것이다. 하구는 민물이 바다로 돌아가는 곳이다. 민물과 바다의 경계가 모호해지는 이곳에 기묘한 생물이 있다. 이는 여러 형태로 탈바꿈하면서 두 세계를 모두 탐험한다.

북대서양 서쪽 감청색 바다의 매끄러운 표면이 황금색 뭉치에 부딪혀 부서진다. 이것은 주황색 모자반이 뭉친 덩어리다. 모자반의 독특한 색은 동서 3,000km와 남북 1,100km에 이르는 타원형 구역에 걸쳐 나타난다. 사르가소해[32]라고 불리는 이곳은 지구에서 유일하게 육지와의 경계가 없는 바다다. 이곳의 미지근한 바닷물은 소금을 제외하면 아무것도 없어 햇빛이 쉽게 투과된다. 그래서 은신처는 부유하는 모자반이나 해수면 아래의 어둠뿐이다. 표면에서 약 100m 아래로 내려가면 어떤 생물이 몸을 숙여 먹이를 찾고 있다. 사과씨만 한 크기, 나뭇잎 같은 형태, 투명한 젤리 같은 몸. 이것은 위대한 항해자이자 전

---

32 이 지명은 모자반sargasso에서 유래했다. 초기 선원들은 사르가소해를 기피했는데, 바람이 부족해 종종 바다에 갇혔기 때문이다.

문 탐험가이자 다양한 변장의 달인으로 수 세기 동안 육지와 바다에서 가장 수수께끼 같은 생물이다.

이 생물의 유생(변태하는 동물의 어린것-옮긴이)은 잔잔한 사르가소해에서 밤이면 수면을 향해 약 50m 올라왔다가 해가 뜨면 다시 아래로 내려간다. 작고 투명한 몸 덕분에 은신처가 부족한 바다에서도 포식자를 피해 쉽게 숨을 수 있다. 성장하는 동안에는 모자반을 떠나 북쪽으로 이동한 끝에 좀 더 따뜻한 바닷물에 도착한다. 바다를 떠다니며 먹이를 먹고 계속 성장하는 사이, 북아메리카 해안에서 출발해 대서양을 가로지르는 거대한 난류인 멕시코 만류에 올라타 시속 약 6km의 빠른 속도로 이동한다. 깊이 5km의 방대한 대양 분지를 건너고 울퉁불퉁한 대서양중앙해령을 넘어 유럽으로 향한다. 이 과정에서 멕시코 만류는 주위의 물과 섞여 냉각되고, 해저의 갑작스러운 상승으로 수심이 3km에서 불과 수백 미터까지 얕아진다. 이곳은 대륙붕이다. 유생은 지질학적 경계를 넘듯 변태의 첫 단계를 마친다. 길이 5cm의 가늘고 투명한 끈 형태에서 연골 대신 뼈가 있는 탄탄한 원통 형태로 탈바꿈하고 전기장과 자기장, 온도와 빛, 미각을 예민하게 인식한다. 이는 유럽 뱀장어European eel의 유생인 실뱀장어다.[33] 이제 고요하고 잔잔한 먼바다를 떠나 스스로 경계를 넘어 민물고기로서 안전한 청소년기를 보낼 준비를 마쳤다. 이제 실뱀장어는 노르웨이부터 북아프리카까지 어디든 갈 수 있다.

첫 번째 할 일은 민물을 찾는 것이다. 실뱀장어는 지구자기장과 달의 위상을 이용해 대륙붕의 탁한 물을 통과하고, 불과 2만 년 전에는 건조한 땅이었던 해저 수로와 언덕을 넘어 내륙으로 향한다. 이제 실뱀장어가 탁월한 후각을 발휘할 차례다. 이곳의 물은 육지에서 유래한 묽은 화학물질로 오염되어 있어, 실뱀장어는 상점 쇼윈도 너머에 진열된 상품을 고를 때처럼 서식지를 고른다. 실뱀장어는 넓은 땅 위의 초원, 숲, 농경지, 습지를 인식할 수 없다. 그런데 땅이 비나 눈을 맞아 정기적으로 씻기면 그 더러운 유출수가 결국 개울과 강으로 이루어진 개방적인 배관 시스템으로 흘러든다. 육지에서 꽃, 식물, 부패한 잔해, 흙 등이 풍기는 냄새가 바다로 유입된다. 실뱀장어는 냄새의 근원을 향해 헤엄치는 동안 점차 농축된 단서를 얻는다. 바다 가장자리에 가까워지면 실뱀장어는 희석된 바닷물, 육지에서 쏟아지는 민물의 영향으로 염분이 낮아진 바닷물을 감지한다. 같은 경로를 앞서가는 다른 실뱀장어 냄새도 맡는다. 수심이 얕아지며 물은 탁해지고 흙냄새는 강해진다. 실뱀장어는 새로운 환경에 노출된다.

이곳은 대규모의 민물이 바닷물과 만나는 장소다. 육지에 가까워질수록 입구가 좁아진다. 민물과 바닷물이 힘을 겨루는 동안 서로의 영역은 끝없이 변화한다. 하루에 두 번씩 밀물이 되면 바닷물이 내륙으로 밀려들며 민물을 압도하지만, 썰물이 되면 수위가 낮아지며 민물이 빠르고 자유롭게 바다로 흘러간다. 이처럼 매일 매시간 극과 극을 오가며 지속적으로 변하는 전환 구역이 하구다. 실뱀장어는 안전

33 뱀장어 유생이 눈에 띄지 않는다는 사실은 수 세기 동안 많은 사람을 혼란에 빠뜨렸다. 서대서양이 잠재적 산란지로 거론되었지만, 끈질긴 덴마크 생물학자 요하네스 슈미트가 1900년대 초반 10년에 걸쳐 큰 그림을 완성했다. 그는 북대서양 전역의 선박을 대상으로 매년 다른 시기에 다양한 수심에서 낚은 어획물을 분석한 끝에, 가장 작은 뱀장어 유생이 서쪽에 머무르다가 연말에 동쪽으로 이동하며 점차 성장한다는 사실을 밝혔다. 1921년 발표된 그의 논문에는 유생을 발견한 놀라운 방법과 추론과 헌신이 담겼다.

한 민물에 도달하려면 100km에 달하는 이 역동적이고 복잡한 장애물 코스를 통과해야 한다.[34]

경계를 넘는 일에는 대가가 따른다. 실뱀장어의 세포 기관이 근본적으로 변형되는 것이다. 살아 있는 세포는 소금과 물 사이에서 균형을 유지해야 한다. 바다보다는 염분이 낮고 민물보다는 염분이 높아야 한다. 그래서 실뱀장어가 민물을 향해 헤엄치는 동안 아가미와 신장, 내장의 기능이 바뀐다. 바다에서는 과도한 소금을 제거하고 물을 보존하는 것이 최우선 과제였다. 그런데 민물에서는 과도한 물을 제거하고 소금을 붙잡아야 한다.[35] 계산이 잘못되면 탈수나 수분 중독으로 목숨을 잃을 수도 있다. 실뱀장어가 강을 거스르는 동안 세포 기관은 늘 주위 환경과 조화를 이루어야 한다. 현재 실뱀장어의 몸길이는 약 6cm이고, 하루에 민물이 거의 500만t씩 밀려드는 급류를 헤엄치고 있다. (이는 영국 전체 면적의 약 12%인 1만 6,000km² 땅에서 흘러나오는 민물이다.) 실뱀장어가 서식지로 거대한 템스강을 선택했기 때문이다. 템스강 물은 투명하고 유기체의 냄새가 난다. 상류에서 육지가 씻겨 내려가 천연 모래와 퇴적물로 가득하다. 이제 실뱀장어는 바닷물과 민물의 경계 지역 너머로 여정을 시작한다.

실뱀장어는 조류를 타고 내륙으로 이동한 뒤, 바닥으로 내려가 몸을 고정하고 조류가 바뀌기를 기다린다. 조수 변화에 맞춰 조금씩

---

34 실뱀장어에 얽힌 또 다른 수수께끼는 일부 개체만 경계를 넘어 민물로 들어가기를 선택한다는 것이다.

35 그래서 실뱀장어는 민물에서 소변을 더 많이 배출한다.

상류로 거슬러 올라간다. 기울어지는 염분과 냄새를 감지해 하구를 통과한 다음 바다를 떠나 상류로 가기 적합한 지류에 도착하기까지는 10일 정도 걸린다.[36] 지류에서 몸의 색깔이 갈색으로 변한 실뱀장어는 수 킬로미터 거슬러 올라가 상류에서 성체 민물고기로서 조용히 살아간다. 드넓은 바다에서 출발해 해안과 강 하구를 건너는 경이로운 여정을 마친 뱀장어는 곤충과 갑각류, 작은 물고기를 잡아먹으며 최대 20년 동안 돌과 나무뿌리 밑에서 숨어 지낸다. 자신이 선택한 서식지로부터 수백 미터 이상 벗어나지 않는 느리고 비밀스러운 야행성 삶을 산다.

뱀장어가 지나는 하구는 육지와 바다를 연결하는 중요 지역이다. 자연 상태의 하구는 얕고 넓은 부채꼴 형태의 수로로 퇴적물이 쌓이고 씻기며 계속 형태가 변화한다. 하구에 펼쳐진 진흙은 벌레와 조개, 기거나 꿈틀거리는 작은 생물의 완벽한 서식지이자 섭금류의 주요 먹이터다. 하구의 망상 수로(여러 물길이 나뉘고 합쳐지기를 반복하며 형성된 그물 모양의 하천-옮긴이)는 정기적으로 범람하는 염습지로 둘러싸여 있다. 염습지란 소금기를 견디는 내염성 식물이 서식하고, 생물 수백 종이 유년을 보내는 거대하고 평평한 습지다. 염습지는 육지도 바다도 아니지만 중요한 장소다. 이는 뱀장어에게만 해당하는 것이 아니다.

서기 43년 로마인은 템스강을 거슬러 올라가 습지와 울창한 숲을

36 오늘날 템스강은 런던 중심부를 훨씬 넘어서 상류에 자리한 테딩턴까지 조수의 영향을 받는다. 엄밀히 말해 배터시, 퍼트니, 리치몬드에 거주하면 영국 해안에 사는 셈이다. 영국 육지 측량부Ordnance Survey는 조수로 해안을 정의한다. 런던 중심부에서 상류 쪽으로 6km 떨어져 있는 퍼트니에서도 간조와 만조의 차이가 7m에 달한다.

발견했다. 그들은 훗날 런던이 된 지역에 템스강을 건너는 최초의 다리를 건설했는데, 이들은 하구의 양쪽을 연결하는 선에서 그치지 않았다.[37] 로마인은 육지와 바다를 연결하기 위해 교역소를 설립했고, 이는 세계 최대 항구 중 하나로 성장했다. 수백 년 동안 뱀장어가 여러 세대에 걸쳐 조류를 타고 이동하는 사이, 템스강 유역의 정착지는 조류와 함께 밀려들어온 바이킹과 노르만족에 의해 침략당하면서도 성장했다. 처음에 정착민들은 유럽 바다와 항구도시에 접근하는 것만으로 만족했지만, 바다가 그들을 부르고 있었다. 템스강 하구를 건너는 뱀장어처럼 인간도 육상 생물에서 해양 모험가로 변신했다. 템스강 조선공들은 나무로 외골격 수백 개를 제작해 인간이 바다에서 자급자족하며 생존할 수 있도록 도왔다. 인간은 뱀장어처럼 후각과 달에 의존해 항해하는 대신 정확한 시계를 만들었다(존 해리슨의 해상시계 H4는 1761년 완성되었다). 쿡 선장 같은 탐험가는 바다로 나가 육분의(수평선 위 천체의 고도를 측정하는 도구-옮긴이)와 나침반으로 전 세계 대륙과 섬을 전례 없이 상세하게 지도화했다. 18세기에는 노예제 폐지를 주장하는 자들이 인간을 거래하는 무역 관행에 반대하고 나섰다. 하지만 영국은 식민지를 차지하고 새로운 대영제국 내에서 무역하기 위해 런던에서 배를 출항시켰다. 런던항은 전 세계와의 연결 고리이자 생명과 자원과 경쟁자가 드나드는 뜨거운 용광로였다.

이 모든 혼란에서 멀리 떨어져 있는 상류에 뱀장어는 10여 년간 머무른다. 그리고 흘러드는 빗물과 해빙수에서 영양을 공급받아 길이

---

37 이 다리는 오늘날의 런던 브릿지 근처에 있었다.

1m로 성장한다. 길고 가는 몸은 번식이라는 마지막 목표를 준비하며 은빛으로 변한다. 뱀장어는 한 번 더 두 세계의 경계를 건너야 한다. 가을이 되면 뱀장어는 몸을 숨기던 구멍에서 빠져나와 하류로 내려간다. 하천은 다른 하천과 합류하고 수로가 깊어지면서 유속이 빨라진다. 나뭇가지, 모래, 뼈 등 땅에 있던 모든 찌꺼기를 끌고 내려간다. 뱀장어는 런던 시내에 다시 접근하고 20년 만에 소금을 맛본다. 뱀장어가 하류로 내려가는 동안 템스강은 숲의 잔해와 암석 퇴적물 이외에 더 많은 화물을 운반한다. 강은 영양소, 민물(바다에서 증발하는 물과 균형을 맞춘다), 퇴적물을 바다로 공급하는 중요한 기능을 수행한다. 강의 가장자리는 통로가 많아 육지에서의 삶이 바다로 새어 나간다.

뱀장어는 탁한 민물을 타고 흘러내려와 다시 바다에 합류하고, 바닷물에 적응하기 위해 세포 기관을 재조정한 다음 마지막 여정을 떠난다. 이들은 대륙붕을 가로질러 대서양으로 헤엄쳐 나가고 어느 때보다 깊은 어둠 속으로 가라앉는다. 낮에는 해수면 1,000m 아래로 내려갔다가 밤에는 해수면 200m 아래로 올라온다. 뱀장어는 서쪽을 향해 나아간다. 다시 사르가소해에 도착할 때까지 수개월 동안 먹이도 먹지 않고 암흑 속에서 헤엄친다. 마침내 성 성숙기에 도달하면 적어도 1만km를 왕복한 끝에 알을 낳고 죽는다.[38] 얼마 후 알에서 작고 젤리 같은 나뭇잎 형태의 유생이 부화해 꿈틀거리면 지금까지의 과정이 처음부터 다시 시작된다.

---

38 뱀장어의 수명은 명확하게 합의된 바가 없다. 포획 또는 반포획 상태인 뱀장어는 55~155년을 산다. 사르가소해로 여정을 떠나기 전 뱀장어는 민물에서 5~20년을 보낸다.

서구 세계 사람들은 전통적으로 하구 지역을 크게 좋아하지 않았다. 불편하고 변덕스럽고 어수선하며 보는 관점에 따라서 지나치게 건조하거나 지나치게 습하기 때문이었다. 하지만 다른 문명 사람들은 하구를 차단하고 변형하거나 퇴적물을 제거하려 시도하지 않고, 하구 지역을 높이 평가하고 기념하며 새로운 방향으로 발전시켰다.[39]

하와이 사람들이 해안을 대하는 법

해가 떠오르는 바다는 아름답다. 키모케오가 새벽 5시에 카누 선착장에서 만나자고 알릴 때마다 나는 귀중한 수면 시간이 사라진 것이 아쉬웠다. 하지만 분홍색으로 물든 하늘 아래 잔잔한 바다에서 카누를 타고 나아가며 길고 완만한 너울을 만나려면 새벽 5시 45분 이곳에 있어야만 했다. 키모케오는 커다란 6인승 카누를 타고 해안으로 내려가 파도를 타자고 했다. 카누와 바다와 시간만 있다면 즐겁게 놀지 않을 이유가 없었다. 30분 동안 우리는 해변과 나란히 노를 저어 파도를 탈 장소로 향했다. 목적지는 해안에서 약 300m 떨어진 얕은 사주沙洲였다. 사주는 파도나 조류의 작용으로 해안의 모래가 이동하고 퇴적되면서 생긴 막대 모양의 모래톱 지형으로, 해수면 아래에 형성된 언덕이다. 먼바다에서 길게 밀려온 너울이 사주에 부딪히면 높이

39 나는 오늘날 런던 시민이 자연 그대로 멋진 모습이 아닌 템스강을 접한다는 사실이 몹시 괴롭다. 템스강은 런던의 근간을 이룬다. 우리는 그에 걸맞게 기념해야 한다.

2~3m의 가파른 파도가 되어 해안으로 질주하다가 결국 해변에 부딪혀 휘어지고 부서진다.

카누 방향을 조종해 파도를 등지자 평온한 아침이 진지한 파도타기 분위기로 바뀌었다. "이무아, 이무아, 이무아!"라고 외치고 노를 저으며 뒤에서 다가오는 물살의 속도에 맞춰 질주했다. 파도가 카누의 뒤쪽을 들어 올려 앞쪽이 아래로 기울어질수록 우리는 더 열심히 노를 저었다. 카누가 공중에 뜨자 키모케오가 "라바Lava!"라고 외치며 멈추라는 신호를 보냈다. 노 젓기를 멈추자 카누는 놀라운 속도로 파도 앞으로 솟구치며 거의 해변까지 도달했다. 이후 더 많은 파도가 밀려오면, 우리는 어떻게든 카누가 전복되지 않도록 파도에서 빠져나와 다시 노를 젓고 카누를 돌렸다. 이 과정을 반복했다. 우리는 마치 놀이터 미끄럼틀을 발견한 지 얼마 안 되어 스릴을 맛보자마자 다시 계단을 오르는 어린아이와 비슷했다. 다른 점은 어른들이 즐기는 카누에는 힘과 기술과 경험이 모두 녹아 있고, 파도와 함께 노는 가장 좋은 방법을 수년간 연구한 결과의 혜택이 담겨 있다는 것이다.

우리는 30분간 파도를 즐긴 뒤, 파도의 하얀 거품보다 두드러지는 이 해변의 독특한 구조물을 향해 뱃머리를 돌렸다. 도착한 곳에는 용암석을 쌓아 올린 벽이 너비 약 200m의 타원 형태로 해안을 둘러싸고 있었다. 벽면은 넓고 경사져 있으며 당시 해수면보다 약 1m 위로 솟아 있었다. 우리는 벽의 유일한 틈새로 노를 젓고 들어가 해변 위로 카누를 올렸다. 키모케오는 우리가 방금 노를 저어 들어온 코이에이에Kōʻieʻie 양어장에서 교훈을 얻을 때가 되었다고 말했다. 모든 하와이 이야기가 그렇듯, 이 이야기는 우리가 지금 있는 곳이 아닌 모든 것이

유래한 곳에서 시작한다.

먼저 키모케오는 노를 이용해 해변 모래에 나침반을 그렸다. 그리고 현지에 부는 바람에 관해 이야기했다. 마우이섬에 주로 부는 바람은 북동쪽에서 불어오는 무역풍이다. 그런 다음 키모케오는 우리 바로 뒤에 있는 화산을 해변 모래에 원으로 표시하고 분할했다. 무역풍을 마주 보는 산은 비가 많이 내려 흙이 비옥하다. 우리가 있는 곳은 무역풍을 받지 않는 쪽이라 땅이 건조했다. 이곳 거주민은 어업으로 생계를 유지했다. 키모케오는 하와이에서 전통적인 협동 생활이 어떻게 이루어졌는지 설명했다. 농부와 어부는 서로 의지하며 저마다의 공동체에 필요한 것을 갖추기 위해 거래했다.

이때 멀지 않은 아래쪽 해변에서 노랫소리가 들려 이야기가 중단되었다. 하와이 사람이 마우이섬을 찾은 소수의 관광객과 함께 낮고 아름다운 목소리로 바다를 향해 노래를 불렀다. 키모케오도 잠시 이야기를 멈추고 화답했다. 몇 분간 노래를 주고받은 후, 하와이 사람이 우리에게 다가와 양어장에 와줘 고맙다며 열렬히 감사를 표했다. 그는 용암석 벽을 가리키며 돌 하나하나가 산에서 내려올 때 만 명의 손길이 닿았다고 말했다. 그리고 이 양어장은 그들 공동체를 나타내는 가장 자랑스러운 상징이라고 유쾌하게 덧붙였다. 이후 우리는 코이에이에가 실제로 무엇인지 알아보았다.

쿡 선장은 1778년 마우이섬에 도착했고, 양어장 수백 개가 해안을 따라 형성되어 있는 모습을 발견했다.[40] 그 양어장은 고대 하와이 사람들이 해안 가까이에서 편리하게 물고기를 대량으로 얻기 위해 고안한 것이었다. 하와이의 방식은 자연을 상대로 장벽을 세우는 것이 아니었다. 그들은 자연이 이미 만들어놓은 벽을 확장해 그 안의 물고기에게 먹이를 주고 보살폈다. 이렇게 만들어진 양어장은 아름답고 우아하고 효율적이며 합리적이었다.

중요한 점은 하와이에서 귀하게 여겨지는 물고기인 아마아마ama'ama(숭어), 아와awa(갯농어), 아홀레홀레āholehole(하와이 알롱잉어)가 하천의 하구에서 오랫동안 어린 시절을 보내고, 하천과 바다가 합류하는 지점의 기수(염분이 낮은 물-옮긴이)에서 번식한다는 것이다. 이들이 바다에서 산란하면, 부화한 어린 물고기는 하구로 돌아와 해조류와 작은 새우 같은 생물을 잡아먹으며 성장한다. 하와이 사람들은 하천 입구 주변에 벽을 쌓으면 효과적으로 하구가 확장되며 벽 안쪽으로 물고기는 들어오고 포식자는 들어오지 못하게 할 수 있다는 것을 발견했다. 하천의 민물이 운반하는 영양소가 비료 역할을 하는 까닭에 벽에 에워싸인 공간은 물고기 먹이인 해조류의 양식장이 되었다. 이 공간에 들어온 어린 물고기는 편안하게 살 수 있었다. 각 양어장에는 수문이 하나 이상 있었다. 양어장 관리인 키아로코kia'loko가 수문을 여닫으며 수온과 염분을 조절하고 물에 산소를 공급했다. 또한 정교한 것은 하구의 양어장뿐만이 아니었다. 하와이인은 하천 상류에 토란을 재배해[41] 퇴적물이 하천에서 빠져나가지 않도록 막으며 더 많은

40 해안 근처에 돌이나 산호초로 벽을 세워 바다를 둘러싸는 것은 하와이 양어장만의 전통 방식이다. 이 같은 양어장을 하와이어로 '로코이아loko i'a'라고 하는데, 이는 '물고기 연못'이라는 뜻이다.

41 토란은 열대 뿌리채소로 폴리네시아에서 주요 현지 식재료로 활용된다. 토란은 모든 부분을 먹을 수 있고 놀라울 정도로 환경에 적응을 잘한다.

영양소가 양어장으로 운반되게 했다. 키아로코는 전문 지식을 활용해서 여러 변수를 성공적으로 관리했다. 물고기가 충분히 성장해 바다로 나가는 길을 찾아 수문으로 모이기 시작하면 물고기 생산량은 엄청나게 증가했다. 양어장의 전성기에는 낮게 잡아도 1년에 1,000t씩은 물고기가 생산되었으리라 추정된다.

양어장을 짓는 일은 엄청난 작업이자 놀라운 공학적 성과였다. 가장 큰 양어장은 일부 벽 높이가 4m이고 길이가 2.5km를 넘었으며, 바다에서 파도가 지속적으로 밀려와 부딪히기에 끊임없이 관리해야 했다. 용암석의 유일한 원천은 높은 산 위였으므로, 사람들 수천 명이 줄지어 서서 용암석을 바다로 내려보내야 했다. 하와이 역사에서 긴 세월 동안 양어장에서 나오는 이득은 대개 하와이 왕실이 누렸지만, 양어장은 공동체가 진심으로 노력해 얻은 성과였다.

19세기 후반 하와이 군주제와 전통적인 생계 체계가 무너지며 어장은 황폐해졌다. 그러나 지난 30년간 양어장에 대한 관심이 다시 늘어나며 하와이 지역사회가 양어장을 재건하고 있었다. 키모케오는 사람 손으로 이루는 재활성화revitalization와 기계를 활용하는 혁신renovation의 차이를 강조했다. 우리가 노를 저어 들어갔던 코이에이에는 500년 넘게 명맥을 유지하며 대략 1860년까지 지속적으로 관리되었다. 그 후 파도, 조류, 폭풍, 너울로 큰 피해가 있었지만 코이에이에는 완전히 사라지지 않았다. 지금은 자원봉사자의 수작업으로 천천히 재건되는 중이다. 핵심은 양어장을 재건하는 것만큼 공동체도 함께 재건하는 것이다. 하와이 양어장은 공동체가 힘을 모아 자연환경에 감사하는 마음을 상징한다. 우리가 방문한 양어장은 가장 중요한 관리 도구인 수문이 설치되지 않았지만, 사람들은 이곳에서 낚시를 하며 식량을 얻는다. 주민들은 이 오래된 구조물을 진심으로 자랑스러워한다. 여기에는 분명한 교훈이 있다. 먼저 자연을 관찰하면서 배운다. 공동체에 자원이 필요하면 이미 존재하는 자연 작용을 확장한다. 그와 동시에 자연과 인간, 공동체 사이의 유대를 강화하고 자연 내부의 연결망을 늘 유지한다. 육지와 바다의 경계는 변화무쌍하고 유연하며 통로가 많다. 그래서 끊임없이 바뀌는 육지와 바다의 균형을 탐색하기에 이상적인 장소다. 해안은 인간과 바다의 관계가 가장 또렷하게 드러나는 장소이자, 전 세계 바다로 나아가기 이전 문자 그대로 '발을 담가보기 좋은' 연습 장소다.

바다의 형태는 중요한 문제다. 거대한 대륙에 막히거나 좁은 해협을 흐르면서 병목현상 같은 제약을 겪어도 푸른 기계는 작동해야 하기 때문이다. 지구를 둘러싸는 지각판의 느린 이동은 거대한 대양 분지를 생성한다. 해령과 해구로 둘러싸인 밑바닥은 광활하지만 바다를 다 가두지는 못한다. 대륙으로 넘쳐흐르는 바다는 얕은 해안을 형성한다. 지도에는 바다의 가장자리가 깔끔하고 정돈된 공간으로 표현되지만 사실은 정반대다. 육지와 만나는 바다의 가장자리는 변덕스럽고 모호한 경계다. 확장과 수축을 반복하며 끊임없이 변화한다. 이는 명확한 선으로 표시될 수 없는 넓은 전환 구역이다. 바다의 불규칙한 형태 탓에 바다에서 일어나는 과정은 다양한 방식으로 드러난다. 그 덕분에 지구 전체 바다는 지역마다 고유의 특성을 갖는다. 따라서 바다에서 일어나는 과정을 관찰하면 바다의 아름다운 내부 구조, 즉 바다의 해부학을 이해하게 된다.

3장

바다의 해부학

인간은 바다의 보편적 상징으로 닻을 떠올린다. 닻은 절대 멈추지 않는 변덕스러운 바다의 움직임을 통제하려는 인간 최선의(때로는 헛된) 시도를 나타낸다. 바다는 강력한 힘으로 끊임없이 움직이고 변화한다. 우리도 그 사실을 안다. 온수와 냉수를 번갈아 받은 목욕물을 빠르게 휘저어 온도를 맞추듯이, 언뜻 보기에 바다의 모든 움직임은 바닷물을 아주 빠르게 뒤섞는 것처럼 보인다.

하지만 실제 바다는 그렇게 쉽게 섞이지 않는다. 그래서 지역마다 고유한 특성을 갖는다. 극지방, 대양 분지, 해안 등 바다는 개성 있는 바닷물들이 복잡하게 연결된 모자이크다. 이들이 서로 연결되며 지구를 둘러싸는 하나의 엔진을 구성한다. 그 연결 고리를 들여다보고 엔진이 어떻게 작동하는지 확인할 시간이다. 그러려면 바다의 해부학적 구조부터 알아야 한다. 먼저 거북과 따개비부터 보자.

따개비의 기억법

별빛을 받으며 따뜻한 바다에서 모래사장으로 올라와 알을 낳는 붉은바다거북의 모습은 특별하고 친숙하다. 적게 잡아 억년 동안 이러한 습성을 유지해온 붉은바다거북은 자신이 부화한 해변으로 돌아갈 수 있다. 이는 자신의 어미, 그 어미의 어미가 알을 낳은 해변으로 돌아갈 수 있음을 의미한다. 붉은바다거북은 알을 낳기 위해 육지로 간다는 점을 제외하면 긴 수명 동안 겪는 일 대부분이 여전히 수수께끼로 남아 있다. 이들은 50~60년 정도 살 수 있다. 이는 이야깃거리를 쌓기에 충분히 긴 시간이다. 반짝이는 별빛이 등딱지에 반사되어 붉은바다거북이 지금 여기에 존재한다는 것을 알리듯, 이들의 나머지 이야기는 가능성으로 가득하지만 텅 비어 있다. 그런데 절대 알려지지 않을 것 같던 붉은바다거북의 이야기 가운데 우리가 또 발견한 사실이 있다. 붉은바다거북이 무임승차 승객을 데리고 다닌다는 것이다. 그 승객은 거북의 등 껍데기 가장자리에 편안히 자리를 잡고 있다.

성체가 된 따개비의 삶은 평화롭다. 바다에 밀려다니고, 탈피하고, 다른 동물의 먹이가 되고, 정착할 단단한 표면을 선택해야 하는 등 유생 단계에 겪는 어려움이 완전히 끝나기 때문이다. 탄산염으로 이루어진 6개의 판이 고리처럼 배열되어 원뿔형 껍데기가 생성되면, 따개비는 껍데기 맨 위 좁은 틈으로 손을 뻗고 바다가 가져다주는 것을 먹이로 삼는다. 따개비는 성장하며 탄산염 판의 아래쪽 가장자리도 성장해 판 위쪽이 바닥에서 멀어지므로, 원뿔형 껍데기는 새로 만들 필요 없이 점차 크고 넓어진다. 따개비는 접착 물질을 분비하고 바닥 표면에 붙어 정착하는 생물이다. 일단 자리 잡으면 영원히 그 자리에 머물러야 한다. 그래서 정착할 표면을 신중하게 골라야 한다. 하지만 자연은 항상 놀라운 예외를 허용한다. 따개비종인 켈로니비아 테스투디나리아*Chelonibia testudinaria*는 정착 생활을 하지만 대담한 항해자로 손꼽힌다. 이 따개비종은 붉은바다거북을 위한 기록 보관자로서 거북등 껍데기에 붙어 있는 동안 풍요롭게 산다. 거북이 헤엄치는 물속의 모든 것을 먹이로 삼기 때문이다.

붉은바다거북은 먹이터에서 번식지까지 수천 킬로미터를 이동하며 무임승차한 따개비와 동행한다. 따개비의 기록 보관 능력은 성장 과정에서 비롯한다. 각 탄산염 판 아래쪽 계속 추가되는 새로운 탄산염은 따개비가 머무른 바닷물을 암시하는 화학적 특성을 보인다. 붉은바다거북의 몸은 끊임없이 새롭게 만들어지고, 시간이 지날수록 몸을 구성하는 원자들이 섞여 원자가 전하는 메시지가 흐려진다. 그러나 따개비가 주위 환경에서 흡수하는 탄소와 산소는 껍데기에 추가되는 순간 그 자리에 고정된다.[1] 따개비 껍데기는 꼭대기부터 바닥까지 연속적으로 이어지는 역사를 기록한다. 따개비는 2년 정도 살 수 있고, 껍데기의 산소와 탄소는 붉은바다거북이 통과한 물의 수온과 염분 관련 정보를 준다. 2019년 발표된 오스트레일리아의 한 연구에 따르면, 붉은바다거북의 먹이터를 식별할 때 따개비 껍데기의 정보를 활용할 수 있다. 그 정보의 정확성은 장소마다 물의 화학적 성분이 얼마나 다른지에 따라 달라진다.[2] 따개비는 수동적으로 물을 기록하며, 따개비가 접한 물마다 차이가 크면 정보는 명확해진다. 지난 2년간 이 붉은바다거북은 강물이 흘러나오는 지점 근처의 해안에서 먹이 활동을 하다가 먼바다를 거쳐 알을 낳기 위해 이곳에 도착했다.

거북은 헤엄치는 속도가 그렇게 빠르지 않지만(약 시속 2~3km) 바닷속 거대한 지형지물을 쉽게 통과할 수 있으며, 수괴가 장소마다 다르다는 점을 확실히 인지한다. 바닷물은 개성이 넘쳐 따개비 하나에도 바닷물 사이 차이점이 또렷이 기록된다. 그 덕분에 거북이 어디에 있었는지 추적할 수 있다. 바다는 물리적 장벽 없이 하나의 웅덩이에 담겨 전 지구적으로 연결되어 있다. 그런데 이처럼 다양한 모습과 불균일한 특성을 보이는 이유는 무엇일까? 이 문제를 해석하는 데는 두 가지 관점이 있다. 첫 번째 관점은 바다가 불안정을 해소할 수 있을 만큼 스스로를 빠르게 조정하지는 못한다는 것이다. 이보다 실용적인 두 번째 관점은 바닷물의 해양 과정을 두 방향으로 나눠 고려하는 것이다. 이 관점은 바닷물을 분리하고 차이를 만드는 해양 과정이 있고, 바닷물을 혼합하고 균일하게 만드는 해양 과정이 있다고 본다. 그리고 두 과정의 균형이 바다의 크고 작은 해부학적 구조를 형성하며, 바다의 어느 지점에서 어떤 현상이 일어날 것인지 결정한다는 것이다.

---

1 산소와 탄소는 모두 동위원소가 있다. 탄소-13과 탄소-12는 같은 종류의 원자이지만 중성자 수가 다르다. 산소-18과 산소-16도 마찬가지다. 두 탄소 간의 비율, 두 산소 간의 비율은 수온과 염분의 영향을 받는다.

2 장소 A의 수온과 염분이 장소 B와 같으면, 따개비 껍데기의 정보로는 두 장소를 구분할 수 없다. 하지만 일반적으로 각기 다른 장소에는 구분이 가능할 만큼 차이가 있다.

이제 우리는 고대 해양 전투의 사례에서 '바닷물을 분리하는 과정'을 살펴볼 것이다.

배들을 붙잡는 보이지 않는 손, '죽은 물'

2,000년 전 지중해의 따뜻한 바닷물은 생명으로 가득했다. 해안선을 따라 돌고래가 놀고, 산란기가 되어 먼바다에서 돌아온 거대한 다랑어가 은신처를 찾고, 바닷물에 잠긴 바위에서 얼룩덜룩한 회색 개복치가 연체동물을 잡아먹는다. 지중해는 대서양과 거의 접하지 않고 좁은 지브롤터해협으로만 세계의 다른 바다와 연결되어 있다. 이처럼 고립된 지중해는 해안선 주위 강에서 유입되는 물보다 바다 표면에서 증발하는 물의 양이 더 많다. 그래서 바닷물의 염분이 더 농축된다.[3] 세계 바다에서 따뜻하고 안전한 휴식처로 손꼽히는 지중해는 서양사에서 가장 웅장한 드라마가 펼쳐진 무대다. 페니키아, 그리스, 로마 등 많은 문명이 지중해 해안을 중심으로 흥망성쇠를 거듭했다. 이들 사회는 일상적으로 바다의 신 얌Yam, 포세이돈, 넵튠의 힘을 체감하며 물의 중요성을 올바로 인식했다. 그러나 인간은 아무리 신을 숭배해도 바다의 근본 규칙을 바꿀 수 없었다. 푸른 기계가 작동하는 동안에도 해수면 아래에서 일어나는 과정을 인지하지 못한 채 해수면

3 지중해가 완전히 마르지 않는 이유는 지브롤터해협의 반대편 수위에 걸맞게 바닷물이 대서양에서 유입되기 때문이다.

위에서 미약한 전투 함성을 외쳤다.

새로운 율리우스력 기준으로 기원전 31년 9월 2일, 해가 떠오르자 암브라키코스만Ambracian Gulf 입구 해수면에서 수많은 물체가 발견되었다. 어두운색 나무로 제작된 길이 50~70m의 타원형 물체 수백 개가 해수면에서 2~3m 아래에 잠겨 있었다. 각 물체 앞머리에는 거대한 청동 덩어리가 전방을 향해 날카롭게 구부러져 있어 꽤 위협적인 느낌을 풍겼다. 이 물체들은 로마의 위대한 정치가이자 장군인 마르쿠스 안토니우스와 이집트 프톨레마이오스 왕국의 여왕 클레오파트라의 전함이었다. 전함들은 암브라키코스만을 향해 호를 그리며 늘어서 있었다. 각 전함에는 길을 가로막는 다른 배를 파괴할 수 있도록 설계된 큰 청동 충각이 장착되어 있었다. 수 킬로미터 앞에 적이 기다리고 있었다. 암살된 율리우스 카이사르의 후계자로 지목된 옥타비아누스, 그리고 비교적 가벼운 수많은 배로 구성된 그의 함대였다. 이 전투는 10년 넘게 이어진 권력 다툼의 정점이었고, 궁극적으로 로마공화정의 운명을 결정지었다.

전투 첫해부터 안토니우스와 클레오파트라는 어려움을 겪었다. 안토니우스는 몇 달 동안 악티움 근처에서 진을 치고 지원군이 도착하기를 기다렸다. 하지만 질병과 탈영으로 병력이 점점 부족해졌다. 옥타비아누스는 그저 기다리고 있었다. 그때 안토니우스가 마침내 함대를 이끌고 알렉산드리아로 후퇴하기로 했고, 때를 노린 옥타비아누스가 그를 순순히 놓아주지 않기 위해 전투를 시작했다. 함대가 일렬로 정렬해 준비를 마쳤다. 결전의 날이 밝아왔다. 전투는 보통 새벽에 시작되었다. 그런데 해가 뜨고 그림자가 짧아져도 안토니우스의 함대는 움직이지 않았다. 전함들이 마치 해저에 뿌리를 내린 것 같았다. 뒤늦게 전함이 움직이기 시작했을 때도, 적 함대를 향해 힘차게 돌진하기보다는 조금 가까운 곳에서 발사체를 쏘는 식으로 교전했다. 지루한 전투가 계속되던 오후, 클레오파트라의 함대가 후방에서 탈출했다. 안토니우스는 끝내 전함을 대부분 버리고 후퇴하는 함대를 쫓아갔다. 승리를 거둔 옥타비아누스는 패배한 전함에 장착되어 있던 청동 충각을 인근 신도시가 내려다보이는 웅장한 기념비에 넣을 것을 명했다. 지중해에 대한 자신의 지배력을 과시하기 위한 것이었다. 이후 수년 동안 패전 후유증에 시달린 안토니우스와 클레오파트라는 모두 자살했다. 옥타비아누스는 자신의 이름을 아우구스투스로 바꾸고 로마제국을 이끌었다. 민주적인 로마공화정이라는 고귀한 이상은 결국 새로운 독재자의 발에 짓밟혔다.

2,000년이 지난 지금 사건의 전말을 새롭게 밝힐 결정적 증거를 확보할 가능성은 적다. 그런데 안토니우스의 전함은 암브라키코스만에서 출항할 때 무언가에 막혀 가장 유리한 전투 계획대로 움직이지 못한 것으로 추정된다. 로마의 역사가이자 장군인 대大 플리니우스는 선박 표면에 붙어 브레이크 역할을 하는 빨판상어를 원인으로 지목했지만,[4] 오늘날 연구 결과는 빨판상어를 원인에서 배제한다. 최근 조사에 따르면 오로지 바다의 해부학적 구조에서만 유래하는 다른 요인이 있었다. 바로 '죽은 물' 현상이다.

---

4 빨판상어의 영문명 '레모라remora'는 라틴어로 '지연delay'을 의미하고, 그리스명 '에케네이스echeneis'는 '배를 붙잡는 자ship-holder'를 의미한다.

1893년 극지 탐험가 프리드쇼프 난센은 북극 피오르에서 선박 프람호가 경험한 기이한 제동 효과를 과학적으로 처음 설명했다.

> 프람호는 죽은 물에 갇혔을 때 마치 신비한 힘에 붙들린 듯이 보였다. 조타 장치가 말을 듣지 않았다. 고요한 날 프람호는 가벼운 화물을 실으면 시속 11~13km로 달렸다. 그런데 죽은 물에서는 시속 3km로도 움직일 수 없었다.

난센은 엔진이 동력을 정상 공급하는데도 간신히 기어가는 배의 상황을 묘사했다. 뱃사람 간의 전설로 여겨지던 죽은 물을 당대 최고 해양과학자가 직접 경험한 것이다. 수수께끼를 해결한 첫 번째 단서는 빠르게 도출되었다. 그것은 물속의 층이었다. 북극 피오르는 이따금 눈 덮인 산으로 둘러싸이고, 눈이 녹으면 바닷물 위에 몇 미터 두께의 민물층이 형성된다. 이 민물층은 바닷물보다 밀도가 낮아서 그 위에 뜬다. 해양과학자들은 밀도가 다른 두 층으로 분리된 바다를 설명할 때 '성층화'라는 표현을 쓴다. 그 원리는 전 세계 칵테일 애호가에게 익숙한 내용이다. 스푼을 이용해 크림 리큐어를 아래로 흐르지 않게 천천히 음료 윗부분에 얹으면 분리된 층이 만들어진다. 이때 음료를 잘못 따르거나 휘젓거나 흔들면 전부 섞인다. 이는 원칙적으로 층이 섞이지 않을 이유가 없음을 보여준다. 그러나 음료가 섞이려면 추가 에너지가 필요하다. 에너지 공급원이 없으면 층들은 분리된 상태로 유지된다. 특성이 서로 다른 수괴도 마찬가지다. 조건이 맞으면 층을 형성한다. 그리고 표층 두께가 수 미터에 불과할 만큼 굉장히 얇으면 선박이 움직임을 멈출 수 있다.

오리가 수면에서 이동할 때 지나간 자리를 보면 물결이 V 자 모양을 그리며 바깥쪽으로 퍼지는 패턴이 관찰된다. 오리는 앞으로 나아가며 물에 에너지를 공급해 파도를 일으킨다. 이러한 파도는 서로 다른 유체, 즉 액체인 바다와 기체인 대기 사이의 경계에서 생성된다. 그런데 파도가 수면에서만 형성되는 것은 아니다. 파도는 물속 수층 사이에서도 형성될 수 있다. 수면의 것과 비교할 때, 그 파도는 이동속도가 더 느리고 진폭이 훨씬 크다. 해양과학자들은 이를 '내부파'라고 부른다. 유리병에 같은 양의 물과 기름을 붓고 성층화된 바다를 만들어보자. 예상대로 기름과 공기가 맞닿은 표면에서 파도가 관찰될 것이다. 그런데 물과 기름 사이의 경계를 살피면 또 다른 파도가 출렁이는 것이 관찰된다. 이것이 내부파다. 난센의 협력자인 에크만은 죽은 물의 핵심이 수면의 파도만은 아니라는 점을 곧 깨달았다.

표층의 두께, 선박의 속도 및 크기의 조합이 임계값에 도달하면 죽은 물 현상이 생긴다. 모든 조건이 딱 맞아(아니면 여러분은 다른 조건을 원했지만 잘못되어) 선박 바로 아래쪽에 내부파가 집중되면, 선박은 그 내부파를 끌고 이동해야 한다. 수면에서는 눈에 띄지 않지만 내부파를 끌고 가는 데는 엄청난 에너지가 필요하다. 선박은 달갑지 않은 여분의 닻을 끄는 셈이다. 피오르의 표층은 대체로 큰 문제를 일으키지 않지만, 운이 나쁘면 선박의 속도가 느려지기도 한다. 이때 마땅한 해결책은 없다. 이것이 피오르에서 난센이 겪은 일이었다.

죽은 물 현상은 지중해에서 발발한 고대 해상 전투와 무슨 관련이 있을까? 그리스 서쪽에 자리 잡은 암브라키코스만의 입구에서는

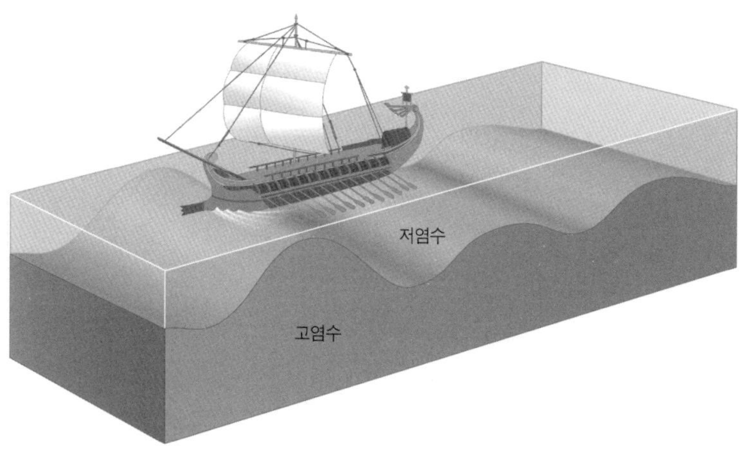

◦ 물속 층간에서 발생한 내부파가 배의 속도를 늦추는 '죽은 물' 현상.

육지의 민물이 바닷물과 만난다. 암브라키코스만은 지중해와 거의 맞닿지 않으며 고립되어 있다. 길이가 40km에 달하는 이 웅덩이는 지리적 구조가 장식용 분수대를 닮았다. 작은 웅덩이의 물이 더 큰 웅덩이로 쏟아지고, 그 물이 더 큰 웅덩이로 쏟아진다. 두 줄기의 강에서 흘러나오는 물이 암브라키코스만을 가득 채우고, 육지에서 유입되는 따뜻한 민물이 차가운 바닷물 위로 쏟아진다. 두 물은 섞이지 않는다. 밀도가 낮은 민물은 밀도가 높은 바닷물 위에 떠 있다. 무언가가 아래로 밀어내는 에너지를 제공하지 않는 한 민물은 바닷물 위에 머물 것이다. 따라서 암브라키코스만 입구에서 흘러나오는 물은 염분이 낮고 따뜻한 민물이 수 미터 두께로 바다 표면에 자리해 있는 형태다. 돌고래와 물고기는 층을 오가며 먹이를 먹고 헤엄치고 번식하며 산다. 해수면 위에 있는 사람은 그 층을 보지 못한다. 하지만 크기가 적당한 선박은 그 영향을 감지한다.

안토니우스의 함대가 암브라키코스만에서 빠져나올 때 일어난 일을 성층화로 설명할 수 있을까? 전함이 죽은 물에 부딪힌 탓에 전속력으로 항해할 수 없었던 걸까? 옥타비아누스의 전함은 크기가 작아 물에 더욱 높이 떠 있었기에 죽은 물의 조건을 피할 수 있었을 것이다. 안토니우스는 날카로운 눈을 지닌 장군이지만 내부파는 눈에 보이지 않는 함정이다. 그것은 충분히 전투의 판도를 바꿀 수 있다. 역사학 및 유체역학 연구자들이 해당 지점에 죽은 물 현상이 일어났을 가능성을 조사하는 중이지만 사실이 명백히 밝혀지지는 않을 것이다. 안토니우스의 사례는 인간이 자신의 움직임을 통제할 수 있다고 확신하지만, 바다의 내부가 수면 위 인간에게 예상하지 못한 영향을 줄 수 있음을 분명히 가르쳐준다.

바다 전체는 어느 정도 성층화되어 있지만, 죽은 물 현상을 일으킬 만큼 극단적인 경우는 드물다. 바다에서 가장 두드러지는 층은 혼합층이다. 따뜻한 해수면에 보통 50~500m 두께로 형성되어 바다의 뚜껑 역할을 한다. 바닷물의 밀도는 정말 중요한 요소다. 물 덩어리가 그 자리에 머무를지 아니면 밑바닥으로 내려가면서 위아래로 뒤섞일지를 결정한다. 밀도가 높은 바닷물은 바닥으로 가라앉고, 밀도가 낮은 바닷물은 표면으로 떠오른다. 외부로부터 추가 에너지만 가해지지 않으면 분리된 층은 안정적으로 유지된다. 이것이 층마다 바닷물의 구성 성분이 다른 이유다. 파도는 여러 방향으로 움직이지만, 수면 아래 바닷물은 평형의 순서를 거의 일정하게 유지한다. 그리고 수평 방향으로 상당히 자유롭게 움직인다.

바다의 수평 이동을 추적하는 최악의 발명품

바다 상층부 아래로 내려가면 수평 이동이 느리게 일어난다. 해양 엔진의 깊은 층은 움직임이 진정 느리지만, 수평 이동이 일어나는 것은 확실하다. 우리가 수평 이동을 추적할 수 있는 것은 우연한 발견 덕분이다. 이 추적 방법은 미국의 발명가 토머스 미즐리가 남긴 유산으로, 거대한 검은 구름 사이로 살짝 비치는 한 줄기 빛과 같다. 당시만 해도 미즐리는 동료와 고용주에게 칭찬과 격려를 받으며 자기 일을 해내는 한 사람에 불과했다. 하지만 돌이켜 생각하면, 그가 남긴 과학적 업적은 분명 역사상 가장 무시무시한 재앙이었다. 미즐리는 세상을 파괴하려 하지 않았으며, 다만 더 나은 공간으로 만들려고 했을 뿐이었다. 그의 발명품으로써 다른 사람이 무엇을 했는지가 중요하다. 미즐리는 원료를 제공하고 모든 사람에게 안전하다며 자신의 주장을 설득력 있게 외쳤을 뿐이었다.

1889년 발명가의 아들이자 손자로 태어난 미즐리는 유년시절부터 가문의 전통을 이을 준비가 되어 있었고, 그럴 의지도 있었다. 미국 코넬대학교에서 기계공학 학위를 취득하고 27세가 된 해에 제너럴 모터스(이하 GM)에 입사했다. 이 무렵 내연기관 자동차가 선풍적인 반응을 일으키며 세상을 향해 포효했다. 그런데 포효하는 소리와 함께 금속을 두드리는 듯한 이상한 소음이 갈수록 증가했다. 공학자들은 실린더 내부에서 노킹(연료가 비정상적으로 연소하며 발생하는 폭발 - 옮긴이)을 방지하는 방법을 탐구했다. 노킹의 원인은 주기적인 소규모 폭발로, 이를 통제하지 못하면 심각한 피해가 예상되었다. 이때 휘발유에 테트라에

틸납을 첨가하면 노킹이 줄어든다는 사실을 발견한 사람이 미즐리였다. GM은 환영했다. 이 '납 휘발유'가 안전한지를 두고 의문이 제기되었지만, 미즐리는 모든 사람을 향해 안전하다고 자신 있게 거듭 주장했다. 보도에 따르면 그는 기자회견장에서 병에 담긴 테트라에틸납을 꺼내 손에 붓고 증기를 코로 흡입하며 자신의 주장을 증명했다. 납의 위험성이 알려져 있었는데도[5] 미즐리와 GM은 그들의 주장을 설득력 있게 연출했다. 납이 함유된 휘발유는 자동차와 함께 널리 인기를 끌었다. 하지만 배기관에서 뿜어져 나오는 납 성분이 대기에 치명적인 재앙을 일으키며 사람들의 폐와 혈류로 직접 유입되었다. 그 결과 온갖 신경계 질환이 발병해 무수히 많은 사람이 조기 사망했다. 1970년대와 1980년대에 이르러서야 이 문제가 심각하게 받아들여지기 시작했고, 납 휘발유는 점차 퇴출되었다. 영리 행위가 초래한 환경오염, 기업의 규제 기관 압박, 끔찍한 건강 문제 등 지금까지 언급된 이야기만으로도 최악이지만, 미즐리의 이야기는 아직 끝나지 않았다.

현대인의 일상에서 빼놓을 수 없는 또 다른 기계인 냉장고는 당시 가정용 제품 가격이 자동차와 거의 맞먹었음에도 인기를 끌었다. 냉장고는 음식을 차갑게 안정적으로 보관해 보존 기간을 늘렸다. 그 덕에 사용자는 더욱 다양한 종류의 음식을 신선하게 맛볼 수 있었다. 음식의 신선도가 유지되면서 음식물 쓰레기와 그 처리 비용이 절감되

5 심지어 GM 공장과 연구소에서 심각한 납중독 사례가 다수 발생했다. 그러나 미즐리는 이 모든 사례가 납과 관련 있음을 부인하고 원인을 노동자에게 돌렸다. 그런데 미즐리도 납중독에서 회복하기 위해 수개월간 일을 쉬었다.

었고, 사람들 영양 상태도 전반적으로 개선되었다. 저렴하고 접근성이 좋으며 안전한 냉장고는 진정 유익한 기술이었다. 그런데 1920년대 냉장고는 대부분 암모니아나 이산화황에 의존해 작동했다. 이 둘은 누출되면 엄청난 위험을 초래하는 독성 물질이었다. 두 물질의 대안이 필요했다. 때마침 자동차 업계에서는 물러났으나 여전히 GM에서 근무하던 미즐리가 등장했다. 1928년 미즐리는 앨버트 리안 헨네Albert Leon Henne와 함께 일하며 '염화불화탄소chlorofluorocarbon'(이하 CFC)가 해결책이 될 수 있음을 확인했고, 현대식 상업용 '냉매Dichlorodifluoromethane'(이하 CFC-12) 또는 상품명 프레온의 합성법을 최초로 개발했다. 프레온은 곧 폭발적인 인기를 얻었다. 독성이 없고, 불에 잘 타지 않으며, 반응성이 매우 낮아 냉동제 외에 별다른 역할을 하지 않는 것 같았기 때문이다. 기존 냉장고에 탑재된 위험한 물질과 비교하면 획기적인 물질이었다. 안전을 논의하는 자리에서 공개적으로 기억에 남을 만한 묘기를 부리면 도움이 된다는 것을 깨달은 미즐리는 또 다른 기자회견장에서 CFC 기체를 깊이 들이마신 다음 촛불을 껐다. 그는 눈에 띄는 부작용을 겪지 않았고, CFC는 촛불에 폭발하지 않았으며, 가정용 냉장고는 날개 돋친 듯 팔렸다.

CFC는 매우 유사한 분자 계열을 포괄하는 용어로, 이후 수년간 거의 모든 분자가 테스트되고 일상적으로 쓰였다. CFC의 화학구조는 냉장고뿐만 아니라 면도 크림, 분사형 탈취제, 소화기, 산업용 용제, 기타 특수 제품 등 다양한 분야에 유용한 것으로 밝혀졌다. 얼마 지나지 않아 CFC는 도처에 활용되었다. 미즐리는 사회에서 인정받고 상과 훈장을 휩쓸었다. 그는 40세가 되기 전 20세기 가장 중요한 두 가지 화학물질을 발명했다. 미국 화학회 회장으로 선출된 미즐리는 자신이 과학사에 길이 남을 업적을 세웠다고 확신했다.

전 세계 화학 도구 상자에 추가된 CFC의 주요 장점은 안정성이었다. CFC는 다른 물질과 반응하지 않고 분해되지 않아 오랜 기간 사용할 수 있었다. 그런데 이러한 성질이 단기적으로는 장점이었으나, 장기적으로는 가장 큰 단점으로 작용했다. CFC는 짧은 기간 임무를 수행한 뒤 모두 대기로 새어 나갔다. 일단 대기에 유출된 화학물질은 마땅히 갈 곳이 없고 제거할 방법도 없었다. 그래서 CFC는 대기에 축적되었다. 1960년대와 1970년대에 들어서 대기 중 CFC 농도가 급격히 증가했지만, 오랫동안 아무도 알아차리지 못했다.[6] 이후 발생한 일에 관한 이야기는 친숙하다. 남극 상공의 오존층에서 구멍이 발견되고 CFC가 원인으로 밝혀졌다. CFC는 너무 오랫동안 분해되지 않아 성층권까지 상승했고, 지구의 자외선 차단막 일부를 파괴하는 데 일조했다. 이에 관한 인식이 확산되고 결과의 심각성을 피할 수 없게 되자, 시민사회는 산업계의 반대를 무릅쓰고 1987년 몬트리올 의정서를 채택해 CFC를 전 세계에서 완전히 퇴출하기로 약속했다. 대기 중 CFC의 양은 마침내 감소하기 시작했고, 오존층에 생긴 구멍은 서서히 메워지는 듯 보인다. 위험한 화학물질을 규제하기 위해 체결된 몬트리올 의정서는 세계적으로 성공했고, 국제 협약을 통해 달성할 수 있는

6 이는 제임스 러브록이 1957년 전자포획검출기electron capture gas chromatography 기술을 발명한 이후에 포착되었다. 전자포획검출기는 CFC를 포함한 다른 유사한 분자들이 미량 존재할 때도 검출해내는 매우 민감한 기술이다.

성과를 입증하는 훌륭한 사례로 평가받는다. 하지만 CFC는 사라지지 않았다. 대부분 여전히 대기 중에 존재한다. 그리고 상당량이 바다에도 남아 있다.

바다는 대기와 지속적으로 접촉하는 얇고 따뜻한 층 그리고 대기와 분리된 차갑고 두꺼운 층이 존재한다. 대기 중 기체는 모두 바다의 표층을 통과할 수 있으며 CFC도 마찬가지였다. 기체는 일단 바다에 들어가면 바다에서 맨 윗부분을 차지하는 표층에 대부분 머무른다.[7] 그런데 앞서 우리는 물이 표층 아래로 침투해 심해 분지의 밑바닥까지 도달하는 진기한 장소이자 세계에서 가장 큰 폭포인 덴마크해협 범람 해역을 방문했다. 이 폭포 근처에는 심해로 뚫린 배수구처럼 작용하는 소규모 함몰 구역이 있어 표층수를 천천히 심해로 내려보낸다. 바닷물이 배수구를 따라 흘러 내려갈 때는 바닷물에 포함된 모든 물질도 함께 내려간다. 따라서 해저로 가라앉는 바닷물에는 CFC 등 대기가 남긴 지문이 포함된다. 바닷물은 폭포 아래로 미끄러져 내려가 남쪽으로 흘러 대서양 해저를 향하는 동안 대기의 마지막 지문을 가져간다. 그리고 해가 지날수록 대기 중 CFC 농도는 증가하고, 각각의 물 덩어리가 해수면을 떠난 연도는 CFC 지문에 각인된다.

이 모든 현상 덕분에 과학자들은 북대서양 배수구를 따라 흘러간 바닷물의 나이를 지도로 만들 수 있었다. 젊은 바닷물은 나이 든 바닷물의 경로를 따르므로, 이들의 이동 과정을 살피면 각 지점에 도착하기까지 걸린 시간을 밝힐 수 있다. CFC를 다량 함유한 바닷물은 북대

7 기체 이동은 양방향으로 이루어지므로 실제 기체는 해수면과 대기를 오가며 평형을 이룬다.

서양의 덴마크해협 범람에서 쏟아져 내려간 뒤 남쪽으로 천천히 이동하고 있다. CFC는 자연에 공급원이 없으므로 냉장고, 스프레이, 소화기 등 인간 활동에서 전부 유래한다. CFC는 불활성이어서 물에 녹아 농도가 낮아지는 것 외에는 아무런 반응을 하지 않는다. CFC를 함유한 바닷물은 대서양 서쪽에서 가장 빠르게 이동하며, 상층에서 멕시코 만류가 북쪽으로 흐르는 동안 심해에서 CFC 함유 바닷물이 남쪽으로 이동한다. 이처럼 남쪽으로 흐르는 바닷물은 초속 약 1cm로 움직여 매일 약 1km씩 이동한다. 푸른 기계는 깊은 곳에서 서두르지 않고 천천히 작동한다. 40년 전 그린란드 근처에서 해수면을 떠난 바닷물은 현재 출발점에서 남쪽으로 1만km 떨어진 브라질 해안 어딘가에 있다. 그리고 지금도 여전히 흘러가는 중이며, 지구를 항해하는 바닷물의 수평 이동은 바닷물에 함유된 CFC로 추적한다.

CFC 표식은 일시적으로 활용될 것이다. 인류가 마침내 인간 활동을 통제하기 시작하면서 대기 중 CFC 수치는 낮아지고, CFC 표식은 해저로 가라앉는 바닷물을 추적하는 과정에서 유용성을 잃고 있기 때문이다. 그러나 수십 년간 인류가 이 독특한 분자를 대량으로 배출해 바닷물 한 덩어리가 오염되었다. 이 오염된 바닷물은 거대한 해양 엔진에 갇혀 있다. 우리는 그 오염된 물이 지구에서 수평 이동하는 여정을 추적할 수 있다. 깊디깊은 바닷물은 표층수와 다른 속도로 왈츠를 추고, 이 바닷물이 다시 대기에 닿기까지는 수백 년이 걸릴 것이다. 북대서양 배수구로 흘러 내려가는 바닷물은 현재 바람과 밀도의 영향을 받아 이동하는 방대한 '역전 순환Atlantic Meridional Overturning Circulation'의 일부가 되었다. 그 깊은 바다로 흘러 내려가는 모든 것은 다시 위로 올라올 때까지 해수면과 인간으로부터 단절된다. '열염분 순환thermohaline circulation'으로 알려진 이 심해 해류는 열대지방의 따뜻한 물이 해수면을 통해 극지방으로 이동하고, 극지방의 차가운 물이 심해를 통해 극지방에서 멀어지도록 끊임없이 작용한다.[8]

지구 심해 바닷물이 수백 년에 걸쳐 천천히 수평으로 이동하는 현상은 푸른 기계를 이루는 느리고 장엄한 토대다. 북대서양 심해의 차가운 바닷물은 남극해에 도달한 다음, 남극 대륙을 돌아 인도양과 태평양 바닷물에 섞이며 대양 분지를 순환한 끝에 해수면으로 다시 올라온다. 이 깊고 느린 순환이 전 세계 바다를 하나로 연결한다.[9] 그리고 해수면을 떠난 바닷물은 심해로 천천히 이동하며 대기 및 인간 세계와 단절되었다가, 수백 년 뒤 다시 해수면에 도달해 인간과 인간이 만든 세계에 노출된다. 이 느린 컨베이어 벨트는 지구의 열을 분산시키고, 벨트의 속도와 복잡한 작동 방식은 기후에 중대한 영향을 미친다. CFC 표식은 심해 바닷물의 순환을 추적하고 이해하는 데 도움을 준다.[10] 이는 미즐리가 인류 문명에 남긴 참혹한 업적에서 미약하지만 밝은 한 줄기 희망이 되었다.

미즐리는 본인이 발명한 화학물질이 초래한 끔찍한 결과를 직면

---

8 '열염분'이라는 명칭은 논쟁의 여지가 있는데, 해당 해류가 열과 염분으로만 구동된다고 암시하기 때문이다. 그러나 해류가 순환할 때는 바다 표면에서 부는 바람도 결정적으로 중요하다.

9 전 지구 바다를 잇는 경로는 단순하지 않다. 각기 다른 깊이에 있는 구성 요소가 미끄러지듯 흐르며 여러 갈래로 갈라졌다가 합쳐지기 때문이다.

10 인간의 활동으로 우연히 도입된 표식은 CFC에서 끝나지 않는다. 1950년 핵무기 실험이 집중된 시기에 '폭탄 탄소(탄소-14)'와 삼중수소가 다량으로 바다에 유입되었다. 인간이 남긴 원자폭탄의 흔적은 앞으로 오랜 세월 심해를 떠돌 것이다.

할 필요가 없었다. 1940년 소아마비에 걸린 그는 운동성에 제약이 생겼다.[11] 그래서 혼자서도 침대에서 움직일 수 있도록 밧줄과 도르래로 이루어진 복잡한 장치를 고안했다. 1944년 미즐리는 자신이 고안한 장치에 목이 졸린 채 발견되었는데, 검증되지 않은 기술의 유해성이 그의 몸을 옭아맨 결과였다.

타이태닉호의 잔해를 역추적하다

지금까지 바다의 해부학적 구조를 전반적으로 살펴보았고, 핵심은 바다 전체를 빠르게 뒤섞어 균일하게 만드는 메커니즘은 없다는 것이다. 그런 까닭에 바닷물은 장소마다 다른 특성을 보이며, 온도와 염도를 기준으로 바닷물을 식별할 수 있다. 바닷물의 가장 큰 특성 변화는 해수면에서 일어난다. 물 덩어리는 해수면을 떠날 때 특성을 유지하지만 바닷물이 이동할수록 조금씩 느리게 변화한다. 깊은 바다에서도 바닷물의 특성은 바뀐다. 바다 아래쪽으로만 작용하는 중력에 의해 심해를 찾는 방문객들이 있다. 해양물리학은 그들의 무게와 형태에 따라 침전의 위치를 결정한다. 낯선 해저에 자리 잡은 손님들은 오랜 시간 분해되며 주변 바다의 특성에 영향을 준다.

침몰하는 선박은 해수면에서 심해까지 내려가는 물체 중에서 아마도 가장 크고 무거우며, 강철로 제작되어 어느 자연물보다 빠르게

11 당시는 효과적인 백신이 개발되기 몇 년 전으로 소아마비가 흔한 질병이었다.

낙하할 것이다. 빠르게 침몰하면서 비교적 주위 환경에 영향을 받지 않고 형태를 유지할 것이다. 그런데 주위 영향이 거의 없다고 해도, 바닷물의 밀도가 높기 때문에 선박이 수직으로 곧게 가라앉는 일은 거의 없다. 물은 침몰하는 물체 주변으로 갈라지기도 하지만, 상당한 힘을 발휘해 물체의 낙하를 지연시키거나 굴절시킬 수 있다. 물체가 작을수록 바다의 영향을 더 많이 받아 낙하 경로와 속도가 변화한다. 선박처럼 거대한 물체도 바닷물의 밀도에 의해 낙하지점이 결정된다. 로버트 발라드Robert Ballard는 침몰하는 물체가 바닷물에 의해 분류되는 현상 덕분에 RMS(우편물 운송 계약을 맺은 선박에 붙는 호칭-옮긴이) 타이태닉호Titanic 잔해를 발견할 수 있었다.

1912년 새롭게 건조된 타이태닉호는 당시 세계에서 가장 큰 선박으로(길이 269m), 영국 호화 여객선이자 해운 기업 '화이트 스타 라인'이 보유한 선단의 자랑이었다. 타이태닉호는 사우샘프턴에서 뉴욕으로 향하는 첫 항해를 떠날 당시 2,224명이 탑승하고 있었으며, 현대 공학 기술을 대표하는 웅장한 상징물로서 자신감으로 가득 차 있었다. 꿈이 악몽으로 바뀌는 과정은 갑작스럽고 잔인했다. 타이태닉호는 항해를 시작하고 4일째 되는 날 한밤중 빙상에 부딪혀 3시간 만에 침몰했다. 탑승객 가운데 3분의 2가 목숨을 잃었다. 이날의 충격이 전 세계에 반향을 일으키며 해양 안전 절차의 전면적 개편과 사고 원인에 대한 끝없는 추측이 이어졌다. 그리고 그날 밤 일들을 시간순으로 기록한 책과 기사, 드라마가 꾸준히 쏟아졌다. 그런데 중요한 증거인 타이태닉호 선체가 사라졌다. 선체는 뉴펀들랜드 해안에서 약 700km 떨어진 북서대서양의 깊이 4km 바다 아래로 가라앉았다. 많은 사람이 타이태닉호 선체를 찾지 못할지도 모른다는 두려움에 시달렸다. 이후 수십 년간 광범위한 수색 및 인양 작업을 제안하는 사람들이 등장했다가 이내 사라졌다. 그들이 가진 기술의 완성도는 제각기 달랐지만, 눈이 휘둥그레질 정도로 비용이 많이 든다는 점은 공통적이었다.

타이태닉호가 70년 동안 방치되고 1980년대에 접어들자, 우즈홀 해양연구소 소속 발라드 박사에게 마침내 좋은 기회가 찾아왔다. 미 해군은 역사에 남을 민간 난파선을 찾는 일에는 관심이 없었지만, 발라드 박사는 미 해군의 호의로 그 기회를 잡았다. 해군은 타이태닉호 근처에서 1960년대에 침몰한 2척의 군용 원자력잠수함 USS 스레셔호Thresher와 스콜피온호Scorpion의 잔해를 조사하는 일에 관심이 많았다. 그들은 잠수함에 동력을 공급하던 원자로에 어떤 작용이 일어났는지 알고 싶었다. 발라드는 해군에게 자금을 지원받아 로봇 카메라 아르고Argo를 설계하고 제작했다. 타이태닉호를 찾기 위해 사용된 최초의 아르고는 길이 약 4.5m에 높이와 폭이 약 1m인 썰매 모양으로, 선박 아래에 매달려 견인되며 선상 관제사에게 실시간으로 해저 영상을 촬영해 보낼 수 있었다. 해군은 원자력잠수함을 찾아 지도만 만들면, 남는 시간에는 유휴 선박으로 무슨 일이든지 해도 괜찮다고 말했다. 해군은 타이태닉호 수색으로 가장해 냉전 시대 난파선을 조사할 수 있었고, 발라드는 해저 수색이 가능한 장비를 갖춘 선박을 확보할 수 있었다.

아르고는 심해 기술에 혁명을 일으켰다. 이전에는 해수면 아래로 내린 카메라를 다시 선박으로 가져와 수집한 데이터를 확인했다. 이는 넓은 지역을 조사하기에 번거롭고 시간이 많이 소요되는 방식이었다. 반면에 아르고는 선박에 편안히 앉아 교대로 실시간 영상을 관찰하며 이동 경로를 조종했다. 덕분에 비교적 넓은 영역을 빠르게 탐색할 수 있었지만, 광활한 바다를 샅샅이 뒤지기에는 아직 역부족이었다. 발라드와 아르고를 실은 R/V 노르호Knorr가 타이태닉호 수색 구역에 도착했을 때, 남은 항해일은 고작 11일이었다.[12] 수중 음파 탐사에서는 선체로 보이는 커다란 물체를 발견하지 못했고, 수색이 필요한 지역은 아직 259㎢ 정도 남아 있었다. 타이태닉호를 찾기는 불가능해 보였다.

발라드는 스레셔호의 잔해를 수색하며 한 가지 교훈을 얻었다. 침몰하는 선박은 하나의 물체가 아니어서, 모양과 크기가 제각각인 물체들이 서로 다른 방식으로 밀도 높은 바닷물을 통과해 가라앉는다는 것이었다. 스레셔호는 수백 미터의 깊이에서 폭발했고, 파편들은 제각각 고유의 경로를 따라 표류하며 2km 아래 해저로 가라앉았다. 물체가 침몰하는 경로와 위치는 여러 요인에 의해 결정된다. 물체가 가라앉으려면 중력의 작용도 필요하지만, 물체도 자신의 아래쪽에 있는 물을 밀어내야 한다. 물체의 밀도가 높으면(예를 들어 도자기가 아닌 강철이라면) 중력이 강하게 작용해 빠르게 가라앉는다. 물체가 조밀하면(테니스 라켓이 아닌 공이라면) 물을 밀어낼 필요성이 적어 하강 속도가 빨라진다. 종이비행기처럼 면적이 넓은 물체는 물을 옆으로 밀어내야 하므로 하강 속도가 느려진다. 무엇보다 작은 물체는 물

---

12 타이태닉호 수색이라는 공동의 목표를 위해서 R/V 노르호는 수중 음파탐지기로 현장을 지도화하던 프랑스 선박 R/V 르시르와호Le Suroît에 합류했다.

체 크기에 비해 항력(물체가 유체 내에서 운동할 때 받는 저항력-옮긴이)이 더 크기 때문에 매우 천천히 가라앉는다. 그리고 모든 물체는 깊이에 상관없이 해류의 영향을 받아 옆으로 밀려난다. 하강 속도가 느릴수록 옆으로 많이 이동할 가능성이 높다.

선체 주변으로 수백 미터 퍼져 있는 스레셔호의 잔해는 침몰하는 물체의 다양한 표류 경로를 보여준다. 타이태닉호 생존자 일부는 선체가 두 동강 나는 것을 봤다고 증언했다. 실제로 그런 일이 일어났다면 엄청난 양의 잔해가 해저에 흩어져 있어야 했다. 광활한 해역을 수색할 시간이 11시간밖에 남지 않자 발라드는 새로운 접근 방식을 택했다. 타이태닉호 선체를 찾는 대신, 타이태닉호에서 바깥쪽으로 흩어진 잔해를 로봇 카메라로 수색하기로 한 것이다. 파편들은 너무 작아서 수중 음파탐지기 영상에 잘 보이지 않았다. 울퉁불퉁한 해저에 흩어진 경우 특히 그랬다.[13] 하지만 로봇 카메라에는 파편이 보일 수도 있었다. 아르고가 바다 밑으로 내려가고 갑판에 있는 사람들은 4시간씩 교대로 해저를 관찰했다. 수색 일주일 만에 금속 물체들이 나타나기 시작했고, 마침내 타이태닉호에 설치된 독특한 보일러의 사진과 정확히 일치하는 커다란 원형 판이 명백한 단서로 발견되었다. 찻잔, 와인병, 서빙 쟁반 등 점점 더 많은 잔해가 발견되면서 비극으로 사라진 삶의 흔적이 드러났다. 발라드와 동료들은 잔해를 따라가 선체에

13 원래 심해저는 울퉁불퉁하지 않다. 하지만 이곳은 빙산이 정기적으로 떠내려오는 지역이었다. 바닷물이 빙산을 데우면 빙산에 갇혀 있던 바위들이 해저로 낙하한다. 그래서 이 지역은 비정상적으로 울퉁불퉁했다.

도달했다. 타이태닉호 선체는 해저에 솟아오른 거대하고 녹슨 쇳덩어리이자, 바다에서 인간 생명이 얼마나 취약한지 보여주며 고요히 썩어가는 추모비였다.

1985년 이후 많은 탐험대가 타이태닉호를 다시 찾았고, 현재는 잔해 전체가 조사되었다. 타이태닉호는 해수면의 한 지점에서 두 동강 나며 침몰했지만, 길이가 약 5km이고 폭이 약 8km인 지역에 잔해가 흩어져 있다. 선박의 앞쪽 절반이 앞으로 나아가며 침몰해 선미에서 멀어졌을 가능성이 커 보인다. 선미 부분은 침몰하면서 빙글빙글 돌았고, 그 과정에 공기가 가득 찬 공간이 측면에서 폭발하며 추가 피해가 발생했다. 뱃머리와 선미는 현재 630m 서로 떨어져 있으며, 특히 찌그러진 선미 주변에 잔해가 빽빽하게 쌓여 있다. 타이태닉호가 가라앉기 시작한 지점은 현재 뱃머리나 선미가 있는 지점의 바로 위가 아니라고 여겨진다. 왜냐하면 뱃머리와 선미 사이에 수직으로 곧게 추락했을 가능성이 있는 작고 밀도 높은 물체들이 모여 있으며, 이것이 침몰 지점을 암시하는 듯 보이기 때문이다. 그보다 더 멀리 떨어진 지점에서는 크기가 작은 물체, 활공 가능한 넓은 면적의 물체들이 발견되었다. 타이태닉호 침몰 당일 밤, 인근 선박이 남쪽으로 흐르는 해류를 기록했다. 느리게 가라앉은 잔해들은 해류를 타고 이동하는 동안 해양물리학의 영향을 받아 저마다 다른 지점에 도달했을 것이다. 그렇게 거대한 비극의 파편들이 바닷물을 뚫고 마지막 안식처로 향했다.

침몰 현장에서 수습된 유물은 대부분 선체의 주요 부분이 아니라 잔해 더미에서 나왔다. 발라드는 수색 원정에서 유물을 회수하지 않았다. 무덤을 파헤치는 행위와 같다고 생각했기 때문이다. 그는 현장을 그대로 보존하며 타이태닉호 선체가 죽은 사람들을 위한 추모비로 남아 자연스럽게 분해되도록 놔둬야 한다고 주장했다.[14]

큰 물체도 심해로 가라앉을 때는 크기와 형태에 따라 분류된다. 그런데 해양 생물은 대부분 크기가 작은 편이고, 그런 조그마한 생물은 굉장히 천천히 아래로 가라앉으면서 아주 오랜 시간을 바다에서 보낸다. 이는 심지어 해수면에서 심해로 내려온 수괴의 특성을 바꿀 정도다. 이런 작은 물체가 분류된 결과는 훨씬 극적이다. 가라앉는 현상은 바다에서 가장 중요한 과정이며, 해양 생물이 지금처럼 분포하는 가장 근본적인 이유이기도 하다. 그런데 가라앉는 현상이 생물에 매우 중요한 요소이기는 하지만, 실제 가라앉는 물체가 생물이 아닌 경우도 많다. 생물이 버린 물질일 때도 종종 있다.

깊은 바다를 이루는 아주 작은 죽음

초여름 서늘한 북대서양에 땅거미가 서서히 내려앉을 무렵, 투명한 생물 하나가 관절이 있는 다리로 노를 저으며 어둑해지는 하늘을 향해 힘차게 나아가기 시작한다. 이 생물은 칼라누스 핀마르키쿠스 Calanus finmarchicus로, 타원형 몸통에 머리 옆으로 긴 더듬이 2개가 튀어

14 선체가 가라앉은 지점의 수심과 수온을 고려할 때, 선체 보존 상태가 훨씬 좋으리라고 예상했다. 하지만 그 깊이에는 많은 생물이 서식해 유기물이 거의 사라졌다. 철제 선체도 점점 녹슬고 있어 얼마나 더 남아 있을지는 아무도 모른다.

나온 길이 2mm의 작은 갑각류다. 더 하위 단위로 분류하면 요각류橈脚類에 속하는데, 영어로 요각류oar-feet는 '노를 젓는 다리'를 뜻한다. 요각류는 꾸준히 노를 젓는 덕분에 파도 100m 아래 어둠 속에서 따뜻한 수면으로 천천히 떠올라 먹이를 먹을 수 있다. 이들 주변에는 크기가 더 작은 유기체들이 있다. 대부분 단세포생물로 태양에너지를 이용해 주변 바닷물에 녹아 있는 질산염, 인산염, 철 화합물 등을 양분 삼아 당과 단백질을 합성하며 산다. 요각류는 바닷물에 용해된 물질을 양분으로 이용할 수 없지만, 태양에너지를 수확하는 다른 유기체를 잡아먹을 수 있다. 그래서 눈에 띄는 모든 작은 단세포생물을 먹으며 밤을 보낸다.

생물은 일반적으로 바닷물보다 밀도가 높아서 기본적으로 전부 가라앉는다. 그리고 타이태닉호가 침몰할 때처럼, 생물도 중력이 아래로 끌어당기는 동안 분류 과정을 거친다. 단세포생물은 너무 작아서 중력의 영향을 거의 받지 않는다. 그런데 작은 부피에 비해 표면적은 엄청나게 넓어서 끈적하고 밀도 높은 바닷물에 큰 항력을 받는다. 그 힘을 지구 중력이 간신히 상쇄한다. 바다 상층부가 부드럽게 섞이는 것만으로 단세포생물은 짧은 수명 동안 바닷물에서 부유할 수 있다. 그런데 칼라누스 핀마르키쿠스가 먹이를 지저분히 먹는 까닭에, 반쯤 먹힌 단세포생물이 물기둥water column(바다 표면에서 해저까지 물의 전체 부피-옮긴이)에서 떠다니며 아래쪽으로 아주 천천히 정처 없이 떠내려간다. 더 큰 포식자가 요각류를 우적우적 씹어 먹고 뱉어낸 다리와 더듬이는 변덕스러운 바닷물과 중력의 영향을 받아 이동한다. 죽은 유기체는 모두 몇 시간 또는 며칠에 걸쳐 서서히 하강한다. 그런데 자연은 좋은 먹잇감을 그대로 두지 않는다. 세균은 유기체 잔해를 먹어치우고 영양소(주로 질산염, 인산염, 철분 등)를 물기둥으로 방출해 다른 생물이 재사용할 수 있게 한다.

동틀 무렵 요각류는 깊은 바다로 돌아가 배설물을 배출한다. 이들의 작은 배설물은 바다 상층부의 유기물 잔해와 합쳐지며 해수면의 세균과 햇빛을 피해 심연으로 천천히 하강한다. 그런데 세균은 아직 임무를 마치지 않았다. 어둠 속에서 생물의 잔해가 서서히 소용돌이치면, 세균은 귀중한 먹잇감을 게걸스럽게 삼키고 영양소를 바닷물에 다시 배출한다. 이 시점에서 중력 줄다리기는 균형을 잃는다. 물속으로 배출된 영양소는 이제 물 분자 수십억 개 사이에 뒤섞인 작은 분자에 불과하다. 이 작은 분자는 수많은 생명을 만들 수 있는 잠재력이 가득하지만, 더는 가라앉지 못해 주변 바닷물의 일부가 되고 어둠 속에 갇혀 물이 흐르는 대로 떠돈다.

요각류는 매일 물속을 오르락내리락하면서 해양 시스템의 중요한 특징인 광범위하고 느린 누출에 기여한다. 해수면은 세포의 삶과 죽음에서 재활용되는 영양소를 대개 보유한다. 그런데 영양소가 바다 아래로 계속 천천히 스며들고 있다. 이를 '생물학적 펌프'라고 부른다. 생물학적 물질이 따뜻한 표층에서 누출된 뒤 심해에서 대사되면, 그 영양소는 심해에 합류해 표층으로 다시 돌아갈 수 없다. 이렇게 되면 표층은 영양소가 점차 고갈되고, 심층수는 영양소로 점차 채워진다. 분류 과정은 무슨 물질이 어디로 가는지 결정한다는 측면에서 무척 중요하다. 특정 물체가 매우 천천히 하강한다면, 하강 도중 다른 포식자가 그 물체를 먹고 영양소를 주위 수괴로 배출할 시간이 충분할 것이다. 크기가 크고 밀도가 높은 물체가 하강한다면, 다른 물체와 합쳐지지 않고도 깊은 바다를 뚫고 해저에 신속히 도착할 것이다. 물체는 하강 속도가 빠르든 느리든 일단 바다 표층에서 누출되면 햇빛을 잘 피해 심해로 이동한다. 심해 바닷물의 영양 성분은 중력에 따른 분류 과정으로 결정되며 누출은 늘 아래쪽으로만 이루어진다.

분리되고 섞이는 바다

여기에서 생명유지시스템인 바다에 근본적 문제가 있음이 드러난다. 에너지는 살아 있는 세포를 구성하는 데 필수적이며, 해수면을 밝게 비추는 햇빛에서 나온다. 그런데 중력은 따뜻한 해수면에서 영양분을 서서히 빼앗아 심해로 보낸다. 생물에 중요한 원료 물질인 영양소는 햇빛이 닿지 않는 심해에 머무른다. 영양소가 풍부한 물이 해저에 머무르는 이유는 위쪽의 물보다 밀도가 높기 때문이다. 층층이 쌓인 바다에서 가장 큰 역설은 해양 엔진이 에너지와 물질이라는 두 가지 필수 요소를 강제로 분리한다는 점이다. 이는 생명을 몰살한다.

이는 이론으로 도출한 결과가 아니다. 북태평양 중심부 근처의 바닷물은 순수한 청금석을 연상시킬 만큼 밝은 감청색이다. 카메라를 담그면 마치 바닷물이 없는 듯 탑승하고 있는 선박의 선체가 전부 보인다. 시야는 온통 파랗고 가시거리는 깊이 수백 미터에 달하지만 아무것도 보이지 않는다. 밝은 햇빛이 해수면을 비추는데도 영양분이 없어 바닷속이 거의 비어 있다. 생물과 유기물 잔해로 오염되지 않은 바닷물만 보인다. 거대한 대양 분지의 중심은 대개 사막에 해당하는 바다로, 열악한 환경에 최소한의 생물만 버티고 있다. 불과 수백 미터 아래에는 영양소가 풍부하지만, 아래쪽 바닷물은 표층의 바닷물보다 밀도가 높아 햇빛을 향해 떠오르지 못한다. 해수층이 온전히 유지되어 영양소가 모두 아래쪽에 갇혀 있으면, 영양소는 잠재력을 발휘할 수 없다. 식물성플랑크톤이 태양에너지를 분자 에너지로 변환하지 않으면, 다른 어느 생물도 먹이를 얻지 못한다.

하지만 모든 기회가 사라진 것은 아니다. 열대성 바람의 영향으로 태평양 상층부가 칠레 해안에서 밀려가면, 차갑고 영양소 풍부한 바닷물이 용승해 태양에너지가 풍부한 상층부로 올라온다. 그 결과 생명의 풍성한 뷔페가 차려진다. 지금까지 바다의 여러 부분이 분리되는 과정을 살펴봤다. 이제 우리는 해양 생물의 분포를 결정하는 것이 예외적으로 분리되지 않는, 즉 영양소와 햇빛이 결합하는 장소임을 알았다. 다음으로 바다에서 가장 중요하지만 눈에 띄지 않는 과정인 혼합을 생각해보자.

중요한 분리 역설은 생명의 요건에만 적용되는 것이 아니다. 차가운 바닷물이 해저에 쌓이고 따뜻한 민물이 위로 떠오르면 해양 엔진 자체가 작동하지 않을 것이다. 다행히도 해양 엔진은 주기적으로 부드럽게 전환되며 정체 상태에 도달하지 않고 작동한다. 하지만 해양 엔진의 부드러운 전환을 당연하게 받아들여서는 안 된다. 그러한 전환에는 큰 대가가 따른다.

역기를 들거나 계단을 올라본 사람이면 누구나 알 수 있듯 물체를 들어 올리는 일에는 에너지가 든다. 물체가 크고 밀도가 높을수록 들어 올리는 과정에 많은 에너지가 쓰인다.[15] 따라서 밀도별로 층이 분리된 물을 섞는 일은 단순하게 저어주는 것만으로 충분하지 않다. 차갑고 밀도 높은 물을 위로 끌어올려 상층부의 따뜻한 물과 섞일 수 있게 에너지를 충분히 공급해야 한다. 찻물을 저을 때는 미량의 에너지가 필요하다. 이는 우리가 의식하지 못하는 사이에 스푼을 통해 전달된다. 하지만 바다는 차 1잔보다 훨씬 방대하다. 차갑고 밀도 높은 엄청난 양의 바닷물을 위로 끌어올려야 하므로 일부만 휘젓는다고 해도 어마어마한 에너지가 요구된다.[16] 바다를 정체 상태로 두지 않으려면 두 가지가 필요하다. 바닷물을 혼합할 수 있는 거대하고 지속적인 에너지 흐름과 그 에너지를 바다로 공급할 수 있는 메커니즘이다. 바다는 정체된 수층이 쌓인 연못이 아니고 꾸준히 전환된다. 바닷물을 혼합하는 데 필요한 최소한의 에너지를 공급하는 무언가가 반드시 존재할 것이다.

중력과 밀도가 바닷물을 분리한다면, 바닷물을 혼합하는 에너지는 어디에서 유래할까? 해양 엔진이 멈추지 않고 작동하고 있다는 측면에서 거대한 에너지원은 반드시 존재한다. 여러 에너지원이 밝혀진 가운데 가장 큰 에너지 통로는 누구도 예상하지 못했다. 오직 하와이 하나우마만Hanauma Bay 해저에 사는 산호만 매일 그 영향을 느낀다.

---

15 물체를 떨어뜨리면 에너지를 찾을 수 있다. 물체가 공중에 있을 때 지니는 위치에너지는 물체에 일시적으로 저장된 에너지다. 물체를 아래로 다시 이동시키면 그 에너지는 다른 형태로 변환된다. 이것이 수력발전의 원리다. 위로 끌어올린 물에는 에너지가 저장되어 있다. 댐의 바닥에 설치된 터빈이 그 저장된 에너지를 추출해 전기로 변환한다.

16 우리 눈에 보이는 바다를 혼합하기 위해 투입해야 하는 에너지 양의 추정치는 약 2조W다.

가로막히는 조류와 내부파

호놀룰루 시내에서 약 15km 떨어진 오아후섬 동쪽에는 섬을 형성한 마지막 화산활동이 흔적을 남겼다. 하와이 화산은 대부분 수백만 년에 걸쳐 용암이 천천히 흘러내린 결과로 경사가 완만하게 바다 쪽으로 기울어져 있다. 그런데 3만 2,000년 전 이곳에서 일어난 화산 분출은 폭발적이고 긴박했다. 용암이 식으며 아래로 가라앉아 울퉁불퉁한 분화구를 남겼고, 최종적으로 분화구 한쪽이 바다의 영향으로 부서지며 가파른 언덕으로 둘러싸인 아름답고 둥근 만이 형성되었다. 폭이 수백 미터, 수심이 최대 30m에 달하는 하나우마만은 오늘날 매일 수백 명 관광객이 방문하는 아름다운 보호구역이다.

파도 아래로 부드러운 중간색 산호들이 모래사장을 뒤덮고, 북적이는 산호초 근처에서 바다거북과 비늘돔이 유유히 헤엄친다. 바닷물은 따뜻하고, 봄이 오면 햇빛을 받아 따뜻해져 온도가 26℃까지 상승한다. 그러던 어느 날, 태양이 정점에 도달하자 수심 15m에 있는 물고기가 변화를 알아차린다. 온도가 갑자기 내려간다. 산호들은 다소 차가운 바닷물이 주위로 밀려들면 몇 시간 동안 잠시 더위를 피해 휴식을 취한다. 6시간이 지나면 차가운 바닷물이 사라지고 산호와 물고기들은 다시 따뜻한 바닷물에 몸을 담근다. 6시간이 또 흐르면 차가운 바닷물이 돌아온다. 늦봄에서 초여름까지 하나우마만 깊은 바다는 해수면만큼 따뜻한 바닷물과 다른 지역에서 방문한 차가운 바닷물이 번갈아 들며 채운다. 차가운 바닷물은 깊고 추운 지역에서 왔다. 하나우마만에 수온 변화를 일으키는 범인은 앞바다에 있어 육지의 관광객

눈에는 전혀 보이지 않지만, 하나우마만에서 중요한 역할을 한다.

하와이제도는 대략 남동쪽에서 북서쪽으로 이어지는 선을 따라 뻗어 있다. 활화산은 빅아일랜드에 있고, 북서쪽 섬들은 점차 나이가 들면서 화산활동이 활발한 시기를 지나 대부분 냉각되고 가라앉아 축소되는 중이다. 이 섬들은 수면 위로 솟아오른 산봉우리다. 하와이의 섬들이 이루는 산줄기는 수면 아래에서 2,000km에 걸쳐 바깥쪽으로 계속 뻗어나간다. 오래전 섬이었으나 지금은 바다에 잠긴 산줄기는 거대하고 좁은 해령을 형성한다. 이는 하와이해령으로 대부분 깊이 4,500m 해저에서 솟아오른 칼날 모양의 지형이다. 이 지형은 조수를 방해한다는 점에서 중요하다.

지구와 달의 시스템은 하루에 밀물과 썰물을 각각 두 번씩 일으킨다. 이는 바다가 중력과 자전의 물리학에 반응하는 까닭이다.[17] 우리는 밀물과 썰물의 결과로 해안선 근처에서 수위가 오르내리는 현상만 떠올린다. 넓은 바다에서 해수면이 몇 시간 동안 대략 1m 상승하려면 어딘가에 있던 엄청난 양의 물이 다른 곳으로 이동해야 한다는 사실을 간과하기 쉽다. 게다가 6시간 뒤에는 반대 방향으로 바닷물이 다시 이동한다. 바다는 깊고 넓어서, 전체 깊이에 걸쳐 조금만 움직여도 막대한 바닷물이 이동하게 된다. 그런데 하와이해령처럼 바다 수심의 절반에 해당하는 높이까지 솟아오른 해령이 조수가 이동하는 경로의

17 조수를 전체적으로 설명하면 복잡하다. 태양과 대양 분지 및 해안선의 형태가 바닷물이 끌려가는 지점, 바닷물이 움직이는 시간 규모에 큰 차이를 일으키기 때문이다. 더 자세한 이야기는 휴 앨더시 윌리엄스의 저서 《조수》에서 참고할 수 있다.

한가운데에 자리 잡고 있으면 대단히 큰 장애물이 된다.

물에 완전히 잠긴 조약돌 위로 시냇물이 흐르는 상황에서, 조약돌이 물에 잠겼음에도 시냇물 표면에 파문을 일으키는 모습을 본 적이 있다면, 흐르는 물이 그런 장애물에 어떻게 반응하는지 떠올릴 수 있다. 물에 잠긴 하와이해령 부근과 그 위에서는 바닷물이 좁은 틈으로 밀려들며 내부파가 생성된다. 악티움 해전에서 언급한 내부파는 특성이 서로 다른 수층 2개가 접하는 뚜렷한 경계에서 발생했다. 그런데 바다에서 중간 깊이로 내려가면 밀도가 점진적으로 변화하는 까닭에 내부파가 하나의 경계를 따라 퍼지지 않는다. 그 대신 내부파는 천천히 바깥쪽으로 수평 이동하는 동시에 위아래로 퍼져나가며 다양한 수심에 걸쳐 존재한다. 이러한 내부파는 무척 거대해 특정 지역에서 해수층을 수백 미터씩 위아래로 밀어내면서 하루에 몇 킬로미터씩 수평 이동을 한다. 내부파 하나가 이동을 마치기까지는 몇십 분 또는 몇 시간이 걸리기도 한다.

이것이 하나우마만 외부에서 일어나는 현상이다. 하와이해령의 일부는 조류에 장애물로 작용하고, 그로 인해 조수의 방향이 바뀌면 거대한 내부파의 방향도 변화한다. 하나우마만에 주기적으로 차가운 바닷물이 유입되는 원인이 바로 내부파의 방향 변화다. 내부파가 이동하며 해수층을 위아래로 밀면, 하나우마만의 바닥보다 70m 아래에 있던 차가운 물이 끌어올려져 하나우마만을 채우는 것으로 추정된다. 파도는 1년 내내 치지만, 수심이 얕은 하나우마만에서 내부파의 영향으로 표층수가 눈에 띄게 따뜻해지는 시기는 봄과 여름뿐이다.

거대한 내부파는 간단하게 기술되지 않는다. 내부파는 해령을 넘

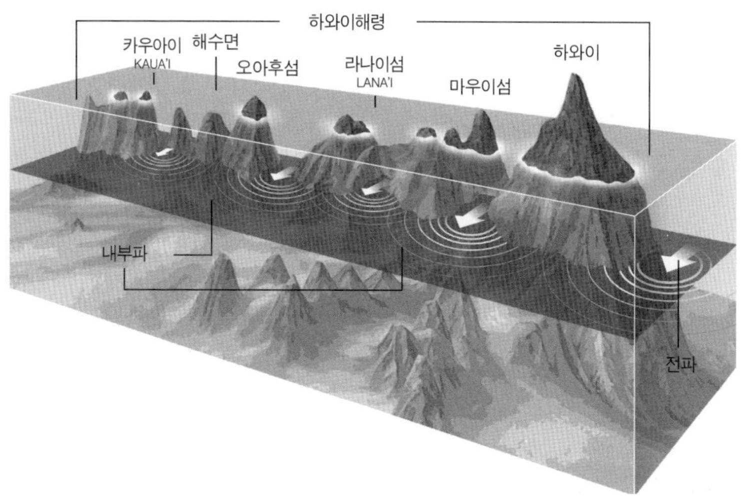

◦ 하와이제도 사이에 발생하는 내부파.

거나 산맥에 부딪혀 부서지고, 난류와 섞여 열과 소금이 각각 바다 아래와 위로 이동하도록 돕는다. 또는 에너지를 운반하며 깊이 수백 킬로미터 심해로 계속 이동할 수도 있다. 내부파 에너지 경로는 정말 놀랍다. 우리가 일반적으로 생각하는 지구의 에너지 흐름에서 거의 완벽하게 벗어나기 때문이다. 지구와 달의 궤도에서 유래한 내부파 에너지는 지구와 달이 회전하며 추는 춤에 저장된다. 조수가 이동하면서 지구에 마찰을 일으켜 지구 자전운동으로부터 에너지를 빼앗아갈수록 매년 지구 자전 속도는 약 0.017초씩 느려지며 달은 약 4cm씩 멀어진다. 그 결과 지구-달 시스템은 에너지를 잃고, 조수의 움직임은 에너지를 공급받는다.

조수의 움직임으로 일어난 바닷물의 흐름은 하와이해령에서 에너지를 잃고, 여기에서 손실된 에너지는 내부파로 전환된다. 내부파가 해령에 부딪혀 부서지면서 에너지를 잃으면, 이 손실된 에너지는 해령 바로 위 바닷물이 혼합되는 데 쓰인다. 이후 내부파는 지속적으로 이동하면서 에너지를 바닷물 혼합 과정에 공급하거나 바다 바깥쪽으로 전달하고, 마침내 먼 대륙붕에서 부서진 끝에 열로 전환된다. 거대하고 천천히 이동하는 내부파가 부서지는 모습을 시각화하기는 어렵지만, 해안선에서 부서지는 파도와 비슷한 방식으로 부서진다. 우리 눈에는 느리게 보이지만, 해양 엔진이라는 거대한 규모에서 보면 내부파는 에너지를 빠르게 이동시키는 도구다.

내부파는 전 지구 바다에서 발견되며, 바다 밑 산봉우리나 산맥 또는 대륙붕 가장자리에서 해류를 생성한다. 내부파는 대부분 눈에 보이지 않는 해수면 아래에서 소리 없이 이동하지만, 때때로 수면에 신호를 남기거나 인공위성에 감지된다. 하와이해령은 특히 내부파의 해류 생성에 효과적인 지형이다. 내부파의 꼭대기가 하와이제도 주위의 해수면 아래 경사면을 스쳐 지나가며 차가운 바닷물에 종종 파도를 일으킨다. 이 차가운 바닷물은 비교적 염분이 높고 산성도가 약간 높으며 영양소가 풍부할 가능성이 있다.

바다를 혼합하는 데 필요한 에너지 대부분이 내부파로부터 공급된다. 나머지 에너지는 표층수를 이동시키고 혼합하는 바람과 폭풍, 깊은 바닷물을 위쪽으로 밀어 올리는 섬을 비롯한 해수면 근처 장애물, 해저에 난기류를 일으키는 해류와 해저 사이의 마찰에서 나온다. 그러나 바다는 고르게 혼합되지 않는다. 특정 바다는 다른 바다보다 자주 혼합되며 이는 바닷물에 특성을 부여하는 요소로 작용한다. 여기에서 핵심은 조수에서 유래하는 에너지 총량이 바다 전체를 완전히 균일하게 섞을 만큼 충분하지 않다는 점이다. 오늘날 우리가 관측하는 바다는 독특한 패턴을 보일 만큼 분리된 동시에 흥미를 유발할 만큼 혼합되고 있다. 그러한 분리와 혼합의 균형이 중요하다. 바다는 대개 뚜렷한 층을 이루고 영양소와 햇빛이 제각기 다른 층에 존재하므로 바다의 상당 부분이 사막에 가깝다. 내부파가 일으키는 혼합은 표층을 변화시킬 만큼 강력한 영향을 미치지 않는 경우가 많다. 해안선과 섬 근처에 변화가 일어나기는 하지만 혼합 효과는 더 깊은 바다에서 주로 발생하며 성층화가 지나치게 심해지는 것을 방지한다.

바다의 성층화와 성층화로 생성된 층은 푸른 기계의 구조에서 중요한 부분을 차지한다. 그런데 지구 적도의 둘레는 4만km를 조금 넘지만, 바다의 평균 수심은 4km에 불과하다. 심해의 하층은 느리게 수평으로 이동하지만, 해수면 부근 상층은 훨씬 빠른 속도로 이동하며 바다와 육지를 연결한다. 이제는 대륙 사이에 존재하는 넓고 깊은 대양을 살펴볼 차례다.

우리는 대기에 어떤 현상이 일어나는지 가르쳐주는 일기도를 보는 데 익숙하다. 바람에 뭉게구름이 밀려가거나, 뇌우가 다가오거나, 야외 카페에서 탁자에 깔려 있던 냅킨이 날아가는 모습을 목격하면서 그러한 현상이 무엇을 의미하는지 직접 경험한다. 기류는 우리 주위에서 끊임없이 움직인다. 그런데 바닷물은 공기보다 밀도가 훨씬 높다. 공기 1m³의 질량은 1.2kg에 불과하지만, 바닷물 1m³의 질량은 1,028kg에 달한다. 따라서 바닷물을 움직이려면 훨씬 강한 힘이 필요하고, 일단 움직이기 시작한 바닷물은 멈추기도 어렵다.[18] 하지만 모든 힘은 작용하는 대상에 영향을 미치며, 광활한 바다에서 수 킬로미터에 걸쳐 부는 바람은 해수면을 움직이기에 충분하다. 돌풍이 불 때마다 해수면이 조금씩 앞쪽으로 밀린다. 이러한 현상이 며칠 동안 지속되면 돌풍의 영향이 축적되어 표층 해류가 발생한다. 표층 해류는 오랜 시간에 걸쳐 천천히 축적된 영향을 평균화한 결과다. 그래서 일반적으로 기류보다 변화의 폭이 훨씬 좁다. 표층 해류는 푸른 기계가 작동하며 몇 주, 몇 달간 반복되는 밀물과 썰물의 장엄한 패턴과 관련이 있다. 이러한 패턴은 무작위가 아니고, 동일한 기본 메커니즘이 작동하더라도 대양 분지에 따라 상당히 다른 결과가 발생한다.

길 잃은 나비고기와 대양 환류

나라간셋만Narragansett Bay은 서대서양에 자리한 소규모의 해양학적 '막다른 길cul-de-sac'이다. 나라간셋만이 로드아일랜드에 깊숙이 침투해 면적의 상당 부분을 차지한다는 이유로, 로드아일랜드는 '바다의 주州'라는 별명으로 불린다. 이곳은 보호수역이 있어 선원들이 즐겨 찾는 목적지로, 로드아일랜드의 마을과 도시의 지형은 육지보다 바다에서 바라볼 때 더 인상적이다. 나는 스크립스 해양연구소를 떠나고 2년 동안 로드아일랜드대학교 해양대학원에서 근무했는데, 이 대학원은 바다 바로 옆에 독립된 작은 캠퍼스가 있었다. 생물학자는 어업,

18 바닷물은 점성도 높아서 난류가 바다에서 더 크게 발생해 느리게 움직이는 경향이 있다.

조개 양식장, 영양 유출 등 해안 해양학 언어를 구사했고, 물리학자는 내가 연구한 바다 거품보다 훨씬 방대한 규모로 수십억 배 긴 시간 동안 발생하는 현상을 생각했다. 나는 지적 몰입에 수반되는 육체적 몰입을 실천했다. 과학 다이버 자격을 유지하려면 매년 일정한 횟수로 다이빙해야 했고, 나라간셋만에서 다이빙 횟수를 전부 채웠다.

나라간셋만의 자연은 충격적이었다. 구불구불한 해안선과 물 위에 떠 있는 예쁜 집이 어우러진 아름다운 풍경은 물속과 대비되었다. 바닷물은 소용돌이치는 퇴적물로 어두컴컴하고 너무 차가워 고통스러웠다. 겨울에는 수온이 5℃로 낮아 차디찬 대서양과 비슷했고, 한여름에는 햇빛이 얕은 바닷물을 데워 20℃까지 올라갔다. 나는 캘리포니아 해안의 시원하고 맑은 바닷물, 황소다시마bull kelp가 서식하는 넓은 다시마숲, 태평양의 탁 트인 전망에 익숙했다. 반면에 나라간셋만의 해안은 탁하고 얕은 바닷물이 바위틈으로 가득 차 있었다. 이는 돌비늘백합quahog과 바닷가재에게는 멋진 서식지였지만,[19] 인간 눈을 즐겁게 해주지는 못했다. 첫 번째 다이빙에서 시야가 좋지 않아 바위에 부딪히지 않으려 조심하며 길을 찾아 헤매고 있는데, 이곳으로 누가 내려올까 궁금해하는 순간 어둠 속에서 노란색 밝은 섬광이 나타났다가 사라졌다. 앞으로 다가가보니 커다란 바위 뒤에 분주하게 움직이는 나비고기 1마리가 있었다. 나비고기는 뾰족한 주둥이와 눈부신 색,

19 돌비늘백합은 쌍각류 연체동물로 해저에 서식하는 백합과 조개의 일종이다. 돌비늘백합은 수백 년간 살 수 있고 로드아일랜드 공식 조개다. 로드아일랜드 사람들은 돌비늘백합을 아주 자랑스럽게 여기며, 엄청난 양의 돌비늘백합을 먹어치우는 것으로 그 자부심을 표현한다.

강렬한 무늬를 뽐내는 열대 산호초 물고기로 진정 쾌활한 생물이다. 당시는 여름이어서 나라간셋만의 물이 그리 차갑지 않았지만, 갈색과 검은색으로 우중충한 주위 환경과 위에서 비치는 희미한 빛 때문에 나비고기는 확실히 이곳에 속하지 않는 물고기처럼 보였다. 더 안쪽으로 들어가자 이곳에 속하지 않는 듯한 물고기가 1마리 더 나타났다. 그 외에 발견한 다른 동물은 온대성 바닷물에 잘 적응한 게 2마리와 바다 달팽이 몇 마리뿐이었다. 나는 수면으로 떠오른 뒤 추워서 덜덜 떠는 동시에 물속에서 발견한 것들로 머릿속이 혼란스러웠다.

해수면의 이동 패턴은 심해의 이동 패턴과 극명하게 다르고, 그러한 패턴들이 복잡하게 중첩된 사례도 있다. 그중에는 하루 단위로 관측해야 보이는 패턴이 있고, 몇 년 단위로 관측해야 보이는 패턴이 있다. 이처럼 해양 엔진의 패턴은 작동 규모와 시간 단위에 따라 다르게 식별된다. 심해 패턴은 시간 단위가 수백 년이지만, 해수면 패턴은 규모가 크고 느린 경우도 시간 단위가 몇 달이나 몇 년에 불과하다. 그런 해수면 패턴 중 하나가 눈치 없는 나비고기를 나라간셋만으로 데려왔다. 이 표층 해류는 해양 엔진의 구성 요소 중에서도 톱니바퀴와 가장 비슷한 대규모 원형 해류로 '대양 환류ocean gyre'라고 불린다.

대양 환류 이야기는 육지 형태와 그러한 육지에 둘러싸인 바다가 움직이는 공간에서 시작된다. 북대서양은 동쪽으로 유럽과 아프리카, 서쪽으로 아메리카와 경계를 이룬다. 남쪽에는 적도가 있는데 해류나 바람이 적도를 넘는 경우가 드물어 마치 하나의 경계처럼 보인다. 그리고 동서 방향으로 단단한 땅이 자리한 심해 분지가 있다. 무역풍은 적도를 향해 남쪽으로 불다가 지구 자전의 영향을 받아 오른쪽으로 휘어진다. 따라서 아프리카 앞 바닷물은 서쪽으로 밀려가다가 아메리카 대륙이라는 장애물을 만나 오른쪽으로 휘어진다. 이후에는 지구 자전 영향으로 다시 오른쪽으로 휘어져 북쪽을 향해 흐르며 대서양을 건넌다. 이렇게 도착한 대서양 북쪽 끝은 미국에서 유럽으로 부는 편서풍이 우세하며, 편서풍은 바닷물을 다시 오른쪽으로 휘어져 흐르게 밀어내 적도로 보낸다. 이는 복잡한 그림을 상당히 단순화한 것으로, 핵심은 바람이 해수면을 밀어 결국 해류를 일으킨다는 사실이다. 육지의 형태와 지구의 자전이 작용한 결과, 거대한 해류는 북대서양을 시계 방향으로 돈다. 이는 전체 이야기에서 절반에 불과하다.

난센이 북반구에서 풍향의 오른쪽으로 표류하는 빙하를 보았듯, 표층 해류는 코리올리효과로 방향이 바뀐다. 표층 해류는 자전하는 지구에서 움직이므로 북반구에서 오른쪽으로 방향을 약간 틀어 이동한다. 코리올리효과가 해류 내부의 모든 바닷물을 오른쪽으로 휘어져 흐르도록 유도한다면, 해류 중심부에 바닷물이 고이지는 않을까? 이는 터무니없는 생각이 아니고 실제 일어나는 현상이다. 대서양 한가운데에는 바닷물이 쌓여 생긴 언덕이 있다. 이 언덕은 높이가 1m도 되지 않아 인공위성의 세밀한 기술이 있어야 관측할 수 있다. 바닷물 언덕은 무한히 높아지지 않는데, 기회만 있으면 물이 내리막을 타고 흐르기 때문이다. 언덕에 작용하는 모든 힘은 균형을 이룬다. 언덕 바깥쪽 물을 오른쪽으로 틀어 언덕 중심부로 흐르게 하는 코리올리효과는 물을 내리막으로 끌어당기는 중력으로 완전히 상쇄된다.[20] 바람은 평균화된 방향으로 일정하게 불지 않지만, 물은 운동량이 커서 바람의 변동을 효과적으로 완화한다. 거대한 해류는 폭풍이 오고 갈 때마다 끊임없이 회전하며 대양 분지 바깥쪽으로 물을 운반한다.

이 이야기에는 마지막 반전이 하나 있는데, 이 반전이 나라간셋만에서 발견한 나비고기를 설명한다. 코리올리효과는 위도에 따라 다르고, 적도에서 극지방으로 갈수록 지구의 자전 효과가 뚜렷해진다. 결론적으로 환류는 완벽한 대칭으로 회전하지 않는다. 환류에서 서쪽 해류는 유속이 빠르고 폭이 좁은 띠로 찌그러져, 바닷물을 적도에서 북쪽으로 빠르게 밀어 올린 다음 방향을 튼다. 이를 '서안강화 현상'이라고 부른다. 북대서양을 흐르는 이 독특한 난류가 멕시코 만류다. 북태평양 환류에도 이와 유사한 해류가 있다. 중국과 일본을 지나 해안을 따라 흘러 올라가는 이 강력한 서쪽 경계 해류를 '쿠로시오Kuroshio Current'라고 부른다. 하지만 각 환류의 동쪽에서는 상반된 현상이 발생하는데, 북쪽에서 남쪽으로 회귀하는 해류는 유속이 느리고 폭이 넓어 거의 눈에 띄지 않는다. 북대서양에서 회귀하는 해류는 '카나리 해류Canary Current'라는 이름이 있지만, 멕시코 만류와 비교하면 인상적이지 않기 때문에 좀처럼 거론되지 않는다. 카나리 해류는 북대서양의 동쪽을 천천히 돌다가 적도 부근에서 방향을 틀어 멕시코 만류의 시작 지점에 합류한다. 이로써 코리올리효과가 유도한 환류가 완성된다. 환류의 서쪽 지점(멕시코 만류)을 중심으로 남에서 북으로 빠르게 통과한 해류가, 환류의 동쪽 지점(카나리 해류)을 중심으로 북에서 남으로 천천히 이동한 뒤 다시 흐르기 시작하는 것이다. 환류의 비대칭성

---

20 해양과학자는 물을 아래로 끌어당기는 중력(해양물리학자의 언어로 말하자면 물 언덕이 생성한 압력 구배)과 코리올리힘이 균형을 이루는 이 상황을 '지형류'라고 부른다.

을 다른 방식으로 이해하고 싶다면, 바닷물 언덕의 형태를 상상해보자. 이 언덕은 서쪽으로 밀려 있으므로 서쪽 경사면은 가파르고 동쪽 경사면은 아주 완만하다. 바닷물은 서쪽의 가파른 경사면을 건너려면 서둘러 이동해야 하지만, 동쪽의 완만한 경사면을 건너 다시 돌아올 때는 여유 있게 이동한다.

나비고기는 따뜻한 플로리다 바다의 산호초에서 삶을 시작했을 것이다. 그런데 강력하고 빠른 멕시코 만류에 휩쓸려 따뜻한 급류를 타고 북쪽으로 이동하게 되었다. 멕시코 만류는 실제로 로드아일랜드로부터 남쪽으로 약 550km 떨어진 지점에서 방향을 틀어 대서양을 건너므로 나라간셋만은 대개 북쪽 차가운 바닷물과 연결된다. 그런데 대규모로 돌진하는 멕시코 만류에서 가끔 소규모로 회전하는 따뜻한 물의 섬이 떨어져 나온다. 이를 '난수성 소용돌이warm-core eddy'라고 부른다. 이 회전하는 물의 섬은 북쪽으로 이동하면서 몇 주, 몇 달간 지속되기도 한다. 섬이 마치 작은 열대 오아시스처럼 멕시코 만류 외곽을 떠도는 동안 그 내부에서는 열대 생물이 살 수 있다. 내가 발견한 나비고기는 당시 유생이어서 먹이 활동이 필요하지 않았으므로, 산호초에서 떨어져 있다가 열대지방을 지나는 멕시코 만류를 타고 긴 시간 이동했을 것이다. 그러던 중 난수성 소용돌이에 갇힌 채 마지막 구간을 짧은 시간 이동했을 것이고, 로드아일랜드에 도착해서는 나라간셋만의 탁한 바닷물로 내뱉어졌을 것이다. 열대어는 나라간셋만에서 오랫동안 살아남을 수 없다. 하지만 매년 여름 소수의 열대어가 정기적으로 이곳에 나타난다. 내키지 않는 바다로 흘러온 이 도망자 열대어들은 가능한 한 따뜻한 물을 찾으려 고군분투한다.

바다에는 주요 대양 환류가 5개 존재하며 모두 같은 방식으로 생성된다. 북대서양 환류와 북태평양 환류는 각 대양 분지의 북쪽 지역에서 시계 방향으로 회전한다. 적도 이남 지역인 남태평양, 남대서양, 남인도양 환류는 모두 반시계 방향으로 회전한다. 마지막 빙하기 이후 일본에서 캘리포니아까지 이동한 다시마는 북태평양 환류에 실려 갔고, 유럽 뱀장어 유생은 사르가소해에서 멕시코 만류를 타고 유럽에 도착했다.[21] 북태평양 환류는 회전하는 데 수년이 소요되며 수심이 수백 미터에 불과하지만, 해수면에서 움직이는 위풍당당한 톱니바퀴로서 적도부터 극지방까지 열을 운반하고 대양 분지들의 수송 연결망을 형성한다.

거대 환류가 생성되는 원인은 크게 두 가지다. 첫 번째는 지구가 자전하는 것이고, 두 번째는 바다가 주변 육지에 제약을 받는다는 것이다. 육지는 바다 흐름을 막는 장벽 이상의 역할을 한다. 수많은 표층 해류는 바람에 떠밀려 움직이고, 바람은 육지에 영향을 받으며 분다. 그 결과 방대한 해류$_{\text{open ocean current}}$가 형성된다. 인간은 해류가 유용한 지역으로 향하는 경우 종종 무임승차를 한다. 그런데 역사를 거슬러 올라가면 때때로 그와 반대인 사례가 발견된다. 인류는 해류가 닿는 곳마다 '유용성'을 만들어냈다. 15세기 초 중국 명나라는 제국을 이루고 바다에 영향력을 행사했는데, 이 제국의 형태는 인간이 가고자 하

21 환류는 사르가소해를 고립시킨다. 사르가소해는 바닷물 언덕 꼭대기다. 그 언덕 주위로 환류가 회전해 꼭대기에 해조류 같은 물질이 쌓인다. 그렇게 물고기의 안전한 피난처가 된다.

는 방향이 아닌 바다가 이끄는 방향으로 형성되었다.

계절풍을 타는 보물선

1415년 명나라 황제 영락제의 궁정에 신비롭고 이국적인 동물 무리가 도착했다. 이들은 명나라에서 9,000km 떨어진 오늘날 케냐의 항구도시 말린디Malindi에서 바다를 건너왔다. 역사에 '보물선'으로 기록된 거대한 명나라 선박에 실려 온 것이었다. 선박은 총 250척이고 선원 2만 7,000명이 승선했다. 이 함대는 28년간 명나라 국경 너머 먼 지역까지 영향을 미쳤다. 목적지는 해류의 흐름에 따라 결정되었다.

신비로운 동물은 인상적인 선물이었다. 그중에는 동양 전설 속 존재하던 발굽 동물을 꼭 닮은 동물도 있었다. 명나라는 이 둘을 동일시해서 그 동물을 '기린麒麟'이라고 불렀다. 기린의 고향과 명나라를 연결한 해류는 대양 환류와 비슷한 규모로 확장되기는 하지만, 대양 환류에 속하지는 않는다. 아시아에서는 해양 엔진이 그 광대한 육지 덩어리에 제약을 받아 다른 바다와 비교적 다르게 작동한다. 이러한 인도양 고유의 해류와 바람은 인류가 최초로 인도양 해안선을 따라 항해한 이후부터 탐험과 무역에 지배적인 영향을 미쳤다.

지구본에서 인도를 중심에 두면 그 남쪽에 거대한 바다가 시야에 들어온다. 이곳이 바로 인도양이다. 인도양 왼쪽은 아프리카 동쪽 해안과 경계를 둔다. 인도양 오른쪽은 오늘날 인도네시아, 말레이시아, 필리핀 등 반도와 큰 섬들이 흩어져 있다. 인도양 남동쪽은 오스트레일리아와 맞닿는다. 적도에서 인도양의 길이는 약 6,000km다. 인도 최남단은 적도로부터 불과 7도 위까지 돌출되어 있으며, 인도양 대부분은 남반구에 있다. 기린은 배를 타고 몇 달 동안 서쪽에서 동쪽으로 향했다. 대륙과 큰 섬들 사이의 구불구불한 항로를 통과하면서 인도양 전체를 건넜다. 북쪽으로 방향을 틀고 해안선을 따라가 난징 항구를 거쳐 명나라에 도착했다. 인도양 해양 엔진에 중대한 요소는 북쪽에서 웅크리고 있는 광활한 대륙이다. 이 대륙에는 웅장한 히말라야 산맥이 솟아 있다. 그 북쪽으로는 북극권과 러시아 북쪽 해안까지 육지가 끝없이 펼쳐진다. 이러한 대륙이 존재하는 덕분에 영락제는 바다 건너 먼 지역까지 영향력을 행사할 수 있었다.

보물선을 건조한 정확한 이유는 세월의 안개에 묻혔지만, 탄생한 보물선은 한없이 자비를 베푸는 동시에 숨죽여 위협을 내뿜는 인상적인 함대였다. 황제는 세계에 명나라의 막강한 영향력을 과시하고 싶어 했다. 그리고 가장 헌신적이고 유능한 궁중 신하였던 환관 정화가 그 명을 받았다. 정화는 몽골의 지배를 받는 무슬림 가정에서 태어나 어렸을 적 명나라에 포로로 잡혀왔고, 황실의 헌신적인 신하로 성장시킨다는 이유로 거세당했다. 그는 눈빛이 날카롭고 목소리가 우렁차며 체격이 우람한 군인으로 성장했고, 함께 항해를 떠난 선원들이 안전하고 행복하게 생활할 수 있도록 도왔다. 정화의 인생은 그가 보물선을 타고 떠난 일곱 번의 긴 항해로 명확하게 드러난다. 보물선 함대는 방문지에서 적을 물리치고 장악하거나, 가장 귀중한 물건을 약탈하는 임무를 맡은 전투부대가 아니었다. 명나라 보물선은 가능한 한 많은 보물을 손에 넣으려는 목적으로 그런 이름이 붙여지지 않았다.

오히려 가장 인기 있는 보물들을 방문지에 나눠줬다. 나눠준 보물은 금실로 짠 비단, 무늬를 수놓은 비단, 유색 비단, 도자기 등 동방에서 인기가 많은 상품이었다. 이 보물들은 보물선이 기항하는 항구마다 현지 통치자에게 하사되었다. 왕족과 노비 모두 너나없이 명나라의 부와 관대함에 매료되었다. 현지 통치자가 명나라의 영향력을 받아들이고 귀환하는 보물선 함대에 사신을 보내 황제에게 경의를 표하면, 명나라의 강제력은 공개적으로 행사되지 않을 것이었다. 정화는 군사적 목적을 달성하고 싶을 때 필요한 모든 자원을 보유하고 있었다. 이 화려하고 커다란 함대를 동원해 바다가 닿는 곳이라면 어디든지 명나라의 영향력을 넓힐 수 있었다. 그렇다면 그곳은 어디였을까?

함대가 방문한 몇몇 국가는 명나라와 인접한 말레이시아 및 인도네시아의 반도와 섬으로 육지에서 멀리 벗어나지 않고 도달할 수 있는 지역이었다. 하지만 진정 가치 있는 목적지는 서쪽 멀리 있었다. 그곳에 도착하려면 넓은 바다를 마주해야 했다. 광활한 인도양은 대양 환류를 타기에 완벽한 장소처럼 보이지만 환류로는 적도를 건널 수 없다. 지구 자전의 영향으로 환류 방향이 바뀌기 때문이다. 즉, 북인도양은 적도와 육지 사이에 대양 환류가 회전할 공간이 충분하지 않다는 점에서 북태평양 및 북대서양과 다르다. 바람은 북인도양에서도 파도를 밀어 표층 해류를 생성하지만, 바람 방향이 바뀌는 독특한 현상이 일어나는 까닭에 해양 엔진이 다른 방식으로 반응한다.

여름이 한창인 시기에 광활한 아시아 대륙은 평소 적도 상공에 생성되는 '날씨의 띠'를 북쪽으로 끌어당긴다. 그 결과 날씨의 띠는 6월부터 9월까지 인도 전역에 걸쳐 펼쳐진다. 북인도양을 항해하는 뱃사람들은 날씨의 띠가 이동하면서 부는 계절풍의 한 방향을 여름에 경험하고, 그 계절풍의 다른 한 방향을 겨울에 경험한다. 겨울이 오면 히말라야 고원에서 인도와 인도양을 건너 남서쪽으로 바람이 부는 주기가 시작된다. 그런데 북반구에 여름이 찾아오면 뜨겁고 강렬한 햇빛이 머리부터 발끝까지 쏟아진다. 그러면 바다와 육지를 거쳐 에너지가 대기로 범람한다. 적도에 생성되는 비의 띠, 즉 열대수렴대는 북쪽으로 당겨져 북인도양 전체에 펼쳐지며 인도 상공에 자리 잡는다. 열대수렴대 반대편에서는 바람이 반대 방향, 남서쪽에서 북동쪽을 향해서 분다. 이것이 남아시아 계절풍이다. 인도의 건조하고 척박한 땅은 매년 계절풍의 영향으로 풀이 무성하게 자라며 풍요로운 생명의 땅이 된다.[22] 방향이 바뀌어 북동쪽으로 부는 바람은 고향에서 멀리 떨어진 곳으로 탐험을 떠났다가 수월히 귀항하려는 항해자에게 무척 유용했다. 이는 정화에게도 마찬가지였다.

정화의 항해에 세 차례 합류한 통역관 마환馬歡에 따르면, 인도네시아 세무데라Semudera 항구는 "서쪽 바다의 가장 중요한 집결지"였다. 세무데라는 가을이면 배들이 모여 먼바다를 건너기에 알맞은 시기를 기다렸다. 바람의 방향이 바뀌면 곧 때가 된 것이었다. 그런데 세무데라에서 바람을 타고 남서쪽으로 이동하는 것은 정화에게 재앙과 같았

---

22 지리학 교과서들의 표준 설명에 따르면, 계절풍은 여름에 육지가 바다보다 빨리 가열되며 생긴 온도 차로 인해 발생한다. 오늘날 계절풍을 연구하는 과학자들은 이 설명이 적합하다고 생각하지 않는다. 온도 차가 생기는 시점이 바람 패턴과 일치하지 않기 때문이다. 새로운 견해에 따르면, 계절풍은 지구 바람 패턴의 국지적 부분이며 지역 조건에 따라 달라지는 특성을 보인다.

다. 그 방향으로 출발하면 처음 도착할 땅이 망망대해를 가로질러 1만 6,000km씩이나 떨어진 남아메리카 끝자락이기 때문이다. 만약 이것이 정화에게 주어진 유일한 선택지였다면 15세기 명나라가 세계에 미친 영향력은 오늘날의 인도네시아, 말레이시아, 태국 항구로 제한되며 인도양 해안선 주변까지만 진출할 수 있었을 것이다. 그러나 정화는 운 좋게도 자전하는 지구 위를 항해하고 있었다. 거센 바람은 파도치는 바닷물을 남서쪽으로 밀었지만, 코리올리효과가 적용되어 실제 바닷물은 바람 방향에서 오른쪽으로 45도 휘어져 이동했다. 남서쪽으로 부는 겨울 계절풍은 서쪽으로 가는 넓은 해류를 일으켰다. 마찬가지로 북동쪽으로 부는 여름 계절풍은 동쪽으로 가는 표층 해류를 발생시켰다.[23] 바람은 바다에 동서 방향으로 고속도로를 놓는다. 함대가 해야 할 일은 자연이 놓은 고속도로 위로 달리는 것뿐이었다.

정화의 함대는 세무데라에서 출발해 서쪽으로 항해해 1,700km 떨어진 인도의 관문이자 오늘날의 스리랑카에 해당하는 지역에 도착했다.[24] 계절풍 해류의 유속은 최고점이 여름에 시속 1km, 겨울에 시속 1.8km로 빠르지 않다. 하지만 먼바다를 항해하는 동안 함대의 평균 속도는 시속 약 2.8km에 불과했으므로 해류 영향이 컸다. 정화의 함대는 기어가는 것보다 조금 더 빠르게 이동했지만, 함대의 웅장함으로 느린 속도를 만회했다.

함대의 중심에는 육중한 거인들이 있었다. 현재 길이 117~134m,

23 이 해류의 수심은 약 100m로 매우 얕지만, 그래도 배가 지나갈 수 있는 깊이다.

24 이 항로는 이미 수백 년간 무역로로 확립되어 있었다. 정화는 그것을 새롭게 활용했다.

폭 48~54m로 추정되는 보물선 62척이다.[25] 이 보물선들은 역사상 어느 시점의 목선과 견주어도 거인이었을 것이다. 명나라 보물선은 형태가 유럽 선박과 대부분 달랐는데, 바닥이 넓고 평평하며 돛대가 비대칭이어서 먼바다보다 얕은 해안 바다에 적합했다. 강력한 함대 250척 중 보물선을 제외한 나머지는 다양한 소형 배로 구성되었으며, 이 대규모 함대는 어느 항구든 도착하면 현지 통치자가 무시하거나 공격적으로 대하기보다 환영하게 되는 강한 동기로 작용했을 것이다. 정화는 스리랑카를 인도 해안선에 늘어선 항구들, 그중에서도 인도 동쪽 끝에 자리한 거대 무역항인 캘리컷Calicut으로 들어가는 입구로 삼았다.

네 번째 항해와 이후 항해에서 그는 과감하게 앞으로 나아가 호르무즈Hormuz에 도착했다. 그곳은 캘리컷보다 큰 무역항이자 오늘날 이란에 해당하는 지역으로 귀중한 물건을 사고팔면서 부를 쌓은 외국인 상인들이 가득했다. 다섯 번째 항해부터 정화는 아라비아와 아프리카까지 발길이 닿았고, 서쪽으로 계속해서 나아가며 명나라의 귀중품을 하사하고 그 대가로 현지인에게 공물을 받았다. 많은 통치자가 답례로 운 나쁜 기린을 비롯한 선물을 명나라로 보냈다. 답례품을 실은 보물선은 방향이 바뀐 계절풍 해류를 타고 천천히 명나라로 돌아왔다. 계절풍 해류를 타면 출항 및 도착 일정을 예측할 수 있었다. 명나

---

25 당시 기록은 제한적이고 서로 완전히 일치하지 않으며 함대의 정확한 특징, 특히 규모에 관해서는 여전히 모호한 부분이 남아 있다. 언급된 배의 크기는 서로 다르게 기록된 수치를 오늘날 최선의 방식으로 보정한 값이다. 그런데 보물선이 엄청나게 크며 함대 전체가 위협적일 만큼 방대한 규모였음은 의심의 여지가 없다.

라 보물선은 선박 역사에서 항해하기 가장 좋은 배와는 거리가 멀지만, 해양 엔진이 제시하는 일정만 잘 지키면 해류를 안정적으로 타고 먼 거리를 항해할 수 있었다.

인도양은 대양 환류가 흐르지 않는 대신 계절풍이 인도양 양쪽에 형성된 2개의 거대한 만 내부에 강한 표층 해류를 일으킨다. 이 표층 해류는 계절에 따라 방향이 변한다. 인도양 해류는 기나긴 해안선을 따라 인류 공동체를 하나로 연결했다. 유럽 대항해시대 이전의 수 세기 동안 동남아시아와 중국, 이집트와 지중해를 잇는 광대한 연결망, 다른 말로 해상 실크로드를 구축했다. 이러한 해류는 바람에 떠밀려 흐르고, 바람은 육지와 바다 양쪽에서 영향을 받으며 분다.

보물선 함대는 1405년부터 1422년까지 첫 여섯 번의 항해를 완료했고, 정화는 이후 1431년부터 1433년까지 진행된 마지막 항해도 이끌었다. 명나라는 무역을 노골적으로 장려하거나 통제하지 않으면서도 인도양 무역로에 자신의 존재감을 성공적으로 남겼다. 그런데 일곱 번째 항해 직후 명나라 수뇌부는 광활한 바다 세계에 관심을 잃었는데, 특히 규모가 큰 장거리 원양 선박 함대를 유지하고 사용하는데 소모되는 막대한 비용 때문이었다.[26] 선박 건조가 거의 중단되었고, 외국에서 황제 궁정에 바치는 공물도 급격히 줄었다. 계절풍 해류는 매년 두 번씩 끊임없이 방향을 바꾸었고, 다른 나라의 배는 바다가 정한 항로를 따라 무역을 지속했다. 그러나 명나라 보물선만큼 규모와

26 이 원정의 천문학적 비용에 관한 논쟁은 항해 기간 내내 명나라에서 계속되었고, 황제는 재정에 불만을 품은 측근들을 끊임없이 설득했다.

야망이 큰 배는 다시 나타나지 않았다.

풍향이 바뀌는 계절풍이 바다에 주는 영향은 바람과 해류 안팎을 여행하는 인간에게도 뚜렷한 영향을 행사했다. 파라오 투탕카멘처럼 먼 사막에 사는 사람에게도 계절풍의 영향이 일부 닿았다. 투탕카멘은 드넓은 먼바다를 본 적도 없었지만, 그의 호화로운 생활과 왕국의 부유함은 인도양과 계절풍이 존재하기에 가능했다.

위대한 고대 이집트 문명은 기원전 3100년경 건국되어 기원전 31년 악티움 해전에서 안토니우스와 클레오파트라가 패배할 때까지 수 세기에 걸쳐 오랜 세월 지속되었다. 고대 이집트인은 피라미드, 스핑크스, 다채로운 문화와 언어, 수학, 의학, 재료과학 등 기억에 남는 매혹적인 유산을 후대에 남겼다. 이러한 유산을 만들려면 기본 생존에 필요한 수준 이상으로 많은 시간과 자원이 필요했다. 추가 자원을 제공한 것은 물이었다. 매년 나일 계곡이 범람할 때마다 물은 다량의 비옥한 토양을 실어 나르며 식량 생산에 도움을 줬다. 고대 세계에서 물은 호기심의 대상이었다. 나일 계곡은 기후가 덥고 건조해 비가 거의 내리지 않았지만, 매년 방대한 물줄기가 계곡을 따라 안정적으로 흘러내리며 사막 거주민들에게 비옥한 토양을 공급했다.

나일강은 최종적으로 지중해로 흘러가며, 강 하구에서 남쪽으로 약 2,000km 떨어진 에티오피아 고원에 발원지가 있다.[27] 이 지역은 '아프리카의 지붕'이라고 불리며 고도가 1,500m에서 최대 4,000m에 이르는 산맥과 봉우리가 들쭉날쭉 이어진다. 고원에서 비교적 가까운 거리에 있는 아프리카 해안은 바다에서 육지로 부는 여름 계절풍이 해수면에서 증발한 물로 채워진 따뜻한 공기를 운반하는 지역이다.

이 습한 공기는 에티오피아 산맥 위로 밀려 올라가 물로 응결된 다음 중력의 영향을 받아 계절성 폭우로 쏟아져 내린다. 이 빗물은 고지대 토양과 하천을 따라 흘러내리며 나일강에 합류해 비옥한 퇴적물을 운반하는 거대한 물줄기를 생성한다.

고대 세계는 이처럼 나일강이 바다에서 기원한다는 사실을 몰랐지만, 매년 8월과 9월이 되면 나일 계곡에서 범람하는 물에 의존했다. 나일 계곡 거주민들이 정기적인 홍수를 이용하는 독창적인 농법을 개발했지만, 자연이 제공하는 원료가 없었다면 그런 농법은 거의 발전하지 못했을 것이다. 1960년대에 인간이 아스완댐을 건설하고 강물 방류를 통제해 홍수가 매년 발생하는 자연의 순환이 중단되기 전까지, 수천 년간 연례 홍수는 지속되었다. 그러나 고대 이집트 세계가 호화로운 유물을 남길 수 있었던 이유는 해양 엔진이 사막에 물을 안정적으로 공급해서 땅을 비옥하게 하고, 드넓은 바다를 본 적 없는 사람들에게 부와 문화와 사회 기반 시설을 발전시킬 능력을 제공하는 덕분이었다.

---

27 나일강의 두 번째 지류는 이보다 더 남쪽의 우간다에서 발원하지만, 나일강 물 대부분은 에티오피아 고원에서 시작된다.

지구 꼭대기의 수도꼭지

우리는 북위 88도 30분에 도달하고 북극점에 점점 더 가까워질수록 접근 속도가 차츰 느려졌다. 함교에서 내려다본 오덴호Oden의 납작한 뱃머리는 얼음 위를 미끄러지는 듯 보였지만, 선박 뒤쪽에 남은 깨진 얼음 흔적이 무거운 선박과 수 미터 두께의 바다 얼음 간의 불공정한 싸움을 보여줬다. 얼음 언덕을 간혹 만날 때면, 오덴호는 위풍당당하게 전진하던 움직임을 멈추고 20m 정도 뒤로 물러났다가 얼음이 깨질 때까지 앞으로 밀고 나아갔다. 회백색 하늘이 새하얀 얼음과 합쳐지고 우리는 그 가운데에 점 하나가 되어 세계의 꼭대기에 홀로 존재했다. 북위 86도에서 발견한 딱딱한 얼음은 경계가 모호한 담요처럼 녹아 있지만 여전히 선박의 전진에 방해되었고, 얼음 녹은 물은 얼음 위에 고여 진창을 이루었다. 게다가 비도 부슬부슬 내렸다. 이곳은 인류 역사상 배를 타고 접근하기 가장 어려운 극지였다. 두 발로는 이 녹아내리는 여름철 얼음 표면을 지나갈 수 없었다. 하얀 얼음 아래에는 광대하고 어두컴컴한 바다가 있었다. 오덴호가 수심 3.5~5.5km 사이를 지그재그로 이동하는 동안, 선박의 센서는 가상의 윤곽선을 그리며 우리가 거대한 해령 위로 항해하고 있음을 보여줬다. 이 해령은 햇빛이 한 번도 닿은 적 없고 지구 어느 곳보다 연구가 이루어지지 않은 지역이었다.

지구에는 안개 낀 열대우림, 이끼로 뒤덮인 거친 산봉우리, 평평한 풀밭, 졸졸 흐르는 시냇물 등 놀랄 만큼 다양한 서식지가 존재한다. 그런데 극지방은 눈에 띄게 적막하다. 단단하고 울퉁불퉁한 얼음으로 형성되어 있고, 고요해 보이지만 미래가 예측되지 않으며, 팔레트의 모든 색이 쓰여 알록달록한 세상 속에서 눈이 부시게 하얗다. 이런 냉랭함이 적절하게 느껴지는 이유는 극지방이 푸른 기계에 독특한 변화를 일으키기 때문이다. 극지방 얼음을 제거하면 해양 엔진은 지금과 다르게 작동할 것이다.

북극과 남극은 성격이 판이하다. 지구의 북극과 남극은 오랜 시간 우연히 발생한 지질학적 과정의 결과로, 두 극지방 바다에 어떤 차이가 있는지 뚜렷하게 드러낸다. 남극 대륙에서 남극점은 단단한 육지로 이루어져 있다. 남극 대륙을 남극해가 둥근 고리 형태로 감싸며 태평양과 대서양, 인도양 최남단을 잇고 전 세계의 바다를 연결한다. 남극점에서 가장 가까운 바다를 가려면 1,300km를 걸어야 한다. 남극점 육지의 높이는 해수면 바로 위에 해당하지만 두께 2,700m 얼음으로 덮여 있다. 따라서 빨간색과 흰색의 줄무늬 기둥에 금속 구球가 놓인 남극점 기념 표식은 대륙에서 약 3km 위에 세워져 있다.[28] 반면 북극점은 바다 한가운데에서도 깊은 분지 위에 자리한 까닭에 해저가 해수면 기준으로 4,261m 아래에 있다. 북극해는 비교적 작은 바다로 그린란드, 캐나다, 미국, 러시아, 아이슬란드, 노르웨이에 거의 완전히 둘러싸여 있다. 따라서 북극해는 전 세계 다른 바다와 연결되는 길이 좁다. 북극점에서는 가장 가까운 육지가 불과 700km 떨어져 있고, 주변 국가들은 북극점 정복에 대한 동기와 자원이 풍부했다. 그러나 논

---

28 남극점에서는 얼음이 매년 약 10m씩 아주 천천히 바다를 향해 이동하고 있으므로, 매년 새해에 극을 표시하는 기둥을 가장 정확한 새 위치로 이동하는 행사를 치른다.

쟁의 여지 없는 최초의 북극점 정복은 아문센이 남극점에 최초로 깃발을 꽂고 15년이 흐른 후에 비로소 달성할 수 있었다.[29] 얼음이 끊임없이 움직이는 북극은 혹독한 추위와 바람, 바위가 많은 고원으로 묘사되는 남극보다 극복하기 훨씬 어려운 장애물 코스를 만든다. 북극점은 또한 깃발을 꽂을 수 있는 단단한 육지가 없기 때문에 눈에 띄는 영구적인 표식이 없다.[30]

우리는 극지의 중요성을 끊임없이 듣지만, 북극과 남극은 지구에서 가장 작은 해양 지역 2곳이다. 북극은 전체 바닷물의 1.3%를 포함하고, 전체 해양 표면에서 3%를 차지한다. 아주 작다. 그런데도 북극이 이토록 주목을 받는 이유는 무엇일까? 북극곰을 (멀리에서) 보는 일은 누구나 좋아하지만, 북극 얼음의 위와 아래가 지구에 중요한 이유는 북극곰에 있지 않다. 극지방 바다는 전체 해양 엔진의 변속장치이자 지구 에너지 예산을 쉴 틈 없이 조정하는 중요한 지렛대다. 오덴호가 얼음을 뚫고 북극점을 향해 가는 이유가 바로 여기에 있었다. 우리는 푸른 기계의 심장부로 들어가 기계가 돌아가는 모습을 지켜보았다.

마이클 테른스트룀Michael Tjernström 교수가 오덴호 식당 반대쪽 끝에 꽉 들어차 있는 과학자들과 선원들을 바라보며 잠시 숨을 돌렸다. "기억해야 할 가장 중요한 것은 장파(파장이 수심에 비해 매우 긴 물결-옮긴이)입니다." 이는 선내에서 개최된 비공식 저녁 세미나의 첫 번째 발표로,

29 심지어 최초의 북극 정복은 비행선으로 이루어져 깃발만 내려지고, 얼음 위에 발을 디딘 사람은 없었다. 아문센은 비행선 승객 중 1명이었다.

30 2007년 러시아 잠수정은 북극점 해저에 도착해서 러시아 국기를 꽂았는데, 1959년 남극조약의 원초 서명국 국기가 금속 구球에 나열된 남극점 표식과는 대조적이다.

오덴호가 북극으로 나아가는 동안 탑승객의 다양한 과학적 관점 이해를 돕기 위해 진행되었다. 마이클은 흔히 적외선이라고 불리는 장파복사를 언급하며 북극이 지구 전체 에너지 수지에 어떤 영향을 미치는지 설명했다. 우리 눈에는 보이지 않지만 지구는 적외선 형태로 끊임없이 빛을 내뿜고 있으며, 북극은 지구 에너지를 저장하는 거대한 웅덩이다. 식물이 태양에너지로 광합성하고, 강과 하천이 흐르고, 우리가 헬스장에서 역기를 드는 등 모든 활동은 지구에 도달하는 다양한 형태의 에너지를 열에너지로 전환한다. 그리고 전환된 열에너지는 적외선 형태로 눈에 보이지 않게 우주로 빠져나간다. 태양에서 지구로 도달하는 에너지 수입은 비교적 간단하다. 그러나 눈에 띄지 않는 적외선 에너지가 사방으로 빠져나가는 에너지 지출은 복잡하다. 북극과 남극은 에너지 흐름에 큰 변화를 일으키며 지구의 생명유지시스템에 중요한 밸브 역할을 한다. 그런 극지방에서는 무엇보다 장파가 중요하다.

8월 13일 거의 2주 동안 바다를 떠돌던 오덴호 선원들은 과학 탐사용 임시 기지에 적합한 유빙을 발견했다. 유빙은 북극점과 매우 가까웠다. 폭 2km의 불규칙한 타원형으로, 다른 유빙들 사이에 끼어 있었으며, 평평한 표면에 눈 녹은 물이 고인 밝은 청록색 웅덩이가 흩어져 있었다. 앞으로 오덴호는 발견한 유빙에 32일 동안 정박하고 24시간 약한 햇빛을 받으며 지내야 했다. 느낌상으로는 유빙이 단단한 육지가 아니라는 사실을 전혀 인식할 수 없었다. 그러나 너무 많은 유빙이 세계의 꼭대기를 가로질러 구불구불 흘러가는 까닭에, 태양과 선박의 위치가 파악되지 않는다는 점을 깨닫자 비로소 유빙이 낯선 풍경으로 느껴졌다.

크고 작은 유빙은 근처에서 천천히 표류하고 뱅뱅 돌면서 바다 위에 거의 끝없이 펼쳐지는 얼음 뚜껑을 형성했다. 간혹 얼음 퍼즐 조각이 맞지 않는 지점에는 불규칙한 틈이 생겼다. 하늘은 대체로 회색이었고 전체 풍경은 고요했다. 새소리도 들리지 않았고, 나른한 바람이 유발하는 약간의 소음과 부츠가 눈 밟는 뽀드득 소리, 선박의 멀티빔 음파탐지기가 바다 밑을 탐색하며 가끔 내는 '우우' 소리만 들렸다. 나는 전 지구적으로 관점을 확장해보았다. 아주 멀리에서 내려다본 나는 지구 꼭대기 바다에서 두께가 불과 2m로 깨지기 쉬운 얼음 뚜껑 위에 앉아 있었다. 지구가 에너지 수지에 맞춰 방출하는 적외선의 보이지 않는 흐름에 둘러싸여 있었다. 이는 나에게 있어 최고의 경험이었다.[31]

에너지가 지구에 도착하고 떠나는 과정에는 중요한 패턴이 있다. 적도에 가까운 지역은 에너지의 순증가가 일어나고, 극지방은 에너지의 순손실이 일어난다.[32] 결과적으로 전체 해양 엔진은 대기의 도움을 받아 적도에서 극지방으로 열에너지를 계속 운반하고 있으며, 잉여 에너지는 적외선 형태로 우주로 빠져나간다. 이때 적외선이 우주로 방출되는 속도를 늦추는 한 가지 장애물이 구름이다. 그런데 현대식 쇄빙선이 있어도 북극 중심부까지 가기는 쉽지 않으므로 북극 구름에

31 세상이 말 그대로 내 주위를 도는 듯한 느낌을 받은 것은 이때가 처음이었다. 물론 우리가 세상에 없어도 지구는 잘 돌아갈 것이다.

32 이 설명은 시간과 공간에 대한 평균값을 의미하므로 국소적 예외가 존재한다.

대해서는 잘 알려지지 않았다.[33] 하지만 에너지 손실 및 구름 생성 과정에는 대기와 바다 그리고 변덕스러운 얼음 뚜껑 모두 중요하다. 이처럼 얽히고설킨 상호작용을 탐구하는 일은 개인이 수행할 수 없다. 팀이 필요하다. 나는 오덴호에서 시간을 보내면서 팀워크가 과학을 지속적으로 발전시키는 원동력임을 다시 한번 깨달았다.

오덴호에는 과학자 42명과 물류, 선박 운항, 요리, 안전, 날씨 등 다양한 실용 분야의 전문가 32명을 더해 총 74명이 탑승해 2달 동안 세상과 완전히 고립된 채 바다를 떠다녔다. 선내 과학자들의 전문 분야는 기상학, 생태학, 에어로졸이라는 대기 미세 입자, 해빙, 해양물리학, 해양화학 등으로 매우 광범위했다. 모든 과학자는 개별 연구 과제를 진행했지만, 주위 환경이 무척 복잡해서 협업이 중요했다. 빙하는 해양의 영향을 받고, 해양은 대기의 영향을 받고, 대기는 해양 생태계의 영향을 받으며, 해양 생태계는 빙하의 영향을 받았다. 다른 과학자의 전문 지식과 노력을 배제하고는 누구도 성공할 수 없었다. 그리고 누군가가 과학자에게 음식을 제공하고, 선박을 안전하게 지키고, 북극곰을 감시하지 않는 한 어떤 연구도 진행할 수 없었다.

우리는 백신 접종의 선구자인 에드워드 제너, '기적의 해annus mirabilis' 논문을 발표한 알버트 아인슈타인, 끈기 있게 방사능을 연구한 마

33 인공위성으로 촬영한 극지방 데이터가 궁금한 독자도 있을 것이다. 그런데 극지방 바로 위를 지나는 위성은 거의 없다. 일반적으로 인공위성 궤도는 약간 기울어져 있기 때문에 최북단과 최남단이 극지방에서 어느 정도 떨어져 있다. 이를 통해 인공위성이 '태양 동기 궤도'를 유지하는 등 이익을 얻으므로, 인공위성 운영자들은 극지방 주변의 작은 범위를 관측하지 못하는 것을 사소한 대가로 여긴다.

리 퀴리 등 과거의 외로운 천재 과학자 이야기에 여전히 주목한다. 과거 위대한 과학자들은 '천재'라는 칭호를 얻었을지 몰라도, 그들이 완전히 고립된 상태에서 연구했을 가능성은 몹시 낮다. '위대한 지성'이 사고하는 동안 빨래는 누가 해줬을지 상상해보는 것도 좋다.[34] 오늘날 과학 연구에는 여러 사람의 노력이 투입된다. 실험실에서 진행하는 공동 연구든, 공개적으로 아이디어를 교환하며 가설의 신뢰성을 검증하는 과정이든 상관없다. 특히 해양과학과 극지과학은 협업이 꼭 필요하다.

나는 스톡홀름대학교 맷 솔터 박사에게 초대받았고, 그는 구름 형성에 상당한 영향을 미치는 대기 중 미세 입자의 전문가로서 초대받았다. 맷은 까다로운 야외 환경에서 함께 일하고 싶은 사람이다. 탁월한 과학자인 동시에 언제나 낙천적이고 북극에서 진행할 상당히 복잡한 실험에 대비해 스패너와 나사 하나까지 챙기면서도 모자는 깜빡할 만큼 유쾌한 인물이다. 맷은 박사과정 학생에게 검은색 방울이 달린 털모자를 빌려야 했다. 우리가 수행한 공동 프로젝트는 유빙 사이로 흐르는 물에서 거품이 터지며 미세한 바닷물 입자가 대기 중으로 방출된다는 가설을 검증하는 것이었다. 맷은 대형 입자 포획기가 부착된 넓이 1m²의 부유식 목재 발판을 보유하고 있었다. 나는 물속 거품을 찾는 특수 수중 카메라와 물이 어떤 작용을 하는지 측정하는 다양한 센서를 가지고 있었다. 우리의 연구 현장은 선박이 정박한 유빙

34 의심의 여지를 피하기 위해 (모든 해양조사선이 그렇듯) 오덴호에서는 모든 사람이 자신의 빨래를 할 책임이 있었다고 밝힌다. 선박에는 세탁기도 설치되어 있었다.

의 반대편에 있었기 때문에, 아침마다 현장 팀원들은 춥지만 고요하고 아름다운 산책길을 걸어 개빙 구역 쪽에 구축된 현장으로 향했다. 유빙의 날카로운 가장자리는 평평한 바닥과 거의 완벽한 직각을 이루고 있었으므로, 유빙 가장자리에 서서 얼음 아래 어둠을 똑바로 내려다볼 수 있었다.

현대 과학은 반짝이는 최첨단 전자 장비를 강조하며, 여기에는 얼룩 없이 깨끗한 실험실 가운을 입은 과학자와 완벽한 실험 장비에서 샘플을 정밀하게 추출하는 소형 로봇도 포함된다. 현장 연구(바다에는 문자 그대로의 '현장field'이 존재하지 않지만, 해양과학계는 여전히 현장 연구라는 명칭을 고수한다) 기간에 실험실에서 하는 모든 일을 수행하기는 불가능하다. 날씨에 상관없이 야외로 나가 요동치는 바닷물 위에 앉아 깜빡 잊은 물건에는 접근할 수 없는 상태로 차가운 손과 최소한의 장비만을 이용하며 연구를 진행해야 한다.[35] 하지만 그것이 현장 연구의 재미다. 이러한 재미는 관찰과 문제 해결 그리고 뒤로 물러나지 않고 끝까지 함께하는 팀원들의 육체적 노력이 어우러진 결과다.

어느 날 아침 맷과 나는 주변 공간을 가득 채운 50cm 깊이의 질척한 얼음층에서 부유식 발판을 떼어내기 위해 밀고 당기고, 또는 국

---

35 그러다보면 바다코끼리가 나타난다. 대부분 홍합을 비롯한 바다 연체동물을 잡기 위해 평소 지내는 얕은 해안 바다에서 먼바다로 나가지만, 이따금 수수께끼의 바다코끼리가 유빙 위로 올라와 검은색 소형 썰매의 냄새를 맡았다. 그다음 다시 물속으로 뛰어들어 모퉁이를 돌더니 커다란 부표를 엄니로 찔러 검사했다. 과학이 먹잇감도 적도 아니라고 판단한 바다코끼리는 등을 구부리고 깊은 바닷속으로 사라졌다.

자와 체로 얼음층을 파내며 2시간을 보냈다. 우리는 지구 꼭대기에 머무르고 있었고, 직접 손으로 떼는 것이 유일한 방법이었기에 그냥 작업을 시작했다. 북극은 무균상태의 실험실이 아니다. 이곳은 실제 세계로, 확고한 데이터를 얻으려면 땅에 구멍을 내고 파헤친 다음 꾸준히 다가가 관찰해야 한다. 자연이 실제로 어떻게 작동하는지 이해하고, 자연이 일으키는 예측 불가능한 상황에 대비하기 위해서는 무수한 관찰이 필요하다.

수많은 바다 연구자는 바다를 관찰하고 이해하며 바다와 근본적 관계를 형성한다. 바다를 이해하는 관점은 두 가지다. 첫 번째 관점은 바다에 일어나는 현상을 이해하는 정신적 모델이다. 이를테면 질서정연한 해수층과 풍향, 한 형태에서 다른 형태로 변환되는 원자처럼 우리가 교과서에서 읽고 강의에서 가르치는 내용이다. 두 번째 관점은 실제 관찰되는 물리적 현실이다. 이를테면 불규칙하고 혼란스러운 바람과 얼음과 파도 등이 개념적 아이디어에 끝없이 의문을 일으키는 상황이다. 우리는 바다에 직접 가지 않고도 해양과학자가 될 수 있다. 바다에 직접 가지 않는 공학자와 전문 모델러도 많이 있다. 하지만 나는 컴퓨터 모델이 컴퓨터 세계에서 길을 잃지 않도록, 누군가는 어수선하지만 아름다운 현실에 있어야 한다고 생각한다.

자연은 인간을 끊임없이 놀라게 한다. 특히 바다에서 그런 놀라움을 발견하는 가장 빠른 방법은 경험이 풍부한 사람이 넓은 맥락에서 문제를 바라볼 수 있는 위치로 가는 것이다. 오늘날 해양과학계는 선박에 기반한 과학의 미래가 어떠할지, 그리고 탄소발자국을 줄이기 위해 인간 대신 로봇을 바다에 보내면 어떠할지를 두고 활발하게 논의한다. 로봇은 분명 큰 도움이 되겠지만, 우리 과학자는 여전히 바다와 직접 관계를 맺어야 한다. 이는 단순한 수치나 전망이 아닌, 우리가 살고 싶은 세상과 관련되어 있다. 인류는 과학이 최대 효율을 도출하며 가설과 근육이 문젯거리가 되지 않는 깔끔한 무균상태의 정신적 요새에서 살고 싶은 것일까? 아니면 현실을 있는 그대로 마주하고 인간이 자연의 일부로 존재함을 이해하는 데 시간을 할애하는 관점에서 과학을 구축하고 싶은 것일까? 우리는 어떤 미래가 더욱 건강하고 적합한지 알고 있다.

유빙이 팽이처럼 돌면서 동쪽과 서쪽을 반복해 오가다가 급격히 방향을 전환해 북위 89도를 따라 그려진 작은 원에서 벗어나 스발바르제도를 향해 곧장 남쪽으로 향하기 전까지, 우리는 고요한 회색 환경을 당연하게 받아들이고 있었다. 하지만 이러한 환경은 전 세계 다른 바다를 기준으로 따져보면 상당히 낯설다. 얼음 뚜껑은 특정 대상을 가로막을 뿐만 아니라 허용한다는 점에서 중요하다. 얼음 뚜껑은 빛이 해수면으로 침투하지 못하게 막고, 그 대신 가시광선 에너지를 우주로 다시 내보내는 흰색 반사판 역할을 한다. 얼음 뚜껑은 또한 바람이 물을 직접 떠밀지 못하도록 막는다. 덕분에 유빙 사이에서 일어나는 파도는 잔물결보다 커지지 않으며 다른 얼음 조각에 가로막히면 잔잔해진다. 이는 바다 표면을 고요하게 유지하고 대기와 해양 사이의 기체 전달을 늦춘다.

난센이 관찰했듯이 바람이 얼음을 밀어내기는 하지만, 다른 바다에서처럼 효율적으로 표층 해류를 밀지는 못한다. 바람이 해수면을 직접 밀지 않아 표층수가 쉽게 섞이지 않는 덕분에, 누구에게도 방해받지 않는 상황에서 밀도 차로 구분되는 얇은 해수층들이 형성된다. 나는 수온과 염분을 측정하는 센서 꾸러미를 가지고 있었다. 이 장비는 종종 밧줄에 묶여 바다 밑으로 내려갔는데, 센서의 측정 결과에 따르면 두께가 30m에 불과한 투명한 표층은 아래층보다 염분이 상당히 낮았다(세계 바닷물 평균 염분은 35이지만, 이곳 표층수 염분은 약 32였다). 이처럼 염분이 낮은 표층이 형성되는 원인은 여름철 해빙이 녹으며 해수면에 공급하는 민물 때문이다.

북극 바다의 성층화는 수온이 아닌 염분의 영향이 지배적이다. 그렇지 않다면 차가운 표층이 가라앉은 뒤 그 자리를 차지하는 따뜻한 바닷물은 얼어붙을 만큼 차가워지지 않으므로 해빙이 생성되지 않을 것이다.[36] 얼음 뚜껑에서 훨씬 아래로 내려가면, 대서양과 태평양에서 흘러들어온 바닷물이 북극해 분지를 순환하고 다시 대서양으로 흘러간다. 이 가운데 일부는 얼음이 생성되고 남은 바닷물로 지구상에서 밀도가 가장 높아서, 그린란드와 아이슬란드 사이의 거대한 수중 폭포로 쏟아지며 전 세계 바다의 대규모 순환을 주도한다.

8월에서 9월로 접어들자, 전에는 선박 위만 맴돌던 태양이 선박 주위를 돌다가 수평선에 닿았다. 기온도 급격히 떨어지기 시작했다. 개빙 구역 바닷물이 얼어붙기 시작해 우리는 실험 장비를 정리했다. 9월 11일 모든 장비를 선박에 다시 실었다. 맷의 목재 발판과 기상관

36 북극해의 깊은 해수층에는 모든 해빙을 녹이기에 충분한 열이 있다. 그러나 바닷물을 완전히 섞을 에너지가 충분하지 않아 열이 바다 밑에 안전하게 갇혀 있으므로, 그런 현상은 일어나지 않는다. 이는 염도 차이와 혼합이 얼마나 중요한지 보여준다.

측용 탑은 다음 날 가져올 예정이었지만, 악천후가 발생해 모든 사람이 선박에 머물러야 했다. 13일 아침 오전 6시에 안전 점검을 하러 나간 선원이 돌아와 목재 발판과 기상관측용 탑이 사라졌다고 보고했다. 맷이 다른 동료와 나가서 살펴본 결과, 지난 5주 동안 매일 연구했던 현장은 밤새 다른 유빙과 충돌해 엉망진창이 되어 이제 형체를 알아볼 수 없었다. 두 사람은 떠다니는 얼음 잔해 더미에서 나무 조각 몇 개를 발견했으나, 아무것도 회수할 수 없었다. 과학 장비와 보관용 상자, 측정값을 보정할 마지막 기회까지 모두 얼음에 부딪혀 사라졌다. 탐사 도중 이런 일은 언제든 일어날 수 있었다. 연구 계획이 순식간에 종료될 수도 있었다. 우리가 얼마나 운이 좋았는지 새삼 깨달았다. 북극은 날씨가 좋을 때는 아름답고 경외심을 불러일으킨다. 하지만 그런 특성은 한순간 변화할 수 있다. 재난이 닥쳤을 때 현장에 있지 않은 것이 행운이었다.

비교적 규모가 작은 북극해가 전 세계 해양 엔진에 막대한 영향을 미치는 이유는 크게 두 가지다. 첫째, 해빙이 얼어붙는 과정에서 전 세계 바다로 흘러가는 차가운 바닷물이 생성된다. 이는 전 세계 심해의 성질과 해양 엔진의 기본적인 작동 방식을 결정한다. 둘째, 하얀 얼음은 햇빛을 우주로 반사하며 북극을 비추는 약한 햇빛이 해수면을 직접 데우지 못하도록 막는다. 햇빛이 북극의 해수면 온도까지 올린다면 더 많은 에너지가 흡수된 끝에 지구온난화가 심화할 것이다. 북극 얼음이 북극으로 들어오고 나가는 에너지 흐름을 제어한다는 점에서 북극은 지구 에너지 수지의 주요 조절자 역할을 한다. 해양을 떠나 대기를 통과하는 에너지의 흐름을 제한하는 구름도 얼음의 영향을 받는다. 얼음이 시스템에서 열의 흐름과 위치를 바꾸기 때문이다. 에너지 흐름은 시스템이 어떻게 구성되었는지에 따라 매우 민감하게 변화한다.

얼음의 양은 우주로 빠져나가는 에너지의 전반적 흐름을 조절하는 수도꼭지 역할을 한다. 얼음의 양이 늘면 지구는 좀 더 차가워진다. 반대로 얼음의 양이 줄면 지구는 좀 더 뜨거워진다. 이러한 북극의 에너지 흐름은 북극 이남 지역의 대기 현상에도 영향을 미치며 북극에서 멀리 떨어진 전 세계 날씨를 변화시킨다. 이처럼 북극의 두 요소가 전 세계 바다에 지배적 영향을 행사한다. 북극은 매우 복잡한 대양 분지로 전 세계 해양과 대기를 미묘한 방식으로 움켜쥐고 비튼다. 오덴호에서 연구한 극지방의 다양한 측면은 수많은 다른 요소와 서로 연결되어 있다. 북극을 이해하는 연구에는 그와 관련된 모든 영향을 찾아내는 일이 수반된다. 북극은 접근하기 무척 어려운 까닭에 해야 할 일이 아직 많이 남았다. 우리가 알아낸 것은 해양 엔진의 독특한 일부인 북극이 나머지 해양 엔진에 너무도 막대한 영향을 미친다는 점이다.

남극해도 영향력이 크지만 동일한 원리가 북극해와 다르게 표현된다. 남극해의 가장 큰 특징은 2만 1,000km에 달하는 남극 순환류Antarctic Circumpolar Current다. 이는 남극 바닷물 고유의 성질을 유지하며 남극 대륙 주위를 끊임없이 흐른다. 그리고 대서양, 태평양, 인도양을 연결한다. 남극 대륙은 해빙 공장 역할을 하는 해역으로 둘러싸였다. 그래서 엄청난 양의 차가운 고밀도 바닷물이 생성되어 심해로 가라앉는다. 그런데 남극 주위 순환 해역은 용승이 발생해 영양소가 풍부한 물이 해수면으로 올라와 수많은 생물에게 먹이를 공급하는 지역이기도 하다. 남극 바다는 얼음이 많은 남극 대륙을 감싸고 있으며, 남극 바닷물 온도가 높거나 낮으면 빙하에서 세계 바다로 유입되는 민물의 흐름이 직접적으로 변화한다.

얼음이 생성되어 존재하다가 녹아 없어지는 과정은 바닷물을 독특한 방식으로 변화시킨다. 얼음은 비교적 짧은 시간에 수괴의 성질을 크게 바꾸고, 얼음이 없었다면 존재하지 않았을 유형의 바닷물을 생성한다. 이는 극지방을 제외한 지역에서도 푸른 기계의 형태와 구조를 결정하며 전 세계 바다에 일어나는 물리적 과정에 영향을 준다. 이것이 지구에서 가장 작은 두 바다인 북극해와 남극해의 얼음이 지구의 나머지 부분에도 대단히 중요한 이유다. 북극에 정박한 오덴호에서 우리는 얼음 아래에서 일어나는 과정의 표면만 긁어모았다. 하지만 우리 눈에 발견된 것들은 믿기지 않을 만큼 놀랍고 복잡했다. 극지방은 활동하기 까다로운 환경이지만 반드시 과학적으로 연구되어야 한다.

2부

블루 머신을 여행하다

4장

전달자

맑고 어두운 밤에 위를 올려다보면 하늘에 장엄한 우리 은하가 펼쳐져 있다. 이러한 광경은 친숙하고도 압도적이며 지구가 광막한 우주의 일부라는 사실을 끊임없이 상기시킨다. 밤하늘은 당연하게 여겨지기 쉽지만 그렇게 되어서는 안 된다. 인간이 아주 멀리 떨어진 우주의 존재를 알 수 있는 유일한 이유는 빛이다. 저 멀리에서 출발한 빛은 광활한 우주를 가로지르며 수년 동안 지구를 향해 이동한다. 그리고 마침내 대기를 통과하고 인간에게 도달한다. 만약 빛의 메시지가 우리에게 쉽게 도달하지 않았다면 우리가 우리 자신을 인식하는 관점, 그리고 우리가 지구에 거주한다는 것이 어떤 의미인지 인식하는 관점은 완전히 달라졌을 것이다.[1] 이처럼 우리는 메시지의 전달자에게 놀라울 만큼 의존한다. 전달자가 없으면 인간은 인간이 닿지 못하는 머나먼 곳에 무엇이 존재하는지 알아낼 길이 없으므로 인간이 도달할 수 있는 세상에서만 살 것이다. 인간 삶에서 주요 전달자는 빛과 소리이며, 두 전달자를 통해 인간은 세상을 인식한다.

소리로는 그림의 색을 알 수 없고 빛으로는 기타의 소리를 알 수 없듯, 전달자는 메시지의 유형을 결정한다. 따라서 바다가 무엇이고 어떻게 작동하는지, 그리고 바다에 관한 인간의 인식이 어떻게 편향되었는지 궁금하다면 바다의 전달자가 어떻게 작동하는지 이해해야 한다. 전달자는 바다의 물리적 구조를 따라 이동하고, 이동하는 동안 주위 환경에 영향을 미친다. 모든 전달자는 때때로 상당량 또는 소량의 에너지를 운반하므로, 전달자를 따라가면 에너지가 어떻게 이동하는지 알아낼 수 있다. 바다의 주요 전달자는 육지와 마찬가지로 빛과 소리이지만, 두 전달자의 작동 방식과 상대적 중요도가 많이 다르다. 인간은 시각에 의존하는 생물이므로 우선 빛부터 살펴보자.

수중 세계 속 빛의 행방

수중 세계를 대표하는 이미지는 산호초다. 우리는 산호초가 빚어내는 다채로운 풍경을 본 적이 있다. 이를테면 알록달록한 산호 사이로 이국적인 물고기가 미끄러지듯 헤엄치는 생생한 장면, 광활한 감

---

1 빛은 우주에 지구를 제외한 나머지 부분이 있음을 우리에게 가르쳐주는 첫 번째 요소다. 두 번째 요소는 중성미자, 세 번째 요소는 중력파다.

청색 바다가 아름답게 펼쳐지는 풍경 등이다. 그런데 수중 카메라는 거짓말을 하지 않지만, 촬영한 결과물이 현실과 늘 완벽하게 일치하는 것은 아니다.[2] 대기에서 빛은 일반적으로 모든 물체를 균등하게 비추고, 정보를 수 킬로미터 떨어진 곳까지 전달하고, 이동하는 과정에 변형되지 않으며, 우리 눈에 모든 사물을 있는 그대로 보여준다고 신뢰할 수 있다. 반면에 바다에서 빛은 변덕쟁이로 쉽게 이동 방향을 바꾸거나 세기가 약해진다. 빛의 거동 방식은 바다의 특성을 결정하는 데 중요한 역할을 하지만, 그러한 결과가 바로 눈앞에 드러나기 전까지는 빛의 영향력을 알아차리기 어렵다. 그 결과는 또한 엄청난 혼란을 불러일으킨다.

몇 년 전 나는 친구가 진행하는 연구 프로젝트를 돕기 위해 1달간 퀴라소섬에서 과학 다이버로 일한 적이 있다. 친구는 현지 어부가 사용하는 통발을 개조해 의도치 않게 포획되는 비목표 어종을 최소화하는 방법을 연구하고 있었다. 이를 위해 그는 매일 2~3시간씩 산호초 주변에서 다이빙했고, 현지 천연 재료로 만든 다양한 통발을 열고 닫으며 안에 갇힌 물고기를 헤아린 다음 놓아줬다. 다이빙하는 동안 분홍색 및 파란색 비늘돔과 기다란 초록곰치green eel, 매력적인 줄무늬를 지닌 나비고기가 이따금 발견되었다. 이들은 새로운 물체 주변을 분주히 돌아다니느라 자신이 통발을 드나들고 있음을 깨닫지 못했고, 마치 산호초에서 은신처를 발견한 듯이 좁은 통발 입구를 탐색했다.

2 이는 자연광에서 보이지 않는 색상을 강조하는 밝은 조명에 도움을 받는 경우가 대부분이며, 앞으로 살펴볼 예정이다.

친구는 연구를 진행하면서 실용적이라는 이유로 케이블 타이를 사용했고, 통발을 열고 다시 닫을 때마다 자르고 조이는 탓에 케이블 타이의 끝부분이 날카로워졌다. 다이빙을 시작하고 며칠 뒤 나는 그 작은 플라스틱 단검에 손등을 베이는 시련을 겪은 끝에 한 가지 사실을 알게 되었다. 바닷속에서 피를 흘리는 것은 별로 신경 쓰이지 않았으나, 피 자체를 보고 깜짝 놀랐다. 살갗에서 배어나 주변 물과 섞여 아지랑이처럼 흩어지는 피 색깔이 짙은 녹색이었다. 내가 잠시 서쪽 마녀(소설 《오즈의 마법사》 등장인물로 피부가 녹색이다-옮긴이)로 변한 것은 아닌지 의문이 들었다. 그러나 깊이 10m 바닷속에서 우리는 모두 녹색 피를 흘린다.

햇빛이 바닷물을 투과하며 물 분자와 끊임없이 부딪히는 동안, 적절하게 에너지를 얻은 물 분자는 구부러지고 뒤틀리고 진동한다. 이런 아수라장에 물 분자는 공기보다 훨씬 빠르게 빛 에너지를 흡수하며, 빛이 투과하는 거리는 물의 색에 따라 달라진다. 빛은 파동이고, 무지개를 이루는 색은 제각기 다른 파장에 해당한다. 무지개의 한쪽 끝인 보라색은 파장이 380nm이고 다른 한쪽 끝인 빨간색은 파장이 750nm다.[3] 우리 눈에 보이는 모든 대상, 이를테면 축제 마르디 그라Mardi Gras의 변화무쌍한 행렬, 여름철 초원에 펼쳐진 싱그러운 초록빛, 석양이 내려앉은 그랜드캐니언에 새겨진 뚜렷한 줄무늬 등은 그런 좁은 파장 범위 내에서 아주 작은 차이로 식별된다. 미세한 파장 차이는 또한 빛이 전달하는 에너지를 물이 얼마나 쉽게 흡수할 것인지를 결정한다. 물에서 적색광 에너지는 매우 빠르게 흡수되어 불과 몇 미터

3 1nm는 10억분의 1m다.

이동하자마자 거의 3분의 2가 손실된다. 그러나 청색광과 자색광 에너지는 100m보다 훨씬 더 멀리 이동하고 나서야 적색광과 비슷한 비율로 흡수된다.[4] 그런데 바다 깊숙이 들어가야만 수면 바깥 세계의 밝고 아름다운 색이 빛을 잃기 시작하는 것은 아니다.

통발이 설치된 바다 밑에서 나는 각양각색의 생물이 서식하며 번성하는 산호초에 둘러싸여 있었다. 그런데 위에서 내려오는 빛이 약해 풍경이 흑백으로 보였다. 바다 밑을 내리쬐는 햇빛은 무지개의 한 부분을 거의 다 빼앗긴 상태였고, 따라서 빨간색과 주황색은 사라지고 파란색과 녹색과 약간의 갈색만 남았다. 손에서 짙은 녹색 피가 흘러내리는 모습을 보며, 나는 피가 어둡게 보이는 이유가 본래 피를 빨간색으로 보이게 하는 색소 때문이라는 것을 깨달았다. 빨간색은 빨간색이 아닌 다른 색을 흡수한 뒤 눈으로 빨간색을 반사한 결과다. 내가 있는 바다 밑에서 파란색은 물에 완전히 흡수되었고, 우리 눈으로 다시 반사되어야 할 빨간색은 아예 존재하지 않았다. 그런데 혈액은 약간의 녹색광을 반사한다. 녹색은 보통 풍부한 빨간색에 압도되어 보이지 않지만, 경쟁자가 없는 이곳에서는 눈에 유일하게 보이는 색이었다. 물론 백색광을 비출 수 있는 손전등을 지니고 있었다면 전구에서 나온 빛 대부분이 내 손을 거쳐 눈까지 도달하는 짧은 여정에서 살아남았을 테고, 내 눈에 빨간색이 보였을 것이다. 이처럼 깊은 바다

4 이는 빛이 완벽하게 순수한 물속을 이동한 결과다. 물속에 생물, 입자, 오염물이 있으면 흡수되는 빛의 양이 증가한다. 언급된 내용은 또한 빛의 산란을 제외하고 흡수만 고려한 결과다.

에서는 사물이 색을 잃는 것이 아니라, 자연광이 부분적으로 존재해 눈에 보이는 색도 부분적으로 보일 뿐이다. 깊이 몇 미터가 넘는 바다 밑 암초 사진에 빨간색과 주황색이 보인다면, 나는 사진가가 자연광을 보완하기 위해 밝은 조명을 피사체에 비췄다는 데 돈을 걸겠다.

인생에서처럼 물리학에도 공짜 점심 같은 것은 없으며, 인간이 바다에서 특정 색을 보지 못하는 대신 바다는 열을 얻는다. 빛이 흡수된다고 해서 빛 에너지가 사라지는 것은 아니다. 에너지는 항상 보존되고, 햇빛이 전달하는 에너지는 다른 형태로 변환되며 지구를 계속 여행한다. 가시광선이 물에 흡수될 때마다, 가시광선이 전달하는 에너지는 열로 변환된다. 이렇게 변환된 열은 열대 바다를 데우고 표층수를 따뜻하게 유지한다. 만약 물의 물리학이 다르게 작동해 모든 색이 대기를 통과하듯 손실 없이 깊은 바다를 통과했다면, 해수면은 훨씬 더 차가웠을 것이다.

인간은 시각에 의존하는 동물이므로 물속에서 빛이 효과적인 전달자가 아니라는 사실을 받아들이기 꺼린다. 그런데 빛은 무지개색 너머에도 존재하므로, 무지개색 바깥쪽 전자기 스펙트럼에 희망이 있을지 모른다. 빛은 전자기파이고, 전자기파는 전기장 및 자기장의 진동이 얽혀 있는 사슬로 방향을 전환하지 않고 직선으로 이동한다. 모든 빛은 진공상태에서 동일한 속도, 그 유명한 '빛의 속도'로 이동한다. 빛의 파동에서 마루(파동에서 가장 높은 부분-옮긴이)는 서로 아주 가깝거나 또는 멀리 떨어져 있거나 또는 그 중간에 해당할 수 있다. 인간이 볼 수 있는 빛은 전자기 스펙트럼에서 극히 일부에 불과하다. 전자기 스펙트럼은 에너지가 강하고 몸에 해로운 감마선부터 엑스레이, 자외선,

가시광선, 적외선, 마이크로파, 전파까지 범위가 넓다. 이 모든 빛은 파장이 쪼그라들거나 늘어나 있어 에너지를 더 많이 또는 더 적게 전달한다는 측면만 다르고 그 외 성질은 같다. 그렇다면 이처럼 다양한 유형의 빛이 해수면에 닿을 때는 어떤 현상이 일어날까?

이 질문의 답은 수중 시야 확보에 도움이 되지 않는다. 물은 기본적으로 거의 모든 빛에 불투명하다. 물은 빛을 굉장히 빠르게 흡수하지만, 이러한 규칙에서 무지개색과 일부 자외선은 예외다. 예외가 속하는 좁은 스펙트럼의 바깥쪽 빛은 어디론가 사라지기도 전에 물에 흡수된다. 이는 수중에서 전화나 라디오에 신호가 잡히지 않는 이유이자, 잠수함이 수면에 있지 않는 한 GPS(유용한 깊이까지 침투하지 못하는 위성 신호에 의존함)를 써서 항해할 수 없는 이유이자, 해저의 형태를 측정하기 위해 레이저 거리 측정기를 사용할 수 없는 이유다. 하지만 빛 낙관론자에게 아직 희망은 남아 있다. 빛 스펙트럼 말단에서 상황이 다시 좋아지기 때문이다. 진정 열정적인 빛 낙관론자라면 빛을 이용해 깊은 바다로 장거리 메시지를 보낼 방법이 있다. 단점은 이 방법을 사용하려면 파장이 지구만큼 큰 빛을 생성해야 한다는 것이다. 이는 무차별 대입 방식으로, 소심하거나 재정적으로 힘든 사람에게는 적합하지 않다. 그래서 이 방식을 시도하려고 나선 사람은 당연하게도 군인 출신이었다.

행성만큼 큰 안테나

물속에서 전자기 신호를 전송하는 기초 실험은 라디오가 발명된 시기보다 수십 년 앞섰지만 얼마 지나지 않아 중단되었다. 1830년대 대서양의 양쪽 국가가 같은 시기에 전신電信 기술을 개발했다. 영국은 1837년 윌리엄 쿡William Cooke과 찰스 휘트스톤이 바늘 전신needle telegraph을 개발했고, 미국은 1838년 새뮤얼 모스와 알프레드 베일Alfred Vail이 전신 시스템을 시연했다. 1844년 5월 24일 볼티모어에서 워싱턴 D.C.까지 길이 70km의 실험용 전선이 개통되었고, 개통과 동시에 뉴스 중독자들은 기차를 기다리지 않고도 도시에서 도시로 선거 소식을 전할 수 있다는 사실에 열광했다. 전신 시연은 성공했으나, 전신 시스템 확장에 필요한 자금이 확보되지 않았다. 모스는 강을 건너는 방법 등 작은 문제에 집중했다. 강을 가로질러 전선을 연결하는 방식은 이상적인 해결책이 아니었다. 그래서 모스와 동료들은 폭이 25m인 서스쿼하나강Susquehanna 양쪽 강둑을 따라 물에 잠긴 구리판에 긴 전선 2개를 늘어뜨려 부착했고, 한쪽에 배터리를 연결하면 다른 쪽에서 전류가 감지된다는 사실을 발견했다. 전기신호는 강물을 타고 전달되었고, 모스는 기둥에 전선을 매다는 따분한 작업을 하지 않고 물로만 모든 해안 마을을 연결할 가능성을 잠시 추론했다. 하지만 모스의 아이디어는 물리법칙을 토대로 무산되었다. 전선이 지배적으로 활용되며 수중 세계는 거의 150년간 전기에 방해받지 않고 평화를 누렸다. 하지만 평화는 오래가지 않았다.

제2차세계대전 이후, 전 지구 군인은 바다가 함선이 해수면에서 전쟁을 벌이는 2차원적 전장일 뿐만 아니라 잠재적으로 세계 최고의 은신처임을 확신했다. 핵잠수함이 개발되고 수중 생명 유지 장치가 개선되자, 잠수함은 수개월 동안 물속에 잠긴 채 전 세계를 돌아다니며 거의 모든 빛을 차단하는 바다의 특성을 이용해 완벽한 스텔스 모드로 작전을 수행할 수 있게 되었다. 수심 100m보다 높이 떠오르지 않는다면 모습을 완벽하게 숨길 수 있었다. 물론 이러한 발전에는 문제점이 수반되었다. 전 세계 상사는 부하에게 지시 내리기를 무척 좋아한다. 빛으로부터 보호받는다는 것에는 외부에서 보내는 광통신을 모두 차단한다는 대가가 숨겨져 있었다. 필요할 때 잠수함을 소환할 수 있는 신호 장치가 필요했다. 그래서 미 해군은 1968년 세계에서 가장 거대한 '라디오 방송국'을 구축하는 '프로젝트 생귄Project Sanguine'을 추진했다.[5]

이 대담한 프로젝트는 눈이 휘둥그레지는 동시에 숨이 멎을 정도였다. 공학자들이 직면한 첫 번째 문제는 임무 수행에 요구되는 파장의 크기였다. 파장이 길수록 발생시키기는 어렵지만, 한편으로는 바닷물 깊숙이 침투할 수 있다는 불가피한 상충 관계가 존재했다.[6] 파장이 약 10km인 파동은 불과 수 미터밖에 침투할 수 없다.[7] 초저주파로

5 원칙주의자는 전파를 사용하지 않으니 '라디오 방송국'이라고 부르면 안 된다고 지적할 것이다. 그러나 '전파'는 전자기 스펙트럼의 일부에 인간이 임의로 붙인 이름일 뿐이고, 내가 여기에서 언급하는 스펙트럼 영역은 '전파'와 물리적으로 동일하지만 파장이 훨씬 더 길다. '전파'가 익숙한 용어이므로, 이 용어를 계속 사용하겠다.

6 소금은 바닷물의 전기전도도를 증가시켜 임무 수행을 어렵게 만든다. 민물에서는 임무 수행이 수월하지만, 잠수함이 민물 속에 숨어 있을 가능성은 매우 낮다.

7 가시광선의 파장은 수백 나노미터임을 기억하자.

알려진 스펙트럼 영역에서 파장이 약 100km인 파동은 40m를 침투할 수 있다. 100m까지 침투하려면 파장이 약 1만km인 극저주파(이하 ELF) 영역에 속하는 파동이어야 한다. 지구의 적도 둘레는 4만 75km에 불과하다. 따라서 ELF 파동이 4개만 있으면 지구 전체를 감싸는 벨트를 만들 수 있다.

두 번째 문제는 전자기파를 효율적으로 만들려면, 발생시키려는 파장과 비슷한 크기의 안테나가 필요하다는 것이었다.[8] 프로젝트 생귄은 이러한 문제를 해결하기 위해 아주 명확한 제안을 했다. 위스콘신의 40%에 해당하는 직사각형 격자에 길이 1만km 전선을 매설해 안테나를 만들자는 것이었다. 이 안테나는 발전소 100개에서 전력을 공급받고, 지구 자체는 안테나의 일부를 형성할 것이었다. 미 해군은 해당 안테나가 전 세계에 ELF 신호를 보내면 해저에 숨어 있는 잠수함까지 도달하리라고 계산했다.

정치인, 환경운동가, 평화운동가는 즉각적으로 중단하라는 반응을 보였다. 군 공학자는 계획서를 수차례 수정하면서 매번 프로젝트 생귄의 규모를 축소했다. 천문학적 비용이 드는 데다 환경과 건강에 미치는 영향이 알려지지 않았기 때문이다. 마침내 1981년 프로젝트가 승인되었고, 1989년부터 안테나가 가동되었다. ELF 안테나는 위스콘신과 미시간 두 지역에 걸쳐 135km에 불과한 거리에 가공선을 설치한 까닭에 전력 소모가 적은 동시에 효율도 낮았다. 이 안테나에서 송

8 여기에서 '비슷한' 크기는 1/2 또는 1/4이 될 수도 있지만, 안테나와 파장 길이의 단위 규모가 같을 필요는 있다.

출되는 파장 4,000km의 파동은 지구의 절반 거리까지 도달할 수 있었다.[9] ELF 안테나가 작동하는 이유는 지구의 지면과 전리층(지구 표면으로부터 약 60km 상공에서 시작된다) 사이에 전파가 쉽게 이동하는 천연 껍질이 있기 때문이다. 이 공간에서는 번개에서 유래한 전기적 충격이 지속적으로 지구 전체에 퍼져나간다. 따라서 자연적으로 발생한 장파장 파동의 울림이 꾸준히 존재한다. 이제 인간은 자연의 울림에 고유의 신호를 더하게 되었다. 기상천외한 라디오 방송국이 마침내 전 세계로 전파를 송출했고, 전파 신호 일부는 해수면을 거쳐 잠복한 잠수함으로 흘러갔다.

세 번째 문제는 라디오 방송국의 기능이 형편없다는 점이었다. 좁은 범위의 매우 긴 파장을 사용하면 신호는 아주 느리게 전송될 수밖에 없었다. 음성 전송은 끊김 현상이 발생했고, 그나마 기대할 수 있는 최선의 기능은 0과 1을 여유롭게 전송하는 것이었다. 세 글자로 된 코드 하나를 전송하는 데 몇 분이 걸렸다. 그뿐만 아니라 잠수함이 신호에 응답할 방법도 없었는데, 그러려면 잠수함은 길이가 수십 킬로미터에 달하는 자체 안테나를 뒤쪽에 배치해야 했기 때문이다. 그래서 전파 신호는 주의를 집중시키는 용도로만 유용했다. ELF 안테나는 일정한 표준 코드를 송출하며 사정거리 내에 있는 잠수함에 확인 신호를 보냈다. 육지에 있는 관계자가 더욱 상세한 신호를 보내고 싶을 때는 안테나로 새로운 코드를 송출해 잠수함을 해수면으로 소환한 뒤 다른 통신수단을 이용해 새로운 임무의 세부 내용을 알렸다. ELF 신

---

9 이 신호의 주파수는 76Hz였다. 나중에 다루는 내용과 관련 있으니 기억해두자.

호는 바다에서 빛을 전달자로 활용해 장거리 메시지를 보내는 데 인간이 보유한 최고의 기술이자 해양물리학이 허용하는 최선의 해결책이다. 그러나 비용이 많이 들고 기능이 제한적이라는 점에서 효율성이 낮아 ELF 안테나는 2004년 가동이 중단되었다. 미 해군은 다른 통신 방법이 개선되어 안테나가 더는 필요하지 않다고 발표했다.[10] 안테나의 규모를 고려하면 애초에 만들어졌다는 사실이 놀랍다. ELF 안테나가 구축되기까지 얼마나 많은 노력이 투입되었는지 생각하면, 바다에서 먼 거리까지 빛을 이동시키는 것이 엄청나게 어려운 일임을 깨닫는다.

파랗지만 파랗지 않은 바다

인간 사회는 물을 파란색으로 여기는 관습에 암묵적으로 동의해 왔다. 색색의 크레파스를 한데 모아놓고 어린이(또는 어른)에게 물을 그리라고 하면 수도꼭지에서 나오는 물도, 수족관을 가득 채우는 물도, 하늘에서 내리는 빗물도 전부 파란색일 것이다. 실제 물에는 색이 없다(물에 색이 있다면 마시거나 반려 물고기를 넣지 않았을 것이다). 물은 소량인 경우 파란색을 띠지 않는다. 빛은 짧은 시간 통과할 수 있는 물에는 영향을 거의 미치지 않기 때문이다. 소량의 물에서 빛은 들

10 미국이 시스템을 가동하는 세계 유일의 국가는 아니었다. 러시아, 인도, 중국 모두 자국 고유의 시스템을 여전히 가동하고 있다.

어간 그대로 나온다. 그런데 물을 파란색으로 칠한 그림이 거짓인 것은 아니다. 파란색은 물의 진정한 색이다. 하지만 물의 양이 아주 많을 때만 파란색이 분명하게 드러난다.

광활하게 펼쳐진 태평양은 분명 파란색이고, 이를 적색광 흡수만으로는 설명할 수 없다. 만약 햇빛이 바다에 닿은 뒤 아래쪽으로 내려가며 전부 흡수된다면 바다는 검은색으로 보일 것이다. 바닷속에서 다시 밖으로 나와 우리 눈에 도달하는 빛이 없기 때문이다. 우리가 물의 색을 볼 수 있는 것은 물 분자 군집의 밀도가 더 높거나 낮은 영역을 빛이 통과하는 동안 물 분자가 빛의 경로를 방해해 발생하는 충돌 현상 때문이다. 이는 물리학자가 '산란'이라고 부르는 현상의 한 가지 사례다. 빛은 물속에서 이동하는 동안 물 분자에 튕기며 지그재그로 움직인다. 먼바다가 파랗게 보이는 것은 두 단계 과정을 거치기 때문이다.[11] 먼저 청색광을 제외한 빛이 빠르게 물에 흡수된다. 그리고 남은 청색광이 직선 경로를 따르지 않고 바닷속을 지그재그로 돌아다니다가 일부가 우리 눈으로 들어온다. 이러한 과정이 고래의 눈에 보이는 세계를 형성한다.

혹등고래는 인내심 강한 바다 여행자로, 뭉툭한 엽궐련 형태의 몸통이 울퉁불퉁한 주둥이 쪽으로 갈수록 좁아진다. 기다란 지느러미를 지녀 '거대한 날개'를 뜻하는 라틴어 명칭 '메가프테라Megaptera'라고

11 바다가 하늘을 반사할 때도 바닷물은 파란색으로 보인다. 하지만 이는 해수면에 반사된 색이며, 수면 아래 물의 색과는 아무 관련이 없다. 물속에 있는 물체 때문에 바닷물 색이 녹색 또는 갈색으로 보이는 경우도 많다.

도 불린다. 혹등고래는 해수면에서 자주 쉬고 놀면서 꼬리와 지느러미로 수면을 찰싹 때리다가, 이따금 수면 위로 몸을 날려 공중으로 솟구쳐 올랐다가 내려오며 강한 물보라를 일으키는 행동으로 고래 관찰자에게 인기가 많다. 동태평양에 서식하는 혹등고래는 멕시코에서 베링해까지 순항하는 동안 차가운 극지방 바다에서 영양소를 풍부하게 섭취하고 열대지방으로 돌아가 새끼를 키운다. 장소에 상관없이 혹등고래는 잠수하기 위해 수면을 떠나 마지막 숨을 들이마신 뒤 색색의 빛이 닿지 않는 푸른 물속으로 헤엄쳐 들어간다.

망망대해에서는 혹등고래가 수면 아래로 자신의 몸길이 정도만 내려가도 빨간색과 녹색이 모두 사라지며 흐릿한 파란색만 남는다. 태양이 흐릿한 빛을 비추지만 해수면 위에 무엇이 있는지 보이지 않는다. 바다 위를 비추는 빛은 아래쪽으로 내려갈수록 점점 희미해져 완전히 어두워진다. 그런 바닷속을 하강하는 동안 혹등고래는 다양한 파란색에 둘러싸이지만 주위가 불투명해 어디까지 보이는지조차 분명하지 않다. 혹등고래가 광활한 바다를 헤엄치는 사이 주위에서는 작은 물고기 떼, 범고래를 비롯한 대형 포식자, 활기차게 이동하는 다랑어, 꿈틀거리지만 눈에 보이지 않는 해파리 무리 등이 역동적으로 활동한다. 하지만 아무것도 눈에 보이지 않고 전부 무無에 숨어 있다. 이는 바다의 산란 효과로 바닷물이 빛을 굴절시켜 멀리 있는 고래, 물고기, 해파리에서 다른 개체 쪽으로 빛이 직접 이동하지 못하도록 막아 바닷속 생물이 서로를 발견하지 못하게 한다. 혹등고래는 위에서 아래로 내려갈수록 밝은 파란색에서 어두컴컴한 검은색으로 변화하는 안개 속을 늘 헤엄치는 까닭에 눈이 아무리 좋다고 해도 안개를 뚫고 멀리 볼 수 없다. 맑은 바닷물에서는 200m 앞까지 보여 다른 고래 무리를 식별할 수 있지만, 수중 생물과 빛의 산란을 가속하는 입자로 가득한 해안가에서는 시야에 제한이 생겨 마지막 순간에야 비로소 아군인지 적군인지 형상을 알아볼 수 있다.

이것이 혹등고래가 항해하며 시각적으로 진화해온 환경이다. 진화는 계획이나 감정이 개입되지 않는 과정으로, 동물의 번식 가능성을 약화하지 않는다는 유일한 조건 내에서 각 세대의 생리적 기능을 변화시키거나 제거한다. 고래에게 가장 중요한 시각적 능력은 어두운 환경에서도 잘 보는 것이다. 고래의 육상 포유류 조상은 인간과 비슷한 눈을 지녀 어두운 빛을 감지하는 간상세포가 풍부했고, 색을 구분하는 두 가지 원추세포가 있었다(인간은 세 가지 원추세포를 지닌다). 지난 5,000만 년 동안 고래와 돌고래는 수중 서식지에 적응하며 한 가지 원추세포의 기능을 잃었고, 상당수의 고래와 돌고래는 두 가지 원추세포의 기능을 모두 상실했다. 혹등고래 및 다른 수염고래류(대왕고래, 참고래, 보리고래 등)와 일부 이빨고래류(향고래 등)는 이제 시각을 간상세포에만 의존한다. 따라서 빛이 희미해도 볼 수 있지만,[12] 여러 유형의 원추세포가 없어 색을 구분하지 못한다. 고래는 자신을 둘러싼 청색광을 볼 수 있지만 그 빛이 청색임을 인식할 수 없다. 바다가 밝은 분홍색으로 변해도 알아차리지 못한다. 이들은 또한 시력이 비교적 좋지 않다. 독수리만큼 좋은 시력도 그들에게는 유용하지 않

12 고래는 휘판(척추동물의 망막에 있는 반사체-옮긴이)이 청색광을 반사하도록 진화했다. 눈을 통과해 들어온 빛이 반사되면 눈이 다시 그 빛을 감지할 수 있다.

기 때문이다. 고래 주위의 사물은 크기가 굉장히 작으므로 눈에 들어오기도 전에 안개 속으로 사라질 것이다.[13]

혹등고래는 먹이를 먹을 때 대개 수심 200m 지점에 머무른다. 혹등고래가 먹이를 먹는 가장 깊은 바다에 도달하면, 청색광조차도 결국 완전히 바닷물에 흡수되어 아주 희미한 햇빛만 남는다. 수심 200m는 바다 평균 수심의 5%에 불과하고, 그보다 깊은 바다는 화창한 여름날이어도 어두컴컴하다. 이 때문에 바다의 표층은 햇빛이 비쳐 따뜻한 반면 그보다 깊은 바다는 차갑고 어두운 환경을 유지하는 것이다. 표층수는 태양에너지를 모두 흡수해 생물을 구성하는 분자 또는 열에너지로 변환한다. 심해는 햇빛이 닿기에 너무 멀리 떨어져 있고, 고래가 서로를 발견하지 못하게 하는 산란 효과가 발생하므로 열원이 영향을 미치지 못한다.

이 모든 현상의 결과로 바닷물과 빛은 독특한 관계를 맺는다. 빛은 엔진 가동에 필요한 거의 모든 에너지를 제공하므로 푸른 기계에 무척 중요하다. 하지만 그 에너지는 빛이 물에 흡수될 때만 바다에 공급된다. 해저의 웅장한 풍경을 탐사하는 것은 멋진 일이지만, 탐사가

---

13 가장 기억에 남는 바다에서의 경험은 2008년 캐나다 해군 구축함(HMCS) 유콘호Yukon에서 스쿠버다이빙을 한 것이다. 유콘호는 다이버에게 볼거리를 주기 위해 일부러 샌디에이고 해안에서 185m 떨어진 지점에 침몰시킨 난파선이다. 다이버들은 밧줄을 따라 내려가 해저 바닥에서 조금 떨어진 지점의 표식에 도착했다. 아무것도 보이지 않았다. 밧줄 주위를 천천히 돌자 선박을 이루는 강철선과 함포가 보였다. 그리고 줄곧 자리를 지키던 침묵의 거인이 불과 20m 떨어져 우뚝 솟아 있었다. 선박을 지나쳐 흐르는 바닷물이 마침 맑아져 거대한 선체가 비로소 모습을 드러낸 것이었다. 건물만 한 물체가 완전히 사라졌다가 다시 나타나니 주위 환경에 대한 신뢰가 전부 무너졌다. 나머지 다이빙은 즐거웠다. 하지만 나를 놀라게 한 난파선을 나는 아직도 용서하지 못한다.

가능한 밝은 바다는 빛 에너지 흡수로 발생하는 흥미로운 이야기가 없다. 이것이 바다의 한계다. 해양 엔진의 아름다움과 풍요로움을 눈으로 관찰하려면 빛 흡수를 막아야 한다. 그런데 빛이 흡수되지 않고 푸른 기계를 자유롭게 통과하면, 엔진의 아름다움과 풍요로움을 생성하는 연료가 주입되지 않을 것이다. 아름다움의 대가는 아름다움을 볼 수 없는 것이다.

바다 대부분은 기본 상태가 어둠이다. 그런데 깐깐한 해양과학자들이 어두운 바다를 여러 범주로 나누었다. 태평양에서 가장 깊은 골짜기인 마리아나해구 위의 바다에 커다란 모래알을 떨어뜨린다고 상상해보자. 모래알 크기를 잘 선택하면 육지에서 떨어지는 깃털과 거의 같은 속도인 초당 1m로 바다에서 하강할 것이다. 모래알이 바닷물에 들어가면 처음에는 밝은 햇빛에 둘러싸여 있지만 몇 초 지나면 빛이 희미해진다. 모래알은 바다의 푸른 안개 속으로 가라앉고 주변의 빛은 갈수록 더 흐릿해진다. 떨어지기 시작하고 3분이 조금 넘으면 모래알은 수심 200m에 도달한다. 해수면에서 들어오는 빛의 약 1%만 여기까지 도달하며 사람 눈에는 이미 밤처럼 어둡게 보일 것이다. 이 깊이는 무광층無光層으로 전환되는 지점으로,[14] 아주 희미하고 미세한 빛만 남는다. 모래알이 수심 약 1,000m 약광층弱光層에 도달하기까지는 13분이 더 걸리며 약광층은 진정한 암흑 상태다. 모래는 바다 평균 깊이에 도달하기까지 50분 동안 어둠 속에서 계속 하강하고 표류하고 빙글빙글 돈다. 바다 대부분에서는 여기에서 여정이 멈춘다. 하지

14 '무광'은 말 그대로 '빛이 없음'을 의미한다. 따라서 해당 깊이 아래에 전부 적용된다.

만 챌린저해연이라면 아직 가야 할 길이 더 있다. 모래알은 심해 지대와 초심해 지대를 통과하며 계속 떨어진다.[15] 그리고 여정을 시작한 지 3시간이 지난 후 마침내 해저 가장 깊은 곳에 안착한다.

고요하고 눈부신 대화

역설적으로 빛은 육지가 아닌 어두운 바다에서 우리가 흔히 예상하지 못하는 방식으로 유용하게 활용된다. 바다에서 빛은 에너지원이 아닌 신호를 보내는 도구다. 이때 바다의 산란 현상이 도움이 되는데, 주위 환경에서 혼동을 일으킬 만한 빛이 산란되는 덕분에 동물들이 잠재적 빛 신호에만 집중할 수 있기 때문이다. 바다에서는 장거리 빛 신호가 쓸모없는 대신 단거리 빛 신호가 굉장히 유용하다. 해양 생물은 어둠 속에서도 의사소통을 멈추지 않는다. 바다에 사는 생물종의 76%는 스스로 빛을 생성한다고 추정된다(생물발광). 인간은 파도 아래에서 매초 수십억 번 발생하는 섬광과 깜박임, 주기적이거나 특정 패턴이 있는 발광, 산란 현상 등을 이제 막 이해하기 시작했다.

발광성 와편모충류bioluminescent dinoflagellates라는 작은 유기체는 자극받으면 빛을 뿜어내며 바닷물이 움직일 때마다 빛기둥을 생성한다. 해저를 기어다니는 거미불가사리는 녹색 빛을 반짝이며 야광 점액을

15 초심해hadal 지대는 6,000m에서 1만 1,000m 사이의 지역으로 심해 해구에만 존재한다. 영문명은 지하 세계를 관장하는 신 하데스Hades에서 유래했다.

분출한다. 남극해에 풍부하게 서식하는 크릴새우는 몸 아래쪽에서 빛을 발산하며 밝은 하늘을 배경으로 자신을 숨긴다. 해파리는 포식자 접근을 막고 먹이를 유인하기 위해서 주기적으로 빛을 내뿜는다. 패충류Ostracoda는 포식자에게 먹히면 밝은 빛을 뿜어 포식자 배 속을 밝게 비춘다. 그러면 빛에 놀란 포식자는 패충류를 토해낸 뒤 은신처를 찾아 달아나고, 패충류는 헤엄쳐 다니며 밤을 보낸다. 이보다 인상적인 생물은 훔볼트 오징어로, 밝은 표층수뿐만 아니라 복잡한 신호를 알아차리기 어려우리라고 예상되는 어두운 심해에서도 의사소통하는 법을 알아냈다.

훔볼트 오징어는 페루, 멕시코, 캘리포니아 해안 어업 공동체에 돈벌이가 되는 어종이다. 하지만 어민 개인에게는 최악의 경우 생명의 위협이 된다. 훔볼트 오징어는 근육질 연체동물로 길이가 1m 넘게 자라고, 이따금 대규모로 무리 지어 사냥하는 공격적인 포식자이며, 기회가 되면 서슴지 않고 동족을 잡아먹는다. 이들은 다리 8개 외에 먹이를 붙잡는 용도로 이빨 달린 빨판이 늘어선 촉수 2개를 지닌다. 공격당하거나 자극받으면 두 촉수를 써서 사람에게 고통스러운 상처를 남긴다. 그러나 훔볼트 오징어는 수심 200~800m 바닷속 끝없는 어둠에 살며 일생 대부분을 인간과 멀리 떨어져 지낸다. 달빛을 피할 수 있는 밤이면 수면 가까이 올라와 먹이를 먹다가 해가 뜨면 다시 심해로 사라진다. 이들은 주로 작은 물고기와 갑각류를 먹고 살며, 때때로 먹이터에 모여 다리를 내밀고 서로의 주위를 미끄러지듯 헤엄치면서 서열 관계를 조심스럽게 지키고 싸움을 피한다. 자기보다 몸집이 훨씬 큰 오징어나 물고기를 노리는 뻔뻔한 기회주의자 훔볼트 오징어는 그보다 힘센 오징어에게 점심 식사로 선택될 가능성이 크다.

문제는 햇빛이 없는 상황에서 훔볼트 오징어가 행동을 어떻게 조정하는지다. 다른 오징어종은 복잡한 신호 전달의 달인으로, 외부에서 비치는 빛에 의존해 숙련된 몸짓을 드러낸다. 이들은 피부 바로 아래에 색소 주머니 수천 개가 있다. 주머니가 빠르게 확장 또는 압축되면 색이 나타나거나 사라지며 눈 깜짝할 사이 피부의 모든 부분이 독립적으로 변화한다. 또한 반사율과 훈색을 변화시킬 수 있으며, 일부 종은 화려하고 다양한 색을 보이기도 한다. 운 좋게 산호초에서 오징어를 발견하면 잠시 멈추고 주의 깊게 관찰해보자. 오징어는 끊임없이 몸 색깔을 바꾸거나, 세상(특히 다른 오징어)을 향해 복잡한 무늬를 몸 전체에 나타내거나, 그렇지 않으면 조심스럽게 배경색과 어우러지며 눈에 뻔히 보이는 곳에 대놓고 몸을 숨길 것이다. 심지어 수컷 오징어는 몸의 한쪽 면으로는 짝짓기하기 위해 암컷에게 부드럽게 접근하는 한편, 다른 한쪽 면으로는 다른 수컷 오징어에게 접근하지 말라는 공격적인 신호를 전달하는 등 두 가지 얼굴을 보인다. 그런데 피부색을 바꾸는 행동은 색의 변화가 눈에 보일 때만 유용하다. 오징어의 신호는 일반적으로 눈에 잘 띄지만 반사되는 햇빛에 의존해 메시지를 전달한다. 훔볼트 오징어의 눈은 지름이 최대 8cm에 달하는 거대한 구球다. 하지만 제아무리 뛰어난 탐지기라도 탐지할 대상이 있을 때만 쓸모가 있다. 훔볼트 오징어는 그런 커다란 눈으로 수심 600m의 어두컴컴한 암흑을 응시하며 무엇을 발견할 수 있을까?

훔볼트 오징어가 촉수를 앞으로 쭉 뻗고 유영하는 동안, 어둠 속의 아주 작은 불빛들이 오징어 주위에서 끊임없이 반짝인다. 이 불빛은 미세한 발광 유기체로 섬광을 내뿜으며 다른 생물의 주의를 분산시키거나 경고 또는 유인 신호를 보낸다. 이러한 유기체의 신호는 오징어에게 보내는 메시지가 아니라 심해 생태계에서 일상적으로 발생하는 시각적 소음일 뿐이다. 단세포 와편모충류는 물속을 헤엄치는 물고기에게 자극받으면 자동으로 빛을 발한다. 이는 물고기의 윤곽을 희미하게 드러내며 주위에 물고기의 존재를 알린다. 그러면 훔볼트 오징어는 불과 몇 미터 떨어진 곳에서 발생할 극단적 상황을 피하기 위해 이동 방향을 약간 옆으로 돌린다. 다른 훔볼트 오징어는 피부색이 어두워진 뒤 눈 주위 반점이 부풀어 오르다가 몸 한쪽 면의 색이 빠르게 사라진다. 이는 분명 물고기를 공격한다는 신호다. 이 두 번째 오징어는 물고기를 공격하며 피부색이 점점 어두워지다가, 촉수에 붙잡힌 운 나쁜 먹잇감을 물어뜯기 시작하며 피부색이 다시 창백해진다. 이러한 과정에서 훔볼트 오징어는 지느러미 가장자리가 옅은 색에서 어두운색으로 변화하며 자신의 몸집을 드러낸다. 이는 단 몇 초 만에 일어나고, 첫 번째 오징어는 현장에서 멀리 떨어져 있어야 함을 깨닫는다. 바닷속은 어둡지만 피부 신호는 선명하다. 햇빛이 들지 않아도 훔볼트 오징어는 몸 전체에서 색을 드러낸다.

훔볼트 오징어는 젤리 같은 근육 안에 크기와 형태가 쌀알과 비슷한 미세 입자 수백 개가 있다. 각 입자에는 루시페린과 루시페레이스라는 두 가지 화학물질이 들어 있다. 각 입자의 내부 기관이 두 가지 물질을 결합하면 밝은 파란색 빛이 폭발적으로 뿜어져 나온다. 훔볼트 오징어가 발산하는 빛은 외부가 아닌 오징어 내부로 향하고 근육 조직 내부에서 반사된다. 그 결과 훔볼트 오징어 몸의 근육질 부분(거의 모두 근육으로 이루어져 있다)이 밝은 파란색으로 빛나며, 특히 독특한 피부 신호를 생성하는 부위가 강렬하게 빛을 낸다. 이러한 빛은 피부 무늬를 드러내는 배경 조명 역할을 한다. 진한 색소가 담긴 주머니가 확장되면 밝게 빛나는 근육에 뚜렷한 무늬가 나타난다. 따라서 훔볼트 오징어는 어둠 속에서도 자신의 메시지를 명확하게 전달할 수 있다. 훔볼트 오징어 무리는 그 메시지를 토대로 행동과 움직임을 조정한다. 연구자는 특정 피부 무늬와 행동 사이의 연관성을 밝혀냈는데, 심지어 신호 순서도 메시지 해석에 중요한 듯 보였다. 이는 연구하기 까다로운 분야로 답보다 의문이 더 많이 남아 있다. 수중 빛 신호는 아주 정교한데, 바닷속에 숨어 사는 생물이 같은 공간의 안개 속에서 헤엄치는 미지의 생물에게도 메시지를 보낼 수 있을 정도다.

바닷속 빛의 물리학은 단절된 수중 세계, 즉 국지적 사건만 인식하고 즉각적 변화에만 집중하는 세계를 암시한다. 그런데 이러한 특성이 늘 단점으로만 작용하는 것은 아니다. 만약 1km 이내에 있는 모든 사람의 대화가 또렷하게 들린다면 세상이 얼마나 복잡하게 느껴질지 상상해보자. 우리는 큰 혼란에 빠질 것이다. 육지에서는 소리가 멀리 전달되지 않고, 전달되더라도 먼 거리를 거치며 여러 소음이 합쳐지고 왜곡되어 기본적인 정보만 전해진다. 육지에서의 소리는 바다에서의 빛과 마찬가지로 근거리 의사소통에만 유리하다. 인간은 파도 아래의 세계를 이해하기 위해 분투하는데, 인간에게 주로 정보를 전달하는 빛이 심해에서는 부차적인 역할로 강등되기 때문이다. 하지만 빛을 대신해 임무를 수행하는 대체 전달자가 있는 덕분에 장거리 의사소통은 가능하다. 해수면 아래는 소리의 영역이다.

바다 밑 세계에서는 소리가 복잡한 이야기를 전달하며, 짝 또는 서식지 탐색에 필요한 장거리 의사소통 도구가 된다. 소리는 바다를 하나로 연결하는 전달자다. 이제 음향해양학(수중음향학)의 세계로 한 걸음 나아가 바다의 장거리 통신체계를 살펴보도록 하자.

바다는 침묵하지 않는다

자크 쿠스토는 서구에서 해양 스토리텔링의 거장으로 널리 알려진 인물이다. 여러 세대의 다큐멘터리 제작자들이 쿠스토의 어깨 위에 서 있다. 1950년대 이후 쿠스토가 발표한 영화와 책, TV 다큐멘터리는 전 세계 사람들에게 완전히 새로운 관점을 선사했다. 바닷속에서 바다를 관찰하는 관점이다. 1940년대에 그는 공동 제작자인 에밀 가냥Émile Gagnan과 함께 최초의 현대식 스쿠버다이빙 장비인 애퀄렁을 발명하며[16] 이전보다 바다를 개인적으로 탐험할 수 있는 길을 열었다. 1930년대에 윌리엄 비브는 구형 잠수정에 탑승해 바다를 관측하는 즐거움을 누렸지만, 쿠스토와 그의 팀은 살아 있는 해양 생물을 단순히 관찰하는 선에서 멈추지 않았다. 그들은 해양 생물을 직접 쿡 찔러보고, 놀리고, 따라다닌 뒤에 가져와 과학 연구에 활용했다. 여기에

16 '스쿠버scuba'는 '수중자가호흡장치Self-Contained Underwater Breathing Apparatus'의 약어로 1952년에 고안된 단어다. 쿠스토는 자신이 발명한 장비를 '애퀄렁aqualung'이라고 불렀다. '물속aqua'의 '폐lung'라는 이름처럼 이는 수중 호흡기의 일종이다.

서 가장 중요한 핵심은 새로 개발된 수중 카메라로 전 세계 사람들이 바다를 촬영하며 이들의 모험에 동참했다는 점이다. 당시 촬영된 영화들이 바다를 보는 인간의 시각을 재설정한 덕분에, 바다는 무서운 전쟁터가 아닌 자연의 즐거움이 가득한 경이로운 세상으로 바뀌었다. 쿠스토의 첫 번째 책을 원작으로 제작된 그의 첫 번째 영화는 1956년 발표되어 칸영화제에서 황금종려상을, 아카데미상에서 장편 다큐멘터리상을 수상했다. 왕과 왕비, 정치인과 예술가, 무역업자와 직장인, 그리고 호기심 많은 어린이들이 지켜보는 세계 무대에서 바다가 위대한 작품으로 데뷔했다. 그래서 이 위대하고 중요한 예술 작품에 오해의 소지가 있는 제목이 붙었다는 사실은 바다 연구자들을 오랜 세월 당혹스럽게 했다. 영화 제목은 '침묵의 세계'다. 그런데 바다는 분명 침묵하지 않는다.[17] 하지만 '침묵의 세계'라는 제목이 별다른 이의 제기 없이 넘어갈 수 있었던 이유는 수중에서 들리는 소리의 본질과 관련이 있다. 물 자체와 인간의 해부학적 구조 및 탐사 방식은 바닷속 소리가 우리 귀에 들리지 않도록 효과적으로 막는다.

소리는 해수면에서 시작된다. 바다에서 나는 익숙한 소리는 해변에서 부서지는 파도 소리로, 먼바다에서 밀려온 바닷물이 뒤집히고 포효하고 사방으로 튀는 동안 생성된 거품 수십억 개가 터지면서 '쏴'

---

17 오늘날 관점에서 보면 '침묵의 세계'는 제목보다 내용이 더 불편하다. 이 영화는 여전히 교육적이지만, 세월의 흐름에 따라 '허용 가능한 것'의 범위가 어떻게 변화하는지 보여주는 흥미로운 사례다. 쿠스토는 이후 작품에서 자연에 훨씬 큰 관심을 기울이기는 했으나, 이 첫 번째 영화에서 그가 동물과 환경을 마구잡이로 대하는 모습은 오늘날 기준으로 볼 때 대단히 충격적이다. 영화의 긍정적 측면은 태도의 극적인 변화를 보여준다는 점이다. 아직 갈 길이 멀어 보이는 사람에게도 희망이 있음을 느끼게 된다.

하고 부드러운 소리를 낸다. 그런데 이러한 파도 소리는 해수면에서 일어나는 현상이어서 바닷속에서는 들리지 않는다. 완벽하게 고요한 날은 바다에서 나는 소리가 우리 귀에 들리지 않는데, 해수면 자체가 양면 거울처럼 작용하기 때문이다. 바다 아래에서 나는 소리는 다시 아래로 반사되고, 바다 위에서 나는 소리는 다시 위로 반사된다. 바다 위와 아래의 세계는 소리 측면에서 거의 완전히 분리되어 있다.

물에 압력을 가해 찌그러뜨리고 부피를 좀 더 작게 만드는 일에는 어마어마한 노력이 든다.[18] 그래서 물은 밀리면 더 좁은 공간으로 압축되는 대신 앞에 있는 분자를 밀고, 그렇게 밀린 분자들은 자신보다 앞에 있는 분자들을 밀어서 빠르게 위치를 조정한다. 즉, 압력은 물을 통해 앞으로 전달되며 그동안 물 분자는 멀리 이동하지 않는다. 일반적인 수중 음파는 물 분자들이 소리의 진행 방향을 따라 앞뒤로 진동하면서 아주 미세하게 압축되거나 팽창되는 이동 패턴으로 이루어진다. 그런데 음파가 수면에 도달하면 공기는 밀도가 너무 낮아 압력을 전달하지 못한다. 물에 빽빽이 들어찬 분자들이 밀어낼 물체가 공기 중에는 없다. 결국 수중 음파는 해수면에서 반사되어 다시 아래로 내려간다. 해수면 위에서 나는 소리는 분명 공기를 타고 이동할 수 있지만, 공기 중의 소리가 해수면에 부딪히는 것은 콘크리트 벽에 부딪히는 것과 같다. 따라서 공기 중 소리는 해수면에서 반사되어 위로 올

18 챌린저해연은 그 위에 깊이 10km에 달하는 바다의 무게가 더해져 있지만, 해연 바닥에 있는 물은 약 5%만 압축되어 있다. 이는 우리가 해수면 근처에서 관측하거나 생성할 수 있는 어떤 압력보다도 엄청나게 높다.

라간다. 물과 공기는 서로 너무 다른 까닭에 한쪽에서 이동하던 소리가 다른 쪽으로 침투하는 일은 거의 없다. 그런데 다른 쪽이 어떤 환경인지 단서를 구하려면 물리적으로 그 경계를 넘어야 한다. 인간은 숨을 참고 뛰어들기만 하면 아주 쉽게 그 경계를 넘을 수 있다.

자크 쿠스토는 애퀄렁을 실험하기 이전부터 노련한 프리 다이버였다. 프리 다이버는 몇 분 동안 숨을 참는 훈련을 하는 덕분에, 수면 아래에서 물고기처럼 헤엄쳐 다니다가 산소가 부족해지면 수면 위로 다시 떠오른다. 쿠스토는 문자 그대로 몇 년간 수중 소리의 세계에 몰두해왔으며, 따라서 수중에서 나는 소리에 특별히 흥미를 느끼지 못했다. 하지만 인간의 귀가 수중에서 제 역할을 충실히 수행하지 못한다는 점에서 우리는 쿠스토를 용서할 수 있다. 사람의 귀는 세 부분으로 이루어져 대략 세 가지 기능을 수행한다. 사람들 대부분이 귀라고 생각하는 부위, 즉 두개골에서 튀어나온 둥그스름한 구조는 실제로 외이外耳에 불과하다. 외이의 주된 역할은 소리를 모아 머릿속으로 들여보내는 것이다. 머릿속으로 들어온 소리는 공기로 가득 찬 공간인 중이中耳로 전달되고, 중이에서는 공기 중의 소리를 물속의 소리로 변환하는 독창적 메커니즘이 작동한다. 중이를 통과한 소리는 액체로 채워진 내이內耳로 전달되는데, 내이는 실제 청각 과정이 일어나는 부위다. 따라서 우리는 내이를 채운 액체 속에서 소리를 듣는다. 그런데 소리는 외이와 중이를 통과해야만 내이에 도달할 수 있고, 외이와 중이는 공기로 채워진 시스템에서 작동한다. 문제는 공기와 물 사이의 경계가 소리의 양면 거울 역할을 한다는 것이다. 인간이 잠수를 하면 주변 물속의 소리가 공기 속에서만 작동하는 시스템과 만나고, 소리가 귀로 진입하는 구간 또한 공기로 가득 차 있다. 소리는 물에서 그러한 경계에 도달하면 도로 튕겨 나간다. 인간은 수중 교향곡에 둘러싸여 있어도 아무 소리도 듣지 못할 수 있다.

그런데 인간은 물속에서도 소리를 듣는다. 아주 조금은 듣는다. 우회로가 있는 덕분이다. 물은 밀도가 높고 거의 압축되지 않으며, 소리는 물과 성질이 유사하지만 다른 물질을 타고 물속에서 이동한다. 뼈와 물은 완벽하게 일치하지 않지만 꽤 유사하고, 물속에서 두개골과 턱뼈는 물 바로 옆에 있다. 따라서 두개골과 턱뼈가 중이의 공기 장벽에 차단된 소리에 내부 경로를 제공한다. 우리 몸에 도달한 소리는 공기로 채워진 외이와 중이를 통과하는 대신, 물에서 턱이나 두개골로 직접 이동한 다음 뼈를 타고 내이로 향할 수 있다.

기회가 되면 물속에 몸을 완전히 담그고 수영하면서 머리와 물 사이의 새로운 물리적 연결을 생각하며 물속 소리에 귀 기울여보자. 특별히 소리가 잘 들리는 방식은 아니지만, 고음보다 저음에 훨씬 효과적이다. 물속의 소리가 내이 쪽으로 전달되며 주변에서 자동차가 덜컹거리는 소리, 콘크리트 수영장 바닥에 매설된 펌프 소리(도심 수영장에서 수영하는 경우) 또는 보트 엔진 소리(바다에서 수영하는 경우)가 갑자기 들릴 수 있다. 이 모든 소리는 물속에 항상 존재했지만, 양면 거울에 반사되어 공기 중으로 전달되지 않았다. 그래서 우리는 무슨 소리를 놓치는지 알 방법이 없었다. 그런데 수면에 튀는 물소리나 수영장 반대편에서 누군가가 벽을 두드리는 소리 등 고음은 뼈를 잘 통과하지 못하기에 쉽게 들리지 않는다. 머리를 통해 듣는 소리는 뒤죽박죽 섞여 있고 웅얼거리며 불분명하다. 하지만 소리는 물속에 분명 존재한다. 프리 다이버는 소리 일부를 확실히 들을 수 있다.

자크 쿠스토가 다큐멘터리에서 바다의 소리를 외면한 가장 중요한 이유는 바다에서 시끄러운 물체로 손꼽히는 미세한 거품을 다량 생성하는 촬영 방식 때문이었을 것이다. 앞에서 살펴보았듯 물은 압축하기 무척 어려우므로, 물 분자를 살짝 밀면 주변의 다른 물 분자가 빠르게 밀려나며 소리가 먼 거리까지 전달된다. 그런데 거품은 압축성이 굉장히 좋다. 애퀄렁은 다이버가 숨을 들이마시면 공기통의 밸브가 공기를 정확한 비율로 방출해 다이버의 폐를 채우도록 설계되어 있다. 다이버가 내쉰 숨은 물속으로 곧장 빠져나와 반짝이고 부글거리는 작은 거품으로 부서져 기둥을 이루며 수면과 햇빛을 향해 위쪽으로 상승한다. 다이버가 내뿜은 숨에서 분리되는 각각의 거품들은 순간적으로 찌그러지고 늘어나지만, 거품이 되기 전의 공기 주머니는 아직 길게 연결되어 있다. 이 기다란 공기 주머니가 '퍽' 하는 소리를 내며 부서지면 공 모양의 거품이 생성되었다가 순식간에 찌그러진다. 찌그러진 거품 속 공기는 주변의 물을 바깥쪽으로 다시 밀어내고, 거품은 처음 크기보다 더 커진다. 이후 거품 주변의 물이 다시 거품을 안쪽으로 밀어내는 식으로, 거품은 팽창과 수축을 반복한다.[19] 이처럼 '호흡 상태breathing mode'에서 발생하는 진동이 물을 규칙적으로 밀면 음파가 생성된다.

물 1잔을 따르는 동안 보글거리는 소리가 들리거나, 연못 수면 아

---

19 전체 거품 부피에서 팽창과 수축이 일어나는 비율은 미세하므로, 이 과정은 사람 눈으로 직접 관찰하기가 쉽지 않다.

래에 둔 빈 병에 물이 채워지고 공기 방울이 빠져나가며 부글대는 소리가 들린다면, 이는 거품이 생성되는 순간 울려 퍼지는 소리를 듣는 것이다. 큰 거품은 저음을 내고, 작은 거품은 고음을 내며, 각각의 거품이 음악에 선율을 더한다. 거품은 새로 생성될 때마다 시끄럽게 소리를 낸다. 쿠스토와 다이버들이 스쿠버 장치로 호흡하며 거품을 무수히 뿜을 때마다 그들의 머리 바로 옆에서는 불협화음이 울려 퍼졌다. 거품의 불협화음은 다이버가 바다의 음악을 감상하지 못하게 분명 방해했을 것이다.

쿠스토와 그의 선박 R/V 칼립소호Calypso의 선원들은 해양 탐험가의 극적인 삶을 다큐멘터리에 담았다. 빨간색 모직 모자를 쓰고 입에 담배를 문 채 선박 뒤쪽 갑판에서 밝은 노란색 공기통을 준비하며 심해로 나아가기 위한 작업에 몰두했다. 이것이 인간에서 물고기로 변신했다가 다시 인간으로 돌아온 사람들의 삶이었다. 하지만 바다는 거의 무성영화에 가깝게 다뤄졌다. 카메라에 마이크가 장착되어 있었기에 많은 장면에서 거품 터지는 소리가 들렸지만, 바다가 내는 자연스러운 소리는 들리지 않았다. 이 다큐멘터리는 인간의 내레이션과 오케스트라 음악, 이를테면 플루트 트릴과 인상적인 오보에 솔로, 금관악기의 우렁찬 소리와 절정의 피아노 화음 등으로 덮여 있어 작곡가가 내용을 해석하는 느낌을 줬다. 바다는 발언권을 얻지 못했다. 이 유명한 데뷔작에서 바다는 침묵했고, 바다가 침묵한다는 오해에 이의를 제기하는 사람은 없었다. 다큐멘터리 영상은 상을 받고 대중에게 찬사받기에 충분했지만, 바다가 하는 이야기의 절반만 수록되었다.

해덕대구의 나이트클럽

노르웨이해를 흐르는 차가운 물속에서 해덕대구 1마리가 해저의 어두운 바위틈을 지킨다. 해덕대구는 몸길이가 약 50cm인 중간 크기 물고기로, 등은 어두운색이고 배는 은색이며 가슴지느러미 바로 위에 독특한 검은 반점이 있다. 해수면에서 150m 아래는 빛이 부족해 앞이 잘 보이지 않는다. 노르웨이의 길고 들쭉날쭉한 해안선은 북해에서 출발해 북쪽으로 1,600km를 구불구불하게 뻗어나가며 북극권을 거쳐 하얗게 얼어붙은 북극해에 다다른다. 해덕대구는 북극해에서 자신의 자리를 확고하게 지킨다. 해덕대구의 서식지는 수심이 얕은 대륙붕에 있어 영양소가 바닥부터 해수면까지 쉽게 뒤섞이고, 약한 봄 햇살이 연료를 공급해 새로운 생명을 탄생시킨다. 해덕대구는 바다 밑바닥에 자신의 영역을 정하고 그 영역을 지키기 위해 다른 개체와 다툰다. 1년 중 대부분은 해저 퇴적물을 파헤쳐 달팽이, 조개, 곤충, 작은 물고기를 잡아먹는다. 그러다가 봄이 오면 특정 산란지로 이동한다. 수컷은 선택한 지역에 자기 영역을 설정하고 잠재적 짝짓기 상대에게 선택받기 위한 환경을 구축한다.

수컷 해덕대구는 자기 영역에서 8자 모양으로 반복해 헤엄치며 암컷을 유혹한다. 그러면 둔탁한 '쿵쿵' 소리가 길게 이어진다. 이를 통해 수컷은 어둠 속에서 자기 존재를 알린다. 근처에 있는 수컷 경쟁자들은 제각기 조금씩 다른 음과 패턴, 주기로 노크한다.[20] 수백 미터 떨

20 '노크'는 해덕대구가 내는 소리를 일컫는 전문용어다.

어진 곳으로 그 소리가 퍼질 때까지 행동을 멈추지 않는다. 이곳은 해덕대구가 모인 나이트클럽으로, 암컷들은 특정 수컷이 매력적으로 느껴지면 잠시 멈춰 자세히 살펴본다. 구애 행위가 진전될수록 노크 소리는 점점 빨라져 윙윙거리는 소리로 변한다. 그리고 마침내 구애를 위한 광고음과 성공을 알리는 신호가 뒤섞인다. 노크 소리는 짝짓기 과정을 조정하는 도구로, 물속에서 사방으로 물결을 일으키고 소리 메시지를 전달하며 종족 번식을 위한 짝짓기의 필요성을 강조한다. 이처럼 수컷 해덕대구가 인상적인 노크 소리를 낼 수 있는 이유는 체내에 특유의 악기를 지니고 있기 때문이다.

물은 미세한 밀도 차이도 용납하지 않는다. 물보다 밀도가 큰 물체는 가라앉는다. 밀도가 작은 물체는 떠오른다. 이 두 가지 중에서 어느 상황도 원하지 않는다면, 쉬지 않고 헤엄쳐 제자리를 유지하거나 물과 완벽히 일치하도록 밀도를 조절하는 두 가지 선택지밖에 없다. 상어와 가오리를 제외한 경골어류는 거의 두 번째 선택지를 택한다. 경골어류의 머리 바로 뒤에는 은색 구아닌 결정층에 둘러싸인 주머니 2개가 연결되어 있다. 주머니는 밀폐 상태를 유지한다.[21] 물고기는 주머니를 작은 풍선처럼 부풀리고 내부 공기의 양을 지속적으로 조절하며 중성 부력을 유지해 몸이 가라앉거나 뜨지 않도록 한다. 이 주머니가 부레다. 부레의 주요 장점은 물고기가 에너지 소비 없이 특정 지점

---

21 이는 DNA를 구성하는 글자인 A, T, C, G에서 G에 해당하는 구아닌과 같다. 구아닌 결정은 굉장히 유용한 생물학적 구성 요소인데 대부분 훈색을 나타내기 때문이다. 구아닌 결정은 물고기 비늘에 은빛을 부여하는 물질로, 오래전부터 매니큐어와 샴푸, 금속색 페인트에 자연스러운 광택을 더하는 용도로 추출되었다.

에 머무를 수 있게 한다는 것이다. 그리고 공기로 채워진 주머니는 부력 보조라는 중요한 기능을 방해하지 않으면서 악기로도 사용할 수 있다. 해덕대구의 부레는 바깥쪽에 '두드림 근육' 1쌍이 붙어 있다. 근육이 부레를 빠른 속도로 두드리면 노크 소리가 난다. 두드려진 부레는 주변을 밀고 당기며 소리를 바깥쪽으로 보낸다. 스쿠버 장치에서 생성된 거품이 쉽게 소리를 내듯이, 부레 내부에서 생성된 거품도 쉽게 소리를 내기에 시끄럽다. 부레를 지닌 모든 어종이 부레를 악기로 쓰는 것은 아니지만, 해덕대구는 수컷과 암컷 모두 부레 연주에 능숙하다. 암컷은 수컷과 약간 다른 소리를 내며 주로 먹이를 찾는 동안 다른 물고기에게 경고하는 용도로 활용한다. 이는 다른 방식으로는 전달할 수 없는 중요한 메시지다. 해덕대구는 바쁜 일상을 조정하기 위해 소리에 의존한다.

해덕대구가 독특한 사례인 것은 아니다. 다양한 어종이 '꽥꽥, 까악까악, 짹짹, 웅얼웅얼, 훅훅, 중얼중얼, 찍찍, 빡빡, 그릉그릉, 컹컹' 하는 소리를 낸다. 이는 물고기가 내는 소리의 일부에 불과하다. 이러한 소리가 전부 부레에서 발생하는 소리는 아니다. 물고기는 지느러미나 뼈 같은 몸 부위를 동시에 문질러 다양한 소리를 낼 수 있다. 물고기가 내는 다양한 소리가 새소리만큼 정교하거나 아름답지 않다고 생각하는 사람도 있겠지만 이는 전적으로 관점의 문제다. 나이팅게일이 런던의 버클리 스퀘어에서 노래하듯이, 두꺼비고기는 서아프리카 해안 바위 밑에서 노래 부르며 주위에 자신의 존재를 분명히 알린다. 물고기는 새처럼 음역이 넓지 않지만, 새와 똑같은 이유로 소리를 이용해 메시지를 전달한다. 물론 아무도 노래를 들을 수 없으면 모든 행동은 헛수고로 돌아간다. 그렇다면 물고기는 귀가 어디에 있을까?

암컷 해덕대구가 수컷 해덕대구 영역 위에서 짝짓기 상대를 찾아다니는 동안 주변 바닷물은 음파로 가득 차 있으며 각각의 음파는 물 분자를 매개로 전파된다. 해덕대구 몸에 도달한 음파는 변화해야 할 필요가 거의 없다. 물고기는 몸이 대부분 물로 이루어져 있어 음파가 내부로 침투할 수 있기 때문이다. 암컷 해덕대구는 소리가 몸속으로 곧장 침투하므로 귀가 몸 외부에 있지 않아도 된다. 그런데 암컷의 머리 바로 뒤에서 음파가 어떤 물체를 밀어낸다. 이는 물보다 밀도가 3배 높고 단단한 탄산칼슘 덩어리다. 탄산칼슘 덩어리는 음파에 밀려 움직이지만 속도가 물보다 느리다. 음파가 암컷 해덕대구를 통과하며 근육 분자를 진동시킬 때, 이석耳石이라고 불리는 고밀도 탄산칼슘 덩어리는 근육 분자의 진동 속도를 따라잡지 못한다. 이석은 물고기의 귀다.[22] 몸속 깊숙이 숨겨져 있지만 소리가 쉽게 도달한다.

이석은 섬세한 감각모로 이루어진 카펫 위에 놓여 있고, 이석의 움직임과 이석이 놓인 공간 사이의 불일치를 감각모가 감지한다. 감각모는 소리 감지 메커니즘을 형성한다. 이석이 물고기 몸속에서 움직인다면, 이는 물고기 몸이 소리에 진동하는 동안 이석이 몸의 진동에 뒤처져 움직인다는 것을 의미한다. 감각모는 물고기의 뇌에 신호를 보내 소리가 얼마나 많은 움직임을 발생시키는지, 진동 속도가 얼마나 빠른지 알린다. 그러면 암컷 해덕대구는 가장 가까운 수컷의 노크 소리에 이끌려 아래쪽으로 향한다. 이러한 소리 감지 메커니즘에

22 해덕대구는 이석을 3쌍 지닌다. 이석의 수와 배열은 물고기 종마다 다르다.

서 기발한 점은 감각모 카펫이 물고기 몸을 기준으로 이석의 진동 방향을 판별한다는 것이다. 그 덕분에 암컷은 소리가 나는 방향을 정확하게 알아낼 수 있다. 평평한 손바닥 위에 탁구공을 놓는다고 상상해 보자. 손을 좌우로 흔들면 잠시 후 탁구공도 좌우로 움직일 것이다. 그러다가 손을 앞뒤로 흔들면 탁구공도 앞뒤로 흔들릴 것이다. 이석도 이와 비슷한 방식으로 움직인다.[23] 따라서 암컷 해덕대구는 주변의 무수한 짝짓기 지망생 중에서 자신에게 어울리는 짝을 찾는 데 아무런 문제가 없다.

시끄러운 짝짓기 소동이 끝난 뒤 해덕대구는 해저 바로 위를 헤엄쳐 다니며 먹이를 먹는 일상으로 돌아오고, 이때 소리는 주위 환경을 이해하는 수단으로 활용된다. 물고기는 주위 환경에서 전달되는 음파 메시지의 홍수에서 헤엄친다. 그런 메시지 중 일부는 유용한 정보이지만 나머지 일부는 배경음에 불과하다. 물고기보다 훨씬 위에 자리한 대기에서 바람이 불면 파도가 해수면에서 부서지며 거품이 무수히 생성된다. 바람이 강해질수록 거품이 점점 더 많아지고, 새롭게 생성된 거품에서 나는 작은 소리는 합쳐져 배경음을 형성한다. 비 또한 시끄러운 거품을 생성하는데, 강력한 뇌우인지 잔잔한 이슬비인지에 따라 소리의 특성이 달라진다. 날씨는 바닷속에서 느껴지는 대상이 아닌 들리는 대상이다. 노르웨이 해안은 북대서양에서 밀려오는

23 이는 과학에서 비교적 연구되지 않은 분야로, 이석의 형태와 진동 방식이 물고기의 청각 능력에 중대한 영향을 미칠 것이라고 예상된다. 이석은 어종마다 형태와 위치가 다르고, 물고기의 다른 부위가 없어도 종 식별이 가능할 만큼 독특하다.

폭풍우에 노출되는 까닭에 해수면 위의 날씨가 바닷속에 끊임없이 존재감을 드러낸다. 물고기는 다른 어종과 싸우고 먹이를 잡아먹는 동안 웅얼거리고 꽥꽥대고 씨근거린다. 돌고래 무리는 바다 상층부를 지나며 반향정위(음파나 초음파를 써서 메아리로 물체 위치를 파악하는 방법-옮긴이)를 위해 딸깍거리는 소리를 내며 주위를 탐색하는 동안, 고음의 비명 소리와 휘파람 소리를 내며 동료와 의사소통한다. 암흑 속에서 혹등고래와 밍크고래가 내는 깊은 신음, 딱딱대는 소리, 웅얼거리는 소리는 먼 곳까지 울려 퍼진다.[24] 물고기 대부분은 그러한 소리 중 일부를 선택적으로 듣지 못한다. 물고기는 종마다 청력 차이가 커서 수중 교향곡의 일부만 들을 수 있다. 하지만 거의 모든 물고기가 청각적 능력을 지닌다. 청각은 어둠 속에서 다른 장소에 무슨 일이 일어나는지 밝히는 유일한 도구다. 육지에서 듣는 새벽의 합창곡과 비교하면 작은 소리이지만, 이 냉랭한 북쪽에서도 바다는 결코 침묵하지 않는다.

인간의 귀는 수중 세계에서 나는 소리에 익숙하지 않지만, 지난 100여 년간 우리는 그런 소리를 엿듣는 기술을 개발했다. 수많은 과학 분야에서 그랬듯 인간은 자신이 무엇을 발견할지 잘 알고 있으면서, 도구를 다듬으면 기존의 단순한 밑그림을 더욱 또렷하게 개선할 수 있으리라 예측하고 연구에 뛰어들었다. 그리고 여느 때처럼 인간의 예측은 틀렸다.

24 이러한 소리를 직접 듣고 싶다면 https://dosits.org/galleries/audio-gallery/에 바닷속 자연음과 인공음이 많이 저장되어 있으니 참고하라.

수심 300m의 기묘한 반향음

1942년 6월 캘리포니아 샌디에이고 해안에서 한 무리의 작은 생물이 해수면 아래 깊은 어둠 속에서 급히 헤엄쳤다. 잠시 윙윙거리는 소리를 들은 생물 무리가 곧장 신경을 바짝 곤두세운 것이다. 그런데 인근에 포식자의 흔적은 없었다. 생물 무리는 20세기 해양학에서 해결하기 가장 힘들었던 수수께끼의 범인이 바로 자신임을 깨닫지 못한 채 먹이를 찾으러 돌아갔다.

30년 전 인류는 수중 세계를 감시하는 일이 얼마나 유용한지 처음 깨달았다. 1912년 침몰한 타이태닉호와 제1차세계대전 당시 활약한 잠수함은 세계에 대한 인간의 지식에 맹점이 있음을 뚜렷이 부각했다. 바닷속을 들여다볼 방법이 없다는 것은 아주 답답한 문제였다. 잠재적 해결책은 존재했지만 구현하기가 쉽지 않았다. 물속의 소리는 물과 밀도가 다른 모든 물체에서 반사된다. 잠수함도 그러한 물체에 해당한다. 따라서 소리를 바다에 보낼 수 있으면, 소리가 장애물에 반사되어 돌아오는 반향음도 들을 수 있다. 소리 신호가 전송되고 반향음이 돌아오는 시간을 측정할 수 있으면, 그 반향음은 장애물까지의 거리를 알려준다. 소리는 공기보다 물에서 더 빠르게 이동하지만, 빛과 비교하면 느리므로 이동 시간을 측정하기가 훨씬 수월하다.[25] 제2차세계대전이 발발할 무렵 과학자와 공학자는 반향음을 측정하는 기본 장비를 가지고 있었지만(이 장비는 훗날 수중 음파탐지기로 알려졌다), 이는 다루기가 무척 까다로웠다. 이들은 바다에서 알려지지 않은 광활한 장소로 소리를 보내고 무엇이 돌아오는지 해석하려고 노력했다. 그런데 반향음을 발생시키는 물체는 잠수함뿐만이 아니었다.

1942년 칼 아이링Carl Eyring, 랄프 크리스텐슨Ralph Christensen, 러셀 레이트Russell Raitt 3명의 과학자는 USS 재스퍼호Jasper를 타고 샌디에이고 앞바다에서 연구하고 있었다. 이 선박은 미 해군에 투입되어 전쟁 중 과학 지원 활동에 쓰이기 전까지 본래 요트로 활용되었다. 세 과학자의 일은 수중 음파탐지기를 이용해 선박 밑에서 무슨 일이 일어나는지 밝히는 것이었다. 그런데 처음부터 문제가 있었다. 수중 음파탐지기로는 해저가 어디인지조차 파악되지 않는다는 것이었다. 해저가 1,300m 아래에 있는데도 반향음이 수심 약 300m에서 희미하게 돌아왔다. 그 기묘한 층은 측정할 때마다 그림자처럼 모습을 드러냈고, 그 밑에서 실제 해저가 감지되었다. 세 과학자 외에 수중 음파탐지기를 초기에 사용한 사람들도 같은 현상을 목격했다고 보고했다. 해수면 아래에서 무언가가 소리를 반사했고, 그것은 단단한 물체가 아니었다.

기묘한 층은 모든 바다에서 수심 300~1,500m에 존재하며, 해저로부터 멀리 떨어져 있는 듯 보였다. 문제는 그 기묘하고 불확실한 층에 잠수함이 숨었을 가능성이 있다는 점이었다. 수중 음파탐지기는 유용하지만 수수께끼가 남아 있었다. 기묘한 층이 관측되는 원인으로

---

25 1826년 장 다니엘 콜라동Jean-Daniel Colladon과 샤를 프랑수아 스튀름Charles-François Sturm은 물속의 음속이 공기 중의 음속보다 빠르다는 것을 증명했다. 제네바호에서 진행된 그들의 실험은 10mi(약 16km) 떨어져 있는 2척의 배로 구성되었다. 1척은 종을 매달아 물속에 담갔고, 다른 1척은 소리를 증폭시키는 기구를 매달아 물속에 담갔다. 그리고 종을 울리는 동시에 화약을 터뜨렸다. 화약에서 발생한 섬광과 물속 폭발음이 다른 배에 도달하기까지의 시간을 측정해 물속에서의 음속을 도출했다. 차가운 호수의 민물 속에서 소리가 이동하는 속도는 초속 1,435m로, 공기 중에서보다 3배 빠른 속도이면서 과학자들이 측정할 수 있을 만큼 느린 속도였다.

수온이나 해양 엔진의 다른 물리적 요소를 지목한 사람도 없었다. 그러던 중 누군가가 기묘한 층이 움직인다는 사실을 알아차렸다. 전 세계 어디에서 관측하든 기묘한 층은 해가 지면 수면 가까이 올라왔다가, 해가 뜨기 직전 다시 아래로 내려갔다. 기묘한 층은 산란음이 난다는 이유로 심해산란층이라고 불렸지만, 그런 소리가 나는 이유는 아무도 몰랐다. 기묘한 층을 향해 그물을 던져도 낯선 새우와 해파리 몇 마리, 작은 물고기 1~2마리만 잡혔다. 강한 소리 신호를 차단하거나 우회시킬 만한 것은 없었다.

기묘한 층을 발생시키는 범인은 음향해양학자, 그중에서도 특히 생물학자에게 뜨거운 논쟁거리였다. 기묘한 층은 아주 규칙적으로 빠르게 움직인다는 점에서 해수층이 아닌 생물이 분명했기 때문이다. 서로 얽히고설켜 거대한 군집을 이루는 소형 육식동물인 관해파리목은 몸 표면에 거품이 있다. 소리는 관해파리목 군집의 표면에서 반사될까? 샛비늘칫과는 부레를 지니고 있으니 소리를 반사하는 좋은 장애물로 작용할까? 하지만 바다 밑에 내린 그물은 빈 상태로 올라왔고, 잠수정은 탐색만 하다가 빈손으로 돌아왔다. 기묘한 층에 들어가면 층의 위쪽과 아래쪽 물은 구분되지 않는 것처럼 보였다. 기묘한 층이 상승하며 2개로 갈라지는 때도, 그렇지 않은 때도 있었다. 탐사에 사용하는 소리의 유형에 따라 2겹 또는 3겹의 층으로 나타나기도 했다. 그리고 전 세계 바다에서 기묘한 층은 위아래로 오르락내리락했다.

샛비늘칫과는 5,000만 년이 넘는 세월간 지구 바다를 헤엄쳤다. 샛비늘칫과에는 전 세계에 분포하는 약 250개 어종이 속한다. 몸은 티스푼만 한 크기로 은색을 띠고, 큰 눈과 섬세한 지느러미를 지니며, 포식자를 피하기 위해 빽빽한 군집을 이룬다. 샛비늘칫과는 큰 물고기에게 사냥하기 쉬운 풍부한 먹잇감이다. 그래서 이들은 심해에서 경계 태세를 늦추지 않다가 위험이 감지되면 재빠르게 도망친다. 샛비늘칫과lanternfish는 '손전등 물고기'라는 영문명에 걸맞게 머리와 몸 아래쪽에 청색, 녹색, 노란색 빛을 내는 발광판이 줄지어 있어 해수면에서 침투하는 약한 빛으로부터 자신을 위장할 수 있다. 샛비늘칫과는 인간 세계에 영향받지 않고 거대한 해양 생태계의 일부로서 생존하는 일에 초점을 맞춘다.

작은 물고기는 공격당하기 쉬우므로, 어두운 바다에 숨는 것이 가장 중요한 생존 기술이다. 해수면에 가까워지면 먹이가 많아지는 동시에 포식자의 눈에 띄기 쉬워진다. 그래서 샛비늘칫과는 위험한 대낮에는 깊은 바다에 숨어 있다가, 어두워지면 먹이인 동물성플랑크톤을 찾기 위해 위쪽으로 헤엄쳐 올라온다. 샛비늘칫과는 소리가 몸을 통과하면 부레가 진동하며 음파에서 에너지를 흡수한 뒤 주변으로 소리를 다시 방출해 에너지를 잃는다. 이들은 소리보다 빠르게 움직일 수는 없지만, 다른 위험 요소에 굉장히 민감하게 반응하며 20m 이내로 무언가가 다가오면 도망친다. 이러한 까닭에 심해산란층에서 샛비늘칫과를 발견하기까지 그토록 오랜 시간이 걸렸던 것이다. 과학자들이 심해산란층에 무엇이 있는지 알아내기 위해 그물을 던졌을 때는 이미 샛비늘칫과가 달아난 지 오래였다. 샛비늘칫과는 최우선 임무가 포식자에게 발견되지 않는 것이고, 그러한 임무에 상당히 능숙하다. 하지만 소리를 피해 몸을 숨기지는 못한다.

과학자들은 샛비늘칫과를 관찰하고도 정확히 이해하지 못했다.

물리학자와 생물학자는 관찰과 논쟁을 거듭하며 연구 논문과 반박 논문을 발표했다. 이후 1960년대 중반에 상황이 서서히 명확해졌다. 샛비늘칫과는 심해산란층에서 방대한 개체 수를 차지한다고 오늘날 알려졌지만, 조심성 많은 성격 덕분에 오랫동안 과학자의 눈을 피할 수 있었다. 샛비늘칫과로 이루어진 빽빽한 층에서 작은 부레 수백만 개가 소리 장애물을 형성하며, 생물학이 해양물리학을 방해했다.[26] 심해산란층에는 다른 생물도 기여한다. 두 층 넘게 분리된 심해산란층이 관찰되는 이유는 서로 다른 종이 제각기 독립적으로 활동하기 때문이다. 1,000m 수심에서 햇빛을 향해 헤엄치는 모든 생물은 영양소를 바다 위쪽으로 운반하는 엘리베이터 역할을 하며 해수면과 심해의 생태계를 잇는 연결 고리로 작용한다.

생물로 이루어진 심해산란층은 매일 전 세계 바다 곳곳에서 오르락내리락한다. 이 층은 지구 바다에서 중요한 생물학적 특징으로 손꼽히지만 단지 소리에 미치는 영향 때문에 발견되었다. 그물과 눈에 보이는 대상에만 의존했다면, 우리는 적합한 전달자가 있어야만 관찰할 수 있는 생물의 층을 발견하지 못했을 것이며, 따라서 그토록 많은 샛비늘칫과가 존재한다는 사실도 밝히지 못했을 것이다. 인간은 소리로 탐험하는 방법을 익히며 새로운 해양학적 지식이 숨겨진 보물 창고를 열었다. 하지만 인간은 수중 소리를 감지하는 법을 배우기 훨씬 전부터 자체적으로 수중 소리를 생성하고 있었고, 그 결과 음향학적

26 현재는 샛비늘칫과로 이루어진 조밀한 층이 특정 주파수에만 감지되고 주파수를 바꾸면 보이지 않으므로, 그 아래로 잠수함이 숨을 수 없다는 사실이 밝혀졌다.

으로 깨끗한 바다를 연구할 기회를 놓치고 말았다. 우리는 그러한 소리를 듣지 못하는 까닭에 소리의 존재를 알아차리지 못했다. 바다에 서식하는 일부 동물은 그 소리를 분명하게 듣고 있었다.

고래 귀지에 담긴 수난의 역사

1940년대 전쟁이라는 위기 상황을 겪으며 인간은 바다에서 효과적인 장거리 통신수단이 음파뿐이라는 사실을 절실히 깨달았다. 밀도 높고 유동적인 바다의 신비를 밝히는 수단은 탐조등이 아닌 음파탐지기였다. 소리는 움직임의 부산물에 불과하다. 물 분자를 진동시키는 모든 움직임은 부드럽고 규칙적인 압력을 생성해 진동 발생원에서 바깥쪽으로 퍼져나가는 물결을 일으킨다. 해덕대구는 일부러 부레를 두드려 소리를 내고, 초기 음파탐지기는 피스톤 형태의 에너지 변환 장치가 물속에서 앞뒤로 움직이며 의도적으로 소리를 냈다. 그런데 소리가 전달자로서 유용한 이유는 광범위한 영향력 때문이다. 물속에서 충격이나 진동을 일으키는 모든 행위는 그 행위가 의도적이든 아니든 소리를 심해까지 전파한다. 바닷속 소리의 파노라마는 저 멀리 수많은 지점에서 일어난 사건으로 생성된 고유한 소리 지문이 물결을 일으키고 청취자를 통과하며 만들어진다.

인간이 수중 음파탐지기를 사용하면서 처음으로 소리 메시지를 깊이 수백 미터 바다 밑까지 보낸 것은 아니었다. 다만 의도적으로 소리 메시지를 처음 보낸 수단이 음파탐지기였다. 인간은 물속에서 소리를 거의 감지하지 못하지만, 자연은 인간이 발생시켜 먼 거리를 이동하는 소리를 오래전부터 듣고 있다. 소리는 잠시 존재하다가 순식간에 사라지지만, 어떤 경우는 단단한 형태로 흔적을 남기기도 한다. 그러한 흔적 중 일부는 현재 알코올로 가득한 병에 담겨 런던의 어느 지하실에 보관되어 있다.

"이것은 손에 넣기 상당히 힘듭니다." 런던 자연사박물관 포유류 분야 수석 큐레이터 리처드 사빈Richard Sabin은 엄지손가락보다 좀 더 크고 한쪽 끝이 뾰족한 갈색 막대가 투명한 액체와 함께 담긴 커다란 유리병을 들고 있었다. 이 갈색 막대는 고래 신체 구조의 일부로, 사람들이 의도적으로 찾는 대상이 아닌 우연히 발견하는 대상이었다. 그래서 실제 눈으로 확인하지 않고는 그 존재를 믿을 수 없었다. "호두 껍데기를 까서 알맹이를 얻는 것과 비슷하죠. 알맹이를 발견하려면 수많은 근육조직을 뚫고 들어가야 하고, 일단 알맹이를 찾으면 아주 조심히 조직을 벗겨야 합니다." 그러면 최종적으로 호두 알맹이가 아닌 귀지라는 뜻밖의 선물을 손에 넣는다. 그 막대는 고래 귀지였다.

박물관 큐레이터는 누군가가 문을 두드리며 특정 유물을 요청하는 상황에 항상 대비해야 하므로 기본적으로 수집가가 되어야 한다. 그런데 박물관 지하실에 보관할 수 있는 고래의 신체 부위가 너무도 다양하다는 점에서 귀지는 색다른 선택으로 느껴진다. 하지만 고래 귀지는 진화론적 우연이 축적된 결과로 과학적 호기심을 자극한다. 좀처럼 구하기 힘들기 때문에 손에 넣으면 마치 로또에 당첨된 듯한 기분이 든다. 이 갈색 막대의 뾰족한 끝부터 반대쪽 끝까지, 고래의 생애사 전체가 기록되어 있다. 고래 귀지는 과학적 보물이다.

고래의 귀에 왜 귀지가 생겼는지는 분명하지 않지만, 고래의 독특한 진화 경로를 살펴보면 다양한 잠재적 이유를 알 수 있다. 모든 고래의 조상은 다리 4개와 긴 꼬리, 그리고 인간과 비슷한 구조의 귀를 지닌 작은 육상 포유류였다. 약 5,000만 년 전부터 물속으로 이동하기 시작한 고래는 수백만 년에 걸쳐 수영에 능숙해지며 수중 생활에 적응했다. 유선형 몸에서 비롯하는 이점이 커질수록 머리에 튀어나온 외이는 크기가 점차 작아졌다. 하지만 귀 안쪽에서 소리를 감지하는 부위로 연결되는 작은 관은 그대로 남았다. 고래의 초기 조상은 머리를 수면 아래로 담그면 소리가 관을 거치지 않고 두개골과 턱뼈로 직접 전파되어 소리 감지 부위에 도달할 수 있었다. 이후 고래가 더욱 깊은 바다로 잠수하자 귀의 민감한 안쪽 부위로 물이 들어가지 않도록 관의 바깥쪽이 닫혔다.[27] 오늘날 고래는 귀가 외부와 완전히 차단되어 뼈를 통해 소리 감지 부위로 도달할 수 있는 소리만 들을 수 있다. 그러나 수염고래류의 경우, 여전히 남아 있는 관이 피부로 덮여 있으며 귀에서 귀지가 생성된다.

리처드는 유리병을 캐비닛에 넣은 다음 뼈로 된 주머니, 다른 말로 '고실鼓室'이 그려진 도표를 보여줬다. 고실은 고래 두개골에 붙어 있으며 현대 수염고래류의 귀에서 소리를 감지하는 부위를 포함한다. 고실 옆에는 고래 귓속 작은 관의 밑부분이 있다. 관 밑부분은 고래가

27 런던 자연사박물관에서 실물 크기 대왕고래 모형을 관찰하면, 오른쪽 눈에서 약 1m 뒤에 하얀 점 옆 표면에 움폭 들어간 구조가 있다. 이 구조가 외부에 노출되어 있었던 귀다. 그 바로 아래에 귀지가 묻혀 있다.

먹이 활동을 하는 시기에 지방을 생성하고, 고래가 이동하거나 먹이를 먹지 못하는 시기에 케라틴이라는 섬유 단백질을 생성한다. 생성된 물질은 관 위쪽으로 밀려가지 않으면 마땅히 갈 곳이 없으므로, 고래가 살아 있는 1년마다 어둡고 밝은 줄무늬를 하나씩 형성하며 줄곧 밀려가다가 외피에 다다르면 멈춘다.[28] 이는 배출될 구멍도, 재활용될 방법도 없는 까닭에 계속 쌓여만 간다. 진화 과정에서 귓속 관이 사라지지 않은 이유는 분명하지 않지만, 리처드를 비롯한 과학자들은 이를 불평하지 않는다.

"경찰이 누군가의 최근 마약 복용 여부를 확인할 때 머리카락으로 검사하는 방법을 아시나요? 고래 귀지 분석법과 원리가 같습니다." 고래 귀지는 과학의 보물 창고이지만, 현대의 최신 과학기술을 바탕으로 박물관 큐레이터가 수십 년간 세심하게 연구를 수행해야만 진정 가치 있는 정보가 도출된다. 귀지 덩어리에는 스트레스 추적에 활용되는 코르티솔, 임신 추적에 활용되는 프로게스테론 등 호르몬의 미세한 흔적이 고래의 긴 생애(20~30년으로 추정)에 걸쳐 남는다. 박물관에는 오래된 표본과 표본의 정확한 기원을 알리는 상세한 기록물이 보관되어 있다. 리처드와 동료는 미국 자연사박물관과 스미스소니언 협회가 146년에 걸쳐 수집한 고래 귀지를 한데 모으기로 했다. 고래 귀지 컬렉션은 전 세계 고래 개체군의 스트레스 수치가 세월의 흐름에 따라 어떻게 변화했는지 알려줬다. 귀지에는 오염 물질도 남으므

28 고래 귀지를 보관한 본래 이유는 귀지의 밝고 어두운 줄무늬에 있다. 고래 나이를 과학적으로 확인하기 전에 줄무늬로 파악할 수 있으리라고 예상했기 때문이다.

로 고래 건강뿐만 아니라 바다 건강도 기록된다. 물에 젖은 나무와 질감이 같은 평범한 갈색 막대를 토대로 해양 생물의 역사적 경험을 엿볼 수 있다. 과거 고래의 삶은 어땠을까?

지난 150년간 고래의 삶을 말하자면, 기복은 있지만 전반적으로 상당히 끔찍했다. 고래가 지구를 인간과 공유해야 했기 때문이다. 작살 대포cannon harpoon가 발명된 후 수염고래류는 포경업자에게 손쉬운 먹잇감이 되었다. 포경 산업은 제1차세계대전 전후 작은 호황을 누리다가 1950년대와 1960년대에 본격적으로 시작되어 매년 고래 수만 마리가 도살당했다.. 이때 고래들은 무슨 일이 일어나고 있는지 확실히 알았다. 고래의 스트레스 호르몬인 코르티솔은 포획된 고래의 수와 거의 같은 패턴을 따랐다. 포경 산업이 정점에 이르는 1960년대에는 고통스러울 만큼 높은 수치를 기록했다. 그런데 고래 귀지에는 또 다른 기록도 남았다. 포경은 세계대전 중에 거의 중단되었다. 당시 인간은 힘든 시절을 보냈겠지만, 고래는 아마도 사냥에서 벗어나 휴식을 취했을 것이다. 그런데 고래의 스트레스는 포경이 중단된 1940년대 초에 추가로 정점을 분명히 찍었다. 이는 당시 일시적으로 발생한 소리가 고래의 생리학에 깊이 새겨진 결과다.

"고래와 돌고래는 소리 세계에 전적으로 의존합니다. 수염고래류는 단독생활을 하는 개체로 수백수천 킬로미터를 넘나들며 의사소통하고 짝을 찾죠." 소리는 고래가 수십 미터 넘게 떨어져 있는 같은 종 다른 개체와 소통할 때 사용할 수 있는 유일한 의사 전달 수단이다. 그런데 제2차세계대전 당시 인간은 전함 소리, 수중 폭뢰 소리, 어뢰 공격 소리, 잠수함 소리, 비행기 추락 소리로 바다를 가득 채웠다. 고래가 전쟁터 바로 옆에 있지는 않았겠지만, 소리가 바다를 통해 쉽게 전파되면서 평상시 고요했던 주위 환경으로 침투했을 것이다. 고래가 전쟁 소리로 일상생활을 방해받으며 얻은 스트레스는 포경업자에게 쫓기며 얻은 스트레스와 비슷했다. 전쟁에서 발생하는 소리 크기를 직접적으로 언급한 기록은 없지만, 소리의 영향력은 확인할 수 있다. 고래의 가장 효과적인 의사 전달 수단이 인간 소음에 묻힌 것은 중대한 문제였다. 당시 고래가 얻은 스트레스는 고래의 생리학과 귀지에 남아 인간이 알아볼 수 있다. 전쟁은 심각한 소음 공해를 발생시켰다. 소음 공해 자체는 일시적이었지만 영향의 파장은 짧지 않았다. 이는 대서양과 태평양에서 세 가지 다른 종의 고래에 걸쳐 일관되게 나타나는 전 세계적 현상이다.

나는 고래가 받은 스트레스의 일관성에 관해 리처드에게 물었다. 그는 예상치 못한 해석을 제시했다. "전쟁 소리는 고래에게 스트레스를 일으킬 만큼 심각한 요인이었을까요? 아니면 바다의 한 구역에서 고래들이 고통받고, 그 고통이 살아남은 다른 고래들에게 전파된 결과를 우리가 목격하는 것일까요? 인간은 이러한 질문에 답하기에는 고래의 문화를 깊이 이해하지 못합니다."

전 세계에서 수많은 고래의 생명이 위험하니 조심해야 한다는 메시지를 공유했다. 인간이 고래를 죽이는 대신 타인을 죽이는 활동을 펼침으로써 그런 메시지가 공유되었다고 생각하면 소름이 돋는다. 인간은 소리에 의존하는 생물이 아니지만, 바다에 서식하는 생물은 대부분이 그러하다. 우리는 소리에 의존하지 않으면서도 줄곧 소리를 생성하고, 생성된 소리는 바다를 통해 효율적으로 이동한다. 인간은 바다가 소리로 가득 채워져도 인식하지 못할 수 있다. 하지만 인간이 소리 안개를 생성하면 해양 생물은 의사소통에 어려움을 겪는다.

리처드를 비롯한 큐레이터는 보존된 과거와 전도유망한 미래를 연결하는 일을 자신의 임무로 여긴다. 이는 단순히 대중에게 정보와 즐거움을 선사한다는 목적으로 소장품을 전시하는 것이 아니라, 지구의 역사가 담긴 공동의 보물 창고를 보호하고 발전시키는 일이다. 런던은 바다에서 멀리 떨어져 있는 듯 보이지만, 런던 자연사박물관은 현재 식별을 기다리는 해양 역사 자료를 방대하게 보유하고 있다. 20년 후든 50년 후든 200년 후든 도구만 개발되면 그 자료는 식별될 것이다. 과거는 되돌아갈 수 없으나 여전히 많은 것을 인간에게 가르쳐준다. 아직 알려지지 않은 수많은 이야기가 자연사박물관에 간직되어 있다는 사실이 무척 흥미롭다.

지금까지 살펴보았듯 소리는 바다에서 매우 중요한 전달자다. 그런데 소리가 전혀 방해받지 않고 이동하는 것은 아니다. 바다는 소리를 굴절시키고 변형하고 흡수한다. 바닷속에서 수천 킬로미터를 이동한 소리에는 주위 환경의 흔적이 남는다. 소리가 충분히 멀리 퍼져나간다면, 그 소리에는 전 세계 바다의 스냅사진이 담길 것이다. 이를 전제로 과학자들은 인간이 밝혀낸 바닷속 소리에 관한 모든 지식을 지구의 기후 연구에 적용하며 음향해양학 역사상 가장 대담한 실험을 수행했다.

지구 반 바퀴를 도는 소리의 고속도로

1991년 1월 제1차걸프전쟁이 시작될 무렵 전 세계의 시선은 이라크와 쿠웨이트, 미국에 쏠려 있었다. 분쟁이 뉴스를 지배하는 가운데 같은 달에 일어난 다른 사건은 상대적으로 주목받지 못했다. 해양과학자들이 전 세계 바닷물 수온을 한 번에 측정하겠다는 원대한 목표를 품고 색다른 프로젝트를 추진한 것이다. 이라크에 첫 폭탄이 투하되었을 무렵, 전쟁터에서 1만km 떨어진 지점에서는 미 해군 선박 2척이 인류 문명에서 벗어나 전 세계 바다 가운데 제일 외딴 지역으로 향하고 있었다. 이들의 목적지는 얼음에 덮인 황량한 화산인 허드섬 Heard Island으로, 남극 대륙 해안에서 1,600km 떨어져 남아프리카공화국과 오스트레일리아 남단의 중간 지점에 해당한다. 허드섬 인근 바다는 춥고 사나웠고, 선박과 나머지 인류를 잇는 유일한 연결 고리는 끊어진 전화선과 팩스 몇 대뿐이었다.[29] 과학자들이 품은 가장 큰 의문은 바닷물 수온에 관한 것이었지만, 이 의문을 풀기 위해서는 소리와 관련된 실질적인 문제를 해결해야 했다. 바로 '하나의 소리 메시지가 전 세계 바다로 전송될 수 있을까?' 하는 의문이었다.

두 선박은 외딴 지역에 있으나 외부 세계와 완전히 단절된 상황은 아니었으므로, 바다를 통해 전송한 소리 메시지가 잘 도착하는지

29 팩스는 인터넷이 등장하기 전, 전화선을 통해 문서를 전송하는 수단이었다. 사실 팩스는 전화보다 먼저 발명되었는데, 문자나 사진 따위의 정지 화면을 화소로 분해해 전기신호로 바꾸어 전송할 수 있었다. 1980년대와 1990년대에는 모든 사무실에 팩스 신호음이 울렸다.

위성 전화로 확인할 계획이었다. 이 계획은 이메일을 보낸 뒤 수신자에게 전화를 걸어 도착 여부를 확인하던 이메일 초창기를 떠올리게 한다. 그런데 실험에서 가장 중요한 것은 소리 메시지 그 자체가 아니었다. 메시지가 이동하는 동안 바다가 메시지에 어떤 영향을 주는지, 그리고 메시지가 수신자에게 도달할 수 있는지가 핵심이었다.

주요 언론은 다른 뉴스에 관심을 집중했지만, 해양과학자들은 실험에 분명 주목하고 있었다. 선박에 탑승한 과학자들은 '허드섬 사이언스 데일리Heard Island Science Daily'라는 2~3쪽 분량의 문서들을 팩스로 정기 전송하며 선박 위치, 해양 포유류 목격담, 실험 진행 상황 등을 자세히 알렸다. 실험이 시작되기 직전, 세계에서 가장 유명한 해양과학자이자 기후과학자로 당시 81세였던 로저 르벨Roger Revelle은 선박에 탑승한 과학자들에게 팩스로 다음 메시지를 전했다. "먼 남반구에서 여러분이 보낸 메시지가 정말 흥미롭군요. 나도 여러분과 함께하고 싶지만, 그럴 수 없어 다행입니다." 과학자들은 세상의 눈이 지켜보는지는 신경 쓰지 않았다. 그들이 신경 쓰는 것은 세상의 귀가 소리를 듣고 있는지였다. 그리고 수많은 귀가 준비를 마치고 기다리고 있었다.

'허드섬 타당성 실험The Heard Island Feasibility Test'이라고 불리는 이 실험은 세 가지 토대가 뒷받침한다. 첫 번째 토대는 인간이 초래한 기후 변화를 추적할 방법에 관한 논의였다. 한 가지 유용한 방법으로 해양의 평균 수온 측정이 제안되었다. 지구가 뜨거워지고 있다면 잉여 에너지의 상당량이 푸른 기계 내부로 유입되리라고 추정할 만한 근거가 있었기 때문이다. 그래서 과학자들은 전 세계 바다 수온을 측정할 온도계를 찾아 나섰다.

두 번째 토대는 1960년으로 거슬러 올라갔다. 당시 미국 및 오스트레일리아 선박은 오스트레일리아 퍼스 인근에서 고의로 대형 수중 폭발을 일으켰다. 폭발 소리는 무려 1만 9,820km 떨어진 지구 반대편의 버뮤다제도에 설치된 수중 마이크에 감지되었다. 이 소리는 남인도양을 거치고 대서양을 가로질러 버뮤다제도에 도달하기까지 약 3시간 43분이 걸렸다. 그런데 해양과학자들은 소리의 이동 시간이 조금 이상하다고 생각했다. 음파가 예상대로 발생지에서 도착지까지 직선으로 이동하지 않았다는 의미였다. 바다 자체가 소리의 경로를 조정하거나 심지어 경로를 여러 개 만들었을 수도 있었다. 이는 소리 신호가 어디로 향하는지, 그곳에 도착하기까지 시간이 얼마나 걸리는지를 추적하면 바다 내부에 관한 많은 정보를 얻을 수 있음을 시사했다.

세 번째 토대가 무엇보다 중요했다. 이 덕분에 소리가 수중에서 지구 반 바퀴를 도는 놀라운 위업을 달성할 수 있었기 때문이다. 해양 엔진의 보이지 않는 구조, 즉 다양한 수온과 수압을 지닌 독특한 해수층이 소리를 가두는 장벽을 형성해 장거리 통신 채널이 만들어진다는 사실이 1940년대에 발견되었다. 바다가 소리 안내자 역할을 하는 덕분에 저주파 소리도 손실 없이 먼 거리를 이동하는 것이다. 이는 자연의 놀라운 특징이다. 소리와 빛을 비교하면 뚜렷한 차이가 확인된다. 저주파 빛은 물속에서 100m 정도만 이동할 수 있다. 그런데 같은 주파수(약 60Hz)의 소리는 편리한 천연 음향 고속도로를 타고 수만 킬로미터를 거의 손실 없이 이동한다. 수중 장거리 음향 통신에 관심이 있다면 여러분은 운이 좋다. 바다에 이미 그러한 시스템이 내장되어 있기 때문이다.

대서양에서 바다 밑으로 내려가는 상상의 여행을 떠나자. 해수면에서는 밝은 햇빛이 출렁이는 물결에 반사되어 반짝이고, 파도가 순식간에 부서지며 거품을 남기고 사방에 흰색 반점을 흩뿌린다. 해수면 아래로 내려갈수록 적색광과 녹색광이 빠르게 사라지며 푸른 안개가 낀 짙은 어둠만 남는다. 주위 바닷물이 빛을 흡수해 열로 변환한 덕분에 우리가 머무르는 표층은 온도가 약 28℃로 무척 쾌적하다. 여기가 바다의 따뜻한 뚜껑인 혼합층이다. 아래로 내려갈수록 빛은 사라지지만 바닷물 온도는 따뜻하게 유지된다. 혼합층이 바람의 영향으로 끊임없이 뒤섞여 얇은 표층 전체가 비슷한 온도를 유지하기 때문이다. 혼합층 바닥은 햇빛이 거의 도달하지 않지만, 혼합층의 위쪽과 아래쪽 바닷물이 규칙적으로 섞이므로 온기가 충분히 남아 있다. 그런데 수심 약 80m에 도달해 혼합층 바닥으로 진입하면 바닷물이 변화하기 시작한다. 바다 밑으로 계속 내려갈수록 물은 빠른 속도로 차가워진다. 조금 더 내려가 수심 800m에 다다르면, 몇몇 발광생물이 내뿜는 섬광을 제외하고는 아무것도 보이지 않는 차갑고 강렬한 암흑에 이른다. 여러분은 푸른 기계 깊숙한 곳에 있다.

해수면에서는 미처 알아차리지 못했던 것들이 해저에서는 감지된다. 소리의 속도 변화도 그중 하나다. 이는 따뜻한 물에서 소리가 더 빠르게 이동하기 때문이다. 수온이 28℃인 해수면에서는 소리가 초속 1,542m로 움직인다. 그런데 수온이 10℃인 해저에서는 소리가 초속 1,504m로 해수면 대비 2.5% 느리게 이동한다. 큰 차이가 아닌 것 같지만 중요한 변화다. 수온이 변화하는 지역에서는 소리가 달라질 수 있기 때문이다. 사람들이 양옆으로 손을 잡고 일렬로 늘어서서 앞으로 걷는다고 상상하면, 그 줄은 방향 변화 없이 전진할 것이다. 그런데 오른쪽에 있는 사람들이 더 빨리 걸으면 줄 전체가 왼쪽으로 틀어진다. 소리도 마찬가지다. 800m 아래에서 종이 울려 소리가 옆으로 퍼져나가면, 음파의 위쪽이 아래쪽보다 약간 더 빠르게 이동한다. 음파는 이동하면서 음속이 느린 영역 쪽으로 구부러진다.

구부러진 소리를 따라서 계속 아래로 내려가자. 이제 여러분은 다른 무언가를 알아차리기 시작한다. 깊이 내려갈수록 바다가 여러분을 강하게 압박한다는 것이다. 위에 있는 바닷물이 짓누르는 힘 때문에 깊이 들어갈수록 압력은 더 강해진다. 압력도 음속을 변화시킨다. 같은 온도에서 수심 2,000m까지 내려가면 소리는 초속 1,524m로 다시 빨라진다. 이제는 상황이 역전되어 음파의 아래쪽이 위쪽보다 속도가 더 빠르다. 따라서 소리는 위쪽으로 휘어지다가 따뜻한 바닷물을 만나면 다시 아래쪽으로 휘어진다.

바다는 이처럼 반사면 없이 소리를 가두어놓는다. 바다의 물리적 구조가 음향 채널을 만들어 수평으로 퍼지는 소리는 그 안에 갇힌다. 음향 채널의 축은 소리가 가장 느리게 움직이는 특정 수심으로, 채널 위쪽인 따뜻한 바다와 채널 아래쪽인 압력이 높은 바다 사이에 형성된다. 채널 축은 대개 수심 약 1,000m에 있지만, 그보다 해수면에 훨씬 가까운 경우도 있다. 이 채널에서 발생하는 소리는 대부분 옆으로 이동하며, 좁은 채널에서 빠져나가지 못하고 축을 반복적으로 가로지르며 오르내린다. 이러한 통로를 소파SOFAR, Sound Fixing And Ranging 채널이라고 부른다(해당 명칭은 소리가 이동해온 거리를 측정해 소리가 난 위치를 결정한다는 뜻으로, 채널의 기능에만 관심 있는 사람들이 명명한 결과다).[30] 소파 채널은 몇 가지 이유로 쓸모가 상당히 많다. 그중 하나는 소리를 수평층에 가두면, 해저나 해수면에 소리가 흡수되지 않아 신호가 강하게 유지된다는 점이다. 이는 마치 비밀스러운 소리 터널과 같으며, 터널 깊이는 바다의 조건에 따라 다르다.

위 세 가지 토대가 허드섬 타당성 시험을 뒷받침한다. 그리고 이 때도 월터 뭉크는 생소한 아이디어를 두려워하지 않고 기꺼이 위험을 감수하며 색다른 계획을 세웠다. 뭉크는 장거리 소리 신호를 활용하면 바닷속의 수백 가지 세부 요소를 일일이 측정하지 않고도 평균값을 얻을 수 있으리라고 확신했다. 대양 분지를 가로질러 소리 신호를 보내면, 반대편에 도착한 소리는 모든 세부 요소가 평균화되고 단순화된 정보만 제공한다. 그리고 소리의 이동속도는 바닷물 수온에 따라 크게 달라진다. 따라서 장거리 소리 신호를 전 세계 바다 곳곳으로 전송한 뒤 도착하는 시간 차이를 '정확하게' 측정할 수 있다면,[31] 전 세계 바다 수온을 한 번에 측정하고, 시간 경과에 따라 그 온도가 어떻게 변화하는지도 추적할 수 있는 것이다. 기후변화로 바다가 뜨거워지면, 해가 갈수록 소리 신호는 빠르게 이동하고 이동 시간은 단축될 것이다. 어쩌면 지구의 기후변화는 소리로 측정할 수 있을지 모른다.

---

30 제2차세계대전 당시 소파 채널에서 발생한 소음이 여러 장소에서 감지되는 경우, 장소마다 소음이 도달하기까지 걸린 시간을 비교하면 그 발원지를 더 정확히 파악할 수 있다는 사실이 밝혀졌다. 이 방법은 거꾸로도 유용하게 적용할 수 있었다. 소파 채널의 다양한 장소에서 음파 신호를 보내면, 그 소리를 듣고 자신의 위치도 계산할 수 있는 것이었다. 후대 과학자들은 이를 SOFAR의 역방향이라는 측면에서 RAFOS(라포스)라고 불렀는데, 후대 과학자들의 유머가 드러나는 부분이다.

31 여기에서 '정확하게'는 소리가 수만 킬로미터 바다를 가로지르는 시간을 100분의 1초 단위로 측정한다는 의미다. 이는 실현 가능하다.

뭉크의 아이디어는 설득력 있었지만, 구현할 수 있을지는 아무도 몰랐다. 이를 확인하는 유일한 방법은 시도해보는 것뿐이었다. 그래서 과학자들은 대규모 팀을 구성해 미 해군을 설득하고 선박을 제공받아 본격적으로 계획을 실행했다. 계획 추진에 탄력이 붙자 많은 나라가 자국 인근 심해에서 소리 신호를 수신하겠다고 자원했다. 1991년 1월 뭉크의 지휘 하에 내연 기선(M/V) 코리 슈에스트호Cory Chouest는 거대한 음향 송신기를 싣고 오스트레일리아에서 출항했다. 에이미 슈에스트호Amy Chouest도 함께 출항했다. 이 실험에는 고래와 돌고래를 관찰해 선박들이 해양 포유류를 해치는 것처럼 보이면 즉시 중단한다는 조건이 달렸다.[32] 신호 송신지로 허드섬 인근 해양이 선정된 이유는 위치였다. 이 지역은 대서양과 태평양과 인도양으로 향하는 음향 통로가 있으리라 예상되었고, 소파 채널이 해수면과 가까워 접근하기 편리했다.

허드섬에서 송신한 소리는 1960년 퍼스에서 발생했던 소리보다 훨씬 정교했다. 코리 슈에스트호는 전화박스만 한 수중 스피커 10대를 탑재했고, 57Hz(표준 피아노에서 가장 낮은 음보다 약 1옥타브 위)인 주 신호를 생성하도록 제작되었다. 소리 신호는 정보가 풍부하게 담기도록 세심하게 설계되었다. 이 소리가 얼마나 멀리 전달될지는 아무도 몰랐다.[33] 실험 시작 전날 공학자들은 뭉크에게 작동 확인을 목

32 이러한 조건은 음향해양학자와 고래를 사랑하는 대중 사이에 지속적인 마찰을 일으켰다. 대중은 바다에 인위적으로 내는 강한 소음이 소리를 주로 사용해 의사소통하는 생물들을 방해할 수 있다고 꽤 합리적으로 추론했다. 그러나 어떤 영향이 있을지는 아무도 예상할 수 없기에 실험은 진행되었다.

적으로 5분간 스피커를 켤 수 있는지 물었다. 뭉크가 스피커 시험 가동을 허락하고 몇 시간 뒤 버뮤다제도에서 무슨 작업을 진행하는지 묻는 팩스가 도착했다. 아직 실험을 시작할 시각이 아닌데도 소리 신호가 도달했기 때문이다. 첫 번째 질문, 즉 소리 신호가 그토록 먼 거리를 이동할 수 있는지에 관한 의문은 실험 시작도 전에 해결되었다. 1월 26일 실험이 본격적으로 시작되었다. 음파는 스피커를 통해 눈에 보이지 않는 소파 채널로 쏟아져 나왔다. 그리고 몇 시간 동안 바닷속 음향 고속도로를 타고 퍼져나가다가 대륙에 부딪히며 여정을 끝냈다. 문제는 이들이 도착했을 때 얼마나 많은 정보를 담고 있는지였다.

버뮤다제도, 노바스코샤, 워싱턴, 어센션섬 등에서 전화가 걸려오며 과학자들 마음속에는 큰 기쁨이 몰려왔다. 허드섬에서 보낸 소리가 전 세계에서 들렸다. 그러나 과학자들의 기쁨은 이내 사그라들었다. 스피커 1대에 이어 또 다른 1대가 슬픈 죽음을 맞았기 때문이다. 바다의 폭풍우가 몰아치는 거친 날씨에 스피커들은 심각한 타격을 입었다. 기술자들이 부서진 스피커를 전부 수리하려고 밤낮없이 노력했지만, 1월 31일자 마지막 '허드섬 사이언스 데일리'에는 줄어드는 스피커 수를 나타낸 그래프가 재치 있는 손그림으로 수록되었다. 불행하게도 날이 갈수록 스피커 대부분이 고장나고 있었다. 남은 스피커 수

33 허드섬에서 송신한 소리 신호가 얼마나 시끄러웠는지는 쉽게 설명할 방법이 없다. 우리에게 익숙한 '데시벨'이라는 단위는 음량의 상대적 크기를 나타내기 때문이다. 일상에서 데시벨을 말할 때는 인간 청각의 최저 임계값인 20μPa을 기준으로 삼는다. 하지만 바다에서는 청각의 임계값이 다르므로 육지 데시벨과 직접 비교할 수 없다. 그래도 최대한 표현해보자면, 허드섬 소리 신호는 자연에서 알려진 가장 큰 소음인 고래 울음소리보다 약간 더 컸다.

가 0을 기록하고 실험은 예상보다 4일 일찍 끝났다. 하지만 과학적 사실은 밝혔다. 소리 신호가 지구를 일주하고 거의 모든 수신지에 도착했다. 제각기 이동한 경로를 자세히 파악하려면 분석이 필요했지만, 수집할 정보가 풍부하다는 사실에는 의심의 여지가 없었다. 그리고 소리 신호의 이동 시간만 측정할 수 있다면, 평균 해양 수온의 변화도 추적할 수 있었다.

과학자들은 스피커와 수신기로 구성된 세계적 연결망이 곧 구축되어 수온 변화가 유발하는 소리의 이동 시간 변화를 추적·감시할 수 있으리라고 낙관했다. 하지만 현실은 그렇지 않았다. 은연중에 고래와 다른 해양 포유류에게 피해를 줄지 모른다는 두려움이 있었고, 과학자들이 원하는 저주파 소음을 발생시키며 신뢰성 있는 수중 스피커를 제작하기가 어려웠다. 그렇게 바닷물 수온을 측정하려는 원대한 야망은 물거품이 되었다. 그렇게 모든 일이 중단되었다.

하지만 과학에서는 특정 접근 방식이 주기적으로 사라졌다가 다시 나타나고는 한다. 최근 몇 년 사이에 뭉크의 아이디어에서 파생된 또 다른 아이디어가 등장했다. 이는 앞서 언급한 두 가지 문제를 모두 피할 수 있었다. 최신 연구에서는 큰 소음을 발생시키는 대신 자연이 정기적으로 내는 큰 소리, 이를테면 멀리 떨어진 지진에서 유래하는 낮은 굉음 등을 수신하는 방법이 제안되었다. 이론적으로는 지진을 식별하고, 지진 굉음이 여러 장소로 이동하는 데 걸리는 시간을 추적하면 바닷물 수온 변화를 밝힐 수 있었다. 오랜 세월 지진 소리를 측정한 결괏값을 분석하면 가까운 과거의 바닷물 수온을 파악하는 길이 열릴 수도 있었다. 언젠가는 '지진을 통한 바닷물 수온 측정'이 표준 측정법이 될 것이다.

저주파 소음은 바다에서 놀랄 만큼 먼 거리를 이동한다. 광활한 대양 분지에서 시작된 고래 울음소리가 고래의 이동속도보다 훨씬 빠르고 멀리 지구 반대편까지 퍼져나간다고 상상해보자. 바다의 물리학 덕분에 1마리의 고래가 지구의 상당 면적을 가로질러 메시지를 전송할 수 있다. 바다에서 나는 모든 소리가 그토록 먼 곳까지 전달되는 것은 아니지만, 전 세계 바다 곳곳은 소리 메시지로 가득 차 있다. 메시지에는 가깝거나 먼 지역을 이동하는 동안 새겨진 흔적이 넘쳐난다. 의사소통 측면에서 바다의 소리는 종종 육지의 빛과 같은 역할을 한다. 인간은 바다의 소리를 듣고 지구 건강을 포괄적으로 이해하면서 현재 지구 상황이 정상인지, 아니면 걱정할 만한 수준인지 파악하며 안도하거나 위기감을 느낀다.

바다의 전달자는 물과 함께 이동하지 않고, 물속에서 춤을 추며 이곳저곳으로 정보와 에너지를 전달한다. 그런데 바다에는 또 다른 이동 방법이 있다. 물에 몸을 맡기고 바다가 이끄는 곳이라면 어디든 떠다니며 표류자로서 영원히 존재하는 것이다. 이 표류자들은 푸른 기계에서 중요하기로 손꼽히는 요소들을 포함하지만 과소평가 당하고는 한다. 이제 바다의 승객을 만날 시간이다.

5장

표류자

탄자니아 해안에서 동쪽을 바라보면 거대한 아프리카 대륙을 벗어나 인도양과 마주한다. 이곳 해변은 가늘고 길게 뻗은 모래사장으로, 청록색 바다와 무성하게 자란 녹색 덤불이 넘쳐나는 육지 사이에 있다. 모래사장은 외딴 지역에 조성되어 평화롭지만, 그렇다고 주목할 일이 전혀 일어나지 않는 것은 아니다. 2004년 12월 거북 보호 감독관들은 케틀드럼만 한 동물이 파도에서 마지막 힘을 얻어 킴비지Kimbiji 마을 근처 해변으로 올라오는 모습을 지켜보았다. 바다거북은 둥지를 틀기 위해 종종 이곳 해변을 찾는데, 육지에서 걷기에 적합하지 않은 지느러미발을 써서 끈질기게 모래 위에 몸을 올린다. 그런데 해변에 갓 도착한 생물은 바다거북이 아니었다. 걷고 있었기 때문이다. 껍데기 아랫부분과 발이 조개삿갓으로 뒤덮인 채 파도를 헤치고 올라와 뚜벅 뚜벅 걷는 모습이 분명 코끼리거북이었다. 이들은 먼바다에서 해류를 타고 표류했다. 코끼리거북은 명백한 육지 생물로, 우연히 바닷물에 실려 지구 곳곳을 여행했다. 바닷물은 대개 온화하고 많은 승객을 태울 수 있는 까닭에 코끼리거북처럼 우연히 표류하는 이들에게 편안한 운송 수단이다. 이러한 바다의 승객들은 푸른 기계가 지구 생태계를 연결하는 과정에 중요한 역할을 한다.

코끼리거북은 그날 바다에 실려 다닌 무수한 승객 중 하나였고, 승객들은 제각각 해양 엔진 일부분에 끼워져 바닷물이 흐르는 어디든 실려 갔다. 바다는 원자와 분자, 생물을 전 세계로 실어 나르는 운송 시스템이다. 일부 승객은 육지와 공기로부터 단절되고 다른 일부 승객은 해양 엔진이 회전할 때 노출된다. 그런데 이러한 승객들이 완전히 수동적인 존재는 아니다. 이들은 해양 엔진을 구성하는 기본 요소다. 일부 승객은 살아 있는 생물이고, 다른 일부 승객은 개별 원자, 분자, 물리현상의 잔여물 등 지구에서 떨어져 나온 파편이다. 앞에서 해양 엔진의 전체적인 형태와 작동 방식을 살펴보았으니, 이제는 바다의 승객이 누구이며 이들이 무엇을 하는지 살펴볼 차례다. 킴비지 코끼리거북은 '단순한' 승객을 넘어서는데, 그들과 같은 승객의 여정이 생태계 전체를 형성했기 때문이다.

코끼리거북의 뜻밖의 여행

동태평양 적도 부근의 갈라파고스제도는 비옥한 훔볼트 해류가 지나는 길목에 자리한 탄자니아와 지구 반대편에 해당할 정도로 멀리 떨어져 있다. 갈라파고스제도에 서식하는 가장 유명한 동물은 코끼리거북으로,[1] 제도의 섬들에 붙은 서양식 이름의 기원이다(육지거북을 의미하는 옛 스페인어가 갈라파고Galápago다). 갈라파고스제도의 화산섬들은 비교적 젊고 약 300만 년 전 해저에서 스스로 모습을 드러내기 시작했다. 이 섬들은 에콰도르 해안에서 1,000km 넘게 떨어져 있어 본토에서 섬으로 걸어 들어갈 수 없다. 그런데 서양 탐험가들이 갈라파고스제도에 처음 발을 들였을 때, 섬은 코끼리거북으로 가득 차 있었다. 문제는 코끼리거북이 섬에 도착한 방법이었다.

코끼리거북은 장거리 바다 여행에 적합하지 않은 듯이 보이지만 몇 가지 장점을 타고났다. 이들은 몸에 지방이 많고 신진대사가 느려 수개월 동안 물이나 먹이를 먹지 않아도 생존할 수 있다. 코끼리거북의 폐는 부력을 유지하고, 긴 목은 스노클링 호흡관처럼 작용해 거친 바다에서도 호흡할 수 있다. 이들은 수명이 길어(해리엇Harriet이라고 불린 포획된 갈라파고스 코끼리거북Galápagos tortoise은 수명을 다했을

---

1 가장 유명한 동물 부문에서 '다윈의 핀치새Darwin's finches'와 치열한 접전을 벌인다고 생각한다. 핀치새는 흔히 갈라파고스제도에 서식하는 작은 새를 일컫는 별칭이다. 처음 다윈은 새들의 부리 모양이 각각 다른 것을 보고 이들이 별개의 종이라고 생각했다. 하지만 이 새들은 같은 종으로, 주위 환경과 먹이의 변화에 적응해 부리 모양을 바꾸어온 것이었다. 그렇게 찰스 다윈에게 진화론의 영감을 줬기에 그와 연관된 호칭을 얻었다.

당시 175살이었다) 짝짓기를 급하게 할 필요가 없다. 암컷 코끼리거북은 정자를 체내에 저장할 수 있으므로, 암컷 1마리가 혼자서 군락을 형성할 수도 있다. 그리고 속도는 느리지만 헤엄칠 수 있기 때문에 일단 육지를 발견하면(시야가 낮아 발견하기 어렵다) 정확한 방향으로 나아갈 수 있다. 바다로 밀려온 코끼리거북 1마리가 살아남을 확률은 상당히 낮으나 오랜 시간이 지나면 1~2마리는 운 좋게 살아남을 것이다. 이들은 또한 바다로부터 도움을 받는다.

훔볼트 해류는 남아메리카 해안에서 방향을 틀어 갈라파고스제도의 섬들을 통과하므로, 표류하는 코끼리거북은 과거 불운을 겪었던 다른 코끼리거북들과 같은 방향으로 떠내려간다. 이렇게 갈라파고스제도에 코끼리거북이 유입되었다. 아주 가끔 코끼리거북 1~2마리가 남아메리카 해안에서 떠내려와 바다 승객으로서 훔볼트 해류를 타고 여행하다가 살아남아 갈라파고스제도에 도착해 가족을 이룬 것이다. 이는 새로운 종의 출현으로 이어지기에 충분했다.[2]

2004년 탄자니아 킴비지에서 코끼리거북이 발견되기 전부터 모든 증거가 코끼리거북이 해류를 타고 표류한다는 가설을 뒷받침했다. 하지만 그 가능성 낮은 여정의 성공 사례가 직접 관찰된 것은 이때가 처음이었다. 킴비지 코끼리거북은 발견된 해변에서 740km 떨어진 작은 섬이자 세이셸공화국의 영토인 알다브라 환초에서 2달간 표류했다.[3] 세이셸은 코끼리거북이 우연히 바다의 승객이 되어 아주 먼 거리

2 아주 최근 역사에서는 인간이 거북을 조금씩 이동시켰다고 여겨지지만, 광범위한 증거에 따르면 코끼리거북은 인간이 갈라파고스제도에 도착하기 훨씬 전부터 그곳에 있었다.

를 이동한 끝에 정착한 또 다른 고립된 섬들이다. 코끼리거북은 아프리카 대륙 해안 바다를 떠돌다가 해류를 타고 세이셸에 도착했다. 똑같은 메커니즘이 갈라파고스제도와 세이셸에서 제각기 작동하며 코끼리거북을 본토에서 섬으로 이동시켰다.

바다가 코끼리거북을 실어 나른다면, 작은 무임승차자도 충분히 태울 수 있을 것이다. 크기 스펙트럼 한쪽 끝인 원자 규모로 내려가면, 바다는 끊임없이 서로 충돌하는 소듐 이온, 염화 이온, 마그네슘 이온(세 이온은 바닷소금의 주성분이다)과 물 분자로 이루어진 수프처럼 보인다. 수프에 다른 원자 승객도 녹아 있지만, 아주 드물어 그들을 찾는 일은 거대한 건초 더미에서 작은 바늘 찾기와 마찬가지다. 과학자는 이처럼 미량 존재하는 원소 농도를 10억분의 1 또는 1조분의 1로 표시한다. 이는 인상적인 숫자이지만 이해에 도움이 되지는 않는다. 중간 크기 모래알로 3분의 1 정도 채워진 평범한 욕조를 떠올려보자. 그 욕조에는 모래알이 10억 개 정도 담겼을 것이다. 이 모래알들이 물 분자라고 가정하면 바닷물 속 다양한 원자의 농도를 상상하기 쉬워진다. 욕조 안에는 대략 구리 원자 7개, 아이오딘 원자 36개, 리튬 원자 72개가 있을 것이다. 이는 10억 개의 모래알에서 아주 작은 비중이다. 원자와 물 분자들은 바다를 떠돌아다니며 흔들리고 서로 충돌하거나 때때로 물이 아닌 것, 이를테면 생물과 부딪힌다. 그런데 바다는 무척 광활하므로 바다 전체에 포함된 다양한 원자를 합친 수는 엄청나게

---

3 킴비지 코끼리거북이 섬에서 본토로 이동한 사실은 해류를 타고 이동한다는 가설을 더욱 강화했다.

크다. 이때 바닷속 특정 원소가 값이 매우 비싸고 여러분이 심각한 재정적 곤란에 처한 상황이라면, 해당 원소는 진정 매력적으로 보일 것이다. 제1차세계대전 이후 경제 위기를 겪은 독일은 건초 더미 속 특별한 바늘과 같은 존재인 금을 바다에서 추출할 수 있으면 경제난이 전부 해결되리라고 예상했다.

바닷속 골드러시를 희망하다

프리츠 하버는 독일 화학자로 1934년 사망할 당시 매우 복잡한 유산을 남겼다. 그는 암모니아 합성으로 인공 비료를 제조하는 방법을 발명해 급증하는 인구를 먹여 살리는 길을 열었다(2장에서 다룬 새똥의 대안이다). 이 발명품 하나가 오늘날 전 세계 인구의 절반을 부양한다고 추정한다. 그런데 1919년 하버가 암모니아 합성으로 노벨상을 수상했을 때(전쟁 때문에 1919년 수상했으나 공식적으로는 1918년 노벨상이다), 노벨 위원회는 그에게 '화학전의 아버지'라는 칭호를 가져다준 그의 전쟁 업적을 묵과하기로 했다. 하버는 염소 가스를 무기로 개발하는 팀을 이끌고, 이프르Ypre 전투에서 파괴적인 염소 가스 사용을 감독하며, "과학자는 평화로운 시기에는 세계에 속하지만 전쟁 시기에는 조국에 속한다"라는 말로 본인 행동을 옹호했다.

전쟁은 1919년 베르사유조약으로 끝났고, 이 조약에 따르면 독일은 전쟁 피해 배상금으로 1,320억 골드마르크(당시 환율로 330억 달러, 1921년 미국 국내총생산 700억 달러의 절반에 달하는 규모-옮긴이)를 내야 했다. 파산 상태였던 독일은 스타 화학자에게 도움을 청했다. 하버는 바닷물에서 금을 추출한다면 독일이 지불해야 할 배상금을 충분히 다 갚을 수 있다는 아이디어를 제안했다. 당시에는 물 분자 10억 개당 금 원자가 약 47개 있다고 추정했다. 하버는 자신의 전기화학적 기술로 금 원자를 걸러낼 수 있다고 확신했다. 그는 바다에서 금을 캔다는 원대한 목표를 세우고 탐사 프로젝트를 의욕적으로 추진했다. 하지만 1920년대에 과거의 계산 결과와 측정값에서 오류를 발견했다. 핵심 수치는 물 분자 10억 개당 금 원자 47개가 아니었다. 물 분자 50조 개당 금 원자 1개였다. 모래알로 가득한 욕조 비유로 돌아가면, 길이 50m인 올림픽 수영장 2개를 가득 채운 모래알이 50조 개다. 여기에서 모래알 단 1개가 금 원자다. 무수한 물 분자에서 금 원자를 골라내는 일에는 원자의 값어치보다 훨씬 더 큰 비용이 소요될 것이었다. 하버의 프로젝트는 폐기되었다.

바다의 승객들 가운데 첫 번째 집단은 바닷물에 용해된 원자와 분자로 수많은 군중 속에 드물게 존재한다. 이들은 바다 곳곳에 있지만 대부분 희석된 상태다. 이러한 원자와 분자들은 액체 상태인 물과 완전히 섞여 있으므로 해류를 타고 위쪽으로 용승하거나 아래쪽으로 침강하며 지구 방방곡곡을 끝없이 이동한다. 주기율표에 포함된 원소 거의 대부분은 바다 어딘가에 존재하지만, 양이 너무 적어 측정하기 어려운 때도 있다. 그런데 몇몇 원소는 바다에 함께 탑승하는 승객인 생물에게 원료를 제공한다는 측면에서 다른 원소보다 훨씬 중요하다. 바다에서 살아가는 생물은 무대에 깊이 관여하는 배우와 같다. 생물은 바다의 일부분으로, 생물을 구성하는 원자가 떨어져 나오며 바다 전체에 영향을 미친다.

바다를 둘러싼 가장 해로운 신화는 바다가 비어 있다는 것이다. 실제로 전 세계 어디에서든 바닷물을 컵에 떠서 관찰하면 아무것도 없는 듯 보인다. 색이 없고 짭짤한 바닷물은 물고기나 배가 나타나서 자신에게 존재 이유를 부여해주기를 기다리는 텅 빈 액체 캔버스다. 공허를 '눈으로 관찰'하고, 공허에 '물질적 존재감'을 부여하기를 바라는 사람도 있다. 그런 사람들에게 바다가 공허하다는 개념은 매력적이다. 마치 바다가 상상하기 어려운 공허의 어렴풋한 실체처럼 보이기 때문이다. 그런데 이 아름다운 개념이 담긴 풍선은 현미경이 발명되고 커다란 핀에 찔려 터졌다. 알렉산더 폰 훔볼트는 자연의 본질을 다룬 방대한 저서《코스모스》에 다음과 같이 서술했다.

> 우리는 현미경으로 바닷속에 풍부히 존재하는 동물을 가장 극적으로 관찰할 수 있고, 이를 통해 단순한 놀라움을 넘어 생명의 보편성에 경외심을 품게 된다. 이처럼 풍요롭고 활기찬 생물과 다양하고 고도로 발달한 미생물은 인간의 호기심을 자극하지만, 나는 항해할 때마다 바다의 무한함과 측정 불가함을 느끼며 마음 깊이 감동한다.

현미경은 바다가 운송하는 살아 있는 승객인 플랑크톤의 세계로 향하는 문을 열었다. 플랑크톤은 크기가 작아 하찮은 구경꾼 취급을 당하기 일쑤다. 하지만 플랑크톤은 바다를 구성하는 생명의 그물망에서 대부분을 차지하는 필수 요소다. 플랑크톤 생태계는 비교적 좁은 규모에서 계절과 수심, 심지어 시간대에 따라서 변화할 수 있다. 그런 작고 섬세한 생물로 이루어진 모자이크가 전 세계 바다에 퍼져 있는 것이다. 이를 고려하면 훔볼트가 언급한 '측정 불가함'은 더욱 위협적으로 느껴진다. 바닷물 샘플 1병의 구성 요소를 일일이 조사하는 일은 곧 세계 최대 규모 도서관에서 책 1권을 골라 페이지마다 단어들이 제각각 몇 번씩 쓰였는지 헤아리는 일과 같다.[4] 분명 유익하겠지만, 바다 전체를 아우르는 정보와는 거리가 멀다. 플랑크톤 연구는 나약하거나 참을성 없는 사람은 할 수 없다. 지난 90년 동안 정부, 사회운동 단체, 산업계 전체가 연구에 도전하고 포기했다. 하지만 영국 플리머스의 한적한 귀퉁이에서 과학자들은 전 세계 플랑크톤 이야기를 기록하는 광범위하고 고생스러운 과제를 인내심을 발휘하며 지속해왔다.

살아 숨 쉬는 플랑크톤의 세계

"이 장비는 50년 되었는데, 훨씬 오래된 장비도 있어요." 데이비드 존스David Johns는 연속 플랑크톤 기록계(이하 CPR) 조사의 책임자로, 우리는 기계의 외관을 살펴보고 있었다. 길이 1m의 튼튼한 금속 덮개는 한쪽 끝이 주전자 주둥이처럼 좁아지고, 그 끝부분의 바로 위에 견고한 견인 장치가 달려 있다. 다른 쪽 끝은 몸체에 금속 소재의 사각 아치가 세워져 있고, 아치의 양면이 열려 있다. 장치 측면에는 창이 뚫

4 현재 세계 최대 규모 도서관은 워싱턴 D.C.에 설립된 '미국 의회 도서관'으로 보유 장서량이 1억 6,700만 권이다.

려 있고, 명판에 다음과 같은 문구가 적혀 있다. 'CPR 138번, 1970년 10월 제조. 첫 견인 1971년 2월, 마지막 견인 1987년 3월. 총 견인 거리 3만 4,184km(1만 8,458해리).'[5] 엠파이어 스테이트 빌딩 꼭대기에서 떨어뜨려 바닥에 부딪혀도 찌그러지지 않을 듯한 외형이다. 그도 그럴 것이 전속력으로 달리는 화물선 뒤에서 던진 다음 속도를 줄이지 않고 끌어올려도 괜찮도록 설계되었기 때문이다.

견고한 덮개는 내부에 탑재된 전혀 예상하지 못한 무언가를 보호한다. 장비 내부에는 반짝이는 황동 톱니바퀴와 롤러에 감긴 빳빳한 그물망으로 솜씨 있게 제작된 장치가 있다. 시계 제작자의 공방에서 만들어진 장치처럼 보이는데, 실제로 1930년대 구식 시계 제작 기술로 만들어졌다. 이 장치는 1931년에 제작되고 1950년대에 일부분 개조된 이후 더 수선할 필요가 없을 만큼 훌륭하게 설계되었다. 덕분에 측정법이 측정 결과에 편향을 일으킬지 모른다고 걱정할 필요 없이 90년 전의 플랑크톤을 지금의 플랑크톤과 직접 비교할 수 있다. 이와 같은 장치 수백 개가 수십 년간 바다를 광범위하게 조사해왔다.

CPR은 독창성이 뛰어나다. 덮개 한쪽 끝 주둥이 부분에는 넓이 1cm² 크기로 작은 구멍이 뚫려 있다. CPR을 바다에 던지고 견인하는 동안 바닷물이 주둥이 구멍으로 흘러들어 첫 번째 롤러의 그물망을 통과하면서 물속 플랑크톤이 걸러진다. 두 번째 롤러의 그물망이 첫

5 이 거리는 적도 둘레인 4만 75km(2만 1,639해리)에 약간 못 미친다. 1해리는 1,852m로, 이 단위의 기원을 알기 전까지는 어색하게 들릴 것이다. 1해리는 위도 1도의 60분의 1에 해당하는 거리다. 기본적으로 위도와 경도 좌표로 표시된 지도를 따라가면 이해가 된다.

번째 그물망의 윗면을 덮어 플랑크톤 샌드위치가 만들어지면, 포름알데히드가 스며들어 포획된 플랑크톤을 보존한다. 여기에서 굉장히 영리한 점은 덮개에 세워진 금속 아치 내부의 날개바퀴가 바닷물에 밀려 돌아가면 그물망 롤러도 회전하며,[6] 장비가 9km(5해리)를 이동할 때마다 그물망 롤러가 약 5cm씩 풀리도록 톱니 장치가 설정되어 있다는 것이다. 선박의 속도가 빨라지거나 느려져서 날개바퀴가 더 빠르게 또는 느리게 회전하면, 자동으로 그물망도 적당한 속도로 풀린다. 장비 전체는 녹음기와 비슷하고, 각 구역의 플랑크톤은 그물망 롤러의 특정 위치에 갇힌다.

CPR은 전속력으로 달리는 선박 뒤에 매달아 최대 833km(450해리)까지 견인할 수 있다. 그사이 롤러에 감긴 그물망이 전부 소진되면 다시 선박 위로 끌어올리기도 한다. 이 장비는 매달, 매년 같은 경로로 바다를 건너는 상선단의 선박에 제공된다. 화물선, 연락선, 정기선, 때로는 대형 요트까지 모두 바다를 누비면서 세계 곳곳에 사람과 물품을 운송하고 덤으로 플랑크톤을 포획하는 등 자기 임무를 수행한다. 이는 공동 연구 프로젝트로 영국, 미국, 캐나다, 노르웨이 연구 기관이 특정 항로에 연구 자금을 지원한다. 2021년 말까지 CPR이 견인된 거리는 1,296만 4,000km(700만 해리)로, 이는 지구를 326바퀴 도는 거리다. 이 항로는 바다에서 극히 일부만을 포함하지만, 지속적으로 샘

6 날개바퀴는 프로펠러 같은 날개를 지니지만 물을 밀기 위해 회전하지는 않는다. 오히려 바람에 밀려 돌아가는 풍력 터빈처럼 흐르는 물에 이리저리 밀린다. 회전수를 세어보면 날개바퀴를 지나쳐 흐르는 물의 속도를 알 수 있다.

플을 채취해 값진 장기 데이터를 확보한다. 그물망 롤러에 감긴 플랑크톤 샘플은 모두 플리머스로 보내져 연구 및 보존된다. 그물망이 교체된 장비는 바다로 다시 발송된다.

바다를 여행하면서 해어지고 녹색으로 조금 얼룩진 채 돌아온 그물망은 정확히 무엇을 담고 있는 것일까? 나는 복잡한 생물 기관보다 시간과 공간의 극한을 사고하는 데 익숙한 물리학자에 불과하므로, 플랑크톤을 이해하려고 노력하기 쉽지 않다. 플랑크톤은 확대할수록 더 많은 것이 발견되고 복잡해진다.

사람이 맨눈으로 볼 수 있는 가장 작은 플랑크톤은 지름 0.1mm로 대략 사람 머리카락 굵기에 해당한다. 크기가 mm 단위인 플랑크톤 가운데 가장 큰 유공충 하나를 예로 들겠다. 트릴로바투스 사쿨리페르Trilobatus sacculifer[7]는 지름이 약 0.25mm이고, 단단한 껍데기로 둘러싸인 단일 세포가 여러 둥근 방을 이루어 불룩하게 돌출되어 있다. 이들의 껍데기 밖으로는 젤리 같은 질감의 덩굴손 구조가 뻗어 있다. 덩굴손은 유공충이 먹이를 먹고 움직이고 배설하는 활동을 돕는다. 트릴로바투스 사쿨리페르를 2만 배 축소한다면 유공충과는 완전히 다른 와편모충류인 오르니토케르쿠스Ornithocercus 크기다. 와편모충류는 일반적으로 단세포 조류로 분류되고 섬유질 덮개를 지닌다. 이 덮개는 단단하고 섬세하고 복잡한 부채꼴 형태로 뻗어나와 마치 정교한 머

7 트릴로바투스 사쿨리페르는 물기둥에 떠 있지만 유공충은 거의 해저에 산다. 기원전 5세기 그리스 역사가 헤로도토스가 '기자의 대피라미드The Great Pyramid of Giza'에서 처음 발견했다. 큰 유공충의 화석이 피라미드 건축에 쓰인 바위를 구성하기 때문이다.

리 장식을 한 세포처럼 보인다. 유공충과 와편모충류 모두 태양을 이용해 스스로 먹이를 생산하지 못하므로 다른 플랑크톤을 먹이로 삼는다. 플랑크톤에는 크게 두 종류가 있다. 태양에서 에너지를 수확하는 식물성플랑크톤, 다른 생물을 먹고 사는 동물성플랑크톤이다. 그런데 해양 생물은 복잡다단해서 두 가지 생존법을 상황에 맞춰 모두 구사하는 경우가 많다.

점점 크기를 줄여보자. 돌말류인 탈라시오시랄레스Thalassiosirales는 단세포생물로, 납작하고 아름다운 원반 형태에 이산화규소로 된 껍데기를 지닌다. 이 껍데기는 벌집무늬를 띠고 섬세한 가시로 장식되어 있다. 돌말류는 태양에너지를 수확하는 생물로 지구의 산소 상당량을 생성한다.[8] 인편모조류는 더 작고 탄산칼슘으로 된 복잡한 원반형 덮개를 두른 매력적인 구형 세포다. 이보다 더 작게, 대략 지름 1cm의 초코볼 정도로 크기를 줄이면 지구에서 가장 풍부한 광합성 생물로 프로클로로코쿠스Prochlorococcus 등이 속하는 남세균에 도달한다. 이들은 미세한 구형 입자로 복잡한 구조를 지니기에는 크기가 지나치게 작으며, 광합성 생물 가운데 가장 작다고 알려져 있다. 그리고 철두철미한 생물학자들을 위해 지름 1mm의 크기로 내려가면, 자신보다 크기가 큰 숙주의 세포 기관을 강탈해 번식하는 해양 바이러스에 도달한다.

8 지구상 광합성의 절반이 바다에서 일어나고, 지구상 산소의 절반이 바다에서 발생한다. 하지만 바다에서 생겨나는 산소는 대부분 대기로 올라가지 않으며 물속에서 소비된다. 돌말류가 생성하는 산소도 주로 바닷속 다른 동물들의 호흡에 쓰인다. 우리가 호흡하는 산소는 대부분 땅속에 오랜 기간 매장된 유기물에서 비롯한다. 매장된 유기물의 탄소가 산소와 반응하지 않기 때문이다.

CPR은 위의 플랑크톤 범위에서 큰 쪽에 초점을 맞춘다. 지금껏 발견한 가장 큰 생물이 길이 30cm의 실고기라고 데이비드는 말했다.[9] 실고기는 머리를 앞에 두고 CPR 덮개의 주둥이 구멍으로 쏙 들어와 그물망에 몸이 감겼을 것이다. 가장 작은 플랑크톤도 그물망에 걸릴 수 있다. 하지만 크기가 너무 작아 그물망에서 빠져나갈 것이다.

진정한 연구는 그물망이 플리머스에 도착하면서 시작된다. CPR 조사 본부에는 현미경 12대가 설치된 긴 연구실이 있다. 이 연구실의 과학자들은 흰색 실험복, 보안경, 보라색 라텍스 장갑을 착용하고서 근무한다. 이들은 그물망 조각에서 발견된 생물들을 식별하고 수를 세며, 데이비드가 '플랑크톤 로드킬'이라고 설명한 대상을 데이터로 변환한다.[10] 연구실은 전문성이 탁월하다. 나는 현미경을 들여다보며 그물망 가닥에 걸린 작은 해양 생물들을 관찰했다. 생물 종류가 무척 다양해 보였다. 연구실 책임자인 클레어 테일러Claire Taylor에게 그 가운데 몇 종을 알고 있는지 물었다. 나는 800~900종이라는 그의 대답에 깜짝 놀랐다. 심지어 이는 각 생물종의 다양한 발달단계는 포함하지 않은 수치였다. 우리는 현미경의 강렬한 빛이 조명하는 작고 다소 찌그러진 새우와 비슷한 생물 샘플을 관찰했다. 데이비드는 생물 식별에 중요한 단서인 다섯 번째 다리의 돌기를 가리켰다. 인간은 여전히 기계보다 연구에 능숙하다. 인간은 표본을 조금씩 움직여 주요 특징

9 실고기는 해마와 친척 관계인 길고 가는 물고기로 체형이 이름 그대로다.

10 그물망 조각은 미래의 과학자도 사용할 수 있도록 모두 보관되어 있으며, 모든 데이터는 누구나 자유롭게 활용할 수 있다.

을 명확히 밝힐 수 있고, 찌그러지거나 부서진 표본 또는 이상한 각도에서 관찰하는 표본도 인식할 수 있기 때문이다.

CPR 조사는 바다에서 표류하는 생물의 기본 패턴을 밝히는 데 도움을 줬다. 가장 두드러지는 패턴인 봄철 대증식spring bloom은 계절 변화에 따라 바다를 가로질러 생명이 물결치는 현상이다. 겨울철 각 반구에서 거대한 폭풍이 바다 상층부를 휘저으면, 영양소가 뒤섞여 해수면으로 올라온다. 봄이 되어 낮이 길어지고 햇빛이 풍부해지면, 해양 생물이 영양소와 빛을 원료로 써서 폭발적으로 성장한다. 먼저 돌말류를 비롯한 식물성플랑크톤, 다음은 와편모충류, 그다음으로 초가을에 돌말류가 한 번 더 번성한다.[11] 일부 생물종이 압도적으로 증식하지만 다른 많은 종도 존재한다.

이 거대한 생명의 물결은 광범위하고 다양성이 풍부하다는 측면에서 바다의 열대우림과 같다. 그런데 열대우림과 봄철 대증식은 특성이 현저히 다르다. 봄철 대증식은 위치가 변화하고, 주기가 짧고, 조류를 타고 어디든 이동하며, 영양소나 빛 또는 온도가 변하면 며칠 만에 양상이 변화한다. 단기간 국소적으로 일어나는 대증식도 있다. 이는 조건이 맞아 불쑥 발생했다가 먹이가 자연히 소진되면 사라진다. 그런데 생명의 기본 조건, 즉 햇빛이 닿는 곳에 영양소가 충분하게 공급된다는 조건은 깊은 바다에서 영양소를 해수면으로 끌어올리는 혼합 과정으로 결정된다. 플랑크톤이 흔적을 남긴 바다는 물고기, 새, 그

---

11 이러한 계절적 대증식 패턴은 열대지방에서는 발생하지 않는다. 매년 겨울 주기적으로 폭풍이 발생하지 않고 1년 내내 낮 길이가 큰 폭으로 변화하지 않기 때문이다.

리고 대형동물에게 연료를 공급하며 생물 밀집 지역을 형성할 것이다.

바다의 승객은 탑승한 해양 엔진에 고르게 분포되어 있지 않다. 바다에서 열대우림과 사막을 가르는 경계선은 푸른 기계의 구성 요소가 설정한다. 금이나 아이오딘 원자처럼 아주 작은 승객조차 특정 구역에 더 많이 존재하는 등 복잡하고 풍부한 패턴을 드러낸다. 물리적 조건과 에너지 및 원료의 가용성이 유리한 지역에서는 무생물 승객이 생물 승객, 즉 식물성플랑크톤으로 전환되면서 바닷물의 화학 특성이 변화한다. 식물성플랑크톤은 해류를 타고 표류하는 동안 바다의 화학적 요소와 해양 엔진의 물리적 요소가 변화함에 따라 증식하거나 사라진다. 이 작은 생물로 이루어진 거대한 연결망이 없다면, 펭귄도 돌고래도 상어도 없을 것이다. 그런데 이 작은 생물 승객만 해양 엔진에 중요한 것은 아니다. 바닷물이 운반하는 화학물질 승객이 없어도 생물 자체가 존재하지 않을 것이다. 화학물질은 생물 승객을 형성하는 구성 요소이자 지구 엔진을 작동시키는 연료다. 바다의 진정한 귀빈 승객은 너무 작아 우리 눈에 보이지 않는다. 하지만 이들의 존재가 불러오는 결과는 매우 두드러지며 우리 모두에게 영향을 미친다.

인간 사회는 일반적으로 미생물을 수백만, 수십억 마리로 세는 것에 익숙한데 실제 이 숫자는 무엇을 의미할까? 해양 생물군의 규모가 얼마나 방대한지 확인하려면 우리는 해양 생물과 고유한 관계를 맺어야 한다. 인간은 모험심이 강하고 적응력이 뛰어나고 호기심이 풍부한 데다 잡식인 까닭에 대부분 저녁 식탁에서 해양 생물과 관계 형성을 시작한다.

바다의 보물로 차려진 만찬

구름 없이 화창한 봄날 아침 5시 30분이었다. 청명한 하늘은 고요하고 분홍색 여명은 아침 풍경에 스며들었지만, 새로운 하루의 시작을 축하하는 새소리는 들리지 않았다. 런던의 거대한 유리 건물 카나리 워프는 은행, 법률, 금융 규제, 통신 산업 분야를 상징하는 기념비다. 이 지역은 런던에서 동쪽으로 흐르는 템스강 하구에 자리한다. 우뚝 솟은 현대식 건물들은 형성된 지 200년이 지난 부두를 중심으로 카리브해의 풍요로움이 한때 상륙한 시기인 1990년대부터 건설되었다. 노스독North Dock에서 반대편으로 건너가면 고층 건물이 갑자기 시야에서 사라지며 과거 런던으로 돌아간다. 이 지역은 유리와 강철로 만들어진 현대식 건물이 아닌 노란색 지붕이 얹어진 길고 낮은 건물들이 해안가를 따라 늘어서고 넓은 주차장이 조성되어 있다. 이곳은 영국 최대 규모의 어시장인 빌링스게이트 어시장Billingsgate fish market으로, 3세기 넘게 이어져온 런던의 전통을 현대적으로 표현한다.

흰색 소형 승합차 수십 대가 뒷문이 열린 채 주차장 곳곳에 세워져 있고, 나무로 만들어진 화물 운반대와 흰색 상자가 어지럽게 널려 있다. 입구 표지판에는 화요일부터 토요일까지, 오전 4시부터 9시 30분까지 시장이 열린다고 안내되어 있다. 나는 건물 위층으로 올라가 어시장 투어를 주관하는 해산물 교육원을 찾았다.[12] 우리는 건물 안 모든 사람의 유니폼처럼 보이는 흰색 상의를 입고 시장으로 들어섰다.

가판대는 좁은 통로를 따라 배열되었고, 가판대마다 흰색 스티로폼 상자가 가득 차 있어 가판대를 받치는 금속 선반에 여유 공간이 없었다. 딱딱한 초록색 바닥은 호스로 뿌린 물과 얼음에 젖었다. 짐꾼들이 흰색 상자를 화물 운반대에 고정시키고 카트에 실으면서 "뒤로 물러서!", "다리 조심해!"라고 외치는 소리가 몇 분마다 들려왔다. 이들은 서둘러 승합차로 달려가는 것 같았다. 흰색 상자에는 생선이 빼곡히 담겨 있었다. 처음에는 모든 생선이 잘 분류되어 상자에 고르게 담겼다는 점이 눈에 들어왔다. 한 상자는 정확히 같은 크기의 노랑촉수만 들었고, 그 옆에 놓인 상자는 같은 크기의 레몬 서대기lemon sole로 가득했으며, 다른 상자는 똑같이 생긴 아귀monkfish가 담겼다. 안내자가 아가미의 상태, 피부와 눈의 광택, 살의 질감 등을 예로 들어 설명해줬다.[13] 홍다리얼룩새우tiger prawn, 송어, 농어, 가리비, 고등어, 도버 서대기, 대문짝 넙치를 지나쳤다. 압축 포장된 진한 붉은색 참다랑어 덩어리와 저민 훈제 생선을 제외하면 거의 모든 생선이 통째로 진열되어 있었다. 게다가 열대어 대열을 발견하고는 깜짝 놀라 입이 벌어졌다. 비늘돔, 염소고기, 창꼬치, 참바리를 영국에서 누가 먹으리라고 상상도 못 했다. 이들은 내가 다이빙을 하면서 알게 된 물고기다. 나는 염소고기가 턱수염으로 산호초를 탐색하고 꼬치고기가 청록색 바다 표면 근처에서 순항하며 사냥하는 모습을 상상했다.

모든 가판대가 혼란스러운 만화경처럼 보였고, 내가 느끼는 혼란

---

12 나는 어렸을 때부터 해산물을 먹어본 적이 없는데, 낯선 문화로 들어가는 길에 안내자가 있어 안심했다. 나는 열정이 넘치고 유쾌하고 친절한 안내자들에게 그들의 삶의 중심인 해산물을 먹지 않는다고 밝히지 않았다.

13 안내자는 자신이 해산물 교육원 구성원이어서 상인에게 허락을 받았지만, 일반 구매자는 생선을 사기 전에 만질 수 없음을 지적하며 난감해했다.

이 눈앞에 펼쳐진 생물학적 혼돈에서 비롯했음을 깨달았다. 먼바다의 포식자, 해안 바닥에서 먹이를 먹는 생물, 조용한 먹이 조달자, 영토를 지키는 악랄한 수호자, 거대한 모래톱에 사는 작은 물고기, 외해에서 독립적으로 사는 항해자들이 모두 나란히 늘어선 흰색 스티로폼 상자에 담겼고 밑에는 얼음이 깔렸다. 북해, 인도양, 칠레 해안, 북태평양에서 온 물고기들이었다. 살아서는 서로 1,600km 이상 떨어져 있던 물고기들이 죽어서 만났다. 박물관을 방문해 로마 동전 옆에 쌓여 있는 튜더왕조의 머리 장식과 빅토리아 풍 값싼 도제 담뱃대, 박제 도도새, 이누이트 카누, 아폴로 우주비행사가 달에서 착용한 장갑, 콩 통조림, 콘크리트 덩어리, 월드컵 트로피 등을 보는 기분이었다.

안내자는 모든 물고기의 생물학과 기원, 각 어업의 지속 가능성을 잘 알고 있었다. 어시장에서 생선을 구매하는 사람들은 생선 판매업자인 동시에 대중의 일원이고, 전 세계에서 도착한 생선들은 런던 동부 어시장을 거쳐 런던 전역 저녁 식탁에 오를 것이다. 개인 구매자는 생선 무게를 측정하고 비닐봉지에 담아 그날 저녁 식사로 먹는다. 나와 함께 어시장 투어에 참여한 두 사람은 저녁 만찬 메뉴로 연어를 선택했고, 상자에서 쏟아질 정도로 커다랗고 길이가 거의 1m가 넘는 연어들이 진열된 한 가판대에 들렀다. 연어는 몸이 날렵하고 힘이 넘치며 윗면은 검은색으로 반짝이고, 옆구리와 흰색 밑면에는 반점이 있는 멋진 물고기다. 가판대 주인은 가장 크고 싱싱한 연어를 골라 저울에 올렸고, 저울에 표시된 무게만큼 현금을 받은 뒤 검은색 비닐봉지에 연어를 담아 건넸다. 여기에서는 의식을 거행하지 않는다. 런던 중심가의 고급스러운 옷 가게에서 셔츠를 구매했다면, 점원은 그 셔츠를 조심스럽게 개어 얇은 종이로 포장하고 귀여운 스티커를 붙인 다음 브랜드 쇼핑백에 경건히 넣었을 것이다. 나는 그런 대조적 모습을 어떻게 봐야 할지 결정할 수 없었다. 검은색 비닐봉지는 아름다운 동물의 품위를 떨어뜨리는 도구로 보이지만, 어쩌면 그 안에는 순수함과 정직함이 담겨 있을지 모른다. 가치는 생선 자체에 있다. 아무리 포장해도 생선의 본질을 숨기거나 왜곡할 수는 없다. 그런데 굳이 그런 포장을 해야 할까?

친숙하거나 친숙하지 않은 다양한 이름을 지닌 생선이 메뉴판, 샌드위치, 어시장에 온통 뒤섞여 있다. 우리는 대부분 그러한 경로로 해양 생물과 만난다. 어디에서 온 생선인지 질문하면 새삼스럽다는 듯 그냥 '바다'라는 대답을 듣는다. 당연하지만 물고기는 저절로 발생하지 않는다. 시장에 진열된 물고기는 생물학적 빙산의 일각, 즉 엄청나게 거대한 구조에서 우리 눈에 보이는 일부일 뿐이다. 물고기는 자신보다 작은 생물을 잡아먹고, 작은 생물은 그들보다 더 작은 생물을 잡아먹는다. 보이지 않는 생물이라는 빙산, 우리가 보지 못하는 해양 생태계는 얼마나 거대할까? 생물학자들은 아직 정확한 답을 얻지 못했지만 놀랍게도 이에 대해 비교적 명확한 답이 있다.

첫 번째 가판대에는 흰색 스티로폼 상자에 간신히 들어갈 정도로 거대한 붉돔 2마리가 있다. 모든 상자는 길이 75cm, 너비 40cm, 높이 20cm로 크기가 같다. 붉돔은 길이가 상자와 거의 비슷하고, 얼룩덜룩한 복숭아색 비늘과 커다란 분홍색 눈이 길고 좁은 몸통을 장식하며, 섬세한 꼬리지느러미를 지닌다. 붉돔 1마리는 약 5kg이다. 상자 하나에 붉돔 1마리가 들어 있다고 상상해보자. 상자 내용물인 물고기 1마리는 무게가 1~10kg인 해양 생물을 대표한다. 옆에 상자를 하나 더 두자. 이 상자에는 도버 서대기 10마리가 들었고 무게는 1마리당 약 500g이다. 두 번째 상자에 담긴 생물의 전체 질량은 5kg으로 첫 번째 상자와 같지만, 무게가 볽돔의 10분의 1인 도버 서대기 10마리로 구성되었으므로, 상자 내용물인 물고기 1마리는 무게가 0.1~1kg인 해양 생물을 대표한다. 다음 상자에는 정어리 100마리가 들었고, 그다음 상자에는 대서양 새우atlantic prawn[14] 1,000마리가 들었다. 또 다른 상자에는 무게가 1g인 작은 달팽이 1만 마리가 들었다.

지금 우리는 상자 5개를 가지고 있다. 각 상자에 담긴 생물의 크기(무게)는 이전 상자와 비교하면 10분의 1이지만 생물의 총질량은 5kg으로 같다. 최신 연구에서 밝혀진 바다의 기본 법칙에 따르면, 생물의 크기 범주를 10분의 1씩 줄일 때마다 해당 크기 범주의 생물 개체 수는 10배씩 늘어나고 생물량(개체 수가 아닌 중량이나 에너지양으로 나타낸 다-옮긴이)은 유지된다. 여기에는 갑각류, 어류, 해양 포유류, 세균, 불가사리 등 모든 생물이 포함된다. 생물을 제각기 해당하는 크기 범주에 넣고 바다 전체에 걸쳐 질량을 합산하면 크기 범주마다 생물량이 같다. 생물을 10배씩 차이 나는 크기 범주로 분류했을 때, 바다 전체에서 각 범주에 속한 생물의 총질량은 약 1Gt(10억t)이다. 1마리의 무게가 0.1~1kg인 생물의 총질량도 1Gt, 1마리의 무게가 0.1~1g인 생물의 총

14 해양생물학자는 새우를 말할 때 '프라운prawn'이나 '슈림프shrimp'라는 단어를 사용하지 않는다. 이는 모두 다리 10개를 지닌 수생 갑각류를 가리키는 일반 용어이며, 그 쓰임새가 영어권 국가마다 다르다. 두 단어를 규정하는 과학적·공식적 정의는 없다.

질량도 1Gt, 나머지 크기 범주의 총질량도 이와 같다.[15]

바다에는 크기가 큰 생물보다 작은 생물이 분명 많다. 그렇다면 크기 범주는 얼마나 더 줄어들 수 있을까? 우리에게는 이미 붉돔, 도버 서대기, 정어리, 대서양 새우, 달팽이 총 5개의 상자가 있다. 위 질문의 답은 상자 14개가 더 있다는 것이다. 마지막 상자(대부분 세균으로 가득 차 있음)에는 살아 있는 세포 10^{19}개가 들었다. 이들의 무게를 전부 합치면 붉돔 1마리의 무게와 같다. 이러한 수치는 크기가 다양한 해양 생물 간의 비율을 드러낸다. 붉돔 1마리를 볼 때마다 그 물고기를 지탱하는 생물학적 토대가 얼마나 방대한지 떠올려보는 것도 좋다. 정답은 붉돔 무게의 약 18배다.

건강한 바다에서는 크기 범주 간의 고정된 질량 관계가 가장 큰 고래까지 이어지며, 크기 범주는 총 23단계에 달한다. 가장 큰 크기 범주의 최상단을 차지하는 생물은 가장 작은 크기 범주의 최하단을 차지하는 생물보다 10^{24}배 더 크다. 어마어마한 숫자라 피부에 와닿지 않지만, 구체적으로 설명하면 인간은 아무리 노력해도 해양 생물량의 61%를 맨눈으로 볼 수 없다.[16] 돌고래와 문어가 해양 생물의 전부라고 생각하면 많은 부분을 놓친다. 눈에 보이지 않는 생물에서 다수를 차지하는 플랑크톤은 바닷물을 타고 표류하고 있다. 이들 없이는 다른 어떤 생물도 살 수 없다.

---

15 이처럼 크기 범주가 작아질수록 개체 수가 늘어나는 상관관계는 바다 상층부 200m 내에서 가장 일관적으로 나타난다. 깊고 차가운 중층부에서는 대형동물의 몸집이 작아지기 때문이다.

16 앞에서 언급한 크기 범주 23단계 중 14단계에 해당하는 비율이다.

어시장 지붕에 걸린 화려한 녹색 시계가 오전 7시를 가리킬 무렵 상인들은 이미 정리 작업을 진행하는 중이었다. 호스로 물을 뿌려 바닥을 닦고, 생선 상자를 건물 뒤편에 설치된 거대한 냉동고로 옮기고 있었다. 상자에서 상자로 얼음을 옮긴 다음 하루 매출을 헤아린다. 오전 7시 45분이 되면 광장은 차가운 콘크리트 바닥만 남고 금속 선반은 맨살을 드러낸다. 나는 안내자에게 레스토랑 주방장도 생선을 사러 어시장에 오는지, 그래서 이토록 일찍 어시장 영업을 종료하는지 물었다. 안내자는 황당해하며 크게 웃었다. 그는 레스토랑 주방장이 오는 일은 거의 없다고 답했다. 런던 레스토랑의 99.5%는 팬에 바로 조리할 수 있는 순살 생선을 대형 소매업체에 주문한다. 그러한 생선은 어시장을 거치지 않는다.[17] 이는 주방장이 뼈와 힘줄, 아가미 등을 지닌 자연 상태의 생선과 멀어지며 깔끔하게 포장된 단백질 덩어리를 향해 가고 있음을 의미한다. 나는 다시 위층으로 올라가 '내장, 껍질, 살코기'라는 수업을 들으며 자연 상태의 생선으로 요리하는 기초 기술을 익혔다. 서양에서 생선을 먹는 사람들 가운데 이러한 작업을 할 수 있는 사람의 비율은 시간이 갈수록 점점 줄어들 것이다.

심지어 시장조차도 슈퍼마켓 선반에 밀려 외곽으로 물러나고 있다. 빌링스게이트 어시장이 1699년 의회법을 토대로 공식 설립되었을 당시, 어시장 위치는 런던 시민과 세계 각국의 상품을 연결해주던 런던 최초의 수문이 있는 장소였다. 1982년까지 어시장은 기존 위치의

---

17 고급 초밥집에서 일하는 주방장은 생선 손질에 상당한 자부심이 있으니 이런 일반화에서 예외일 수 있다.

빅토리아 풍 웅장한 건물 안에 있었다. 이후 어시장은 도시 중심부에서 동쪽으로 4km 떨어진 현재 위치로 옮겼다. 이 글을 쓰는 시점을 기준으로 조만간 어시장은 현재 위치에서 동쪽으로 10km 더 이동하며 런던 중심부로부터 훨씬 멀어질 예정이다. 게다가 오늘날 시장에서는 자연산보다 양식 생선이 더 많이 팔리며 그 비율은 꾸준히 증가하고 있다. 우리는 물고기가 인간과 바다를 연결해준다고 믿지만, 저렴한 가격과 효율을 향한 열망 탓에 생선 요리 애호가조차도 복잡한 해양 환경의 생리와 생태를 구현하는 자연 상태 생선과 멀어지는 중이다.

20대 초반에 다랑어가 실제로 어떻게 생겼는지 처음 알게 된 순간은 아직도 생생하게 떠오른다. 다랑어는 크고 강력한 포식자로 근육질 몸이 번쩍번쩍 빛나는 바다의 왕이다. 나는 어린 시절 학교 급식과 샐러드 도시락에 들어 있던 작은 통조림 참다랑어 조각을 보면서 그런 다랑어의 실제 모습은 상상조차 못 했다. 지금도 참다랑어 통조림을 볼 때면, 위풍당당한 바다의 귀족이 존중받지 못한 채 조각조각 잘려 규격화된 원반 형태로 보잘것없이 가공되었다는 사실에 모욕을 느낀다. 바다의 보물은 알아볼 수 없는 모습으로 가공되었고, 누구도 다랑어의 본모습이 어땠는지 알려주지 않았다. 지속 가능한 방식으로 공급되는 생선, 특히 현지에서 잡힌 생선을 소비해야 한다는 주장이 있다. 분명 우리는 자신이 소비하는 물고기의 정체와 물고기가 상징하는 바다의 풍요로움을 이해해야 한다. 생선을 먹는 행위는 곧 넓게 흩어져 있는 플랑크톤 수백만 마리가 축적한 에너지와 원료를 섭취해 몸속에 편입시키는 것이다. 바다의 과거는 현재 우리의 일부가 된다.

우리는 또한 해양 생태계에서 보이지 않는 다수를 차지하는 작은 승객을 대신해 목소리를 내줘야 한다. 이들이 형성한 생물 연결망은 푸른 기계의 주요소로 지구를 유지하는 과정에 중대한 역할을 한다. 인간 눈에 보이지 않는 것이 보이는 것보다 훨씬 중요하다는 관점의 전환이 필요하다. 1844년 알렉산더 폰 훔볼트는 현미경으로 발견한 대상의 중요성을 금세 알아차렸다. "바닷물은 해양 극미 동물과 이들이 급속히 분해되며 생성된 동물성 물질이 매우 풍부한 덕분에 이들보다 몸집이 큰 수많은 동물에게 영양액이 된다."

이제까지 바다의 두 승객 무생물(금을 비롯한 다양한 원자들)과 생물을 만났다. 두 승객은 해류를 타고 전 세계를 떠다니는데, 해류는 승객이 아닌 푸른 기계의 작동으로 통제된다. 승객의 수는 장소에 따라 크게 다르지만 어디에나 존재하고 희소하다. 승객의 성질은 고정되지 않고 대개 저마다 속한 바다의 구역에 국한되지만, 이동하는 도중 새롭게 변화할 무한한 잠재력이 있다. 이러한 생태계 수레바퀴를 계속 돌리는 근본원리가 있는데, 그 가운데 일부는 인간이 터득하고 사회에 적용하기까지 오랜 시간이 걸렸다.

버려진 오물과 함께 돌아오는 바다

내 머리 위에 푸릇한 잎과 함께 황금빛 무화과가 매달려 있다. 여기는 온실이 아니다. 이것은 금속 무화과로 선홍색 철 기둥에 새겨져 있으며, 이와 똑같은 기둥 8개가 빙글빙글 꼬인 잎사귀와 꽃으로 복잡하게 장식된 철제 구조물로 서로 연결되어 있다. 인상적인 팔각형 공간과 아름다운 장식물은 바깥쪽과 위쪽으로 개방된 웅장한 홀의 중심부에 위치한다. 빨간색과 녹색과 크림색으로 칠해진 기둥과 높은 아치가 이 공간을 지탱한다. 이곳은 의도적으로 웅장하게 장식되었다. 기념할 것이 많은 공간이니 그래야 마땅하다. 기능과 심미성을 모두 고려해 명확히 설계된 이 건물은 높고 멋진 벽돌 건물들로 이루어진 작은 단지 안에 있다.

그런데 이곳을 방문하려면 런던에서 24km 떨어진 템스강 하류 인근의 평평한 에리스Erith 습지에 숨겨진 길고 구불구불한 진입로를 찾아야 한다. 여기에 이 건물이 세워진 이유는 외지고 눈에 잘 띄지 않아 1860년대 영국 시민이 신경 쓰지 않는 지역이었기 때문이다. '습지 대성당Cathedral on the Marsh'이라고 불리는 이 건물은 아름다운 무화과로 장식되었다. 무화과의 작물 특성이나 식용 가치를 고려해서가 아니라 무화과가 변비약으로 유용하게 쓰인다는 이유에서였다. 이 건물의 목적은 똥에 있다. 웅장한 홀은 크로스니스 엔진Crossness Engine을 수용하는 공간으로, 이 엔진은 런던에서 매일 쏟아져 나오는 하수를 도시 밖으로 내보내기 위해 설치되었다.

도시는 다양한 이유로 하구에 조성된다. 하구의 둑은 자원이 풍부한 낚시터 및 사냥터이자 해외무역의 관문으로, 민물을 구하고 도시를 방어하기에 유리한 위치다. 그런데 200년 전까지는 무료로 오물을 편리하게 내버릴 수 있는 장소이기도 했다. 1800년대 런던은 분주한 대도시로 냄새나고 더러운 작업장이 즐비했다. 도축장, 가죽 무두질 공장, 석탄을 때는 빵집, 유리 세공 공장, 고래기름 가공 공장과 더불어 인구 100만 명과 이들이 배출하는 폐기물 및 하수가 런던에 있었다. 런던은 템스강에 오물을 버렸고, 오물 배출량은 시간이 갈수록 증가했다. 이후 반세기 동안 과학적·의학적·공학적으로 놀라운 발전이 이루어졌지만, 한 가지는 변화하지 않았다. 템스강으로 흘러드는 오물이 6시간 뒤 밀물을 타고 다시 런던으로 밀려오지 않기를 바라는 것이다. 대영제국과 런던의 성장 그리고 산업혁명의 확대보다도 악취의 증가 속도가 훨씬 빨랐다.[18] 전체 국토의 10분의 1에 내린 비는 모든 오물을 씻어내지 못했다.

1850년 런던의 템스강은 오물과 질병과 죽음이 뒤섞인 역겨운 시궁창이었다. 모든 시민은 무언가를 해야 한다는 점에 동의했지만, 그런 광범위한 문제를 해결하는 과정에는 천문학적 비용이 들었다. 애초에 템스강이 수 세기 동안 오물을 처리하며 런던에 커다란 도움을 줬음을 인식하지 못하고, 템스강에 비난을 쏟았다는 사실이 슬픈 아이러니다(이는 인간 환경 역사에서 유일한 사례가 아니다). 이 당시 런던의 악취는 '대악취Great Stink'라는 이름으로 알려졌다. 그때 정황을 고려하면 상당히 절제된 표현이다. 1858년 덥고 건조한 여름, 템스강 강둑 바로 옆에 자리한 영국 하원이 참기 힘든 악취 때문에 건물 내의 많은 방을 완전히 사용할 수 없다고 결론 내리며 변화가 생겼다. 벤저민 디즈레일리가 "말로 표현할 수도, 견딜 수도 없는 공포를 자아내는 지옥의 악취가 진동하는 웅덩이"로 템스강을 표현한 토론이 종료되고, 그 공포를 없애기 위해 어마어마한 자금을 마련하는 법안이 마침

---

18 수세식 변기는 제한된 하수 체계에 다량의 물을 추가했고, 하수가 넘쳐흐르도록 상황을 악화했다는 점에서 도움이 되지 않았다.

내 통과되었다. 그리고 영국 역사상 가장 야심찬 공학 프로젝트가 시작되었다.

탁월한 토목 기술자이자 대도시사업위원회Metropolitan Board of Works의 책임 기사였던 조세프 배절제트Joseph Bazalgette가 이 프로젝트의 리더로서 똥 문제를 해결하는 임무를 맡았다. 배절제트가 제시한 해결책은 1,770km의 하수관을 새롭게 건설해 벽돌로 만든 132km의 하수 터널과 연결하는 것으로, 오물이 약간 아래로 기울어진 밀폐된 하수관을 타고 중력의 영향을 받아 이동해 런던에서 멀리 떨어진 지점에 도착하도록 한다는 계획이었다.[19] 이 프로젝트는 하수도의 큰 줄기에 속하는 빅토리아 강둑과 앨버트 강둑을 하구에 새롭게 건설하며 런던 템스강을 재구성했다(이 상황은 오늘날까지 계속되고 있다). 하수도를 전부 구축하기까지는 16년이나 걸렸다. 하지만 콜레라, 티푸스, 장티푸스 등 질병을 획기적으로 감소시켜 공중 보건에 유익한 결과를 가져오며 놀라운 성공을 거두었다.

새로운 하수도는 공학적으로 훌륭했지만, 실제 근본적 문제를 해결하지는 못했다. 오물을 다른 장소로 그냥 옮길 뿐이었다. 방대한 연결망에서 좁은 하수관들은 합쳐져 더 넓은 하수관으로 이어졌다. 템스강 남부에 건설된 습지 대성당은 가장 넓은 하수관이 다다르는 종점이었다(템스강 북부에는 연결망이 별도로 있고 애비 밀스Abbey Mills가 종점이었다). 크로스니스의 벽돌 건물들은 증기기관 4대와 증기를

19 배절제트의 하수도는 필요한 경우 시설 개선 및 추가 공사가 진행되었지만, 오늘날에도 여전히 우수한 성능을 유지하며 뛰어난 품질을 입증한다.

생성하는 코니시 보일러cornish boiler(연소 가스의 통로 및 전열면을 형성하는 노통이 1개인 보일러-옮긴이) 12대를 수용하기 위해 지어졌다. 이 철제 일꾼들은 하수를 템즈강 수위까지 끌어올려, 하수가 썰물을 타고 바다로 흘러가도록 유도했다. 그러면 똥은 북해로 이동해 변덕스러운 바닷물을 타고 여행하는 승객이 된다. 하수도의 핵심이 지하에 숨겨진 까닭에 크로스니스 양수장은 거대하고 새로운 하수도의 몇 안 되는 가시적 표식이었다. 1865년 개최된 양수장 개장식에는 런던 사회 인사들이 많은 관심을 가지고 참석했다. 건축물과 정교한 철제 설비는 해당 프로젝트의 높은 위상을 드러내며 새로운 하수도가 런던 사회에 오래도록 공헌할 것이라는 확신을 전했다.

크로스니스 엔진은 수차례 확장되고 개선된 끝에 1956년 작동을 중단했다. 보일러는 고철로 처분되었고, 거대한 엔진실은 방치되어 녹슬었다. 그러던 중 1985년 크로스니스 빔 엔진 보존 그룹이 출범했고, 이후 크로스니스 엔진 관리 위원회가 되었다. 과거 위대한 공학적 업적이 녹슬게 두지 않으려는 관리 위원회의 강한 의지 덕분에 현재 크로스니스 엔진은 대중에게 공개된 상태다.

우리는 한 열정적인 자원봉사자에게 현장을 안내받았는데, 그는 하수에 관심이 많다고 당당하게 인정했다(우연이겠지만 그는 후각이 좋지 않다고 나중에 언급했다). 안내자(내가 만난 안내자는 모두 남자였다)는 커다란 엔진에서 녹을 벗기고, 엔진 부품을 분해·수리·재조립하고, 철제 설비에서 페인트를 벗긴 다음 새로 칠하는 등 지난 30년간 엔진실 한쪽을 과거 영광스러운 시절로 되돌려놓기 위해 노력한 이야기를 들려줬다. 엔진실의 다른 한쪽은 회색과 갈색투성이로, 낡고 녹슬고 추억이 남겨진 채 그대로 방치되어 있었다. 밝게 색칠된 엔진 하나는 지금 재가동되고 있으며 또 다른 엔진이 머지않아 가동되리라고 예상한다.

엔진은 중심부를 가로질러 머리 위로 뻗은 13m의 밝은 녹색 빔(구조물의 들보-옮긴이)을 밀어 올린다. 빔은 한쪽 끝으로 직경 8.5m, 무게 52t에 녹색으로 칠해진 육중한 회전 조절 바퀴를 밀고 당긴다. 작동하는 동안 빔은 앞뒤로 움직이며 아래쪽 탱크 2대에 담긴 하수를 위로 끌어올린다. 엔진은 런던 하수 6,800ℓ를 높은 저수지로 밀어 올려 다음 밀물 시기에 방류할 수 있도록 준비한다. 이는 당대에 진정 경이로운 시설이었다. 우리가 감상할 수 있도록 이를 간수해 남긴 크로스니스 엔진 보존 위원회는 공로를 인정받아야 마땅하다. 그런데 프로젝트를 이토록 우아하게 실행한 인재들이 근본적 결함을 놓쳤다는 사실은 미래 세대에 놀라움을 안겼다.

런던은 대악취의 늪에서 벗어나 다시 태어나고, 악취 문제가 사라진 현대사회로 진입했다. 그런데 '사라졌다는 것'은 민물과 바닷물을 가르는 경계 너머를 의미했다. 강력한 엔진이 끌어올린 하수는 1880년대까지 처리되지 않은 상태로 바다에 방류되었다. 오물이 썰물을 타고 떠내려가리라는 가정에는 문제가 있었는데, 밀물 시기에 바닷물이 역류하며 오물의 일부가 되돌아온다는 것이었다. 오물의 집중된 흐름으로 강 하류에서 낚시가 중단되고, 오물이 먼 곳으로 '사라지지 않는다는 사실'이 곧 분명해졌다. 이에 관한 논쟁이 시작되기까지는 오랜 시간이 걸리지 않았는데, 영국 역사상 가장 끔찍한 재난이 발생했기 때문이다.

1878년 여객용 외륜 증기선SS 프린세스 앨리스호Princess Alice는 런던에서 몇 킬로미터 떨어진 템스강 하류 울리치Woolwich 인근에서 석탄선과 충돌해 두 동강 났다. 승객 수백 명이 물에 빠졌고, 수영을 할 수 있는 사람은 거의 없었을 것이다. 그런데 진짜 비극은 그날 하수를 방류하고 1시간 정도 지난 뒤 강 북부 하수 방류 지점 근처에서 충돌 사고가 났다는 점이다. 시커멓게 부패한 하수는 생명에 훨씬 위험했다. 수습된 시신은 진물로 뒤덮여 있었다. 조사 결과 많은 사람이 익사가 아니라 유독가스 중독으로 사망했다고 밝혀졌다. 이는 끔찍하고 불필요한 죽음이었다. 재앙이 일어난 결과로 하수처리 시스템이 마침내 구축되었다. 슬러지sludge(하수처리 과정에서 발생하는 침전물-옮긴이) 운반선 6척은 미처리된 폐기물을 더 멀리 북해로 실어 나르는 임무를 맡았다.[20] 걸쭉한 갈색 슬러지를 운반한다는 점에서 이 선박은 '보브릴Bovril 운반선'이라는 별명을 얻었다.[21] 인류는 공포스러운 존재를 머나먼 장소로 옮기고 싶은 유혹에서 벗어날 수 없었다. 그곳은 바다를 의미했다.

배절제트의 공학이 수천 명의 생명을 구하고, 런던 시민의 건강을 헤아릴 수 없을 만큼 향상했다는 점에는 의심의 여지가 없다. 하지만 그 공학적 탁월함은 인류가 현대 세계를 구축한 태도를 명확히 드러낸다. 문제를 눈에 보이지 않는 곳에 치워두고 더는 그것에 관해 생각하지 않는 것이다. 그러면 문제는 우리가 관심을 가지는 세계에서

20 슬러지 운반선은 놀랍게도 1998년까지 운항되었다.

21 보브릴은 진한 갈색을 띠고 걸쭉하고 짭짤한 고기 추출물로, 물에 희석해 뜨거운 음료를 만들거나 수프에 향을 낼 때 썼다.

사실상 사라진다. 역사적으로 바다는 인간 마음속에서 너무 단절되어 있었던 까닭에 '머나먼' 곳으로 간주되며 인류의 거대한 쓰레기통이 되었다. 문제는 빅토리아시대 사람들이 발견했듯 바다가 그렇게 멀리 있지 않다는 것이다. 인류가 바닷속에 치워둔 것들은 다시 인류를 괴롭힐 것이다. 자연은 일방통행으로 작동하지 않는다.

남극 새우에게 포식자 고래가 필요한 이유

남극점 위에 쪼그려 앉은 얼음 대륙 남극은 남극해로 완전히 둘러싸여 있다. 동쪽에서 불어오는 매서운 바람이 극지방 주위에서 차가운 바닷물의 표면을 떠밀면, 남극을 다른 세계와 분리하는 냉랭하고 지속적인 회전목마가 생성된다. 위풍당당하게 활공하는 앨버트로스부터 바람에 휩쓸리는 바다제비까지 남극해의 수면 밖에서 서식하는 생물들에게 남극은 거칠고 변덕스러운 환경이다. 한순간 잘못된 판단으로 거친 해수면으로 추락해 순식간에 물고기 먹이가 되기 때문이다. 그런데 경계를 넘어 물속에 들어가면 남극 환경은 성격이 순식간에 바뀐다. 광활하고 차가우며 잔잔한 남극해는 지구 역사상 가장 큰 동물인 대왕고래가 살기에 적합한 서식지다. 거대한 대왕고래가 어둠 속에서 수면 위로 떠오르면 길고 날씬한 실루엣이 선명해진다. 100t이 넘는 청회색 덩어리가 숨구멍으로 내뿜는 공기와 점액이 고래의 도착을 알린다. 고래는 인간과 비슷한 폐를 지닌 포유류이므로 특히 먹이를 먹은 뒤에는 규칙적으로 대기와 접해야 생존할 수 있다. 대왕고래가 수면에 머무르는 동안 매끈한 피부는 약한 여름 햇살을 반사해 반짝인다. 이 바다의 거인이 생존 활동을 잠시 멈춘 사이 자연은 고요하고 아름다운 순간을 선사한다. 고래 꼬리 바로 아래의 물속에서 밝은 적갈색 물질이 소용돌이치며 뿜어져 나온다. 그 점액 물질의 흐름은 몇 미터에 걸쳐 형성되며 수면으로 떠오른다. 이는 거대한 고래의 창자를 통과하고 남은 찌꺼기가 몸 밖으로 분출되어 해수면에 남겨진 것이다. 고래의 배설물은 생태계의 보물이다.

생태계는 복잡한 먹이사슬로 이루어진 연결망이지만, 남극해 생태계에서 대왕고래를 포함하는 연결망 일부분은 비교적 간단하다. 극지방에 여름이 찾아와 햇빛이 거의 쉬지 않고 비치면, 해수면의 미세한 식물성플랑크톤은 햇빛을 수확해 나머지 생태계에 공급할 에너지를 모은다. 해양 생물은 몸집이 커지기까지 시간이 걸리지만, 남극해에는 남극 크릴새우라는 효과적인 지름길이 있다. 남극 크릴새우는 작은 새우와 비슷하게 생긴 갑각류로, 길이는 4~5cm이고 몸이 거의 완전히 투명하며 검은색 둥근 눈이 있다. 이들은 빳빳한 앞다리 6개를 '먹이 바구니'로 사용하는 특이한 재주를 지녀 물속을 헤엄치며 바구니를 열고 먹이를 입에 넣는다. 남극 크릴새우는 수백 미터 길이로 거대한 무리를 형성해 분주히 움직인다. 남극해의 진공청소기인 이들은 자신보다 몸집이 1만 배 작은 살아 있는 바다 승객만 걸러내 먹는다. 그리고 대왕고래는 남극 크릴새우를 걸러내 먹는다. 성체 대왕고래는 먹이를 먹는 기간 동안 남극 크릴새우를 매일 약 16t 섭취한다고 알려져 있다. 대왕고래는 바다 아래로 나선을 그리며 내려가다가 수심 약 100m에서 남극 크릴새우 무리를 발견하고 커다란 턱을 벌려 바다 한

가운데를 집어삼킨다. 그리고 얼마 뒤에 남은 찌꺼기를 해수면으로 분출한다.

남극해에 사는 대왕고래 이야기는 단순하지만 우울하다. 인간이 처음 남극해를 탐험한 당시는 대왕고래가 많았고, 남극 크릴새우가 풍부해 바닷물이 붉게 보였다고 한다. 대왕고래에 일어난 비극은 예측 가능했다. 인간은 대왕고래를 여유 자원으로 생각하고 도살하며 그 과정을 산업화했다. 1966년 대왕고래가 공식적으로 보호받기 시작한 무렵에는 원래 개체 수의 1~2%만 남아 있었다. 그런데 남극 크릴새우에게 일어난 일은 예측이 어려웠다. 대왕고래는 그들을 잡아먹는 주요 포식자이므로, 남극 크릴새우의 개체 수가 증가했을 것이라고 예상하는 사람도 있을 것이다. 하지만 대왕고래가 줄어든 지역에서는 오히려 남극 크릴새우 개체 수가 80% 감소했다. 먹이를 남극 크릴새우에 의존하는 생물은 대왕고래만이 아니다. 바다표범, 펭귄, 오징어, 물고기 등 수백 종이 남극 크릴새우를 먹고 산다. 그토록 많던 남극 크릴새우가 사라지며 모두를 위한 남극해 뷔페식당이 텅 비었다. 남극 크릴새우는 어디로 갔을까?

생물을 이루는 기관은 견고한 동시에 섬세하다. 진화는 신뢰할 수 있는 몸을 만들기 위해 적합한 분자 구성 요소를 찾아낸다. 그리고 모든 살아 있는 세포가 작동하고 분열하는 데 필요한 구체적인 작업을 세포 기관이 수행하도록 적당한 분자를 조심스럽게 배치한다. 이러한 진화 과정이 인상적이며 탄력적이다. 그런데 세포 내부의 몇몇 분자는 분자 중심에 특정 원자가 있을 때만 작동한다. 생물에게 가장 중요한 두 가지 과정인 광합성과 호흡은 분자에 철 원자를 필요로 한다. 철 원자는 많이 필요한 것은 아니지만 몇몇 주요 분자가 기능하도록 만든다. 생물은 철이 없으면 생존할 수 없다. 남극해 수면에는 다양한 영양소가 풍부하지만 철이 부족하다. 철이 없으면 식물성플랑크톤도 없고, 식물성플랑크톤이 없으면 남극 크릴새우도 없다. 이제 대왕고래가 몸 뒤로 뿜어내는 적갈색 똥으로 돌아가자.

대왕고래 똥은 액체이고 물에 둥둥 뜨는데, 두 특징의 중요성은 똥의 적갈색 성분이 증폭시킨다. 대왕고래 똥이 적갈색을 띠는 이유는 철이 풍부하기 때문이다. 대왕고래는 물속에서 남극 크릴새우를 걸신들린 듯 잡아먹고, 남극 크릴새우의 영양소를 햇빛이 있는 수면으로 끌어올려 생명에 필요한 에너지와 원료가 다시금 섞이게 한다. 여기에서 대왕고래는 철을 몸에 저장해 생태계 순환을 중단시킨다.

식물성플랑크톤은 철이 풍부한 똥을 먹지 않지만, 물속에 방출된 철을 흡수해 필요한 분자를 합성하는 데 활용한다. 바다는 일방통행이 아닌 무한한 순환이 일어나는 장소다. 한 생물이 버린 물질은 주위 다른 생물이 재구성하고 재조립하고 재활용한다. 나와 여러분, 대왕고래와 나무늘보, 역사상 가장 오래된 나무와 잠시 살다 덧없이 사라지는 식물성플랑크톤 등 지구상 모든 생물은 재활용된 물질로 만들어진다. 율리우스 카이사르[22], 티라노사우루스 렉스 또는 그보다 수천만 년 전에 살았던 2m 크기 대형 노래기, 고대 초원, 무지갯빛을 띠는 이국적인 딱정벌레, 산업혁명 초기에 뿜어져 나온 연기 등을 한때 구성하던 원자가 여러분 몸에 있을지 모른다. 우리 몸을 구성하는 원자는 완전히 교체될 수 있다. 탄소, 철, 산소 원자는 같은 종류의 다른 모든 원자와 동등하고 매 순간과 장소에서 지속적으로 배열을 바꾸며 새로운 환경에 노출된다. 바다의 원자 승객은 바다 안에 대부분 머무르며 끊임없이 순환하지만 푸른 기계에 올라타고 형태를 바꾸기도 한다. 일반적으로 각 유형의 승객은 수요와 공급이 균형을 이루므로 순환이 계속 유지된다.

남극 크릴새우가 마주한 문제는 대왕고래가 사라지며 남극해 생태계 순환의 큰 연결 고리가 끊어졌다는 점이다. 해수면에 철 성분을 유지하는 대왕고래가 없으면, 철은 햇빛이 비치지 않는 바다 밑으로 점차 가라앉고 해수면에는 생명의 핵심 요소가 부족해진다. 그렇게 남극 크릴새우는 먹이가 줄어 개체 수가 감소했다. 철이 풍부한 고래 똥은 가라앉지 않고 물 위에 둥둥 뜬다는 점에서 생태계 순환에 도움이 된다. 동물성플랑크톤의 거름이 되기 때문이다. 바다는 무한히 그리고 필수적으로 물질을 재순환한다. 수백만 년 동안 암석 내부에 갇혀 있는 극히 일부 물질을 제외하면 '사라지는 것'은 존재하지 않는다. 그들은 대부분 언젠가 시스템에 다시 등장한다.

과학자들은 오징어나 고래 등을 우주로 보내는 방법을 알아낸 적이 없으므로 지구를 원자의 폐쇄 시스템이라고 일컫는다. 모든 것은 지구 내부에 갇혀 다시 돌아온다.[23] 그러한 까닭에 우리는 바다의 가장 작은 승객을 식별하지 못한다. 원자는 희석된 상태에서 끊임없이 재사용되므로 일반적으로 눈에 보이는 커다란 덩어리로 축적되지 않는다. 자연은 인간 사회가 마침내 재발견한 원칙, 즉 우리가 하는 모든

---

22 샘 킨은 이와 같은 아이디어를 탐구하고 저서《카이사르의 마지막 숨》을 썼다.

23 우주로 약간 누출되기는 하지만 큰 그림에서 보면 아주 미미한 수준이다.

일이 똥에서 출발한다는 원칙에 따라 늘 작동해왔다. 똥은 생명 물질이 농축된 원천이다. 폐기물로 필요한 모든 것을 만들 수 있다면 원료는 절대 고갈되지 않을 것이다. 그러면 폐기물 처리 문제도 사라진다. 인간이 직면할 유일한 문제는 폐기물 부족일 것이다. 자연은 무한히 순환한다. 똥은 지구에서 가장 중요한 자원 중 하나다.

배절제트는 영리하게도 하수도 체계에 일방통행 특성을 도입했지만, 당시에는 그러한 점이 전혀 주목받지 않았다. 에드윈 채드윅Edwin Chadwick은 1830년대 후반부터 위생과 건강 사이의 상관관계를 연구하며, 1842년 '영국 노동인구 위생 상태 보고서Report on the Sanitary Condition of the Labouring Population of Great Britain'를 발표해 하수 및 상수도 체계에 관한 논쟁을 촉발했다. 이는 사회문제 해결을 목적으로 적절한 의학 데이터를 인용한 최초의 보고서였으며, 이 보고서를 계기로 대중은 정부가 행동에 나서야 한다고 큰 압력을 행사했다. 채드윅은 하수를 바다에 방류하는 대신 내륙으로 보내야 하며 인분을 농장 거름으로 써야 한다고 제안했다. 배절제트는 채드윅의 제안을 무시하고 런던에 벽돌과 석재로 이루어진 일방통행 구조물을 건설해 인분을 바다로 내보냈다. 이제는 하수처리장이 하수관 한쪽 끝에서 흘러나오는 오물을 처리하지만, 배절제트의 하수도는 오늘날에도 여전히 같은 기능을 수행한다. 그런데 런던 거리 아래 숨겨져 '머나먼' 곳으로 향하는 터널은 인간이 세상을 얼마나 순진한 시각에서 보는지 증명하면서도, 바다에서 방대한 물질의 순환이 일어남을 명백히 밝힌다.

단단한 칼슘의 느긋한 여정

나는 칠판에 백악(분필 원료가 되는 석회질 암석-옮긴이) 조각으로 그림을 그리는 내 사진을 좋아한다. 칠판 아래에는 내가 따라 그리는 사진, 바로 식물성플랑크톤이라는 인편모조류의 사진이 있다. 인편모조류는 크기가 30μm로,[24] 표면이 울퉁불퉁하고 단단한 원반형 덮개가 서로 겹치며 구형 세포 전체를 덮고 있다. 마치 작고 화려한 파라솔이 똘똘 뭉친 것처럼 보인다. 사진 속의 백악은 영국왕립연구소Royal Institution of Great Britain에서 대여한 것으로, 영국의 상징인 도버의 백악 절벽White Cliffs of Dover에서 파편 채취가 금지되기 수십 년 전부터 보관되어왔다. 내가 이 사진을 특히 좋아하는 이유는 우아한 순환이 담겨 있기 때문이다. 나는 사진에서 인편모조류로 인편모조류를 그리고 있다. 백악이 바로 인편모조류다.

약 1억 년 전 원반 덮개로 무장한 인편모조류가 얕은 바다에서 대증식했다. 이들은 태양에너지를 수확하고 주위에서 생명의 모든 요소를 끌어모아 작고 단단한 보호막과 보호막 내부의 생명을 구성했다. 그런데 대증식이 너무 빠르게 진행되어 생물학적 순환이 그 속도를 따라잡지 못했다. 포식자가 갑자기 증식하는 인편모조류를 전부 잡아먹을 만큼 빠르게 성장하지 못한 것이다. 결과적으로 무수한 인편모조류 사체가 해수면에서 바다 밑으로 가라앉았다. 이는 수백만 년에 걸쳐 해저에 축적되어 두께 약 100m에 달하는 인편모조류 층을 형

---

24 30㎛는 0.03mm로, 인편모조류 3개가 늘어선 너비는 사람 머리카락 두께와 같다.

성했다. 이 층은 오랜 세월 동안 위에서 강한 압력을 받아 압축된 끝에 우리가 백악이라고 부르는 무르고 푸석푸석한 암석이 되었다. 영국 남부 해안 등 여러 지역에서 땅과 바다가 움직여 인편모조류 층이 다시 해수면 위로 올라왔다. 나중에 유용성을 들킨 암석은 인간에 의해 땅에서 파헤쳐졌다. 나는 아주 작은 고대 해양 생물 덕분에 수 세기 동안 교실에서 언어와 수학, 역사와 지리, 과학 등 지식과 아이디어가 다음 세대로 전수되었다는 발상을 좋아한다.[25]

백악은 바다에서 특히 흥미로운 승객인 칼슘이 잠시 들르는 경유지다. 칼슘은 금속이지만 반응성이 매우 강해 다른 원소와 화합물을 이룬 상태로 대부분 발견된다. 인편모조류의 세포 바깥쪽을 덮은 아름다운 원반형 덮개는 바다의 기본적인 건축재인 탄산칼슘으로 이루어진다. 탄산칼슘은 단단한 고체 광물로 바다 어디에서나 발견되는 승객이며, 바닷물에서 무한히 추출되어 생물학적 조형물로 만들어질 수 있다. 바다 달팽이, 따개비, 홍합, 산호, 성게, 바닷가재, 갑오징어 등 껍데기를 지닌 거의 모든 해양 생물은 탄산칼슘으로 견고한 구조를 생성한다.[26] 지구상 다른 모든 종류의 원자와 마찬가지로, 칼슘은 이곳저곳으로 이동하며 순환을 되풀이한다.[27]

---

25 오늘날 분필은 해양 생물이 아닌 석고를 탈수해 만들었을 가능성이 높다. 요즘 학교에서 대부분 사용하는 화이트보드와 드라이 마커는 현대적이지만, 자연환경과 연결성이 부족하다. 생물학과 지질학 수업만큼은 분필 판서로 진행되면 좋겠다. 의미 없어 보이겠지만, 적어도 일회용 플라스틱 배출량은 줄어들 것이다.

26 이산화규소도 유용한 건축재다. 이 성분은 다양한 식물성플랑크톤, 특히 돌말류에 중요하다. 이산화규소로 껍데기를 생성하는 거의 모든 생물은 너무 작아 인간 맨눈에 보이지 않는다.

27 뼈에 함유되어 있는 칼슘은 수산화인회석hydroxyapatite 형태로 존재한다.

칼슘은 고래가 순환시키는 영양소의 연결망보다 훨씬 느리게 순환하는 연결망의 일부다. 칼슘은 육지 암석에서 침식되어 강을 거쳐 바다로 떠내려간 다음 해류를 타고 이동하다가 인편모조류 또는 그와 유사한 생물을 만나 껍데기 재료로 쓰인다. 해저로 가라앉아 암석에 갇힌 칼슘은 수천만 년 또는 수억 년간 지각판이 이동하며 일으키는 거대한 소용돌이에 휩쓸릴 것이다. 암석이 육지로 올라와 날씨의 영향으로 침식되면 칼슘은 다시 바다를 떠다니는 승객이 된다.

바다는 빠른 순환과 느린 순환의 속도를 모두 수용한다. 생물학적 순환은 비교적 빠르게 진행되어 며칠 또는 몇 달 또는 몇 년 만에 주기를 마친다. 그러나 느린 순환은 수천 또는 수백만 년이 걸리기도 한다. 일부 바다 승객은 암석에 갇혀 지질학적 대기실에 머무르다가 지각판의 활동으로 다시 암석 밖으로 나오기 전까지 모든 여정을 중단한다.

칼슘은 순환을 거치며 점진적으로 농축된다. 칼슘은 지각에서 가장 흔한 원소로 꼽히지만, 평균적으로 지각 암석에서 원자 50개당 칼슘 원자 1개 비율로 존재할 만큼 희석된 상태다. 바닷물에 녹아 있는 칼슘은 농도가 더 묽어 물 분자 5,000개당 칼슘 이온 1개 비율로 존재한다. 그런데 생물이 이런 귀중한 자원을 농축한다. 미세한 인편모조류는 아름다운 원반형 덮개를 생성하는 동안 원자 단위로 칼슘을 모은다. 각각의 인편모조류는 탄산칼슘 보호막을 두른 작은 공, 즉 칼슘이 풍부하게 농축된 생물 입자로서 광활한 바다를 표류한다.[28] 이 승

28 방패 형태의 덮개가 가장 흔하지만 몇몇 인편모조류의 덮개는 훨씬 화려하다.

객들은 바다를 떠다니며 수조 개에 달하는 작은 생물학적 기계로 성장하고 분열을 거듭한다. 식물성플랑크톤은 죽으면 탄산칼슘의 무게 때문에 해저로 가라앉을 가능성이 높다. 이후 조건이 맞으면 식물성플랑크톤 사체는 해저에 쌓여 석회암 등 칼슘이 풍부한 암석을 형성한다.[29] 희석된 칼슘이 농축된 칼슘으로 변화하는 경로는 수조 개의 작은 해양 생물이 우연히 발견한 결과다. 이들은 제각기 생명 활동을 수행했을 뿐이다. 이처럼 풍부한 칼슘 자원을 생성한 주인공은 해양생물이지만, 건축재로서 칼슘 화합물의 장점을 발견한 것은 해양 생물만이 아니다. 인간은 느린 바다의 순환 체계에 편승해 칼슘이 풍부한 건축재를 직접 생산한다.

콘크리트는 고대에 발명되었다. 로마의 웅장한 판테온과 콜로세움은 내벽이 콘크리트로 지어져 건축 후 2,000년이 지난 지금도 여전히 원형을 유지하는 중이다. 콘크리트는 '접착제'인 시멘트 그리고 내구성을 부여하는 '골재'인 자갈과 모래를 혼합한 재료다. 콘크리트는 원하는 형태로 만들 수 있는 견고한 인조석이라는 점에서 건축가가 이상적으로 여기는 재료다. 현대 콘크리트의 시대는 1850년대에 품질이 뛰어난 포틀랜드시멘트가 등장하며 시작되었고,[30] 건축가와 공학자들이 특히 강철로 보강한 포틀랜트시멘트의 잠재력을 알아차리며 현대 도시 건설의 방향이 정해졌다. 오늘날 콘크리트는 전 세계에서

29 다양한 종류의 석회암 중에서 백악은 비교적 보기 드문 암석이다.

30 포틀랜드시멘트의 사양을 최초로 기술한 인물은 대도시사업위원회 소속 존 그랜트John Grant로, 배절제트의 런던 하수도 체계를 건설하는 데 필요한 표준을 정했다.

두 번째로 널리 사용되는 자원으로(첫 번째는 물), 전 세계 80억 인구 1명당 연간 콘크리트 생산량은 1.4m^3로 추정된다.

빌링스게이트 어시장에서 보이는 풍경, 구체적으로 말해 카나리 워프를 비롯한 현대 자본주의의 전리품들이 하늘로 솟아오른 풍경은 유리와 강철로 만들어진 껍데기가 지배한다. 이 껍데기는 콘크리트로 만들어진 토대와 골조를 가리는 장막에 불과하다. 콘크리트는 일반적으로 내부에 숨겨져 있지만, 그런 거대한 물체에서 콘크리트의 존재감이 드러난다.[31] 콘크리트가 애써 숨겨져 있지 않은 다리와 주차장, 도로와 현대식 건물도 많이 있다. 콘크리트는 해양 생물이 이미 칼슘을 채취하고 농축하는 힘든 작업을 마친 덕분에 제조하기 쉽다. 시멘트의 핵심 성분인 산화칼슘은 석회암에서 얻는다. 석회암은 작은 해양 생물이 주위에서 희석된 상태의 칼슘을 조금씩 모아 자기 몸을 이루는 골격을 형성한 결과물이다.

석회암은 그대로 두면 침식되며 바다로 칼슘을 전달하고, 칼슘의 순환을 준비한다. 인간이 건물을 짓기 위해 칼슘을 채취하는 일은 곧 자연 암석에 갇혀 있던 칼슘 원자를 인공 암석에 가두는 셈이라 칼슘 순환에 거의 영향을 주지 않는다. 그런데 천연 암석에 머무르는 칼슘에게는 동료가 있다. 바로 바닷물을 타고 이동하며 암석에 도달하고, 암석에서 다시 바다로 나아가는 또 다른 원자다. 칼슘의 동료 원자는 동물성플랑크톤 및 고래의 시간 척도에 맞춰 더욱 빠르게 바다에

31 콘크리트 토대 없이 초고층 건물을 짓는 일도 가능하지만, 이를 정말 해낸 사람은 없다. 오늘날에는 시멘트를 함유하지 않는 콘크리트 종류도 있다.

서 순환한다. 석회암을 이루는 탄산칼슘이 시멘트 재료인 산화칼슘으로 변화하는 동안, 칼슘의 동료인 탄소는 이산화탄소로 변화해 밖으로 쫓겨난다. 탄소는 바다에서 다른 누구보다 중요한 승객이다.

학교 과학 교과서에 갇혀 있던 단어 '탄소'는 20년 전 족쇄가 풀린 이후 대중 담론 속으로 쏟아져 들어왔다. 탄소는 주기율표 오른쪽 상단에 자리 잡은 작은 원자로 기호 'C'로 표시된다. 탄소는 지구 지각에서 0.025%를 차지한다. 특별히 흔한 원소는 아니지만, 오늘날은 탄소 수지·회계·시장이라는 개념을 토대로 마치 화폐의 한 종류처럼 논의된다. 다른 원자들은 탄소만큼 면밀하게 조사하지 않는다. 아르곤의 배출 한도 또는 포타슘의 과다 사용 문제를 이야기하는 사람은 없다. 하지만 탄소는 다르다. 작디작은 탄소 원자는 변신의 대가로, 다양한 환경에 맞춰 새로운 형태로 탈바꿈하는 잠재력 덕분에 생물의 필수 구성 요소로 자리 잡았다. 탄소는 다양한 형태를 띠고 푸른 기계에 올라타 전 세계를 여행하며 지구의 물리적 체계와 생물학적 체계의 깊숙한 지점으로 들어간다. 그런데 탄소의 중요성은 뒤늦게 인식되었다. 탄소가 워낙 다양한 형태의 화합물에 숨겨져 있어 존재가 명확하게 드러나지 않았기 때문이다. 탄소를 이해하는 첫 번째이자 가장 극적인 계기는 아주 사소한 일련의 실험에서 나왔다.

바쁘고 변덕스러운 승객, 탄소

1770년대 파리는 행복한 도시가 아니었다. 프랑스는 강력하고 부유한 국가였지만, 복잡한 역진성(과세 기준 금액이 높아질수록 적용되는 세율이 낮아지는 것-옮긴이) 세금 체계를 기반으로 거의 모든 권력과 돈이 왕과 귀족에게 집중되었다. 임금은 정체되었고, 식품 가격은 상승했다. 루이 16세와 마리 앙투아네트는 1774년 통치를 시작하며 농민층을 도우려 했지만, 길거리에 넘쳐나는 굶주린 사람들은 귀족이 누리는 막대한 부에 분노했다. 한편 귀족들은 자유롭게 취미를 선택하는 사치를 누렸고, 일부는 과학에 호기심이 있었다. 루이 14세가 설립한 엄격한 위계 조직인 프랑스 과학아카데미French Academy of Sciences는 이전 세기에 해결하지 못한 수수께끼에 사로잡혀 있었다. 다이아몬드는 가열하면 왜 대기 중으로 사라질까? 다이아몬드는 값비싼 보석으로 아름답고 경도가 뛰어나 귀중하게 여겨졌다. 그러한 다이아몬드가 어떻게 그냥 사라질 수 있을까? 이를 계기로 프랑스 과학아카데미는 다이아몬드가 실제 어떤 물질인지 의문을 품고 그 수수께끼를 풀기 시작했다. 화학 실험의 체계를 세운 공로로 현대 화학의 아버지라고 불리는 앙투안 라부아지에 등 여러 과학자가 모여 연구 팀을 구성했다.

연구 팀이 선택한 실험 방식은 과학적 이치에는 맞으나 굶주린 농민을 감안하면 무례하고 무신경한 행동이었다. 이들의 접근법은 귀중한 다이아몬드를 대량 확보한 다음 신중하고 정교하며 과학적인 방식으로 불에 태우는 것이었다. 당시 귀족과 보석상들은 실험 결과에 관심을 보이며 다이아몬드를 기증하겠다고 제안했다. 일부는 자신이

기증한 다이아몬드를 과학자들이 효과적으로 태우는 광경을 직접 지켜보기도 했다. 과학자들은 햇빛을 다이아몬드 샘플에 집중시키기 위해 지름 80cm로 거대한 원형 렌즈를 빌렸다. 그런 다음 화창한 날을 기다렸다가 다이아몬드를 첫째로 대기 중에, 둘째로 진공상태에, 셋째로 산소가 없는 상태에, 넷째로 도자기 속에, 마지막으로 라부아지에가 다이아몬드에서 방출되는 기체를 채취해 분석할 수 있는 유리 항아리 속에 두고 햇빛을 비췄다.[32]

라부아지에는 모든 과정을 주의 깊게 관찰한 끝에 다이아몬드가 기체가 되어 대기를 떠다니는 게 아니라 연소되고 있음을 확인했다. 그리고 다이아몬드가 타면서 생성된 기체와 같은 양의 숯이 타면서 생성된 기체는 구별할 수 없었다. 실험이 시사하는 바는 분명했다. 값비싼 다이아몬드와 값싼 숯이 정확히 같은 물질로 이루어졌다는 것이다. 탄소는 극단적인 두 얼굴을 지닌 원소다. 오늘날 사람들은 탄소 원자가 매우 견고한 결정구조를 이루면 다이아몬드가 되고, 층층이 배열되면 검고 부드러운 흑연이 된다는 사실을 안다. 라부아지에는 실험 결과를 믿지 못하고 확실한 후속 실험 대신 다른 프로젝트로 넘어간 듯 보인다.[33] 그러나 탄소의 다양한 성질이 밝혀졌다. 같은 탄소 원자가 산소와 결합해서 이산화탄소 기체를 형성할 수도 있고,[34] 가장 단

32 다이아몬드 반지의 안정성을 걱정하는 독자를 위해 설명하면, 다이아몬드를 대기압에서 분해하려면 900℃까지 가열해야 하니 안심해도 괜찮다. 분출하는 화산에 반지를 던지지 않는 한 다이아몬드는 안전하다.

33 라부아지에는 1794년 단두대에서 처형되었다. 공식적 이유는 세금 징수원으로 활동하며 저지른 부정이었지만, 실제로는 왕정과 매우 밀접하게 연관되어 있었다.

단하거나 부드러운 물질의 형태를 취할 수도 있다. 이는 탄소 원자가 취할 수 있는 수많은 형태의 일부에 불과하다.

탄소 원자의 가장 중요하고 기발한 특징은 긴 사슬을 형성하고도 추가로 다른 원자와 연결 가능한 지점이 남아 있다는 것이다. 그 지점에 다른 원자가 결합하면 곁사슬이 생성된다. 각 탄소 원자는 다른 원자 4개와 동시에 결합할 수 있다. 이러한 원자의 조합은 끈, 고리, 나뭇가지 등 다양한 형태로 배열된다. 산소와 질소 같은 다른 원자도 탄소 골격에 포함될 수 있다. 그러한 골격 구조의 다양성은 무궁무진하다. 이토록 쉽게 다른 원자와 결합해 다양한 형태와 크기의 분자를 형성하는 원자는 없다. 탄소는 열성적으로 다른 원자와 반응해서 분자를 형성하므로 자연에는 자유 탄소가 드물게 존재한다. 탄소에 산소가 결합한 이산화탄소 형태로 가장 흔히 발견된다.

탄소 구조에는 무척 중요한 특징이 한 가지 더 있다. 주위 환경에서 이산화탄소 형태로 탄소를 가져다 다른 다양한 형태의 분자로 만들려면 비용이 든다. 그러한 비용은 에너지로 지불된다. 어딘가에서 에너지가 공급되어야만 탄소 골격이 형성된다. 이것이 바로 식물이 햇빛을 써서 수행하는 일이다. 식물은 태양에너지를 수확해 우리가 광합성이라고 부르는 일을 수행하며 탄소를 재료로 복잡한 분자를 조립한다. 반대로 탄소 분자가 무엇이든 그 구조를 해체하고 안정적인

34 라부아지에는 그 물질을 이산화탄소라고 부르지 않았다. 순수한 산소는 1774년 영국에서 분리되었다. 그런데 라부아지에는 석회수를 뿌옇게 만드는 원인이 그 기체라는 것은 인지하고 있었다.

이산화탄소 분자로 되돌리면 에너지를 다시 얻을 수 있다. 탄소 기반으로 구축된 복잡한 유기 분자에는 원료와 에너지가 저장되어 있다. 살아 있는 작은 공장인 세포는 원료와 에너지라는 두 가지 보편적인 화폐에 의존한다.

탄소 원자는 어디에나 있다. 이 글을 쓰는 지금 내가 들이마시는 공기에서 분자 100만 개를 뽑아내면 그중 약 419개가 이산화탄소일 것이다.[35] 육지는 일반적으로 암석에 탄소가 다량 포함되어 있지 않고 흙에 탄소가 가득하다. 예컨대 이탄 습지에서처럼 유기물이 분해되지 않고 쌓이면 복잡한 탄소 분자가 축적된 대형 저장고가 형성된다. 모든 생명은 탄소 골격을 지닌 분자로 구성된다. 인체는 약 18.5%가 탄소 원자로 이루어졌다. 이처럼 주위가 다 탄소투성이라는 점에서, 우리가 탄소 부족에 시달릴 일은 없을 것 같다. 그리고 생물은 탄소가 필요하지 않은 상황이면 굳이 탄소를 사용하지도 않을 것이다. 그렇다면 탄소 수지를 세우는 이유는 무엇일까?

탄소 원자는 생물에 꼭 필요한 물질로 수많은 생물학적 현상에 관여하는 동시에 몇 가지 중요한 물리적 효과를 가져온다. 그러한 효과를 확인하려면 지구 대기권 밖으로 나가 달보다 훨씬 먼 우주로 관점을 옮기고 태양계 전체를 내려다보아야 한다.

우리는 어둡고 고요한 우주에서 회전하는 지구를 본다. 태양은

35 이는 이산화탄소 농도의 세계 평균이다. 인류가 태우는 화석연료로 인해 이산화탄소 농도는 시간이 흐를수록 가파르게 증가하고 있다. 내가 태어난 당시 이산화탄소 농도는 335ppm이었다.

태양계 전체 질량의 99.86%를 차지하며 우리의 시야를 지배한다. 행성들은 거대한 태양 주위를 돌며 서로의 중력으로 궤도를 유지한다. 먼 곳으로 관점을 옮겨 바라보는 우주의 풍경에서 가장 놀라운 점은 무수히 많은 원자가 뭉쳐져 회전하는 조밀한 구형 항성과 행성, 그리고 이들 사이에 펼쳐지는 거의 완벽한 공허 사이의 대조다. 물리법칙은 원자 입자들을 산·화산과 같은 고체, 대기와 같은 기체, 그리고 액체로 조직화했다. 항성과 행성은 암흑 속에서 제각기 회전하는 고립된 섬이다. 태양에서 뿜어져 나오는 빛은 에너지를 운반한다. 행성에 도달한 빛 에너지는 열에너지나 화학에너지로 전환되어 각 행성 엔진에 연료를 공급한다. 그런데 빛 에너지는 대부분 적외선 형태로 우주로 빠져나간다.

행성은 에너지가 담기는 욕조, 태양은 욕조에 에너지를 쏟아붓는 수도꼭지와 같다. 적외선은 배수구 역할을 하며 에너지를 욕조에서 우주로 빠져나가게 한다. 행성에서 알아내야 하는 점은 욕조에 담긴 에너지의 양이다. 행성이 안정되려면 유입 에너지와 유출 에너지가 균형을 이루어야 한다. 그러면 에너지가 행성을 드나드는 와중에도 욕조 수위는 일정하게 유지된다. 에너지 대부분은 열 형태로 욕조 안에 고이므로, 욕조 내 전체 에너지양을 나타내는 척도는 온도다. 에너지로 가득 찬 행성 욕조는 반쯤 비어 있는 행성 욕조보다 온도가 높다. 바로 이 지점에서 탄소 원자의 기발한 특성 하나가 중요해진다.

태양에서 행성으로 에너지가 도달하는 속도는 행성의 크기 및 태양과의 거리로 정해진다. 두 요소는 변화하지 않으므로 태양 수도꼭지는 각 행성에 고정된 속도로 에너지를 쏟아붓는다. 그런데 행성 욕조 배수구의 크기는 행성의 대기에 따라 다르다. 대기가 행성의 열에너지를 가두는 데 도움이 되는 경우는 배수구 크기가 작으며, 따라서 배수구로 빠져나가는 에너지 흐름과 수도꼭지로 쏟아져 들어오는 에너지 흐름이 같아지기 전까지 욕조는 점점 가득 차게 된다.[36] 이는 행성이 더욱 뜨거워진다는 의미다. 열에너지를 매우 잘 가두는 기체가 몇 가지 있는데 그중 수증기와 이산화탄소가 가장 중요하다.[37]

금성은 전체 대기의 96%를 차지하는 이산화탄소로 가득 차 있다. 금성은 욕조 배수구가 매우 작은 까닭에 에너지를 계속 축적하며 온도가 상승했고, 마침내 우주로 유출되는 에너지와 태양에서 유입되는 에너지가 균형을 이루는 현재 464℃라는 가혹한 온도에 도달했다. 금성은 행성의 에너지 배수구가 거의 완전히 막힌 상태에서 온실효과가 일어나는 극단적 사례다.

지구와 금성의 초기 역사는 비슷했지만 현재 상황은 판이하다. 지구에 대기가 없거나 산소 또는 질소로만 이루어져 있었다면, 에너지가 배수구로 쉽게 빠져나가며 지구 평균 기온은 지금처럼 15℃가 아닌 영하 18℃ 정도였을 것이다.[38] 15℃로 평균 기온을 유지하려면 약간의 온실효과가 필요하다. 온실효과가 없으면 지구에는 사람이 살

---

36 뜨거운 물체에서 에너지가 빠져나가는 속도는 물체가 뜨거울수록 증가한다. 따라서 지구가 따뜻해지면 에너지 유출량은 유입량과 균형을 이룰 때까지 증가한다. 이후 에너지 유출량과 유입량이 균형을 이루면 지구는 더 높은 온도에서 안정된다.

37 이산화탄소 분자 내 탄소 및 산소 원자의 결합은 적외선이 통과하는 동안 분자 진동을 일으키기에 알맞은 크기다. 진동하는 이산화탄소 분자는 빛을 흡수한 다음 다른 방향으로 굴절시킨다. 이러한 점에서 이산화탄소는 항상 같은 방향에서 날아오는 공을 무작위로 어느 방향이든 날려 보내는 야구 선수와 비슷하다. 적외선은 이산화탄소를 곧바로 통과하지 못하며 일부는 아래로 굴절되어 우주로 빠져나가지 못한다.

수 없다. 소량의 수증기(전체 대기의 0.2~4%)와 이산화탄소(0.04%)만 있으면 배수구를 틀어막아 지구가 얼어붙지 않게 할 수 있다. 여기에서 예상치 못한 문제가 등장한다. 배수구는 대기 중 이산화탄소의 양에 무척 민감하다.[39] 이산화탄소는 양이 조금만 늘어나도 효과가 어마어마하게 커진다. 탄소의 양이 행성 온도를 정한다는 점에서 인류는 대기에 탄소가 얼마나 많은지 주목해야 한다.

대기는 탄소 원자가 저장되는 하나의 공간이다. 바다와 흙 그리고 생물 자체에도 수많은 탄소가 존재한다. 모든 장소에서 다양한 형태를 띤 탄소가 발견된다. 탄소는 육지와 바다와 생물의 몸을 오가며 이산화탄소에서 포도당으로, 단백질에서 다시 이산화탄소로 형태를 끊임없이 바꾼다. 그런데 대기에 존재하는 탄소의 양으로만 지구 온도가 결정된다. 이것이 탄소 수지가 중요한 이유다. 지구에는 탄소 원자가 정해진 수로 존재하며, 그중 일정한 비율이 생물과 바다와 대기와 육지를 넘나드는 무한한 순환에 참여한다. 행성 온도에 막대한 영향을 미치는 대기에 얼마나 많은 탄소 원자가 머무르는지 이해하는 유일한 방법은 모든 탄소 원자를 추적하는 것이다.

탄소가 푸른 기계에 탑승하기 위해서는 그 내부로 들어가야 한다. 그리고 대기와 바다의 경계에서 탄소가 환승하는 과정을 직접 추적하

---

38 영하 18℃는 이러한 계산에서 보편적으로 인용되는 수치이지만, 실현 가능성 낮은 한 가지 가정에 근거한다. 행성 온도가 낮아도 행성의 반사율은 같다는 것이다. 실제로 지구가 영하 18℃로 냉각된다면 지구는 지금보다 많은 얼음에 덮일 것이다. 그러면 유입되는 햇빛이 더 많이 반사되어 평형 온도는 훨씬 낮아질 것이다.

39 현재는 이산화탄소가 영향력이 가장 크지만 메탄 등 다른 온실가스도 영향을 미친다.

는 유일한 방법은 환승 장소에 직접 가는 것이다. 대기와 바다는 때때로 차분하고 질서정연하게 이산화탄소를 교환한다. 그런데 승객이 일시적으로 바다로 쏟아져 들어오고 극적인 사건이 발생하면서, 그 과정을 추적하려는 인간의 시도가 압도당하는 경우도 있다.

바다가 깊게 호흡할 때

2013년 가을, 나는 R/V 노르호에서 6주간 머물렀다. 우리는 육지에서 수백 킬로미터는 떨어진 북대서양을 떠돌고 있었다. 이곳은 다른 선택권이 있는 사람이라면 누구나 피하고 싶어 할 구역이었다. 강철 캔 같은 선박은 파도에 부딪히면 기울고 휘청거렸지만, 그래도 안전하게 해수면에 붙어 있었다. 탑승자는 과학자 11명과 선원 12명, 바다의 호흡을 관찰하기 위해 모인 사람들이었다. 우리는 북대서양 제트기류 아래에 있었다. 제트기류란 상공에서 동쪽으로 뻗어나가는 대기의 고속도로이며, 그 아래에는 강력한 소용돌이 폭풍이 일어난다. 그것이 바로 지금 우리가 벗어나지 않고 있는 바다였다.

갑판장은 레이더를 보면서 선박 수명이 1년은 단축되고 있다고 언짢아했다. 함교에 서 있던 책임 과학자는 바다를 내다보며 행운이 몰려온다는 듯 함박웃음을 지었다. 풍속계는 현재 바람의 속도를 약 초속 33.6m로 표시했다. 그날 최대 풍속은 약 초속 47m를 기록했다. 이것이 우리가 여기에 온 이유였다. 책임 과학자는 일기예보에서 본 폭풍과 만나기를 고대하면서 웃었는데, 다가오는 폭풍은 기상청의 예상보다 훨씬 더 거대했다. 바람의 속도가 빨라지면 바다 표면이 휘저어지고, 대기와 새로운 바닷물이 접하게 된다. 부서지는 파도는 표면적이 넓은 거품을 생성한다. 이는 바다에 일시적으로 갇힌 대기의 일부다. 모든 혼합과 교반과 접촉은 대기 중 기체 분자가 바다에 용해되는 수많은 기회가 있음을 암시한다. 대기 분자는 대기와 바다의 경계를 넘어 푸른 기계의 조밀한 저장고로 이동한다. 거대한 폭풍은 바다가 깊게 호흡하는 것이다. 우리는 인간에게 제일 혹독한 '폭풍의 바다'에서 어떤 일이 생기는지 측정할 수 있는 매우 드문 기회를 얻었다.

동료들은 대기와 기체와 파도를 관측하고 나는 거품을 측정했다. 거품 탐지기에 덮인 커다란 노란색 부표는 사우샘프턴 부둣가에서 처음 봤을 당시에 괴물처럼 보였다. 그러나 바다에서는 길이 11m의 부표가 작고 연약해 보였다. 부표는 어제 선박 측면에 배치되어, 선박이 폭풍의 눈을 통과하며 밖으로 나가는 동안 수중 소용돌이의 세부 정보를 기록했다. 거품이 너무 많아 해수면이 완전히 하얗게 변했기 때문에 데이터가 어떻게 나올지 확신할 수 없었다. 폭풍이 찾아오고 모든 과학 장비가 가동되며 데이터를 수집하고 있었다. 과학자가 할 수 있는 일은 바람이 잦아들 때까지 파도를 타는 것뿐이었다.

선박이 흔들려 책상 앞에 앉아 업무에 집중하기가 힘들었다. 탑승자들 대부분은 낮잠을 자거나 함교에 올라가 바다를 지켜보았다. 나는 두 번째 부류에 속했다. 함교에서 몇 시간도 보낼 수 있었다. 점심시간이 되면 일정한 파도의 높이가 약 12~14m로 높아져 너울이 형성되었고, 선박은 끝없이 밀려드는 물마루를 정면으로 바라보게 되었다. 해수면은 바람에 날리는 거품의 흔적으로 뒤덮였다. 해수면 아래는 앞서 지나간 큰 파도가 남긴 거품 기둥이 있었다. 산처럼 웅장한 바다가 쉬지 않고 격렬하게 움직이면서 해수면이 바람에 흩날렸다. 우리 눈에는 보이지 않던 기체가 바다에 포획되어 모습을 드러냈다. 이산화탄소와 산소와 질소 분자가 해수면에 부딪혀 들어간 뒤 다시 대기로 빠져나오지 못하고 바다 아래로 운반되었다. 동시에 몇몇 기체 분자는 바다를 떠나 대기로 올라왔다.[40] 이날 나는 기체에 관한 생각은 동료에게 맡기고 거품에만 관심을 두었다. 이를테면 바다에서 거품이 생성되는 속도, 거품의 운명을 결정하는 해수면 몇 센티미터 내의 미세 과정, 거품이 해수면을 변화시키는 방식 등이다. 이때 인생을 통틀어 목격한 거품보다 더 많은 거품을 보았다. 거대한 폭풍이 몰아치는 북대서양 한가운데에서 거품 물리학자가 꿈꾸는 하루를 보냈다.

가혹한 폭풍은 과학 업무가 아닌 개인 일상생활도 힘들게 했다. 선박의 진동이 며칠간 이어지자 선박 내에서 가장 쾌활한 탑승자들마저도 괴로워하기 시작했다. 아침을 먹으려고 식탁에 앉아 있으면 모든 물건이 한번에 미끄러졌다. 우리는 물건이 내는 소음을 듣자마자 한 손은 접시로, 다른 한 손은 가장 가까이에 있는 안정적인 물체로 뻗었다. 포크 몇 개는 불운하게도 늘 손에서 벗어났다. 미끄러지는 소음이 들리기 시작하면 주방의 모든 물건은 벽이나 조리대와 충돌했다. 우리는 중력을 다시 신뢰할 수 있을 때까지 기다리며 버텼다. 방금 전

---

40 해양으로 유입되거나 대기로 유출되는 기체의 총량을 '순 결과net outcome'라고 부른다. 그 값은 두 과정의 균형에 따라 달라진다. 북대서양의 해당 구역에서는 평균적으로 이산화탄소 유입량이 유출량보다 많았다.

까지 식당에 들어가려던 일등항해사는 영화 '와호장룡' 속 등장인물 같은 자세로 시간이 멈춘 듯 얼어붙었다. 선박이 반대로 기울어지면 시간이 다시 흘렀다. 일등항해사는 예상보다 훨씬 빠르게 커피머신에 도착했다. 이 모든 사건이 진행되는 동안 요리하고 먹고 말하기를 멈추는 사람은 아무도 없었다.

지난밤은 모든 탑승자가 힘들어했다. 아무도 잠들지 못했다. 몸이 0.5초 공중에 떴다가 침대로 떨어지는 느낌이 들었다. 나는 선실이 선박 가운데에 있어 몸이 공중에 뜨는 느낌은 강하게 들지 않았지만, 침대에서 미끄러져 내려갔다가 올라가거나 이따금 좌우로 움직이며 밤을 보냈다. 에너지가 넘치는 일부 사람들 또는 몇 시간 전 수면을 포기한 사람들만 아침 식사를 했다. 승무원은 달걀을 하나 더 깨서 프라이팬에 얹고 흔들리는 선박이 대신 달걀을 고르게 펴주기를 기다리며 수고를 덜었다. 과학자를 제외한 거의 모든 물체를 묶어뒀지만, 선박이 쉴 새 없이 파도에 흔들리다보면 조심스레 고정한 물체도 이따금 자유롭게 풀려나 있었다. 물건이 바닥으로 떨어져도 그냥 놔둘 때가 많았다. 그것이 다시 떨어지는 수고를 덜어주기 위해서였다. 그래서 선박이 파도에 흔들릴 때면 범퍼카가 다니는 소리를 들어야 했다.

뱃사람들은 수 세기 동안 폭풍우가 몰아치는 바다를 바라보며 안전과 고향 생각에 몰두했고, 건조기 속 인형처럼 이리저리 던져지며 먹고 잤다. 선박을 둘러싼 바다는 폭풍우가 치는 동안 깊게 호흡했다. 수면에 부딪히는 기체 분자는 바닷물을 뚫고 들어가서 아래로 운반되고, 바닷물 속 기체는 위로 떠올라 대기에 합류한다. 잔잔한 바다는 이러한 과정이 느리지만 바람이 불면 호흡 속도가 빨라진다. 큰 폭풍이 몰아치는 날은 고요한 날보다 호흡 속도가 50배 빨라지기도 한다. 북대서양 탐험은 때때로 고통스러웠으나,[41] 우리가 바다에서 가져온 데이터와 과학적 이해를 고려하면 그만한 가치가 있었다. 빠른 바람 속에서 무슨 현상이 일어나는지 직접 측정하는 일은 값진 경험이다. 바람 속도가 가장 빠른 시기에 가장 흥미로운 데이터가 나온다.

기체 분자는 늘 양방향으로 이동하지만, 경계를 기준으로 한쪽이 다른 한쪽보다 농도가 높으면 호흡 과정을 통해 균형을 맞추는 경향이 있다. 오늘날 과학자들은 이산화탄소를 들이마시고 내쉬는 바다를 지도화할 수 있다. 이 지도는 지구 해수면 전체를 아우른다. 북대서양 북부 바다는 대기 중 이산화탄소를 들이마시는 쪽이 우세하다. 반면에 적도 근처 따뜻한 열대 바다는 이산화탄소를 대기로 내뿜는 쪽이 우세하다. 호흡 과정은 계절에 따라 주기적으로 변동하고, 이 계절적 변동은 수온과 날씨 그리고 바다가 수면으로 끌어올리는 물질에 영향을 받는다. 즉 탄소 원자 승객들은 일정한 주기로 대기와 바다를 드나들며 그 이동 양상은 장소에 따라 다르다.

탄소 원자는 육지, 대기, 바다에 두루 존재하지만 동등하게 분포하지는 않는다. 육지에 저장된 탄소량(흙과 육상식물 포함)은 약 2,000Gt이다. 대기 중 탄소량은 875Gt이다. 바다를 표류하며 저장된 탄소량은 육지와 대기의 탄소량을 크게 웃도는 3만 7,700Gt으로[42] 대기 탄소량의 약 50배에 달한다. 그렇다면 바다에 저장된 탄소 중에서

41 해양과학자 대부분은 바다에 머무르기를 좋아하며 거친 환경에서도 좋은 성과를 거둔다. 파도치는 바다에서 계속 일하다보면 뱃멀미가 서서히 사라지기도 한다.

상당량이 대기로 다시 유출될 위험은 없을까? 바다는 균일하게 혼합된 물웅덩이라기보다 거대한 엔진인 까닭에 단기적으로 걱정할 일은 아니다. 차갑고 어두운 바닷물 위에 떠 있는 따뜻한 혼합층, 즉 바다의 표층은 탄소 약 670Gt만 포함한다. 나머지는 깊은 바다에 있다. 깊은 해수층으로 내려간 탄소는 바다에서 승객으로 머물다가 대기와 만나기까지 수백수천 년이 걸린다. 바다의 탄소는 대기와 만나는 경우에만 대기 중 탄소 농도에 영향을 미친다. 그리고 이는 지구 온도를 결정하는 매우 민감한 수치로 작용한다.

중요한 문제는 탄소가 물리적 과정을 거쳐 바다로 유입된 이후 승객으로서 어떠한 일을 겪는지다. 물론 탄소는 짧은 시간 안에 바다 상층부에서 생물 체내로 편입된 다음, 생물의 생명 활동이 진행됨에 따라 밖으로 배출될 수도 있다. 이 탄소는 또 어디로 향할까? 탄소 원자가 바다의 표층 아래로 이동하는 경로가 있다. 이는 물리학과 생물학이 모두 필요하다. 우리는 앞서 그 경로를 살펴보았다. 작고 연약하며 바다 밑으로 가라앉는 생명의 파편, 다른 말로 해설海雪이다. 바다 상층부를 벗어나 깊이 가라앉는 동물성플랑크톤의 똥은 매우 중요한 요소다. 똥은 바다 승객이 드나드는 귀빈용 통로로, 똥 성분이 보편적인 제약을 우회해 다음 목적지로 빠르게 이동할 수 있도록 돕는다.

현대 인류 역사는 똥을 호의적으로 여기지 않았다. 빅토리아시대

---

42 육지, 대기, 바다의 탄소를 다 합쳐도 암석에 저장된 탄소량과 비교하면 아주 미미하다. 암석에는 탄소 6,000만Gt이 저장되어 있다고 추정된다. 그런데 암석 내부의 탄소는 인간이 관심을 가지는 시간 척도에서 지구 생명 시스템과 상호작용하지 않으므로 여기에서는 무시하겠다.

의 런던은 똥을 눈에 띄지 않게 하려고 당대 최고 공학자에게 막대한 비용을 지불했다. 여러분도 똥이 문밖에 쌓이는 것을 원하지 않을 것이다. 똥은 질병을 전파하고 시간이 갈수록 더 쌓인다.[43] 그런데도 영국의 똥 푸는 인부, 오스트레일리아의 화장실 청소부, 불가촉천민처럼 똥을 모아 다른 지역으로 옮기며 타인을 도왔던 사람들은 역사적으로 멸시당했다. 똥을 치우는 사람들은 가급적 자신이 타인의 눈에 띄지 않고 냄새도 풍기지 않기를 바랐다. 그런데 바다는 상황이 다르다. 현대 해양과학에서 똥을 채집하는 일은 비주류 활동이 아니다. 오히려 푸른 기계 전반에서 탄소를 추적하고, 바다의 생물학적 구조를 이해하려면 필수적으로 해야 하는 활동이다. 똥을 채집하는 사람들은 열정 넘치는 소중한 과학자로 존경받아야 마땅하다.

찌꺼기를 위한 찬가

스테파니 헨슨Stephanie Henson 교수는 사우샘프턴에 설립된 영국 국립해양학센터National Oceanography Centre(이하 NOC)의 수석 과학자다. 우리는 헨슨의 사무실에 앉아 살프salp의 배설 습관을 주제로 토론했다. 살프는 젤리와 비슷한 질감으로 투명하며 길이가 수 센티미터인 원통형 생물이다. 바다 표층을 떠돌면서 식물성플랑크톤을 먹고 산다. "살

43 입과 항문을 잇는 관을 중심으로 형성된 감각 구조는 인간의 생물학적인 기본 특성이다. 인간이 피할 수 없는 것에는 죽음과 세금 다음으로 똥이 추가되어야 한다.

프는 작은 몸집에 비해 커다란 똥을 배설합니다. 커다란 똥 덩어리가 바다에서 처리되는 방식은 미세한 크릴새우의 똥과 꽤 다르죠." 크릴새우의 조밀한 똥 알갱이들은 바다 밑으로 가라앉는 동안 다른 생물에게 먹히지만, 살프의 똥은 어두운 심해의 청소동물에게 인기가 없어 그대로 해저에 도달할 가능성이 높다. 우리는 젤리처럼 생긴 연약한 살프의 생물학적 특성이 어떻게 그런 소중한 똥을 만들어내는지 한참 추측했다.

해저로 가라앉는 똥이 엄격한 해양 생물에게 얼마나 인기 있는지는 무척 중요한 문제다. 똥 알갱이에 포함되어 하강하는 물질이 영양소만은 아니기 때문이다. 똥에는 탄소도 포함되어 있다. 누군가가 먹어치우지 않는다면 그 탄소는 대기로부터 멀리 떨어진 해저까지 빠르게 하강할 것이다. 해수면에서 유래하는 다른 찌꺼기, 이를테면 반쯤 먹힌 플랑크톤 사체 또는 젤리처럼 생긴 부유물 등도 마찬가지다. 이 찌꺼기들은 영양소를 함유하며 탄소 골격으로 포장된 상태다.

탄소 회계사들에게 중요한 문제는 바다를 떠다니는 탄소 중에서 얼마나 많은 양이 대기와 연결된 탄소 저장고로 빠져나가는지다. 생명의 원료인 탄소는 바다 상층부에서 빠르게 순환하는 까닭에 며칠 또는 몇 달 또는 몇 년 동안 물에서 생물로, 생물에서 다른 생물로 이동한 뒤 다시 물로 돌아온다. 이러한 탄소 원자 대부분은 해수면 근처에서 순환하다가 언제든 대기권으로 돌아갈 수 있다. 그런데 바다 상층부에서는 탄소 누출이 발생한다. NOC의 스테파니 교수와 연구 팀은 탄소 누출량을 측정하는 임무를 맡고 있다. 거대한 시스템에서 발생하는 다른 미세한 손실과 마찬가지로 탄소 누출량을 정확하게 기록하는 일은 무척 어렵다. 해양과학 연구에는 두 유형의 실험이 있다. 지극히 간단하거나, 무서울 정도로 복잡한 실험이다. 똥 채집 실험은 현재 첫 번째 유형에 속하지만 머지않아 두 번째 유형에 속할 것이다.

실험 도구들이 콘크리트 부두 바깥쪽에 준비되어 심해로 진출하기를 기다리고 있었다. 실험 도구는 높이 1m의 대형 노란색 플라스틱 깔때기로 입구가 하늘을 향해 열려 있었다. 거대한 원뿔 도로표지가 거꾸로 세워진 형태였다. 바닥에는 깔때기의 목 부분이 원형 회전식 받침대에 꽂혀 있었다. NOC 연구 팀 소속 코린 페보디Corinne Pebody가 도구 작동법을 보여줬다. 회전식 받침대 아래에 둥글게 배치된 샘플병 안에는 보존액이 용해된 고염수가 가득 담겨 있었다. 받침대 시스템은 2~4주마다 회전해 깔때기 입구 쪽으로 새 샘플병을 전달하도록 프로그래밍되어 있었다. 이 깔때기를 회전식 받침대 및 샘플병과 함께 심해에 매달면 하강하는 모든 것이 깔때기 입구에서 포획되었다. 이 도구를 중심으로 위에 떠 있는 유리 구球와 2,000m 아래에 매달린 커다란 추가 깔때기를 제자리에 고정했다. 깊이 500~3,000m에 해당하는 바다는 대부분 무척 잔잔하다. 그래서 샘플병이 열린 상태에서 깔때기로 떨어지는 찌꺼기를 포획하는 동안에도 밀도 높은 보존액이 쏟아지지 않는다.

이처럼 해설 포획기marine snow catcher는 1년간 바다에 매달린 채로 프로그램이 지시할 때마다 새 샘플병을 입구로 옮긴다. 1년 뒤 샘플병에는 지정 기간 동안 깔때기에 떨어진 찌꺼기가 담겨 있다. 샘플병은 가정용 후추병 크기로 깔때기보다 굉장히 작다. 코린에 따르면 3km 수심에서 2주 동안 포획한 물질은 전부 합쳐도 샘플병 바닥에 약

1~2cm밖에 쌓이지 않는다고 한다. 나는 깔때기의 넓은 입구를 보며 그것이 몇 주간의 전체 포획량이라면 해당 수심으로 가라앉는 해설이 얼마나 사소한 양인지 가늠해보았다. 바다 상층부에서 누출되는 탄소량은 분명 많지 않다. 코린의 업무는 샘플병에 채집된 모든 것을 헤아리고 무게를 재고 분류하고 분석하는 일이다. 가라앉는 찌꺼기에서 느리고 희박한 생태학적 이야기의 단서를 가려내는 일은 어쩌면 바다 세계를 향한 독특한 접근 방식일 것이다. 코린은 그러한 일이 대단하다고 생각한다.

연구실 위층에서 코린은 샘플병에서 발견한 것들을 보여줬다. 첫 번째 현미경 슬라이드에는 짙은 회녹갈색 솜털이 가득했는데, 내가 그 솜털들을 피펫으로 찌르자 마치 젤리처럼 흔들거렸다. 이들은 해수면에서 죽은 식물성플랑크톤으로, 작은 솜털 조각 형태로 가라앉은 뒤 샘플통 바닥에서 큰 덩어리로 뭉쳤다. 그런데 솜털이 덩어리로 뭉친다고 젤리 질감이 되는 것은 아니다. 코린은 연구실 반대편을 뒤지다가 비어 있는 듯 보이는 작은 유리병 하나를 들고 돌아왔다. 병을 자세히 들여다보니 완전히 투명한 달팽이 껍데기가 있었다. 이는 자유롭게 헤엄치는 바다 달팽이인 익족류pteropod('바다 나비sea butterfly'라는 시적인 이름으로 알려져 있다)로, 코린은 일부 익족류가 먹이를 사냥하기 위해 주위 물속으로 점액 그물을 뿜는다고 설명했다. 바다 나비는 점액 그물을 뿜다가 무언가에 방해받으면 그물을 잘라버린다. 그러면 그 끈적끈적한 그물이 떠다니면서 바닷속 찌꺼기를 전부 포획한다. 내가 현미경으로 관찰하는 덩어리가 바로 그 결과물이다. 바다 나비의 점액 그물에 미세한 입자 수백만 개가 달라붙어 커다란 해설 조각이 되었다. 큰 덩어리는 바다에서 빠르게 가라앉으므로, 물속에 점액 그물 같은 천연 젤이 존재하면 탄소 누출 속도는 더 빨라진다.

두 번째 현미경 슬라이드는 젤리 같은 식물성플랑크톤 덩어리가 흩뿌려진 모습으로 첫 번째보다 덜 인상적이었다. 심해에 내리는 해설은 일정하지 않고 계절과 장소에 따라 양상이 변화한다. 어둡고 고요한 심해에서 생물이 경험하는 유일한 계절적 변화가 해설이다. 해수면의 빛과 영양소의 가용성에 따라 천천히 가라앉는 먹이의 양이 달라지기 때문이다. 동물성플랑크톤의 똥도 장소와 계절에 따라 변화한다. 살프는 베개처럼 생긴 덩어리를 배설하고, 익족류는 둥근 알갱이를 배설하고, 요각류는 긴 소시지를 배설하는 등 다양한 동물성플랑크톤이 각양각색의 똥을 배설한다.

스테파니는 바다의 표층에 생물의 영향으로 축적된 탄소 중에서 약 10%가 대개 150m까지 가라앉는다고 말했다. 그 가운데 1%만이 생물에게 먹히지 않고 해저까지 도달한다. 생물이 점액 그물이나 똥을 먹어도 탄소는 사라지지 않는다. 생물은 먹이를 먹으면 탄소 기반의 거대분자를 분해해 이산화탄소로 바꾸기 때문이다. 인간도 똑같이 산소를 들이마시고 이산화탄소를 내쉰다. 이산화탄소 형태로 돌아온 탄소는 물에 녹아 더는 해저로 가라앉지 않는다. 대신 다른 유형의 탄소 승객이 되어 물속의 꾸러미로 운반된다.

해양 생태계의 다양한 현상은 탄소 찌꺼기를 대체로 발생시키지 않는다. NOC의 해설 포획기가 매달린 수심 3,000m 심해는 찌꺼기가 매우 적다. 그러나 결과적으로 바다 상층부에서 누출된 탄소는 계절 변동에 따라 전 세계 바다 곳곳에서 어둠을 뚫고 끊임없이 가라앉아 해저에 도달한다. 그다음에는 어떤 일이 일어날까?

바다의 가장 깊은 곳에는 해저 생물이 서식하므로 탄소 찌꺼기는 대부분 그들의 먹이가 된다. 해삼, 게, 작은 물고기는 바다 위쪽 생태계에서 내려오는 소량의 찌꺼기를 먹고 산다. 심해는 먹이가 너무 부족한 까닭에 먹히지 않는 물질이 거의 없다. 심해에 도달한 탄소는 용존 이산화탄소 형태로 물속에 방출된다. 이때 이산화탄소 분자는 해양 엔진에 갇힌다. 해양 엔진은 밀도 차가 유발하는 느린 열염분 순환에 지배받으며 긴 시간 척도로 작동한다. 탄소 승객과 바닷물은 심해를 느릿느릿 이동해서 용승 발생 지역에 도달한다. 이러한 탄소 분자는 다시 해수면으로 올라오기까지 수백수천 년이 걸릴 수 있다. 그동안은 대기와 육상 생물로부터 멀리 떨어져 지낸다.

끝없는 순환과 별개로 탄소에게는 또 다른 선택지가 주어진다. 이는 생태계 시간 척도를 고려하면 창고 문을 잠그고 열쇠를 버리는 것과 같다. 플랑크톤 찌꺼기가 강 하구의 인근에 대량으로 누출되면, 강물이 육지에서 떨어져 나온 작은 암석 파편들을 싣고 흘러와 플랑크톤 찌꺼기를 토사와 진흙으로 빠르게 덮는다. 생물 대부분은 토사에 덮이면 산소 부족으로 호흡이 곤란해져 생존할 수 없고 유기물을 섭취할 수도 없다. 탄소와 진흙과 토사가 뒤섞여 쌓이면 탄소 승객은 진흙층 무게에 짓눌리고 고착되어 암석이 된다. 해저에 도달하는 탄소 가운데 극히 일부만 이러한 운명을 겪으며 지구 생명 시스템에서 거의 영구적으로 제거된다. 이 같은 부분 유기part-organic 암석은 지구 역사 수억 년에 걸쳐 지구 전체에 축적되었다. 식물성플랑크톤이 해수면에서 수확한 막대한 양의 에너지는 부분 유기 암석에 조금씩 갇혀 해저에 매장되었다.[44] 부분 유기 암석은 여전히 대다수가 바다 밑에 묻혀 있다. 그런데 일부는 다른 대상으로 변화한다.

수천 년 동안 인간은 땅에서 검은색 끈적한 액체가 흘러나오는 장소를 찾았다. 어느 곳에서는 검은 액체가 꿀처럼 흐르고, 다른 곳에서는 점성이 너무 강해 전혀 흐르지 않았다. 청동기시대 문명은 그 액체를 방수 처리에 활용했다. 고대 이집트인은 사해에서 검은 액체를 채취해 미라를 방부 처리하는 데 썼다. 2,500년 전부터 중국에서 전해 내려오는 영향력 있는 문헌인 《역경》(유학 오경의 하나-옮긴이)에도 이 액체가 언급되었다. 북아메리카 원주민은 화살대에 화살촉을 붙이는 접착제로, 일본인은 등불 연료로 사용했다. 이 천연 기름은 유용하지만 다루기 까다롭고 공급이 제한적이었다. 19세기에는 조명용 등유 수요가 늘어나며 석유 시추를 통해 생산량을 늘리려는 노력이 이어졌다. 그 결과 등유가 조명용 고래기름을 빠르게 대체했다. 이후 석유 생산량은 내연기관의 등장으로 급증한 끝에 21세기 초 매일 약 7,000만 배럴에 이르렀다. 검은 황금은 바닷속 탄소 저장고 중에서도 암석 내부에 갇혀 있던 탄소의 일부로 지난 수백만 년간 천천히 암석에 축적되었다. 휘발유, 플라스틱, 아스팔트, 합성섬유, 윤활유, 스포츠 장비 등은 모두 수백만 년 전 바닷속 식물성플랑크톤이 수확한 태양에너지와 탄소가 결합해 만들어졌다. 해양 퇴적물 속에 묻혀 있던 탄소는 가열

44 부분 유기 암석은 해저에 묻힌 탄소 저장고로, 대기 중에 자유 산소가 존재하도록 간접적 영향을 미쳤다. 부분 유기 암석의 탄소가 전부 이산화탄소를 생성하는 데 소비되었다면, 대기를 채우는 산소는 훨씬 적게 남았을 것이다. 부분 유기 암석이 해저에 매장되며 바다 밑은 탄소가, 바다 위는 산소가 과잉 존재하며 영구 분리되었다.

되고 가압되고 변형되고 암석에 갇혀 석유와 가스로 전환되었다.[45] 이를 발견한 인류는 에너지와 탄소를 모두 대기에 방출했다. 긴 사슬 형태의 탄소 분자는 연소되면 이산화탄소로 돌아와 대기로 직접 배출된다. 영겁의 세월간 묻혀 있던 탄소가 수십 년 만에 대기로 다시 쏟아져 나왔다. 대기 중 탄소 수지의 섬세한 균형이 무너졌다.

이산화탄소는 대기와 해양의 경계를 넘나들며 끝없이 이동한다. 일반적으로 추운 지역에서는 이산화탄소가 물속으로 유입되고, 적도 근처에서는 공기 중으로 유출된다. 바다의 표층은 바람에 떠밀려 요동치고 뒤섞인다. 혼합층에는 어마어마한 양의 탄소가 녹아 있다.[46] 무수한 탄소 분자가 활발하게 움직이고 서로 충돌한다. 탄소 분자들은 해류에 실려 다니다가 물고기가 헤엄쳐 지나갈 때 휘저어진다.

이처럼 혼합층에서 이동하는 탄소를 탐구하기 위해 나와 동료들은 연구 자금을 지원받아 대서양의 거대한 폭풍으로 향했다. 바다로 유입된 탄소 가운데 해저로 내려가 일시적으로 대기와 접하지 못하는 탄소의 양은 측정하기 어렵다. 그뿐만 아니라 바닷물의 수온 및 해양 엔진의 작동 방식에 따라 그 양이 변화할 가능성도 있다. 바다가 지구의 균형을 섬세하게 맞추는 과정은 불규칙하고 복잡하다.

바다 표층에서 깊이 내려가 관찰하면 해수면에서 멀리 떨어진 차

---

45 석탄은 육지에 기반한 퇴적물, 이를테면 나무와 풀의 퇴적물에서 유래한다.

46 이산화탄소는 물에 용해되면 탄산, 탄산수소염, 탄산염 등 일련의 화학물질로 존재한다. 탄산에서 탄산수소염으로, 그리고 탄산염으로 반응하는 과정은 가역적이다. 실제 이 세 물질의 수는 상황에 따라 지속적으로 조정된다. 세 물질이 이루는 전체 시스템은 수소 이온 농도를 완충하며 바닷물을 일정하게 유지하는 데 중요하다.

가운 바다 중간층에서 용존 탄소가 더 많이 발견된다. 이는 미생물이 위에서 내려오는 해설을 게걸스럽게 먹어치우고 이산화탄소를 배출하기 때문이다. 바닷속 깊은 곳은 용존 탄소로 가득 차 있다. 이 탄소들은 해양 엔진이 밀어 올리면 다시 수면으로 떠오르고, 물의 밀도가 끌어내리면 아래로 가라앉는다. 탄소가 다시 표층에 합류하는지 또는 수백 년간 바닷속에 고립된 채로 남는지는 푸른 기계가 어떻게 작동하는지에 달렸다.

생물은 거대하고 축축한 탄소 웅덩이에서 둥둥 떠다니고 헤엄치고 표류한다. 탄소 기반 복잡한 분자는 물고기 뼈, 살프 세포, 세균, 고래 등을 구성한다. 이처럼 탄소로 구성된 생물들은 대부분 표층수에서 헤엄치지만 죽으면 해설이 되어 천천히 가라앉아 깊은 바다로 향할 것이다. 큰 폭풍이 표층수에서 영양소를 섞으면, 살아 있는 세포는 용존 탄소를 붙잡아 자신을 구성하거나 증식하며 수동적인 용존 탄소 승객을 꿈틀대는 생물로 전환한다. 생물은 태양에너지를 수확하고 먹이를 먹고 헤엄치고 증식하다가 목숨을 잃은 뒤 대부분 심해로 누출되어 탄소 웅덩이를 구성한다. 이 모든 과정이 탄소를 대기로부터 계속해서 천천히 분리한다.[47] 바닷속 생물의 패턴은 유기 탄소, 즉 복잡한 분자를 구성하며 연료와 영양소를 공급하는 탄소의 흐름에 따라 변화한다. 심해에는 햇빛이 없으므로 탄소로 이루어진 찌꺼기가 유일한 먹이 공급원이다. 따라서 탄소의 여정을 이해하면 해양 생물의 분포를 설명할 수 있다. 이를 잘 활용하면 도움이 될 신기술도 많다.

스테파니의 사무실 복도 건너편에 젊은 연구원들이 진행 중인 연구 내용을 내게 보여주기 위해 모여 있었다. 새리 지에링Sari Giering 박사는 한 실험 장치에 특히 신경 쓰는 이유를 설명했다. "이 장치는 우리 연구의 진면목을 보여주죠. 우리 연구는 죽은 생물을 세는 것이 아닙니다. 바다와 생태계를 이해하는 일이에요." 장치의 핵심은 길이와 너비가 야구방망이만 한 검은색 관이었다. 검은색 관을 바다에 넣으면 한쪽 끝에 있는 작은 창을 통해 물이 흐르고, 그 공간을 통과하는 모든 것이 홀로그램 카메라로 촬영된다.[48] 카메라는 0.02mm부터 20mm 크기에 속하는 모든 대상을 촬영하며 바다에 내리는 해설의 세부 사항을 전부 기록한다. '플랑크톤 로드킬'이나 찐득한 점액은 관찰하지 않는다. 보송보송한 해설 조각과 똥 알갱이가 가라앉는 모습 그리고 해설과 똥을 먹이로 삼는 생물들을 조사하며, 해설과 똥이 하강하는 동안 어떤 일을 겪는지 추적한다. 죽은 생물을 연구할 때처럼 자세한 분류학적 정보를 얻지는 못하지만, 해설 입자의 일생을 있는 그대로 지켜볼 수 있다.

새리는 촬영 이미지에 무엇이 있는지 자동 식별하기 위해 기계학습 전문가를 모집하는 중이라고 말했다. 이 실험 장치는 수 테라바이트에 달하는 어마어마한 양의 데이터를 생성하기 때문에 한 개인

47 이 또한 탄소순환 일부다. 암석에 갇혀 있던 탄소는 화산 분출을 통해 대기에 방출된다. 그런데 이 과정은 인류가 화석연료를 태워 탄소를 방출할 때보다 진행 속도가 훨씬 느리다. 자연의 탄소순환은 인류가 마주한 기후변화 문제를 해결하지 못한다. 바다는 이미 인류가 대기에 방출하는 과잉 이산화탄소의 약 3분의 1을 흡수하며 큰 도움을 주고 있다. 바다가 탄소를 저장하지 않았다면, 인류는 파리기후변화협약에서 정한 목표치를 수년 전 넘어섰을 것이다. 미래에도 바다가 계속해서 인류에게 호의를 베풀지는 미지수다. 어쩌면 우리는 최고의 자연 동맹을 잃을지 모른다. 기후 문제 해결은 여전히 인류에게 달려 있다.

48 촬영 결과는 3차원 이미지가 아닌 매우 상세한 2차원 이미지다.

또는 한 팀이 데이터를 식별하기 어렵다. "구글이 자동차를 자동 식별하듯 우리는 우리의 관측 대상을 식별하는 거죠." 새리는 이 기술이 탄소와 바다, 지구에 대한 이해에 엄청난 변화를 불러올 것이라고 기대한다. 그런데 기술이 필요보다 느리게 발전하고 있다고, 이는 영리하고 우수한 사람들이 지구를 이해하기 위해서 노력하는 것보다 구글 같은 회사에서 일하는 것을 더 매력적으로 느끼기 때문이라고 견해를 밝혔다. "연구소에도 멋진 경력을 포기하고 온 똑똑한 사람들이 있어요. 앞으로 더 많은 사람이 세상을 보다 나은 공간으로 만들도록 설득해야만 합니다. 우리는 구글만큼 돈이 많지 않습니다. 그래도 우리가 할 수 있는 만큼 작은 발걸음을 내딛고 있어요."

바다의 보이지 않는 승객은 지구 전체를 형성하지만, 이들이 푸른 기계를 타고 다니는 유일한 여행자는 아니다. 승객들 사이로 헤엄치거나 배를 타고 지나가는 인간과 동물들은 해양 엔진의 특성을 이용해 생존하고, 탐험하고, 항해하면서 신중하고 능동적으로 이동한다. 푸른 기계의 형태와 작동 방식을 알았으니 이제 인간과 동물의 항해가 가치 있는 이유도 알 수 있다. 이들은 바다와 다른 세계를 눈에 띄게 연결하고 문명과 생태계를 형성하는 데 결정적 역할을 했다. 바다의 항해자를 만날 시간이다.

6장

항해자

바다의 전달자와 표류자는 자기 운명을 통제할 수 없고 푸른 기계의 물리학이 지시하는 곳이면 어디든 가야만 한다. 전달자와 표류자는 시야가 좁다. 그러나 이들이 바다의 내부 구조를 역동적으로 형성하는 덕분에 해수면과 해수면 아래에서 활발히 움직이는 모든 요소가 풍부한 가능성을 얻는다. 항해자는 장점과 단점이 서로를 상쇄하는 환경에서 타협하며 살지 않는다. 그 대신 마음대로 장소를 이동하며 모든 환경에서 이익을 얻는다. 이들은 환경을 대조한 결과를 토대로 이동하면서 아름다운 해양 엔진의 규모와 복잡성이 중요한 이유를 가르쳐준다.

인간은 육상 포유류로서 바다를 항해한다. 다른 목적지로 향하는 도중에 바다를 건너고, 이따금 좁은 시야에서 주위 환경을 바라보며 항해한다. 진화는 항해하는 동물이 주위 환경에 귀를 기울이도록 압력을 가했다. 모든 단서를 올바르게 해석하는 것은 생존의 문제이기 때문이다. 인류는 환경을 읽는 탁월한 지성과 능력을 지녔지만, 현대사회가 그러한 직관을 대부분 삼켜버렸다. 오늘날 과학적 방법과 통신과 기술은 항해자들에게 필요한 큰 혜택인 폭넓은 시야를 인류에게 선사했다. 하지만 인간은 그런 혜택이 제공하는 기회를 제대로 인식하지 못했다. 화면과 숫자 뒤에 숨으며 관찰하는 습관을 잃고 무엇을 찾아야 하는지도 모르는 상태가 되었기 때문이다. 바다를 항해하는 것이 왜 중요한지 다시 생각해본다면, 우리는 과학의 혜택을 누리는 동시에 바다를 이해할 수 있을 것이다.

기묘한 바다 벌레의 사랑법

32번 버스를 타는 통근자든, 이동하는 올리브각시바다거북이든, A에서 B로 가는 과정은 때때로 긴 시간이 걸리고 비용이 많이 들거나 위험하다. 지름길은 드물고 생업을 원격으로 수행할 수는 없으므로 통근자와 올리브각시바다거북은 그러한 단점을 받아들이고 이동해야 한다. 하지만 진화는 놀라운 예외를 탄생시킨다. 가장 극적인 사례는 바다 벌레 라미실리스 물티카우다타Ramisyllis multicaudata다. 이 가늘고 꿈틀대는 동물은 모든 이동을 항문, 정확하게 여러 항문에 전적으로 맡긴다. 이는 진정 기묘한 벌레다.

산호초는 포식자가 많고 쉽게 기습당할 수 있어 은둔 생활을 하면 많은 이점을 누릴 수 있다. 라미실리스는 머리를 특정 종류의 해면 안에 깊숙이 파묻어 해면 바닥으로 튀어나온 상태로 발견된다. 해면은 기공과 통로로 이루어져 물이 통과하는 고체 덩어리다. 기관이나 운동성은 거의 없지만 동물 자격을 갖추기에 생명력이 충분하다. 라미실리스 유생은 해면 바닥에 몸을 박고 그 내부 통로를 따라 위쪽과 바깥쪽으로 성장한다. 라미실리스의 가장 큰 특징은 다른 동물처럼 하나의 머리와 꼬리로 만족하지 않고 성장하는 동안 가지를 뻗는다는 점이다. 신경계와 소화관 등 몸 부위가 갈라지고 갈라져 하나의 머리에 수백 개의 꼬리를 지닌다. 이 꼬리들은 전부 해면 내부 통로를 따라 성장해 외부에 도달한다. 모든 꼬리의 말단에는 항문이 있다. 해면 표면에 도달한 수백수천 개의 꼬리는 구멍으로 튀어나와 붉은색 다공성 표면을 기어다니며 끊임없이 주위를 탐색한다.[1] 라미실리스의 몸은 복잡한 가지 구조로 해면 내부 미로에 딱 맞게 성장해 해면을 떠날 수 없다. 게다가 해면 밖 바다는 굶주린 포식자와 소용돌이치는 물살로 가득해 아주 위험하다. 이 바다 벌레는 짝을 만나기 위해 세상 밖으로 나가지 못한다. 여기에서 문제가 발생한다. 종이 유지되려면 DNA가 이동해야 한다.

다른 생물종은 알과 정자를 물속에 방출하고 바다 승객이 되도록 내버려두는 방식으로 이 문제를 해결한다. 라미실리스는 그렇게

---

1 라미실리스가 어떤 먹이를 섭취해 산호초로 배설하는지는 아직 명확히 밝혀지지 않았다. 지금까지 관찰된 모든 라미실리스의 소화관은 거의 완전히 비어 있었으나 제대로 작동하고 있었다. 이들은 해면 내부에서 주위로부터 직접 영양소를 흡수할 수도 있지만 이 또한 분명하지 않다.

하지 않는다. 꼬리로 해면 위쪽을 쑤시면서 시간을 보내다보면 말단이 변화하기 시작한다. 항문은 밀폐되고 꼬리 맨 끝의 작은 분절에 눈과 원시적인 뇌가 생겨난다. 장은 위축되고, 근육은 스스로 재조직되며, DNA는 꾸러미에 담겨 준비된다. 그런 다음 주근stolon이라고 불리는 조그마한 자율 생식선이 꼬리로부터 떨어져 나와(그 자리에 새로운 항문이 남는다) 수면으로 헤엄쳐 올라가 짝짓기를 시작한다. 주근이 하는 유일한 행동은 위쪽으로 이동하며 이성의 주근을 찾는 것이다.[2] 라미실리스가 해면에 안전히 머무는 동안 수십, 수백 개의 주근은 DNA를 싣고 빛을 향해 활발히 항해하다가 죽는다. 라미실리스는 극단적이지만 효율적으로 '케이크를 갖는 동시에 먹기도 하는(해면에 안전히 머무는 동시에 짝짓기도 한다는 의미 - 옮긴이)' 방법을 찾았다.[3]

라미실리스의 전략은 복잡해 보인다. 하지만 벌레가 직접 바다의 한 지역에서 다른 지역으로 이동하는 일은(이 사례는 몇 미터에 불과하지만) 감당할 수 없을 정도로 위험하다. 따라서 주근의 이동은 엄청난 시간과 에너지를 투자하고 항문을 새로 만들 만큼의 가치를 지닌다. 라미실리스 사례에서 얻는 첫 번째 교훈은 우리가 생존 전략에서 '정상'으로 간주하는 대상이 지극히 편협하다는 것이다. 두 번째 교훈은 해양 생물의 몸집이 클수록 승객으로서 이동할 형편이 되지 않는다는 점이다. 항해자는 이동하는 동안 푸른 기계의 통제를 받는다.

---

2 라미실리스 1마리가 비슷한 시기에 방출하는 주근은 전부 성별이 같다.

3 라미실리스와 같은 과에 속하는 다른 벌레들도 대개 동일한 방식으로 짝짓기를 하지만, 이들은 머리와 꼬리를 1개씩 지닌다.

이 통제 상황이 항해자에게 수많은 선택지를 준다. 수온, 염분, 영양소, 미량의 금속 및 기타 승객이 끝없는 조합을 만들고 그것이 항해자 앞에 다양하게 배열된다. 이 배열이 무작위로 변화하지는 않지만 밤낮의 순환과 계절의 흐름에 따라 변동할 수 있다. 라미실리스는 짧은 편도 여행자에 불과하다. 다음으로는 더욱 대담한 항해자 겸 먹이 조달자를 만나보자.

엄마 펭귄의 효율적 여행

남반구에서 한여름에 가까운 12월, 암컷 킹펭귄이 짝에게 알을 전달한다. 암컷이 남극해의 거친 바다로 여행을 떠나 돌아올 때까지 알은 수컷 펭귄의 발 위에서 주름진 피부를 덮은 깃털에 싸여 혹독한 날씨로부터 보호받을 것이다. 암컷은 목을 쭉 뻗고 매끈한 회색 등을 태양 쪽으로 돌리며 예비 부모 펭귄과 작년에 태어난 어린 펭귄 무리 사이로 천천히 뒤뚱뒤뚱 걸어간다. 암컷은 크로제제도Crozet Islands의 해안으로 이동하는 중이다. 크로제제도는 마다가스카르와 남극 대륙에서 각각 2,200km 떨어진 중간 지점에 자리한 곳으로 춥고 황량하며 풀과 이끼에 덮인 화산 지대다. 크로제제도의 육지에는 먹이가 거의 없으므로 이곳에 사는 생물은 생존을 위한 연료를 바다에서 찾아야 한다. 첫 파도가 발을 스치자마자 암컷은 배를 내밀고 바다로 뛰어들어 우아한 어뢰로 변신한다. 물속에서 펭귄은 유선형 몸통의 이점에 꼬리 1개보다 민첩하게 움직이는 날개 2개의 이점이 더해져 날 수 있다. 바닷속에서 잠수하며 쉽게 회전하고 방향을 전환하는 이 민첩한 포식자는 2주간 살을 찌운 뒤 다시 알을 품는 차례가 되면 먹이를 먹지 않는다. 남극해의 모든 것이 암컷 앞에 놓여 있다.

푸른 기계 내부에는 생물이 곳곳에 있지만 실제 먹잇감은 극히 드물다. 펭귄은 주로 시각에 의존해 사냥하지만, 앨버트로스나 바다제비처럼 높은 곳에서 사냥하지 못한다. 펭귄은 먹잇감이 불과 몇 미터 내에 있어야만 인식할 수 있고, 멀리 대규모 물고기 떼가 있거나 생명의 오아시스를 암시하는 다른 포식자가 있어도 보지 못한다. 크로제제도를 에워싸 흐르는 바다에 먹잇감이 없는 것은 아니지만, 어미와 새끼 모두 살아남으려면 암컷은 빠르고 효율적으로 사냥해 실컷 먹어야 한다. 주위에서 쉽게 구할 수 있는 먹이로는 부족하다. 광활한 바다에서 닥치는 대로 사냥하는 행동은 지나치게 위험한데, 먹이 수색에 너무 많은 에너지가 소모되기 때문이다.

바다에서 살아남는 유일한 방법은 어디로 가야 하는지 알아내는 것이다. 그리고 푸른 기계의 구조가 예측 가능한 까닭에 암컷은 가야 할 길을 알아낼 수 있다. 암컷은 물속에 들어가자마자 남쪽으로 출발하며 이따금 해수면으로 올라와 호흡하다가 파도 아래로 몇 미터 내려가 잠수하면서 목표물을 향해 날아간다. 인간이 보기에는 암컷의 목적지가 다른 바닷물 속에 있는 바닷물인 것 같다. 하지만 크로제제도에서 남쪽으로 약 400km 떨어진 지점에는 해양 엔진의 물리적 구조 영향으로 생태계의 보물 창고인 지형이 광범위하게 형성되어 있다. 이 지형 덕분에 킹펭귄은 생존할 수 있으며, 이곳은 킹펭귄이 도달하기 위해 긴 항해를 할 가치가 있다.

남극 대륙에 바로 인접한 바다는 굉장히 차갑다. 첫째는 남극이 추운 지역이기 때문이고, 둘째는 심해의 차가운 물이 이 지역 해수면으로 올라오기 때문이다. 이는 거대하고 하얀 남극 대륙을 둘러싸는 얼음물 웅덩이를 형성한다. 얼음물 웅덩이의 해수면은 수온이 2℃ 이하로 강인한 생물만 살아남을 수 있다. 그런데 남극 해안에서 북쪽으로 올라가면 대서양, 인도양, 태평양과 만난다.[4] 이들은 각각 적도와 그 너머까지 뻗은 거대한 분지다. 대서양, 인도양, 태평양 해수면은 크로제제도와 동일한 위도에서 약 8℃로 남극 바다보다 따뜻하다. 암컷 펭귄의 목적지가 이 따뜻한 바닷물과 차가운 바닷물이 만나는 광활한 경계인 극전선이다.

극전선은 폭이 30~50km에 불과한 좁은 띠 형태로 남극 대륙 주변까지 뻗어나가며 남극 인근의 차가운 해수면과 다른 바다의 따뜻한 상층부를 분리하는 해양 장벽 역할을 한다. 따뜻한 바닷물과 차가운 바닷물은 섞이지 않는다. 거대한 수괴들은 한자리에 모였다가 밀도와 바람과 지구의 자전이 보내는 방향으로 제각기 이동하며 무심히 스쳐 지나간다. 그 결과 해양과학자가 '전선'이라고 부르는 완충지대가 형성된다. 이 완충지대의 커다란 뱀 모양 윤곽선은 곧 해양 엔진의 형태를 드러낸다. 극전선은 북쪽으로 흐르는 차가운 바닷물과 따뜻하고 염분 높은 아남극해 바닷물이 만나는 곳으로 생물이 풍부하다.

암컷 킹펭귄은 남쪽을 향하며 잠수하다가 수면으로 올라와 차가운 공기를 들이마신 뒤, 다시 고요한 물속으로 잠수하고 대부분 직선

4 경도에 따라 다른 대양을 만난다.

경로로 이동하며 일주일 동안 거의 매일 약 60km씩 나아간다. 암컷은 이동 도중 먹이를 많이 먹지 않는다. 바닷물은 수온 8℃에 비교적 염분이 높은 환경을 유지한다. 그런데 이동 거리가 400km를 넘어서면 암컷 킹펭귄은 푸른 기계의 다른 구성 요소로 들어가며 급격한 변화를 맞이한다. 바닷물이 수온 2℃로 차가워지고 염분 또한 낮아지면, 암컷은 경계 지역에 조성된 북적이는 중심지에 왔음을 깨닫는다. 이제 암컷 킹펭귄의 행동이 달라진다. 공기를 깊게 들이마시고 혼합층을 따라 잠수를 지속하며 주변 바닷물이 더욱 차가워지는 것을 느낀다. 이제 해수면에서 100m 아래에 도달한 암컷은 자신의 목표물인 깜빡이는 샛비늘칫과 무리를 볼 수 있다. 샛비늘칫과는 민첩하지만, 영리하고 노련한 암컷 킹펭귄은 해수면으로 올라오기까지 이들을 4마리는 잡을 것이다. 암컷은 해양 대도시에서 잠수와 휴식을 반복하며 필요한 연료를 낚아챈다. 5~6일 동안 낮에는 먹이를 먹고 밤에는 휴식은 취한다. 밤은 너무 어두워 사냥할 수 없기 때문이다.

해양 전선은 생물로 가득하다. 해양 전선에는 바닷물이 섞이거나 때로는 위로 솟아오르며 다양한 환경이 조성된다. 생물은 서로 다른 두 수괴의 장점을 모두 이용한다. 해양 전선에 영양소가 축적된다는 것은 생물이 존재하는 데 제약이 적다는 의미다. 때때로 생물은 기존 수괴를 따라 심해로 내려가지 않고 해양 전선으로 이동한다. 식물성플랑크톤이 자라고, 동물성플랑크톤이 배불리 먹고, 샛비늘칫과와 오징어가 진수성찬을 즐기면, 바다표범과 펭귄, 앨버트로스 등 이들보다 몸집이 큰 포식자는 연회에 참석하기 위해 긴 여행을 떠날 것이다. 해양 전선은 다양하고 풍부한 생물종의 본거지로, 시간과 공간 측면에서 예측 가능하다는 점이 중요하다. 극전선은 거의 움직이지 않는다. 극전선에 접하는 수괴가 너무 거대하고 느리게 변화하기 때문이다. 극전선이 전체 바다에서 차지하는 면적은 적지만 생물에게 언제나 꾸준히 먹이를 공급한다. 이러한 이유로 바다의 포식자는 극전선을 찾아 항해한다. 포식자는 멀리에서 다량 축적된 먹이를 볼 수 없지만, 해양 엔진에서 먹이가 번성하기에 적합한 물리적 장소를 알아낼 수 있다.

며칠 뒤 암컷 킹펭귄은 북쪽으로 출발해 둥지로 돌아간다. 암컷은 앞으로 2주간 알을 품는 데 필요한 에너지를 모았다. 새끼 펭귄이 자라면 다시 여행을 떠날 것이다. 이는 고도로 발전한 먹이 전략으로 무척 효과적이다. 해양 전선은 바다의 대형 포식자에게 먹이를 제공하는 다양한 해양 지형 가운데 하나다. 일부 지형은 계절에 따라 변동하기 때문에 한 자리에 늘 머물지 않지만, 인간과 포식자는 해양 지형을 고려해 삶을 계획한다.

청어를 따르는 자유로운 소녀들

우리는 해양 항해라는 단어를 들으면 머릿속으로 긴 여정, 고립, 친구나 가족과 만날 수 없이 오랜 시간을 견디는 일, 육지와 단절되며 겪는 정신적·신체적 변화 등을 떠올린다. 하지만 동물과 인간은 모두 일상에서 그렇게 인상적이지 않은 방식으로 해양 지형을 탐색한다. 바다표범은 모래톱에서 몸을 일으켜 사냥하러 떠난다. 가자미 1마리는 하구에서 몇 미터 더 거슬러 올라가 헤엄친다. 이처럼 무작위로 발생하는 듯 보이는 짧은 여행이 함께 어우러지면 광범위하고 정교한 춤의 일부가 된다. 푸른 기계와 계절이 거대한 패턴으로 춤을 구상하면 수많은 생물종은 그에 맞춰 규칙적으로 움직이고 회전한다. 인간도 식량을 얻기 위해 바다를 항해할 때면 그들과 같은 장단에 맞춰 춤을 춰야 한다. 바다의 변화무쌍한 구조는 바다뿐만 아니라 육지에서도 인간의 짧은 여정에 흔적을 남긴다. 1900년대 초 '청어 소녀들herring lassies' 같은 반항적 공동체도 요각류 때문에 존재할 수 있었다.

칼라누스 핀마르키쿠스는 아이슬란드, 노르웨이, 셰틀랜드제도가 이루는 삼각 지대 남부의 차가운 노르웨이해 바닷물에 숨어 조용히 겨울을 난다. 그리고 북대서양에서 배설물을 심해로 내려보내며 영양소를 아래로 이동시킨다. 몸은 물방울 모양으로 길이가 2~4mm에 불과하지만, 가을에 몸 전체의 20~50%까지 확장되는 소시지 모양의 지방 주머니를 위한 체내 공간이 있다. 겨울이 오면 수백 미터 아래로 가라앉아 불완전 동면 상태로 들어간다. 생화학적 활동을 멈추고 어둠 속에서 수동적으로 물에 밀려다닌다. 이들 위에서는 겨울의 폭풍이 표층수를 휘저어 영양소가 풍부한 차가운 바닷물을 위로 끌어올리고, 상대적으로 따뜻한 혼합층을 보다 깊게 형성한다. 그런데 겨울은 어둡고 태양에너지가 부족한 까닭에 영양소만 풍부한 바닷물에서 생물이 살기 힘들다. 칼라누스 핀마르키쿠스는 배고픈 청소동물로부터 멀리 떨어진 심해에서 주머니에 저장한 지방을 천천히 소비하며 목숨을 부지한다.

지구의 공전으로 봄이 오고 바다에 빛과 온기가 도달하면 식물성 플랑크톤이 해수면에서 대증식한다. 생물 활동이 돌연 급증하는 해수면 아래에서 칼라누스 핀마르키쿠스가 어떻게 변화의 시점을 알아차리는지는 밝혀지지 않았다. 하지만 이들은 때가 왔음을 분명히 안다. 대규모 무리가 동면에서 깨어나 해수면 위로 올라와 번식한다. 유생 수십억 마리가 식물성플랑크톤으로 차려진 만찬을 즐기고 성장 주기를 시작한다. 그리고 해수면 근처에 머물다가 해양 엔진의 영향을 받아 강한 해류에 올라탄다. 이후 이들은 멕시코 만류의 지류를 타고 남쪽으로 이동하며 스코틀랜드와 노르웨이 사이를 통과해 북해에 도착한다. 유생은 해류를 타고 떠내려가는 동안 미세한 식물성플랑크톤에서 수확한 에너지를 자신의 성장하는 몸에 저장한다. 북해는 평균 수심이 90m에 불과할 만큼 얕다. 이러한 대륙붕 바다는 영양소가 넘쳐 플랑크톤이 풍부하다. 다량의 단백질과 지방을 어리석을 만큼 몸속에 채운 칼라누스 핀마르키쿠스는 대서양 청어의 관심을 끈다.

대서양 청어는 혼자 다니지 않는다. 이 작은 은빛 물고기는 대규모로 무리 지어 다니며 포식자를 상대로 최소한의 보호막을 형성하고, 번식을 하지 않을 때는 먹이에만 집중한다. 대서양 청어는 먹이 선택지가 주어지면 영양소가 풍부한 칼라누스 핀마르키쿠스를 굉장히 선호한다. 이 군침 도는 먹잇감이 남쪽으로 표류할 때 함께 이동하며 잡아먹고 산란한다. 칼라누스 핀마르키쿠스는 다가오는 물고기를 감지하면 재빨리 달아난다. 하지만 물고기의 무리가 다가올 때는 회피행동을 거듭하다가 금세 지치고 만다. 결국 너무 피곤한 나머지 빠르게 움직일 수 없게 된 이들은 대서양 청어에게 잡아먹힌다. 대서양 청어는 섭취한 지방을 부드러운 조직에 저장한다.[5] 그렇게 바닷새, 바다표범, 대구 등 더 큰 포식자를 유인할 만큼 크게 성장한다. 칼라누스 핀마르키쿠스와 대서양 청어 무리 그리고 교대로 등장하는 포식자는 마치 계획성 있는 서커스단 같다. 이들은 계절 변화에 따라 스코틀랜드 해안을 거쳐 남쪽으로 이동해 영국에 도착하는데, 구체적으로 5월 셰틀랜드제도에서 출발해 12월 이스트앵글리아East Anglia 해안에 도달한다.

그런 거대한 식량 공급원이 주변 육지에 사는 인간의 눈에 띄지 않았을 리는 없었다. 지난 1,000년간 북해에서 전개된 인류의 역사는 대부분 청어를 중심으로 펼쳐졌다. 이 작은 물고기는 북해 해안 곳곳에서 수십억 마리씩 바다 밖으로 올려져 인류 식탁에 귀중한 식재료로 쓰였다. 대서양 청어는 영국의 그레이트 야머스, 네덜란드의 암스테르담, 덴마크의 코펜하겐 그리고 이들보다 작지만 인상적인 도시와 마을을 건설하는 데 필요한 자금을 제공했다. 1500년대부터 1800년대 초까지는 네덜란드인이 염장 청어 무역의 주인공이었다. 이들은 북해에서 잡은 청어를 보존 처리하고 매우 값비싼 상품으로 판매해 막대한 돈을 벌었다. 이후 1800년대는 스코틀랜드인이 매년 동부 해안을 따라 내려오는 방대한 대서양 청어 무리를 노리는 새로운 약탈자로 부상했다. 그런데 대서양 청어로 돈을 버는 일은 쉽지 않았다.

문제는 지방이었다. 대서양 청어는 풍부한 에너지 공급원이라는 장점도 있지만 죽자마자 굉장히 빠르게 부패한다는 단점도 있었다. 1800년대 후반에 이르러 청어 무역은 체계화되었고, 생선이 제대로

5 지방이 풍부한 생선은 오메가3 지방산 공급원으로 유명하다. 그런데 그 생선이 오메가3를 직접 합성하는 것은 아니다. 대서양 청어는 칼라누스 핀마르키쿠스에서 지방을 얻고, 그 먹잇감은 먼저 돌말류를 섭취해 지방을 얻는다.

보존 처리되어 부패하지 않는다고 구매자에게 보증하는 표준인 '스코티시 크라운 브랜드Scottish Crown brand'가 제정되었다. 이를 위해서는 대서양 청어를 물에서 올리고 24시간 이내에 내장을 제거한 다음 소금에 절이고 포장해야 했다. 남자는 배를 타고 고기잡이에 나서기에 어획물 처리는 여자가 맡았다. 어촌 공동체에서 여자는 그물과 배를 준비하고 어획물 운반과 판매를 책임졌다. 일반적으로 그 과정에서 남자와 동등한 동료로 대우받았다. 어촌에서의 삶은 고단했다. 모든 공동체 구성원이 자기 몫을 다해야 존중받을 수 있었다. 그런데 이 시기는 빅토리아시대의 절정기였다. 사회 대부분에서 일하는 여성은 눈에 띄지도 귀에 들리지도 않았다. 여성의 역할은 집에서 양말을 꿰매고 요리하는 것이라 여겨졌다. 스코틀랜드에서 생선을 파는 여자는 외딴 해안 마을에서 남자와 거의 동등한 삶을 사는 기이한 존재로 여겨졌다. 이따금 어촌을 방문하는 관광객은 그러한 여성의 생활 방식이 부도덕하고 부조리하다며 비난했다.

칼라누스 핀마르키쿠스가 남쪽으로 이동하자 대서양 청어도 남쪽으로 이동했고, 스코틀랜드 어선도 그들을 뒤쫓아야 했다. 어선이 차가운 북해를 항해하며 대서양 청어를 찾는 일은 쉬웠다. 하지만 24시간이라는 제한 시간 안에 청어 내장을 제거하고 포장하려면, 스코틀랜드인은 어획물을 가장 가까운 항구로 운반해야만 했다. 스코틀랜드 어업 선단의 규모가 커지며 철도가 건설되고 여행 및 숙박 시설이 확충되었다. 그래서 1900년대에는 또 다른 연례 이동이 활발히 이루어졌다. 바로 청어 소녀들의 이동이다. 대서양 청어 포장을 책임지는 업자들은 스코틀랜드 마을에서 여자들을 모집해 생선에서 내장을 제거하고 포장하는 일을 맡겼다. 5월 청어잡이 배가 셰틀랜드제도에서 출발해 윅Wick, 버키Buckie, 애버딘, 스카버러, 그레이트 야머스 등 도시들을 지나 12월 로스토프트까지 내려오는 동안 청어 소녀들 수천 명도 해안을 따라 이동했다. 혼자서든 무리를 지어서든 여성이 여행하는 일은 꿈도 꾸지 못하던 시대에 청어 소녀들은 떠날 준비를 했다. 나무로 된 여행 가방에 계절마다 필요한 물건을 챙겼다. 스코틀랜드에서 출발해 남부 항구에 도착한 그들은 일할 준비를 했다.

작업은 고되고 이따금 하루에 12시간 동안 이어질 만큼 길었다. 어획물을 전부 대기 중인 통에 담아 소금에 절인 다음 포장할 때까지 작업을 멈출 수 없었기 때문이다. 모든 작업은 날씨와 상관없이 해변에 설치된 긴 작업대에서 진행되었다. 급료는 작업한 통 개수만큼 지급되므로 작업 속도가 빨라야 했다. 빠르게 작업하려면 노련한 기술이 필요했다. 보고에 따르면 청어 소녀들은 1분당 대서양 청어 60마리의 내장을 제거하고 포장해 부패를 막았다. 더럽고 지저분한 작업이었다. 청어 소녀들은 스코틀랜드 방언으로 말하고 어부와 시끄럽게 농담을 주고받았다. 자기 일에 대한 자부심을 드러내기 전에 청어 냄새와 더럽혀진 작업복으로 이방인 티를 냈다. 이들은 당대가 요구하는 얌전하고 수줍어하는 여성상과 거리가 먼, 무시할 수 없는 존재감과 목소리를 지닌 여성이었다. 자신들이 머무는 공간을 깨끗하게 관리하고 교회에 꾸준히 다니는 동시에 파티를 즐기고 사교 활동을 두려워하지 않았다. 청어 소녀들은 근면하고 독립적이며 직업의식이 강했다. 생활비를 직접 벌어 쓰고 자신이 원하는 대로 행동하며, 전국 곳곳의 항구를 돌아다니면서 남성에게 허락을 구하지 않고 모든 일을 해냈다.

이는 시대를 60년 앞선 자유였다. 청어 소녀들 이외에는 청어 내장을 제거하고 포장하는 기술이나 그러려는 의지를 가진 사람이 없었으므로, 청어 무역이 유지되려면 사회는 청어 소녀들에 익숙해지거나 최소한 그들의 존재를 용인해야 했다. 청어 손질 작업은 고단했지만, 스코틀랜드 출신 여성에게 좋은 선택지였다. 매년 모험을 떠나며 작은 마을과 부모의 통제에서 벗어나고, 다른 여성들과 강한 동지 의식을 형성할 수 있었기 때문이다. 영국 가부장제를 향해 생선 내장 범벅인 두 손가락을 흔들 수 있다는 점은 보너스였다(두 손가락을 펴고 손등을 바깥쪽으로 향하며 알파벳 V를 나타내는 손동작은 영국 문화권에서 경멸을 의미한다-옮긴이).

역사에서 인류는 바다로 모험을 떠나는 다른 포유류와 마찬가지로 항해자였다. 청어 소녀들은 궁극적으로 칼라누스 핀마르키쿠스의 생물학적 진화와 이동을 뒤쫓았다. 인간 사회는 바다에서 이익을 얻기 위해 물리적 패턴은 물론 문화적 패턴도 조정해야 했다. 수십 년간 청어 소녀들은 자연이 제공한 독특한 영역에 적응하며 인류 문화에 고유의 흔적을 남겼다. 그러나 이러한 상황은 지속되지 않았다. 제1차세계대전으로 모든 것이 비명을 지르며 멈췄다. 1913년은 청어 대풍년이었지만 전쟁 탓에 어업이 중단되었고 이후 간신히 재개되었다. 영국산 청어의 90%가 러시아와 독일로 판매되었다. 제2차세계대전이 시작되기 전까지는 일부 청어 소녀들이 남아 있었지만 1918년 이후 청어 수요가 붕괴했다.

그러나 바다와의 관계는 분명하다. 해양 엔진이 물리적으로 작동하는 동안 해양 생물이 엔진 내부에서 제자리를 찾듯, 인간의 삶도 해양 엔진이 작동하는 방식에 따라 구조화된다. 인류는 바다를 항해하며 무역과 전쟁, 탐험을 바탕으로 육지에 공동체를 구축했다. 거의 모든 공동체에서 그러한 흔적을 어렵지 않게 찾을 수 있다.

해양 생물의 관심사는 생존, 먹이, 짝짓기로 요약될 만큼 비교적 간단하다. 하지만 생물이 그러한 관심사를 충족하기 위해 바다를 항해하는 방식은 굉장히 정교하다. 생존의 부담을 덜어줄 복잡한 사회 구조나 물리적 기반이 없으면 항해는 언제나 성공적이어야 한다. 가장 성공적인 항해자가 되려면 비교적 변화가 없고 예측 가능한 해양 내부 구조를 넘어, 더욱 위험하지만 훨씬 큰 보상이 뒤따르는 엔진의 일시적인 부분을 활용할 수 있어야 한다. 그리고 청어를 뒤쫓는 항해자는 인간만이 아니다.

바닷속 오아시스를 찾는 참다랑어

'최상위 포식자'는 인간 이외의 포식자가 없어 두려워할 상대가 없고 환경을 지배한다는 점에서 영광스러운 지위로 여겨진다. 최상위 포식자는 좋아하는 장소로 가서 원하는 먹이를 섭취하며, 오직 먹이를 풍족히 먹기 위해 같은 종의 다른 개체와 경쟁한다. 육지에는 독수리와 사자, 늑대와 북극곰, 눈표범 등 우리가 잘 알고 경외하는 최상위 포식자가 많다. 바다에는 범고래('킬러 고래killer whale'라고도 불린다)가 가장 유명한 최상위 포식자다. 백상아리조차 범고래에게 자리를 위협받는다. 대서양 참다랑어giant bluefin tuna도 멋진 근육질 몸을 지닌 바다 거주민이자 뛰어난 사냥 솜씨를 지닌 위대한 항해자다. 대서양 참다랑어는 특정 산란지를 고집하는 습성이 있어, 지중해와 멕시코만 또는 북아메리카 해안선을 따라 조성된 비교적 따뜻한 바다로 알을 낳기 위해 되돌아간다. 중요한 임무를 마친 대서양 참다랑어는 넓은 바다로 향한다. 이들은 다른 해양 생물과 다르게 바다를 거의 완전히 자유롭게 누비며 원하는 장소라면 어디든 갈 수 있다.

대서양 참다랑어는 '자연이 만든 가장 효율적인 엔진'이라고 과학자에게 찬사받는 해부학적·생리학적 특징을 지닌다. 성체 대서양 참다랑어의 몸길이는 대개 약 2.5m이고, 어뢰와 닮은 유선형 몸은 강하고 단단한 근육 덩어리로 이루어져 주둥이와 꼬리지느러미 밑부분으로 갈수록 점점 좁아진다. 몸은 뻣뻣하고 단단하지만 육중한 근육 대부분이 초승달 형태의 꼬리와 효율적으로 연결되어 있으며, 이러한 구조에서 바닷물을 헤치고 나가는 가속력과 민첩성이 나온다.[6] 대서양 참다랑어의 구조는 뒤에 프로펠러가 달린 배와 비슷한데 방향 조종 능력은 훨씬 뛰어나다. 이들은 혈액이 근육에 풍부히 공급되며 부분 온혈 어류여서 근육을 효과적으로 따뜻하게 유지할 수 있다. 대서양 참다랑어는 7℃ 바닷물에서도 내부 체온을 28℃로 유지하는 놀라운 능력을 지녔다. 이들은 또한 먹이에서 얻은 에너지를 아주 노련하게 운동으로 전환할 수 있다. 여기에 지구력이 결합하면 지구 1바퀴도 돌 수 있다. 성체 대서양 참다랑어 1마리는 1년 동안 지구 둘레의 2배가 넘는 9만 5,000km를 쉽게 이동할 수 있다고 추정된다.

---

6 지구력을 강화하는 방향으로 진화한 강력한 근육은 미토콘드리아와 미오글로빈을 공급하는 에너지로 가득하며, 그와 동시에 초밥에 쓰이는 중요한 재료다.

지중해와 대서양을 잇는 가느다란 통로인 지브롤터해협에서는 매년 깊고 푸른 바다에 검은색 등과 반짝이는 은색 배를 숨긴 성체 대서양 참다랑어가 나온다. 이들은 몸집이 크지만 번식을 위해 장기간 이동하며 지방이 고갈된 까닭에 먹이가 절실하다. 이 왕성한 사냥 기계가 계속 작동하려면 많은 연료가 필요하며, 따라서 바다가 제공하는 최고 품질의 먹이를 선택해야 한다. 남극해에서 킹펭귄은 신체 능력이 떨어지고 활동 범위와 시간에 제약이 있었기 때문에 단 한 번의 시도로 예측 가능한 장소에 도달해야만 했다. 하지만 대서양 참다랑어는 훨씬 강인하며 바다를 탐색할 여유가 있다. 그리고 북대서양은 그럴 만한 가치도 있다. 굶주린 대서양 참다랑어가 청어, 고등어, 오징어 등을 잡아먹고 살찌울 수 있는 이동식 오아시스가 있기 때문이다. 이들은 정확히 어디로 가야 하는지는 모르지만, 어디에서부터 탐색을 시작해야 하는지는 알고 있다.

대서양 반대편에는 플로리다부터 노스캐롤라이나까지 해안선을 따라 북쪽으로 멕시코 만류가 흐른다. 열대지방의 따뜻한 바닷물을 수송하는 멕시코 만류는 북위 35도 부근의 해안선이 꺾이는 지점에 도달하면 육지에서 멀어지며 동쪽으로 흘러나와 수온이 낮은 대서양으로 향한다. 대서양으로 향하는 해류는 폭 100km, 깊이 1km 정도로 정해진 경로가 없다. 이 해류는 캐나다 해안을 흐르는 한류인 래브라도 해류Labrador Current와 만나면 구불구불하게 나아가기 시작한다. 이는 몇 주 또는 몇 달간 여기저기 순회하며 빙글빙글 도는 물의 섬이자 해양 지형 중에서도 아주 특별한 번식지다. 육지 동물의 관점에서 이러한 해양 지형의 특이성은 잠시 시간을 내서 생각해볼 만한 가치가 있다. 육지에는 숲, 초원, 언덕, 연못 등 독특한 지리적·생태적 특징이 한 자리에 고정되어 있다. 우리는 이들을 지도에 표시하고 중요한 지형지물로 여긴다. 그런데 여러분이 사는 마을 외곽에 조성되어 딱따구리와 두꺼비와 다람쥐가 서식하는 아름다운 숲이 천천히 이동한다고 상상하자. 이번 주말부터 다음 주말까지 어디에서 숲이 머무르는지 알 수 없으며, 여러분은 반려견과 산책하고 싶을 때마다 숲을 찾아다녀야 할 것이다. 그리고 2년 후 그 숲은 완전히 사라지고, 다른 비슷한 숲 2곳이 근처에 나타났다고 상상하자. 바다에서 빙글빙글 도는 물의 섬이 바로 이러한 식으로 작동한다. 물의 섬은 유목민이다. 바다의 항해자는 발견할 수만 있으면, 오아시스가 바다 위를 떠다니며 운반하는 모든 것에서 이익을 얻을 수 있다.

멕시코 만류는 육지의 강처럼 거동하는데, 흐르는 동안 조금 구부러지기 시작하면 시간이 갈수록 더욱 큰 폭으로 구부러져 흐르기 때문이다. 거대한 멕시코 만류는 동쪽으로 흐르는 길에 약간 북쪽으로 솟아오르게 되면 다시 남쪽으로 향하며 구부러진다. 이처럼 구불구불 흐르는 해류는 시간이 지날수록 점차 구불거림이 심화되다가, 바깥쪽으로 호를 그려 나간 다음 안쪽으로 휘어져 들어오며 고리를 형성한다. 어떤 경우에는 고리의 목 부분이 좁아지고 서로 연결되며 나머지 물줄기로부터 떨어져 나오기도 한다. 그런데 멕시코 만류의 북부는 북쪽의 차가운 바닷물과 남쪽의 따뜻한 바닷물이 이루는 경계에 위치하는 까닭에 두 가지 결과가 발생할 수 있다. 고리가 북쪽으로 밀려나면 고리 안쪽의 따뜻한 바닷물은 고리를 중심으로 시계 방향으로 흐른다. 이러한 고리가 물줄기에서 떨어져 나오면, 따뜻한 바닷물이 차가운 바닷물에 갇혀 시계 방향으로 회전하는 섬이 된다. 이를 난수성 소용돌이라고 부르며 앞서 길 잃은 나비고기가 갇혔던 장소다. 한편 고리가 멕시코 만류의 큰 줄기에서 남쪽으로 밀려나 떨어져 나오면, 반시계 방향으로 회전하는 차가운 물의 섬이 남쪽의 따뜻한 바다로 방출된다. 이는 '냉수성 소용돌이cold-core eddy'라고 부른다.

난수성 소용돌이와 냉수성 소용돌이는 모두 중규모 소용돌이mesoscale eddy이며, 이는 중간 크기로 회전하는 물의 섬을 지칭하는 해양학 공식 용어다. 대개 지름이 100~300km이고, 고리 중심부의 독특한 물 덩어리는 수심 1,000m까지 뻗어나갈 수 있다. 그리고 이동하는 동시에 회전하므로, 고리 바깥쪽 경계에 있는 물이 약 2주에 한 번씩 순환하며 고리를 온전하게 유지한다. 고리 내부는 바깥쪽과 효과적으로 단절되어 수온, 염분, 미세한 승객 같은 고유 특성이 거의 변함없이 유지된다. 그 결과 아일랜드섬만 한 면적의 해수면이 멕시코 만류의 큰 줄기에서 떨어져 나와 바다 위를 둥둥 떠다닌다. 멕시코 만류의 구불구불한 물줄기는 매년 난수성 소용돌이 약 22개와 냉수성 소용돌이 약 35개를 탄생시켜 물리해양학이 이끄는 곳이면 어디든 자유롭게 떠다니게 한다. 이들이 도착하는 정확한 위치는 예측할 수 없지만, 멕시코 만류의 소용돌이 탄생 지점이 소용돌이를 발견하는 좋은 출발점이 된다. 소용돌이치는 수괴는 대부분 주위 바닷물과 분리되어 있지만, 항해자가 소용돌이 안팎을 드나드는 것은 무엇도 막지 못한다. 벽이 없기 때문이다. 이러한 인상적인 해양 지형을 발견하는 항해자에게는 길 잃은 물 덩어리로 향하는 문이 활짝 열려 있다.

대서양 참다랑어는 지중해에서 나오자마자 대서양을 가로지르며 4,000~5,000km를 여행한다. 이들은 따뜻한 표층을 드나들며 성체 유럽 뱀장어가 사르가소해로 돌아오는 경로와 비슷한 길을 따라 헤엄친다. 그런데 이 광활한 바다에는 먹이가 거의 없다. 대서양 참다랑어는 북대서양 한가운데 대부분을 차지하는 넓은 사막을 건넌 뒤 북서쪽 모퉁이에서 모습을 드러낸다. 이곳이 멕시코 만류와 래브라도해가 만나는 해역이다. 이제 먹이를 먹을 시간이다. 이들은 어디에서든 사냥할 수 있지만, 멕시코 만류 바로 북쪽의 추운 바다를 떠다니는 난수성 소용돌이를 선호한다.

대서양 참다랑어는 차가운 바닷물에 대처하며 사냥할 수 있는 온혈 어류인 까닭에, 난수성 소용돌이를 선호한다는 특성은 이치에 맞지 않는 듯 보인다. 하지만 이는 무척 효과적인 전략이다. 난수성 소용돌이는 멕시코 만류에서 떨어져 나오기 전부터 운반하던 승객으로 가득하기 때문이다. 게다가 소용돌이 가장자리는 수직으로 바닷물 혼합이 일어나므로 영양소를 얻고 승객에게 접근하는 것이 전부 가능하다. 난수성 소용돌이는 바다를 표류하는 작은 마을로 해양 생물이 모여 살면서 번성하게 해준다. 그 내부는 작은 물고기가 큰 물고기를 끌어들여 종 다양성이 굉장히 높고, 마지막에 최상위 포식자가 나머지 물고기를 지배한다. 어린 물고기와 유생은 난수성 소용돌이를 타고 이동하는 동안 취약한 어린 시절을 비교적 온화한 환경에서 보내며 성장한다. 난수성 소용돌이는 포식성 물고기뿐만 아니라 거북과 바닷새를 유인하고, 수온과 해수면의 형태로 흔적을 남기며 우주에서도 관찰된다.[7]

대서양 참다랑어는 먹잇감이 풍부한 사냥터를 찾을 때까지 탐색할 수 있는 지구력을 지녔고, 사냥터를 발견하면 가능한 한 그곳에 머무르며 연회를 즐긴다. 이들은 청력이 좋지 않다. 먹이를 쫓으며 방향을 바꾸고 돌진하는 동안 귀 뼈가 강한 압력을 견디려면 상당량의 충격 흡수재가 필요하기 때문이다. 그 대신 뛰어난 시력을 활용해 주로 밤에 사냥한다. 대서양 참다랑어는 다양한 어종을 잡아먹지만, 커다란 근육에 연료를 공급하는 지방이 풍부하고 몸집이 작은 청어를 즐겨 먹는다. 청어는 난수성 소용돌이에서 축적된 플랑크톤을 먹는다.

난수성 소용돌이 생물들은 행복한 시간을 누리지만 이는 영원히 지속되지 않는다. 난수성 소용돌이 중심부의 따뜻한 바닷물이 외부의 차가운 바닷물과 합쳐지며 결국 생물들도 주변 물과 뒤섞인다. 난수성 소용돌이의 열과 소금이 차가운 북쪽 바닷물에 더해지며 엄청난 규모의 열에너지가 북쪽으로 전달된다. 모든 난수성 소용돌이는 끝내 사라지지만, 멕시코 만류와 래브라도 해류가 만나는 지점에서 해양 엔진이 쉴 새 없이 작동하며 또 다른 난수성 소용돌이가 탄생한다. 대서양 참다랑어는 해양 엔진 구조를 탐색하며 다른 유망한 사냥터를 찾다가 먹이가 풍부한 난수성 소용돌이를 또 발견할 것이다. 또는 적당한 시기가 되어 체중이 충분히 불어난 상태라면, 이들은 다시 산란하기 위해 지중해로 돌아가는 긴 항해를 시작할 것이다. 대서양 참다랑어는 4~9세에 성 성숙기에 이르고,[8] 야생에서 10~15세까지 생존하

7 세부 사항은 다양하지만, 난수성 소용돌이는 가장자리보다 중심부가 약 5~10cm 더 높아 언덕을 이루고, 냉수성 소용돌이는 5~10cm 더 낮아 웅덩이를 이룬다.

8 이는 같은 생물종일지라도 개체군에 따라 달라지는데, 개체군은 같은 장소에서 먹이를 먹더라도 산란 장소가 다르면 다른 개체군으로 구분된다.

며 운이 좋으면 더 오래 살 수도 있다. 이들은 매년 난수성 소용돌이를 찾고 또 찾을 것이며 여기에는 1만km를 왕복할 가치가 있다.

멕시코 만류에서 남쪽으로 떨어져 나와 회전하는 냉수성 소용돌이 또한 생물 밀집 지역이지만, 난수성 소용돌이와 비교하면 성격이 다르다. 냉수성 소용돌이의 회전 효과는 중심부 물을 위쪽으로 흐르도록 유도하며 아래쪽 영양소를 햇빛이 닿는 수면으로 운반해 식물성 플랑크톤의 번성을 촉진한다. 이는 포식자인 작은 동물성플랑크톤을 끌어들인다. 냉수성 소용돌이는 남쪽으로 표류하며 영양소와 먹이를 사르가소해로 운반한다.

놀라운 사실은 중규모 소용돌이가 이뿐만은 아니라는 점이다. 이와 비슷한 소용돌이는 전 세계 바다 곳곳에서 발견되고 동시에 약 3,000개 존재하며 바다 전체 표면적에서 수 퍼센트를 차지한다. 중규모 소용돌이는 갑자기 생성되어 몇 주 또는 몇 달 또는 드물게 몇 년 후 사라진다. 멕시코 만류에서 떨어져 나온 소용돌이는 특히 독특하다. 바닷물의 흐름이 강하고 온도 차가 큰 경계에서 발생해 고유의 크기와 깊이를 나타내기 때문이다. 그러나 전 지구 바다에는 열과 소금, 생물을 운반하고 바닷물을 위아래로 뒤섞으며 회전하는 일시적인 섬들이 곳곳에 흩어져 있다. 이 섬들은 크기와 회전 강도가 다양하고, 일부는 주위 큰 해류의 영향을 받아 다른 방향으로 이동하지만 대부분은 서쪽으로 이동한다. 소용돌이는 해양 환경에 느린 변화를 일으키는 일종의 날씨를 형성해 해수면 구조를 다채롭게 한다.

바다의 항해자는 선호도에 맞춰 해양 지형을 끊임없이 탐색하고 드나든다. 황다랑어는 북서 대서양에 발생한 차가운 냉수성 소용돌이를 선호한다. 황새치는 난수성 소용돌이와 냉수성 소용돌이에서 멀리 떨어진 바깥쪽에서 사냥하기를 좋아한다. 지형은 고정되어 있지만 바다는 활발하게 움직이고 변화하며 해양물리학이 설정한 대규모 패턴 안에서 가변적이고 예측 불가능한 세부 요소를 지닌다. 항해자는 광활한 대양 분지를 항해하는 동안 균일한 공간을 횡단하지 않는다. 역동적인 패턴 안팎을 넘나들며 헤엄친다.

인간 항해자 또한 바다의 패턴을 인식하고 있었지만, 해수면을 지나며 해양 환경의 미묘한 변화를 느꼈다. 범선은 나침반과 시계가 발명되기 전부터 푸른 기계의 요동치는 수면 위를 달렸다. 범선에 탄 사람들은 해수면 아래 거대한 소용돌이를 보지 못했지만, 소용돌이의 영향과 변화를 감지했을 것이다. 인류는 목적지가 대개 바다가 아닌 육지였지만, 바다를 항해하는 탁월한 기술을 개발했다. 우리는 대서양 참다랑어와 같은 이유로 항해했다. 한 생태계에서 다른 생태계로 이동하고, 전 세계 다채로운 생태계에 접근하며, 다양성이 주는 혜택을 발판으로 더 오랫동안 풍족하게 살고자 하는 것이다. 그런데 모든 생태계에 빠르고 폭넓게 접근하는 과정에서 희생이 뒤따르기도 했다. 대항해시대의 정점인 19세기 중후반, 인류는 아마도 참다랑어처럼 바다의 역동적 특징을 이용해 길을 찾는 데 능숙했을 것이다. 그러나 현대성을 끊임없이 집요하게 추구한 결과, 인류와 바다 사이의 관계에 근본적인 변화가 일어났다. 우리가 잃어버린 것을 확인할 수 있는 장소는 대항해시대의 마지막 위대한 화물 범선이다.

증기선의 등장과 바다와의 단절

구름 없이 맑고 고요한 여름날, 런던 그리니치 거리는 특별한 목적지 없이 여유롭게 거니는 사람들의 웅성거림으로 가득했다. 이들은 햇빛을 쬐며 템스강 변에 우뚝 솟은 구 왕립 해군대학의 인상적인 바로크양식 건축물을 감상하기 위해 이 거리를 찾았다. 어쩌면 언덕을 올라가 그리니치자오선[9]에 서서 시간과 위치가 불확실하던 과거를 떠올릴지도 몰랐다. 완벽한 휴가 풍경이었다. 하지만 내가 올라와 있는 26m 상공은 그렇게 편안하지 않다. 내가 있는 장소와 지상의 포장 광장 사이에 팽팽한 밧줄밖에 없기 때문이다. 나는 목재로 제작된 두툼한 수평 돛대와 연결된 강철 밧줄을 잡고 있다. 이 밧줄은 세계에서 마지막까지 살아남은 티 클리퍼tea clipper(차를 운반하는 쾌속 범선-옮긴이) 커티삭호Cutty Sark의 거대한 주돛대에서 나온 것이다. 현재 건선거에 정박한 커티삭호는 템스강 전망이 내려다보이는 위치에서 자신을 추월한 현대 세계를 바라본다. 이 쾌속선은 인류와 자연이 단절되기 전 대양 항해의 정점을 상징하는 동시에 잃어버린 시대를 대표한다.

1869년 건조된 커티삭호는 당대 가장 빠른 선박으로 설계되었다. 선박의 윤곽이 매끈하고 뱃머리가 거의 수직에 가까워 저항을 최대한 적게 받으며 물살을 가를 수 있었다. 선체 하부는 중국에서 런던으로 운반해야 하는 귀중한 차가 들어갈 화물 공간을 추가로 더 확보하

---

9 자오선은 공식적으로 동쪽과 서쪽을 나누는 선으로, 경도 0도를 나타내고자 정해졌다. 스마트폰이나 내비게이션이 안내하는 GPS 위치가 자오선을 기준으로 측정된 것이다.

기 위해 약간 부풀렸다. 그 덕분에 차 상자 1,000개가 동시에 실렸다. 차 무역은 속도가 관건이었고, 항해 속도 다음으로 중요한 요소는 운반 가능한 화물 양이었다. 선박에 화물을 가득 실으면, 주갑판을 포함한 내부 전체가 화물로 채워졌을 것이다. 주갑판에는 거대한 돛대 3개가 세워져 있다. 각 돛대에 걸린 활대는 좁다란 선박의 측면 너머로 뻗어나간다. 나는 활대의 끝부분에 앉아 있다. 폭풍이 몰아치는 바다에서 커티삭호가 출렁일 때 당시 활대에 앉아 있었다면 어땠을지, 활대 끝부분은 파도에 얼마나 가까이 닿았을지, 선박 위에 세워진 이 거꾸로 된 진자를 타고 좌우로 흔들리는 느낌은 어땠을지 상상해본다. 세상이 얼마나 크게 요동쳤을지 말로 다 표현하기는 어렵다. 아마도 커티삭호가 여러분을 바다로 떨어뜨리려는 듯 느껴졌을 것이다.

나는 강 너머로 펼쳐진 멋진 풍경에 잠시 감탄하다가 돛대를 연결하고 지지하는 정교한 밧줄의 연결망인 삭구로 눈을 돌렸다. 지상에서 보면 마치 폭풍이 다가오는 동안 야영객이 극도로 흥분한 상태에서 정신없이 설치한 밧줄처럼 보인다. 그런데 위에서 살펴보면 복잡한 밧줄 연결 구조가 얼마나 체계적인지 깨닫는다. 나는 이곳까지 줄사다리로 올라왔는데, 이는 돛대를 고정하는 밧줄인 돛대줄을 장식하는 밧줄 계단이다. 삭구를 전부 갖춰 제대로 작동하는 선박이라면 돛의 형태와 위치를 잡아주는 밧줄도 있었을 것이다. 전성기 시절 커티삭호는 길이 65m로 비교적 작은 선박이었지만, 삭구 18km를 싣고 다녔다. 나는 안전벨트와 헬멧을 착용하고 밧줄 전문가 2명이 지켜보는 가운데 누군가가 나의 행동에 대한 위험성 평가서를 작성하며 많이 고민했으리라 확신하고 위로 올라왔다.[10] 하지만 1870년대와

1880년대에 커티삭호가 귀한 화물을 싣고 런던으로 달려오는 동안, 선원들은 거친 바다에서 안전 장비도 갖추지 않은 채 맨발로 돛대를 쉴 새 없이 오르내리며 돛을 펼치고 조정하고 고정했을 것이다. 해야 할 일이 많아 두 손으로 무언가를 붙잡는다는 것은 선택지에 없었을 것이다. 당시 항해는 밧줄을 당기고, 장비를 조정하고, 돛을 정돈하고, 선박을 움직이는 등 육체적 활동과 직결되었다. 선원들은 자연환경에 대응하기 위해 근육을 써서 끊임없이 선박의 형태를 변화시켰다.

커티삭호는 인간과 인간을 제외한 자연을 서로 연결하는 매개체라는 점에서 중요하다. 항해 중인 범선은 협업의 산물이다. 범선은 선원이 없으면 어디에도 가지 못한다. 커티삭호가 건조되기 전까지 수세기 동안 인류는 범선을 개량했고, 시행착오를 거치며 선박을 안전벨트처럼 활용해 인간과 환경을 효과적으로 연결하는 방법을 배웠다. 뒤로 물러나 커티삭호를 측면에서 바라보면, 이 선박은 화물과 바람을 잇는 하나의 연결 고리에 불과한 것을 깨닫는다. 커티삭호는 가느다란 철골 위에 나무 널빤지를 얹은 복합 구조로, 목재로만 만든 선박과 비교해 부피는 작지만 선체 강도는 동일하다. 선체 위에는 최대 3,000㎡에 달하는 거대한 돛이 높이 세워져 바람을 받았다. 선원들은 화물칸과 비교하면 협소한 주갑판 선실 3개에 갇혀 지냈고, 잠자고 생활하는 공간을 벗어나면 곧바로 자연환경과 마주했다. 큰 너울이 선

10 나는 커티삭호를 소유한 영국 국립해양박물관Royal Museums Greenwich의 수탁자라는 특권을 바탕으로 관련 위험성 평가서를 전부 읽고 토론했으며, 나의 행동이 안전하다는 것을 확신했다.

박 바로 옆으로 밀려왔고, 한 선원에 따르면 바다가 모든 것을 집어삼킬 때 선박은 잠시간 물 밖으로 튀어나온 막대기(돛대) 3개가 되었다고 한다. 선원들은 바다와 호흡하고 살았다. 해양 엔진을 지나는 자신의 길을 느끼려면 자연환경에 몰입해야 했고, 의식적이든 무의식적이든 방향타가 움직이고 돛이 추가될 때마다 변화에 반응하면서 선박이 움직이는 것을 발밑에서 감지했다.

1885년 커티삭호는 시드니에서 런던까지 단 73일 만에 항해를 마치며 세계기록을 세웠다. 이 성과는 인간과 선박이 함께한 협업의 승리로, 선장과 선원들은 선박 형태를 조금씩 바꾸며 조류와 바람과 파도의 미묘한 변화를 능숙하게 이용했다. 즉 돛과 방향타의 위치를 조절하며 선박 주위를 도는 대기와 바다라는 거대한 기계 내부에서 자리 잡는 법을 변화시키는 것이다. 돛의 모양과 선박의 방향을 조정해 자연이라는 기계와 효율적으로 연결된다면 바람은 막강한 힘을 발휘한다. 이것이 항해 기술이다. 커티삭호는 바다의 자비로움에 의존했다. 열대 무풍대와 만나 바람이 사라지면 그 의존성이 분명해졌다. 하지만 바람이 불 때 선원과 커티삭호의 협업은 놀라웠다. 커티삭호가 달성한 최고 속도는 시속 32.4km로 오늘날의 기준으로도 빠르다. 선원들은 선박의 특성을 속속들이 이해하고 느껴야만 선박의 최고 성능에 도달할 수 있었다. 이는 과학이자 예술이었다. 범선은 신비로운 이국 땅으로 향하는 관문이었고, 지식과 기술과 직관이 적절히 조합되어야만 그 길이 열렸으며, 바다는 선원 어깨 너머로 계속 배회하다가 인간이 오만함을 보이면 겸손하게 만들 준비가 되어 있었다.

모든 책임은 선장에게 있었다. 육지에는 정부와 가족, 식량과 의

약품 등을 지원하는 조직, 전문가와 도서관, 폭풍을 피할 수 있는 대피소가 있었다. 의지할 수 있는 사람과 자원과 지식이 있었다. 하지만 망망대해에는 아무것도 없었다. 선장은 타륜 앞에 서서 장엄한 자연을 느끼는 동시에 자신의 통제를 받는 작은 선박을 보았을 것이다. 바다에 있는 동안 선장은 표류하는 왕국의 절대적 통치자로서 식량 공급, 화물, 외국 상품을 구입하기 위해 필요한 돈, 선원 관리와 규율, 항해, 선박의 상태 그리고 무엇보다 선박과 화물과 선원을 지구 한쪽에서 다른 한쪽으로 안전히 이동시키는 일을 책임졌다. 계산을 잘못하거나 바람 또는 조류를 잘못 읽으면, 거대한 자연의 힘에 돛대가 부러져서 선원들이 굶어 죽거나 길을 잃고 영원히 발견되지 않을 수도 있었다. 선장은 극도로 고립된 직책이었다. 하지만 자립심과 독립심, 선박을 지배하는 데 필요한 지식과 자신감, 자연을 읽고 협력하는 기술 그리고 제어하는 능력을 지녀 거칠고 원초적인 자연과 맞선 끝에 문명으로 돌아갈 수 있다는 점에 큰 자부심을 느꼈다.

선박은 항구를 떠나며 지구와 계약을 맺었다. 거대하고 통제 불가능한 자연의 미묘한 변화를 기술적으로 이용하면 집으로 돌아갈 수 있다는 계약이다. 너무 많은 실수를 저지르거나 혹은 한 번의 치명적인 실수를 저지르면 끝장이었다. 항해에 성공하려면 매번 힘든 과정을 거쳐야 했다. 선장의 항해일지는 바람과 비, 해류와 수온에 대한 상세 정보로 가득하다. 이는 다음번에 최선의 조치를 추론하려면 필요한 단서 모음집이었다. 그러나 자연을 측정한 수치는 언제나 일부분에 불과했으므로, 선박과 주위 환경을 느끼는 것도 그만큼 중요했을 것이다. 항해가 합리적인 동시에 윤리적인 활동으로 여겨지는 것은 당연했다. 그런데 인간과 자연의 이 위대한 조화는 경제와 기술, 편의성의 추구로 곧 사라질 위기에 처했다.

커티삭호가 첫 항해를 떠나기 전부터 새로운 시대로의 전환은 이미 진행 중이었다. 커티삭호가 출항한 바로 그 주에 수에즈운하가 개통되어 지중해와 홍해를 직접 연결하고 중국에서 런던까지의 항해 거리를 9,000km 단축했다. 이 지름길은 범선이 다니기에 비용이 많이 들고 운항이 까다로웠으므로 석탄을 연료로 삼는 증기선이 유리했다. 엔진 추진 선박은 1800년대 초부터 존재했지만, 목재 외륜선에서 출발해 가장 빠른 화물 범선과 경쟁 가능한 수준으로 기술이 발전하기까지 수십 년이 걸렸다. 이제 증기선의 시대가 도래했다. 속도가 관건이며 높은 수익성으로 주목받은 차 무역에서 커티삭호는 단 여덟 계절 동안 운항된 뒤 증기선에 자리를 내줬다. 이후 커티삭호는 차 무역과 마찬가지로 속도가 중요한 양모 무역에 투입되다가 일반 화물선이라는 평범한 존재로 전락했다. 그런데 증기선은 범선과 똑같은 대체품이 아니었고, 이러한 전환에 논란이 없는 것도 아니었다.

이러한 격변에 가장 근원적 측면은 목재에서 금속으로의 전환도, 자유로운 바람에서 값비싼 석탄으로의 전환도, 날씨의 불규칙성에서 시간표의 신뢰성으로의 전환도 아니었다. 자연과 함께하는 항해에서 자연과 상관없는 항해로의 전환이었다. 증기선은 하나의 도구에 불과하다. 보일러에 석탄을 계속 밀어 넣어야 하는 것만 제외하면, 증기선은 시동을 켜고 원하는 방향을 가리키면 스스로 움직이며 나갈 수 있었다. 수 세기에 걸친 인간과 자연의 협업은 끝이 났다. 범선의 선원들은 증기선을 싫어했다. 선원 대다수가 삽으로 석탄을 끝없이 떠 넣는 일보다 폭풍우를 맞으며 비에 젖은 삭구를 조정하는 일을 선택했을 것이다. 항해를 낭만으로 여기는 관점은 현대에 나타난 현상이 아니다. 19세기 선원들도 이를 알고 느꼈으며, 상당수가 낭만을 포기하는 대신 은퇴했다. 증기선에 필요한 소수의 선원은 기계에 매여 일하는 하인에 불과했고, 주위 바다로부터 완전히 격리된 강철 감옥에 갇혀 '악마의 배devil boat'에 타오르는 불을 공급했다. 정해진 방향을 향해 일정한 속도로 이동하는 능력은 자연에 대한 인간의 승리를 의미했지만, 한편으로는 바다의 본질과 인간의 본능을 잇는 연결 고리가 사라졌음을 의미했다. 물론 파도와 조류는 여전히 선박 운항에 영향을 미치지만 중요도가 훨씬 낮아졌다. 당대 논평가들은 여러 신문 칼럼 지면을 할애하며 이런 식으로 신을 거역하고, 원하는 곳이면 어디든 갈 수 있다는 만용을 부리며, 선박을 스스로 움직이는 컨테이너로 바꾸는 것이 과연 도덕적으로 옳은지 비평했다.

해양 산업에서 범선이 오랫동안 활용된 데는 실용적인 이유가 있었다. 첫 번째는 유연성이었다. 적당한 계절을 기다려야 할 수는 있으나 모든 바다에 기상 현상이 일어나므로 범선이 가는 곳에는 제한이 없었다. 범선은 바람만 있으면 언제든 이동할 수 있었다. 또한 선원들의 급료와 식량을 제외한 다른 비용은 들지 않았다. 그러나 증기선은 값비싼 석탄이 필요했다. 증기선이 화물선 항로를 대부분 장악한 뒤에도 범선은 항구로 석탄을 운송하는 데 여전히 활용되며 증기선에 연료를 공급했다. 이는 화석연료 사용으로 실존적 위기에 직면한 현대사회에서 생각하면 놀라운 일이다. 1800년대 후반에는 비용이 들지 않고 깨끗한 에너지원이 비싸고 환경을 더럽히는 에너지 사용을 지원한 것이다. 석탄을 운반하는 범선이 없었다면 증기선은 직접 석탄에 접근할 수 있는 소수의 항구로만 운항되었을 것이다. 지금은 폭넓은 화석연료 보급망이 당연하게 받아들여지지만, 화석연료 보급망은 처음부터 새로 구축되어야 했으며 범선이 그러한 과정에 시동을 걸었다.

증기선은 근대 세계 발전에 중대한 영향을 미쳤으며, 설계 당시부터 도전적이었다. 인간은 바다의 지배를 받는 존재가 아닌, 바다를 지배하는 존재가 되었다. 바다의 다른 항해자와 다르게 인류는 독자적으로 바다를 항해하며 주위에서 일어나는 일에 거의 신경 쓰지 않았다. 증기선 규모의 엔진으로는 바다를 단순한 배경으로 취급할 수 없었다. 바다는 철제 선박에도 여전히 영향을 미치고 있었다. 하지만 인간은 예전과 같이 정신적으로 바다에 연결될 필요가 없었고, 그런 습관을 잃어버렸다. 라디오, 레이더, GPS, 위성 전화, 기상예보와 해류 예보, 선박자동식별장치 및 조난신호가 당연히 여겨지는 오늘날 푸른 기계의 복잡성을 이해하는 일은 더는 원초적 생존의 문제가 아니다.

인류는 수 세기 동안 쌓아 올린 지식 및 자연과의 연결 고리를 기술적 성과라는 낫으로 싹둑 베고 자신을 바다의 생생한 현실에서 분리했다. 현대사회는 정확한 일정, 연중 운영, 편의성, 속도 및 투자자 수익으로 판가름하는 특정 유형의 효율성을 추구했다. 이러한 효율성 지표에 따르면 푸른 기계와 인간을 잇는 연결 고리는 무의미했고, 이는 전통과 정체성의 위축으로 이어졌다. 하지만 인간은 여전히 인간이다. 대차대조표가 감정적 풍요로움을 무시할 수는 있어도, 그것을 제거할 수는 없다. 인간과 자연이 영원히 단절되어 있어서는 안 된다.

바다 전역에 걸쳐 항해하는 일은 해수면을 가르며 단순히 A에서 B로 향하는 것보다 훨씬 의미 있으며, 특히 현대사회에서 더욱 가치 있다. 이를 인식한 주인공들은 그들의 위대한 항해 문화를 멸종 위기에서 구출하고 문화 정체성을 재건하면서 미래를 재고할 수 있었다. 이들은 힘든 여정을 걷는 동안 끝없이 장애물에 부딪히고 좌절했지만, 자기 생각에 대한 굳은 믿음을 고수하며 길을 개척했다. 위대한 스승, 지도자, 자원봉사자, 지역사회 구성원은 모두 자신의 과거와 현재를 탐색하고 미래로 향하는 길을 찾는 도전에 나서면서 호쿨레아 Hōkūle'a라는 항해용 카누를 탔다.

시간을 뛰어넘어 부활한 항해사들

폴리네시아는 태평양에 있는 광활한 삼각형 해역으로, 북쪽의 하와이제도에서 남서쪽으로는 약 7,300km 떨어진 뉴질랜드까지, 남동쪽으로는 이스터섬까지 뻗어 있다. 폴리네시아 바다의 면적은 아프리카 대륙 전체와 비슷한 3,000만km²에 이른다. 이 해역에는 1,000개가 넘는 섬이 있으며[11] 대부분 매우 작다. 쿡 선장 이후 서양 탐험가들은 폴리네시아섬을 이상적인 군사·외교 전초기지로 여기며 지도화하고, 선교사를 파견해서 많은 섬을 식민지로 만들었다. 1970년대 초까지 하와이 토착 문화는 대부분 고의로 억압되거나 단순히 다음 세대로 전수되지 않았다. 휘발유와 관광객, 화물선과 미국 행정 체계가 도

11 섬의 정확한 수는 섬으로 간주하는 돌출된 바위나 산호 조각의 크기 기준에 따라 달라진다.

입되면서 기존 문화가 고려되지 않은 채 거대한 변화의 물결이 일어났기 때문이다. 수많은 원주민이 그런 수입된 체계 안에서 자기 자리를 찾기 위해 고군분투했다.

그런데 몇몇 사람들은 이 섬들의 원주민이 어떻게 이곳에 도착했는지 의문을 품기 시작했다. 원주민이 우연히 폴리네시아섬에 표류했으리라는 학계의 견해가 지배적이었지만, 조류와 바람 때문에 그럴 가능성은 작았다. 게다가 가장 가까운 본토는 거의 4,000km 떨어져 있었다. 어쨌든 태평양에 자리한 많은 섬에는 사람들이 살고 있고, 그 사람들이 우연히 모든 섬에 표류했을 가능성은 거의 없어 보였다. 따라서 하와이인을 비롯한 폴리네시아인들은 광활한 바다 곳곳에서 섬과 섬 사이를 항해하는 기술과 지식을 보유했으며, 이를 바탕으로 의도적이고 반복적으로 여행했으리라고 추정되었다. 고대 폴리네시아에는 선체 2개가 가로대로 연결되고, 삼각형 돛 2개가 돛대에 고정된 항해용 카누가 존재했다고 알려져 있었다. 몇몇 사람들이 항해용 카누의 복제품을 제작해 현대 항해 기술 없이도 섬 사이를 항해할 수 있는지 확인할 계획을 세웠다. 호놀룰루의 '딜링햄 코퍼레이션Dillingham Corporation' 조선소 한구석에서 카누 호쿨레아가 형태를 갖추기 시작했다.

안전하게 바다를 누빌 수 있는 항해용 카누를 만드는 것도 문제였지만, 항해의 어려움이 훨씬 큰 문제였다. 검증은 하와이에서 타히티섬까지 4,200km가 넘는 여정으로 진행될 예정이었다. 이는 아마추어에게 불가능한 일이었다. 망망대해에서 작은 섬을 발견하는 과정에는 아주 약간의 오차만 허용되었다. 고대 폴리네시아 세계에서 항해사는 항해술의 대가이자 공동체에 꼭 필요한 신성한 지식과 비밀을 간직한 인물로 존경받았다. 그런데 폴리네시아 마지막 항해사가 세상을 떠나며 그들의 지식도 사라졌다. 하와이 주민들이 마지막 미크로네시아 항해사 중 한 사람인 마우 피아일루그Mau Piailug를 발견하기 전까지 항해술 명맥은 끊어진 듯 보였다.[12] 마우는 항해술을 비밀로 간직한다는 전통을 깨고 하와이인들의 호쿨레아 항해를 돕기로 했다. 옛 방식이 사라져가는 모습을 지켜보며 폴리네시아 문화를 살릴 수 있다면 미크로네시아 문화도 살릴 수 있으리라고 생각했기 때문이다.

첫 번째 장거리 항해를 준비하는 기간 사람들은 새로운 지식을 빠르게 흡수하며 수많은 좌절을 겪었다. 그러는 사이 현지 하와이 지역사회가 이 프로젝트에 관심을 보이며 점점 더 많은 사람이 이번 항해의 중요성을 인식했다. 이 항해는 선조의 항해술을 단순히 증명하는 것뿐만 아니라 선조가 누구인지 재발견하는 여정이기도 했다. 1976년 5월 1일 호쿨레아는 하와이를 출발했다. 항해사 마우, 선장 카위카 카파훌레후아Kawika Kapahulehua(나의 멘토 키모케오의 삼촌)와 그 외 선원 13명이 모두 길이 18.7m, 폭 4.7m인 카누에 탑승했다.

이들은 마우가 지시하는 대로 항해하면서 바람과 파도를 헤치며 잔잔한 바다를 건너고 또 건넜다. 마우는 잠을 거의 자지 않고 카누의 움직임을 느끼며 하늘과 별, 너울 등 주위의 모든 세부 요소를 계속 지켜보았다. 하늘에 구름이 잔뜩 꼈을 때도 바다는 카누가 방향을 잡기

12 미크로네시아는 서태평양의 한 지역으로, 폴리네시아와 아시아 대륙 사이에 자리한다. 1951년 마우는 푸오pwo 의식을 치르며 단순한 항해사가 아닌 모든 항해술의 대가임을 공식적으로 인정받았다. 그는 출신지 사타왈섬Satawal에서 마지막으로 푸오 의식을 치른 인물이 되었다.

에 충분한 정보를 제공했지만, 작은 세부 요소를 빠짐없이 발견하고 올바로 해석하는 것이 중요했다. 선원은 나침반도 GPS도 없었고, 외부에서 위치 정보를 받을 수도 없었다(구명정이 쫓아가기는 했지만).

출발하고 31일이 지난 뒤 마침내 마타이바 환초를 발견했다. 카누는 마타이바에서 짧은 항해를 이어간 끝에 타히티섬에 도착했고, 타히티인 1만 7,000명이 선원들을 기다리고 있었다. 이는 모든 폴리네시아인에게 특별한 순간이었다. 고대 폴리네시아인은 숙련된 뱃사람이었고, 현대 세계가 어떻게 규정하든 이들은 해양 민족으로서의 유산을 자랑스러워했다. 마땅히 대우받아야 할 민족 유산의 가치를 입증했으니 기쁘지 않을 이유가 없었다. 기념행사에서 폴리네시아인은 자기 문화를 바라보는 시각의 전환점을 맞이했다. 마우는 고향 섬으로 돌아갔고, 호쿨레아는 하와이로 귀항해 열렬히 환영받았다.

카누 항해가 가능하다는 사실을 증명하는 일은 한 가지 과제에 불과했다. 더 큰 과제는 다음 세대에 물려줄 실체적 자산을 만들어내는 것이었다. 다음 과제를 이어받은 사람은 네이노아 톰슨Nainoa Thompson으로, 서양 학교에서 교육받고 하와이로 돌아오는 길에 호쿨레아에 탑승한 하와이인이었다. 첫 항해 후 수년간 네이노아는 별 연구에 전념하며 지역 천문관을 방문해 마우가 했던 방식으로 항해하는 법을 알아냈다. 네이노아는 자신만의 별 나침반을 제작하고, 이동하는 카누의 위치를 계산하기 위해 별을 활용하는 방법을 시도하며 검증했다. 그리고 바다를 관찰하면서 바다가 알려주는 정보를 찾았다.

1978년 마우는 네이노아를 가르치기 위해 하와이로 돌아왔다. 그동안 하와이인들은 항해에 성공하려면 선원이 갖춰야 하는 태도와 팀워크를 익혔다. 그들은 기술만으로 충분하지 않으며, 전체 선원의 헌신과 겸손과 조화가 필수임을 깨달았다. 하와이인들은 함께 연습하고 배우고 준비했다. 1980년 3월 15일 호쿨레아가 다시 하와이에서 출항했고, 네이노아가 항해술을 펼치는 과정을 마우가 지켜보았다. 모든 선원은 폴리네시아 문화권이 보내는 기대를 어깨에 짊어지고 있음을 인식했다. 이들은 교훈을 충분히 얻었을까? 현대 하와이인은 선조의 방식대로 바다와 함께 움직일 수 있을까? 바다와 바다가 제공하는 단서는 변하지 않았지만 선원들이 그것을 다시 읽고 활용할 수 있을까?

항해 30일째, 선원들은 육지에 서식하며 바다에서 먹이를 먹는 바닷새를 발견했다. 근처에 섬이 있는 것이 분명했다. 다음 날 밀려오고 또 밀려오는 파도를 지켜보는데, 마우가 일어서서 외쳤다. "섬이 저기 있다." 실제로 섬이 있었다. 호쿨레아가 타히티섬에 두 번째로 도착했고, 이번에는 현대 하와이인이 길을 찾았다. 마우의 제자 네이노아는 시험에 합격하고 하와이인들은 다시 한번 항해사가 되었다.

호쿨레아의 초기 항해는 하와이 문화가 크게 부흥하는 데 중요한 역할을 했다. 폴리네시아인은 해양 민족이자 위대한 항해자의 후손이라는 사실이 알려졌다. 1980년대와 1990년대에는 항해용 카누가 많이 건조되고 항해 학교도 설립되었다. 하와이인뿐만 아니라 다른 모든 폴리네시아인도 과거, 현재, 미래가 바다와 연결되어 있음을 깨닫고 이를 세상에 널리 알렸다. 팀워크, 겸손, 관찰력, 근면, 동료 간 유대감 등 항해사의 가치관이 공유되었다. 태평양 곳곳의 섬들이 되살아나며 문화를 새롭게 탄생시켰다. 이제 폴리네시아인은 바다를 섬과 섬을 잇는 연결 고리이자 사람과 사람을 잇는 연결 고리로 새롭게 인식한다. 2007년 마우는 사타왈섬 출신 남성 11명과 하와이인 5명(네이노아 포함)을 대상으로 56년 만에 처음 푸오 의식을 거행하며 새로운 세대의 항해술 대가를 탄생시켰다.

2020년 2월 샌디에이고에서 개최된 미국 지구물리학회 해양과학국제회의Union's Ocean Sciences Meeting에서 네이노아는 문화와 과학이 동반자가 되어야 한다고 강조했다. 그리고 다음 세대의 교육에 관해 말했다. "이 아이들은 항해해서 세계 어디든 가는 법을 알고 있고, 또한 자신이 누구인지 안다는 점에서 집으로 돌아오는 방법도 알고 있습니다." 세상과 세상에서의 본인 위치를 바라보는 관점이 있어야 자신의 가치에 부합하도록 과학과 기술을 활용할 수 있다.

2013년부터 2019년까지 호쿨레아는 자매선 히키아날리아Hiki-analia와 함께 '말라마 호누아 세계 일주Malama Honua Worldwide Voyage'에 참가해 전 세계를 27만 7,800km 넘게 항해했다. 그동안 18개국 항구 150곳에 방문했고, 선원 245명이 교대로 운항하며 전통 항해술과 현대적 보조 장치를 모두 활용했다. 항해 기간 선원들은 10만 명이 넘는 사람들과 대화를 나누며 폴리네시아인과 바다의 연결 고리를 공유하고, 사람들과 새로운 관계를 구축했다. 폴리네시아인은 바다와의 미래 관계를 다른 관점에서 보기로 선택했고, 그러한 미래를 구현하기 위해 노력하고 있다. 이 항해자들은 바다가 모든 항해에서 중요한 요소라는 점을 이해한다. 서구 세계에 사는 우리는 자신이 바다와 연결되어 있음을 제대로 인지하지 못하지만, 호쿨레아가 우리에게 선택권이 있다는 교훈을 전한다. 현대의 안락함을 누리는 것이 곧 주변 세계와의 연결을 포기하는 것은 아니다. 이는 바다에 관한 문제가 아니다. 우리에 관한 문제이자 우리가 누구인지에 관한 문제다.

인류는 바다로 이루어진 지구의 거주민이다. 우리가 푸른 기계의 중요성을 인식하든 하지 않든, 푸른 기계는 지구를 지배하고, 지구에 에너지와 원자가 흐르는 방식을 조정하며, 모든 자연현상의 무대로 작용한다. 이 거대한 액체 엔진은 웅장하고 복잡하고 역동적이고 상호 연결되며, 소용돌이치는 기계 내부는 다채로운 생물이 가득하다. 바다는 인간보다 규모가 훨씬 크고, 물리해양학 규칙은 인간의 의지에 굴복하지 않는다. 인류는 바다를 무시한 채 살아가는 척할 수도 있고, 바다를 이해하고 함께 움직이며 직접 통제할 수 없는 자연현상으로부터 혜택을 누릴 수도 있다. 바다는 다채롭고 풍요로울 뿐만 아니라 놀랍고 예측 불가능하다. 이러한 특성이 푸른 기계를 아름답게 한다.

인간이 바다의 중요성을 인정하든 하지 않든, 아무 문제 없다는 듯이 행동하며 무지 속에서 살아갈 수 있는 시점은 이미 훨씬 지났다. 푸른 기계는 거대하지만 정교하게 균형이 잡혀 있고, 인류 문명은 푸른 기계의 작동 과정을 방해할 만큼 충분한 영향력을 지녔다. 인간 사회는 사랑과 남용을 모두 아우르는 복잡한 관계를 바다와 맺는다. 이제 우리는 해양 엔진이 무엇이고 어떤 일을 하는지 알 수 있으며, 바다가 인류에게 입는 해를 발견하고 측정할 수 있다. 인류는 바다를 교란하며 오염시키고, 해양 엔진은 이에 반응하며 신음하고 있다. 우리에게는 아직 행동을 바꿀 시간이 있다. 우리는 지구라는 행성을 떠날 수 없기에 바다와의 관계에서도 벗어날 수 없다. 이제 미래에 바다와 어떤 관계를 형성할 것인지 그리고 현대 푸른 행성의 거주민으로서 어떤 선택지를 고를 것인지 궁리할 때다.

3부

블루 머신과 우리

7장

미래

이해하지 못하는 대상은 보호할 수 없다.

그 대상에 관심이 없어도 보호할 수 없다.

— **레이시 비치**Charles L. Veach, **NASA 우주비행사**

이 책에서는 현재 바다가 인간에게 입는 피해를 일부러 주로 논하지 않았다. 지구 변화를 다루는 수많은 논의는 어떤 맥락에서 바다가 피해를 입는지 알리는 대신, 피해 상황을 손가락으로 가리키며 비난하는 데 초점을 맞춘다. 이 책의 목적은 지구의 경이로운 해양 엔진을 개괄적으로 소개하고, 해양 엔진이 어떻게 작용하는지 밝히고, 해양 엔진의 모든 요소가 어떻게 서로 맞물려 있으며 왜 중요한지 공유하는 것이다. 바다의 물리학적·생물학적 복잡성을 완전히 이해하면 우리가 지구와 인간의 삶을 보는 관점이 바뀐다. 이 자체가 우리에게는 선물이다. 지구의 바다는 놀랄 만큼 멋진 시스템이고, 인류는 감사히 여기며 기뻐해야 할 대상이 너무도 많다. 그래서 우리는 미래에 무슨 일이 일어날지 예측하는 어려운 질문을 해결하는 동안 바다를 온전히 보존해야 한다.

나는 바다를 순수하게 찬양하는 마음으로, 흠결 없이 훌륭한 이야기를 공유하며, 흥미진진하고 긍정적이기만 한 바다의 미래를 전망하는 내용으로 끝나는 책을 쓸 수 있기를 바란다. 하지만 바다를 깊이 알수록 지구에 좋은 거주민이 되어야 한다는 책임도 함께 알게 된다. 지난 200년간 인류는 좋은 거주민이 아니었다. 그 기간 동안 우리는 아마도 무지와 전 지구적 관점의 결여, 교훈을 얻을 시간의 부족 등 핑계를 댔을 것이다. 과거에는 이런 핑계가 타당했을지 모르겠으나 더는 그렇지 않다. 이제는 우리가 처한 상황을 이야기할 때다. 인류 문명은 푸른 기계에 심각한 문제를 일으키고 있고, 우리는 이를 직시해야 한다. 바다에는 찬양해야 할 요소가 아직 많이 남았지만, 우리가 미래 세대에게 이를 얼마나 많이 물려줄 수 있을지에 관한 문제가 해결되지 않았다. 인류는 스스로 원한다면 지구의 더 나은 시민이 될 수 있다. 그러기 위해서는 몇 가지 중요한 변화가 필요하다. 따라서 현대 지구의 바다가 처한 어려운 현실을 간략히 살펴보고, 인류의 지식 및 우선순위와 인류가 공유하는 인간다움을 체계적으로 정리해 앞으로 해야 할 일을 건설적으로 생각해보려 한다.

이 책에 수록된 거의 모든 이야기를 조사하는 동안, 각 주제를 다루는 최신 과학 논문이 시스템의 변화에 관한 논의로 시작한다는 점을 발견했다. 거대한 해양 엔진은 변함없이 작동하지만, 엔진의 정교한 평형과 그것을 매개로 생물이 연결망을 이루는 방식은 고정되어 있지 않다. 바다는 끊임없이 변화하지만, 바다의 세부 요소가 변화하는 방식은 정해지지 않은 것이다. 그럼에도 바다는 여전히 막대한 풍요로움을 자랑한다. 우리가 이를 보존하지 못하면 바다의 물리적 현상과 진화를 토대로 풍요로움이 복원되기까지는 오랜 시간이 걸릴 것이다. 인류는 지구의 바다를 속속들이 이해하지 못하지만, 바다의 가치와 바다를 보호하는 가장 분명한 방법을 인지할 만큼은 충분히 이해하고 있다. 인간이 푸른 기계에 입힌 피해를 밝히는 가장 큰 이유는 모두에게 충격을 주기 위해서가 아니다. 사람들을 무력감에서 벗어나게 하기 위해서다. 지식을 습득할수록 낙관론을 뒷받침하는 근거도 발견된다.

가장 근본적인 문제
: 뜨거워지는 바다

인류는 화석연료를 태우고 육지를 다양하게 이용하는 동안 지구를 제어하는 변속기를 조금씩 움직였다. 그러한 결과 현재 지구는 에너지 불균형 상태에 빠졌는데, 지구에서 나가는 에너지보다 더 많은 에너지가 들어오고 있기 때문이다. 평균적으로 여분의 에너지는 지구 전체 에너지 수지의 약 0.3%로 약 500TW, 즉 1초당 500조 J씩 연속해서 흐르는 에너지양에 해당한다. 이것이 근본적인 기후변화, 즉 지구 시스템에 여분의 에너지가 서서히 축적되는 현상이다. 축적된 에너지는 어디로 갈까? 정답은 의심의 여지 없이 분명하다. 바다로 가는 것이다. 인간이 일으킨 기후변화의 영향으로 지구에 축적된 여분 에너지의 90% 이상이 열 형태로 바다에 흡수되었다. 바다에 포함된 총열량을 추적하는 일은 행성 온도계를 만드는 한 가지 방법이다. 행성 온도는 꾸준히 상승하는 중이다.[1]

여분의 열은 바다에서 창고나 찬장 같은 장소에 잠자코 머무르지 않는다. 푸른 기계는 하나의 엔진이다. 엔진에 여분 에너지가 투입되면 특정 결과가 도출된다. 예를 들어 여분 에너지는 열 형태로 바다 상층부에 유입되므로, 바다의 표층이 아래층보다 빠르게 가열된다. 차가운 심해에서 영양소가 햇빛이 비치는 해수면으로 상승하면 식물성플랑크톤은 그 영양소를 생명의 재료로 전환한다. 그런데 해수면이 따뜻할수록 차가운 바닷물에 함유된 풍부한 영양소가 위쪽으로 상승해 햇빛과 섞이기 어려워진다. 해수층 구조가 강하게 형성되어 이를 극복하기가 힘들기 때문이다. 강한 성층화는 열, 기체, 영양소 등 모든 요소가 해양 엔진 내에서 잘 교환되지 않아 바닷속 물질 간의 상호작용이 줄어든다는 것을 의미한다. 해수면에 여분의 열이 유입되면, 해수층 구조가 강하게 발달하고 푸른 기계의 수직 혼합이 억제된다. 따뜻

1 여분 에너지양은 비교적 잘 알려졌지만, 이를 온도 상승값으로 환산해 구체적으로 밝히기는 어렵다. 이유는 여분의 열이 바다 전체에 고르게 분포하지 않기 때문이다. 여분 에너지 가운데 3분의 2는 바다 상층부 700m 이내에 있고, 3분의 1은 그 아래에 있다. 더욱이 에너지 분포 패턴이 매우 복잡한 까닭에, 과학자들은 모든 여분 에너지를 합산해 해수 온도가 아닌 총 해양 열용량으로 언급하는 경향이 있다. 이는 지구의 온도계 역할을 한다.

해진 바다는 또한 대기에 더 많은 에너지를 공급하며 날씨 패턴을 변화시키고 폭풍의 위력을 강화한다. 따뜻해진 바다의 악영향은 특히 열대지방에서 심각하다. 허리케인과 태풍이 가난하고 기반 시설이 부족한 열대 지역사회를 자주 강타하기 때문이다.

우리는 공기 중 산소 농도가 조금만 낮아져도 사람들이 순식간에 기절한다는 사실을 잘 알고 있다. 그러한 측면에서 산소를 생명의 촉진제라는 애칭으로 부른다.[2] 그런데 지난 50~100년간 바다의 산소 농도는 2% 감소했다. 이러한 변화의 원인은 복잡하며 전 세계적으로 차이가 크다. 감소 원인의 일부는 따뜻해진 바닷물에 있고, 나머지는 해양 성층화와 바닷물 흐름의 패턴 변화 그리고 광합성으로 산소를 생성하거나 호흡으로 산소를 흡수하는 생물의 이동에 있다. 바다 수심별 산소 농도는 자연적 요인으로 쉽게 변화하므로 정확한 수치를 파악하기 까다롭다. 그러나 우리는 이미 변화를 감지하고 있으며, 바다 중간층의 산소 고갈이 기후변화의 주요 결과로 이어져 심해 생태계에 심각한 영향을 미치리라고 전망한다. 음식을 먹으며 숨 쉴 수 없다면 먹을 음식이 얼마나 있는지는 중요하지 않다. 여러 측면에서 바다의 층은 골디락스(조건이 과하거나 부족하지 않아 생물이 살 수 있는 영역-옮긴이)의 특성을 지닌다. 해수층은 해양 환경에 구조를 형성하지만, 층 구조가 너무 강하게 발달하면 푸른 기계가 작동을 중단할 것이다.

---

2 우리를 비롯한 동물에게는 산소가 생명의 촉진제다. 하지만 산소가 전혀 없는 환경에서 훨씬 행복한 세균과 소수의 곰팡이도 있다. 산소의 강한 반응성이 이들에게는 독성으로 작용하기 때문이다.

여분의 열이 동반하는 고약한 부작용은 이뿐만이 아니다. 바닷물이 따뜻해질수록 바다가 흡수하는 이산화탄소의 양은 줄어든다. 따라서 지금보다 따뜻해진 세계에서는 해수면 온도가 상승하는 동시에 대기 중에 더 많은 이산화탄소가 남는다. 그러면 온 세상이 빠르게 가열되며 바다는 더욱 따뜻해지고, 바다가 이산화탄소를 흡수하는 능력은 훨씬 낮아질 것이다. 그동안 바다는 고맙게도 이산화탄소 배출의 영향을 완화해왔지만, 온난화가 진행된 세상에서도 바다의 이산화탄소 흡수 속도가 동일하게 유지될 것인지는 불분명하다.

바다에 흡수된 여분의 이산화탄소는 지구온난화보다 유명하지 않지만 그에 버금갈 만큼 우려스러운 또 다른 결과를 초래한다. 바로 해양 산성화다. 이는 해양 생물이 유용한 고체 물질인 탄산칼슘으로 골격을 생성하는 속도를 늦춰 미래 해양 생태계에 심각한 스트레스를 가할 것이다. 5장에서 살펴보았듯 탄산칼슘은 굴, 달팽이, 삿갓조개의 껍데기와 산호초의 견고한 골격 그리고 도버 백악 절벽의 대부분을 구성하는 식물성플랑크톤인 인편모조류의 단단한 덮개를 구성하는 재료이기도 하다.

바다로 유입된 이산화탄소는 화학적 춤을 추면서 물속의 수소 및 산소와 일시적으로 결합해 탄산염과 중탄산염을 생성한다. 이 새로운 일련의 화학물질은 각각 전하를 띠고 있으며, 끝없이 되풀이되는 왈츠를 추면서 분해되었다가 재생성된다. 세 물질은 이미 바다에 많이 존재하지만, 한 물질의 양이 늘어나면 물질 간의 비율이 변화한다. 그리고 물질 비율이 변화하면 바닷물의 근본 특성인 수소 이온 농도가 바뀐다.[3] 이러한 현상이 중요한 이유는 무엇일까? 부분적 이유로, 해양 생물의 탄산칼슘 골격이 형성되려면 염기성 환경이어야 한다. 즉 pH가 낮을수록 골격 형성이 어려워진다. 약 250년 전 바다 표층의 평균 pH는 8.25였다. 2020년에는 8.1로 낮아졌고 계속 하락하는 추세다. 8.25에서 8.1로의 변화가 소소하게 보일 수도 있겠으나 pH 단위가 작동하는 방식 때문에 화학적으로 큰 변화가 생긴다. 탄산염 골격을 만드는 생물들은 pH 변화로 생존이 좀 더 어려워지고, 이러한 스트레스는 탄산염 골격 생물을 먹고 사는 다른 모든 생물과 생태계의 나머지 구성원(동물성플랑크톤, 갑각류, 어류, 바다코끼리 등)에게도 전해질 것이다.

지구 시스템에 존재하는 여분의 열에너지는 바다에 직접적인 영향을 미치는 또 다른 결과를 초래한다. 현재 지구의 모든 물 가운데 약 2.1%가 육지에 얼음으로 갇혀 있으며, 대부분은 남극 대륙과 그린란드에 쌓여 있다. 그런데 극지방이 따뜻해지면서 얼음이 어는 속도보다 더 빠르게 녹고 있고, 육지에 내리는 비와 눈도 바다로 흘러내리며 액체 상태인 물이 추가로 바다에 유입되는 중이다. 이러한 여분의 물은 해수면 상승의 주요 원인이다. 해수면 상승의 다른 원인을 꼽자면, 바닷물은 따뜻해질수록 부피가 팽창하며 더 많은 공간을 차지한다. 이러한 열팽창은 현재 해수면 상승에서 약 3분의 1을 차지한다. 또한 여분의 물은 염분이 낮은 민물이므로 해양 엔진의 구조, 즉 해수층의

3 순수한 물의 pH는 7이다. 숫자가 낮을수록 산성 용액이고, 숫자가 높을수록 염기성 용액이다. 바다는 적어도 지난 10억 년 동안 염기성 환경이었다.

두께와 밀도를 바꿀 수 있다(이는 해수층이 위로 떠오를지, 아래로 가라앉을지를 결정한다). 전체적인 결과는 아직 뚜렷하게 밝혀지지 않았지만, 바다 표층에 여분의 민물을 투입하면 해당 지역의 해양 엔진 형태가 변화할 가능성이 매우 높다.

지난 200년간 인류가 화석연료 저장고에서 탄소를 뽑아내 대기로 방출한 행위는 푸른 기계에 매우 근본적인 문제를 초래했다. 해양 엔진의 작동 방식을 바꾸고, 생물이 번성하기 어렵게 만들어버렸다. 물론 인류는 여기에서 멈추지 않았다.

몇몇 다른 문제들
: 물고기와 플라스틱

5장 빌링스게이트 어시장 이야기에서 우리는 바다에 서식하는 생물의 크기가 무척 다양하다는 사실을 확인했다. 모든 크기 범주의 총생물량(습윤 중량)은 각각 1Gt이고, 가장 작은 크기 범주까지 내려가면 지름 1μm에 불과한 식물성플랑크톤에 도달한다. 이것은 놀랄 만큼 일관된 패턴으로, 건강한 생태계는 가장 미세한 생물부터 가장 거대한 생물까지 모두 필요한 폭넓은 상호 연결망임을 알린다. 그리고 이것이 1850년대 전 세계 바다의 실제 모습이었다. 하지만 오늘날 가장 큰 크기 범주에서는 위의 패턴이 실제로 적용되지 않는다. 거대한 고래가 속하는 가장 큰 크기 범주의 생물량은 거의 90% 사라졌다. 10g 이상의 생물이 속하는 크기 범주를 전부 합하면 총생물량이 약 60%

사라졌다. 정확하게 말하자면 이 생물들이 실종된 것은 아니다. 우리는 이들이 어디로 갔는지 알고 있다. 인류는 이 생물들을 바다에서 건져내 먹거나, 거름으로 가공하거나, 몸 일부(상어 지느러미, 조개껍데기, 부레)를 시장에 팔았다. 맨눈에 보이고 먹을 수 있을 만큼 큰 해양 생물이면 마음껏 잡아도 괜찮다고 생각했다. 지구상 인간은 총질량이 약 0.4Gt에 불과하지만, 약 2.7Gt에 달하는 생물이 바다에서 사라진 결과에 책임이 있다.

인류가 초래한 결과는 단순히 물고기 개체 수 감소에서 그치지 않았다. 인간의 어업 활동으로 해양 생태계에 저장된 주요 에너지 원천이 육지로 옮겨졌다. 원래 물고기는 바닷속 몸집이 큰 포식자, 작은 청소동물, 심해 해양 미생물에 의해 분해되며 바다의 살아 있는 에너지 흐름 속에 있었다. 그 중요한 에너지가 식탁과 축사로 끌려와 인간을 위한 영양소로 소모된 것이다. 이 영양소가 바다에 남았다면 재순환하며 생태계를 유지했을 것이다.

인간은 바다에서 주로 대형동물을 잡았기 때문에, 오랜 시간 눈에 띄지 않아 약탈의 대상이 되지 않았던 작은 동물성플랑크톤은 생존에 유리했다. 하지만 동물성플랑크톤이 의도치 않게 입던 혜택은 곧 끝날지도 모른다. 반려 물고기와 양식 물고기 사료, 건강 보조 식품 등에 활용되는 오메가3 지방산의 공급원으로 동물성플랑크톤을 채취하는 산업이 성장하고 있기 때문이다. 인류는 해양 생태계를 이루는 거대한 생물을 파괴하는 선에서 만족하지 않고 이제 미세한 생물에도 손을 뻗기 시작했다. 파괴 대상이 먹이피라미드에서 하위 단계로 내려갈수록, 생태계 구성원을 제거하는 동시에 생태계의 토대를 무너뜨리게 된다. 남획은 중대한 문제이지만 많은 사람이 심각하게 받아들이지 않는다. 물고기는 국경을 신경 쓰지 않고 물고기 개체군은 기후 변화에 맞춰 자신에게 유리한 해역을 찾아 이동하기 때문에, 남획 문제는 여러 지역을 옮겨 다니며 다른 사람에게 책임이 전가되기 쉽다.

해양 플라스틱 같은 특정 오염 물질도 문제다. 해양 플라스틱 오염은 1970년대부터 알려졌지만, 최근 몇 년 사이 대중에게 큰 관심을 받았다. 플라스틱 문제는 인간이 직접 초래한 결과로, 당시 인간은 바다가 '머나먼' 장소가 아니라는 사실을 깨닫지 못했다. 우리는 플라스틱을 제조하는 일에는 엄청난 노력을 기울였지만, 버려진 플라스틱으로 새롭고 유용한 물건을 만드는 일에는 신경 쓰지 않았다. 첫 번째이자 가장 중요한 단계는 꼭 필요하지 않은 곳에 플라스틱을 사용하지 않는 것이고, 두 번째 단계는 훗날 발생할 플라스틱 사용 결과를 고려하는 것이다. 모든 종류의 플라스틱 포장과 일회용 플라스틱 제품을 줄이고 재활용 절차를 개선하는 캠페인이 추진되기 시작했으나[4] 아직 갈 길이 멀다.

플라스틱 재료가 지닌 큰 장점은 내구성이다. 그런데 CFC와 마찬가지로, 이러한 공학적 장점은 단기적으로 이익이 되지만 장기적으로 자연환경에 문제를 일으킨다. 우리는 다양한 유형의 플라스틱이 바다에서 얼마나 오래 지속되는지 정확하게 모르지만, 아주 오랜 기

4 수돗물을 마실 수 있는 지역에서 산다면 플라스틱병에 담긴 물을 마시지 않는 것만으로 큰 차이를 만들 수 있다. 대안은 간단하다. 병을 들고 다녀 수돗가에서 물을 얻거나 카페에 요청하면 된다. 인간 사회에서 불필요하게 쓰이는 플라스틱 제품 가운데 상당 부분은 물병이 차지한다.

간 지속된다는 것은 안다.[5] 플라스틱의 문제는 바다를 떠다니는 플라스틱 제품이 보기 흉하다는 점에 있지 않다(그것도 분명 문제이기는 하지만). 문제는 생태계에 미치는 특정 영향에 있으며, 이는 플라스틱 크기에 따라 달라진다.[6]

가장 큰 플라스틱 조각(특히 버려진 낚시 용품)은 뭉쳐서 몸집이 큰 동물을 질식시키거나 옭아맨다. 햇빛과 파도가 작용할수록 바다를 떠다니는 큰 플라스틱 조각은 작게 분해된다. 이 작은 조각들은 동물성플랑크톤, 바닷새, 물고기들이 먹이로 착각하고 섭취하거나 조류 표면에 묻어 바다 밑으로 가라앉는다. 이러한 플라스틱 파편은 독성 물질을 바닷물에 침출시키거나 축적하는 역할을 할 수도 있다. 미세 플라스틱을 바다 밖으로 걸러내는 일은 불가능하다. 그러한 조치가 해양 생태계의 토대인 플랑크톤의 상당 부분까지 걸러낼 수 있기 때문이다. 해결책은 플라스틱 사용을 멈추는 것이다. 의학과 과학 분야에서는 적절한 대안이 없는 탓에 일부 용도로 플라스틱이 필요하지만, 우리는 가능한 한 플라스틱을 적게 소비하며 물건을 재활용하는 체계를 갖춰야 한다.

---

5 '생분해성' 플라스틱은 명칭이 암시하는 방식대로 생분해되지 않는다. 퇴비 더미에 올려두고 수년간 방치해도 그대로 남아 있을 것이다. 일부 생분해성 플라스틱은 장시간 고온 조건을 형성할 수 있고, pH와 습도와 미생물을 섬세히 조절할 수 있는 산업용 분해 장치에 투입하면 분해될 수 있다. 일부 생분해성 플라스틱은 분해시켜 퇴비로 만들 수 있다고 주장하지만 검증된 적 없다. 또한 대나무 섬유 등 식물 원료로 제조한 플라스틱은 '일반' 플라스틱과 마찬가지로 내구성이 강하기에 화석연료 플라스틱과 같은 방식으로 환경을 오염시킬 수 있다.

6 우리는 바다에 버려진 모든 플라스틱 가운데 단 1%만 회수할 수 있다. 나머지는 어디로 갔는지 알 수 없기에 더욱 걱정스럽다.

이는 인류가 해양 생태계에 직접적으로 미친 영향이다. 그런데 간접적 영향도 있다. 리처드 사빈은 지난 150년간 고래가 받은 스트레스가 기록된 고래 귀지를 보여주며 과거 포경산업 성쇠를 설명하고, 1970년대에 고래잡이가 중단된 이후 무슨 일이 일어났는지 알렸다.[7] 몇몇 사람들은 고래가 휴식을 취한 덕분에 스트레스 수준이 낮아졌으리라고 예상할 것이다. 그런데 고래의 스트레스 수치는 다시 증가하고 있으며, 2000년경에는 포경이 가장 활발했던 시기와 맞먹는 거의 최고치를 기록했다.

이러한 현상의 가장 큰 원인은 해양 수온 상승으로 먹이 가용성과 위치가 변화하고, 고래 종간 경쟁이 심화되며, 고래가 선호하는 서식지가 바뀌었기 때문으로 보인다. 이 외에도 소음을 내는 선박의 증가, 해양 생태계에 영향을 미치는 오염 물질의 증가, 오락을 위한 낚시의 증가, 극지방 해빙 감소, 질병 증가 등 각종 스트레스 요인이 늘어나는 중이다. 이 모든 변화는 '치명적 스트레스 요인'으로 고래를 실제로 죽이지는 않겠지만 고래의 삶을 더욱 힘들게 할 것이다. 요인 한 가지만 있어도 충분히 나쁘지만 여러 요인이 한 번에 겹치면 훨씬 심각해진다. 인류는 스스로 바다를 쓰레기장으로 여기거나 존재하지 않는 장소 또는 '머나먼' 장소로 취급한다는 사실을 인식하지 못했다. 하지만 바다에 서식하는 생물들은 이를 확실히 눈치챘다.

리처드는 자신이 고래에 열광하는 이유를 다음과 같이 설명했다.

7 포경은 아직 완전 중단되지 않았다. 다만 거의 모든 포경을 막기 위한 주요 국제 협약이 마련되었다.

"고래는 마주 보는 엄지손가락을 갖고 있지 않지만, 믿기지 않을 만큼 복잡한 두뇌를 지녀서 인지와 기억, 인식 및 언어 능력 등을 훌륭하게 발휘하죠. 우리는 바다라는 낯선 환경에 서식하며 신비롭고 기이해 보이는 생물과 인간 사이에 유사점이 있다는 사실을 널리 알리고 싶습니다." 그러면서 우려의 말을 덧붙였다. "그러한 생물들은 예측 가능한 장소인 바다에 의존하고 있고, 시간 흐름에 따라 바다 환경에 적응해왔습니다. 해양 생물은 해류, 특정 시기와 장소에 모이는 먹이 종 등을 알아냈죠. 그런데 인류는 해양 생물이 적응하는 속도보다 더 빠르게 환경을 바꾸고 있습니다. 나는 인류가 이 문제를 더는 간과할 수 없다고 생각합니다."

바다 환경의 예측 가능성은 중요한 문제다. 먹이를 구하기 위해 해양 전선으로 향하는 펭귄과 난수성 소용돌이를 드나드는 참다랑어 이야기에서 보았듯, 동물이 해양 엔진의 지형을 활용할 수 있는 이유는 그러한 지형이 예측 가능하기 때문이다. 물론 먹이를 구하기 위해 다른 장소로 헤엄쳐 갈 수 있지만, 어디로 가야 하는지 알아내려면 시행착오를 거쳐야 하며 그 과정에 소중한 시간과 에너지가 소모된다. 바다에서의 생존은 이미 충분히 어렵다. 해양 생물의 풍요로움은 푸른 기계의 물리적 특성과 맞물려 있고, 엔진이 변화하면 생물은 적응하거나 목숨을 잃는다. 생물 대부분은 다른 서식지를 찾지도 생존 기회를 얻지도 못할 것이며 살아남기 위해 고군분투할 것이다.

생물종은 서식지를 옮길 수는 있지만, 생태계 전체를 가져갈 수는 없다. 최근 참다랑어는 평소 사냥 지역보다 훨씬 북쪽에 있는 그린란드에서 발견되었다. 아마도 그린란드의 수온이 평소보다 따뜻해져 이들의 먹이도 북쪽으로 이동했기 때문일 것이다. 그런데 이전 사냥 지역 거주자들이 집단으로 그린란드에 이주한 것은 아니다. 따라서 현재 그린란드 생태계는 이 새로운 방문자에 적응하는 중이다. 미래 생태계 구조가 어떻게 변화할지는 확실하지 않지만, 승자와 패자로 나뉠 것이다. 먹이그물이 바뀔 것이다. 이전에 고립되어 있던 지역이 다른 지역과 연결될 수도 있고, 이전에 연결되어 있던 지역이 새롭게 고립될 수도 있다. 예측 가능성은 줄어든다.

과거를 딛고 큰 그림으로 나아가기

이 모든 내용은 아주 간략한 개요에 불과하며,[8] 가장 크고 근본적인 영향만을 다룬다. 따뜻해진 바다는 물고기에 스트레스를 주거나, 물고기 개체군을 극지방으로 이동시키는 것으로 끝나지 않는다. 여분의 열은 해양 엔진의 패턴과 작동 속도, 엔진 내부에 자리하는 물리적 지형의 위치 등을 변화시킨다. 바다의 물리적 패턴은 생물학적 패턴에도 영향을 미치는데, 이 패턴이 모두 얽히고설켜 있기 때문이다.

8 책에서 언급하지 않은 몇몇 문제들을 나열한 짧은 목록은 다음과 같다. 산호 백화현상에서 비롯하는 막대한 손실, 해양 생태계로 방출되는 독성 화학물질, 수은 등 독성 물질의 생물학적 축적, 생태계를 교란하는 외래종(이를테면 카리브해의 쏠배감펭), 어업 활동에서 의도치 않게 잡히는 다량의 어획물과 불법 어업, 선박의 프로펠러에 몸을 다치는 해양 포유류, 극지방의 어마어마한 얼음 손실, 인간이 배출하는 폐기물(타이어, 쓰레기, 화물 컨테이너의 내용물), 대형 어종에 가해지는 어업 압력(상어 지느러미, 전리품 물고기, 멸종 위기에 처한 참다랑어), 양식(때때로 매우 집약적으로 이루어지며, 영양소와 질병을 지역 환경에 유출), 해양 기반 시설(유정, 해변 '보호'용, 해안 지역 배수용) 등 목록은 계속 이어진다.

생물학적 패턴 또한 물리적 패턴에 영향을 미친다. 식물성플랑크톤이 바다에서 빛이 통과하는 방식을 변화시키면, 태양에너지에서 변환된 열이 바닷물 수심에 따라 분포하는 패턴도 바뀐다.

우리가 계속해서 바다를 존재하는 장소가 아닌 부재하는 장소로 여긴다면, 따라서 우리가 고민하고 싶지 않은 온갖 쓰레기를 내버리는 장소로 취급한다면, 상황은 개선되지 않을 것이다. 또한 근본적인 문제는 곧 시스템적 문제이므로, 고립된 문제에만 집중하면 진정한 문제 해결로 이어지지 않을 것이다. 하지만 바다를 인간의 삶과 얽힌 복잡다단한 시스템으로 간주한다면, 지구 곳곳을 흐르는 에너지와 물질의 매개체로 여긴다면, 인간이 푸른 기계에 어떤 영향을 미치고 있는지 직시할 수 있는 관점을 갖게 된다. 중요한 질문은 이것이다. 우리는 다음으로 무엇을 해야 할까? 그리고 다음으로 무엇을 해야 할지 어떻게 떠올려야 할까?

키모케오가 트럭에 나를 포함한 4명을 태우고 마우이섬 해안을 따라 마케나Makena로 향했다. 이때는 새벽 5시 30분으로, 마케나 클럽에서 카누 2대를 빌린 다음 근해로부터 수 킬로미터 떨어진 지점에 솟아올라 물에 잠긴 몰로키니Molokini 분화구 주위에서 노를 저을 예정이었다. 이른 시간인데도 키모케오가 다양한 주제로 쉬지 않고 이야기했다. "중요한 것은 바람과 파도, 조류와 해류입니다. 네 요소는 세상 모든 사람에게 영향을 미치죠." 그러한 요소가 시간 흐름에 따라 변화하고 있는지 묻자 키모케오는 얼굴을 찡그렸다. "덥네요. 예전에는 마우이섬에서 33℃(92℉)를 넘는 날이 1년에 단 하루뿐이었지만, 지금은 8~10일이나 됩니다. 이게 기후변화죠. 더운 시기에 해상풍이 불지 않습니다. 바람이 바뀌고 있어요." 그러고는 길가에서 노란 씨앗 꼬투리가 비 오듯 쏟아지는 나무를 가리키더니 내게 밟히지 않은 씨앗을 찾아 먹어보라고 했다. 키모케오는 이 나무가 꿀벌에게 먹이를 공급하는 측면에서 중요하다고 설명하며(나중에 나무 이름이 키아웨kiawe라는 것을 알아냈다) 꿀벌을 돕기 위해 산 어딘가에서 많은 나무를 재배하는 프로젝트를 언급했다.

잠시 후 그가 설립하고 있는 천체 항해 학교와 지속 가능한 집을 짓는 가장 좋은 방법이 수록된 입문서를 주제로 대화를 나누고 다시 자연으로 돌아왔다. "자연에서 인간과 땅과 바다와 하늘은 서로 연결되어 있어요. 이러한 연결이 하나의 문화에서만 발견되는 것은 아닙니다. 그것은…." 키모케오가 적당한 단어를 떠올리기 위해 잠시 말을 멈췄다. "작은 아이디어에 불과해요. 모든 사람에게는 땅과 바다와 하늘과 연결될 수 있는 능력이 있습니다. 자연에는 배의 돛을 떠미는 바람, 빛과 마른 과일을 선사하는 태양, 그리고 카누를 움직이는 해류가 있죠. 모든 사람은 자연이 제공하는 요소를 활용할 수 있습니다. 모두 자연과 연결되어 있으니까요." 카누를 빌려 해변에 도착한 우리는 노를 저어 바다로 나가 해수면을 뚫고 솟아오른 분화구와 그 주위로 맹렬히 밀려오는 너울 그리고 너울이 부서지며 발생하는 하얀 물거품을 황홀하게 감상했다. 키모케오가 아닌 다른 사람이 키를 잡았다면 많이 긴장했겠지만, 나는 키모케오를 믿었고 카누는 안전했다.

3시간 뒤 키헤이로 돌아가 아침 식사를 위해서 식당으로 향했다. 키모케오와 함께 이 식당에 들어서는 것은 곧 유명인과 동행하는 것과 같았다. 식당 주인, 점원, 지나가던 카누 선수들, 집을 지으러 가는 듯한 두 남자 등 모두 다가와 인사를 건넸다. 키모케오는 모든 사람을 알아보며 진심으로 반가워하고, 아침 식사를 하며 킥킥대거나 농담을 던지고, 사람들을 서로 소개해주고, 마우이섬을 더 나은 곳으로 만들고 세상에 공헌하기 위한 프로젝트를 내게 설명하는 동시에 배경음악에 맞춰 노래도 불렀다. 지역에 사는 수많은 사람이 커다란 '레이lei(나뭇잎 화환)'를 엮었고, 키모케오는 그 레이를 샌디훅Sandy Hook과 크라이스트처치Christchurch에서 발생한 대규모 총격 사건으로 타격을 입은 지역사회에 직접 전달하며 지지를 보냈다.

이들은 매년 암 생존자를 위한 기금 모금 행사인 '생명을 위한 노Paddle for Life'를 개최한다. 아이들에게 카누 타기를 가르치고, 꿀벌을 돕기 위해 코코넛 나무를 심는 프로젝트도 계획하는 중이다. 이러한 활동들이 끊임없이 이어지는 것은 지역사회의 열정과 상당한 시간과 자금이 뒷받침되는 덕분이다. 집을 짓는 사람들이 키모케오와 즐겁게 대화를 나누고 자리를 뜨는데, 그중 한 사람이 키모케오의 어깨를 툭 치며 말했다. "좋은 일을 하고 있군요. 계속 그렇게 해요." 하지만 이들의 노력에도 규모가 작은 지역사회는 한계에 직면한다. 키모케오에게 재난 생존자를 위한 레이를 언제 마지막으로 만들었는지 물었더니 더는 만들지 않는다는 대답이 돌아왔다. "지금은 총격 사건이 너무 많이 발생해요. 감당할 수 없습니다."

키모케오가 우리를 숙소로 데려다줬다. 돌아오는 길은 해변 바로 옆에 조성된 아름다운 도로였다. 해변은 폭이 몇 미터에 불과할 만큼 좁지만 열대 낙원의 본보기였다. 그래서 도로를 달리며 키모케오가 한 말은 내게 충격으로 다가왔다. 1972년 그가 마우이섬에 처음 왔을 때만 해도 해변은 황금빛 모래사장이 넓게 조성되어 바다와 맞닿아 있었다. 키모케오는 내가 1970년대에 촬영된 옛 사진을 봐야 차이를 알 수 있다고 말했다. 해변은 사라졌다. "기후변화 때문이죠." 키모케오가 말했다.

이후 나는 관련 자료를 찾아보았다. 2012년 미국 지질조사국이 발표한 '해안선 변화에 관한 국가적 평가National Assessment of Shoreline Change'에 따르면, 마우이섬에서 장기간 발생한 해안선 손실은 연간 평균 17cm에 달한다. 이는 섬 전체의 평균치로 1972년 이후 50년간 무려 해변 8m가 사라졌음을 의미한다. 해변은 일시적으로 존재하고 퇴적물은 이동한다는 점에서 과학적 해석이 복잡하다. 해변에 모래가 얼마나 존재하는지, 방파제가 모래언덕을 변화시키는지, 해안선에 파도가 얼마나 부딪히는지, 기본적인 지질학적 조건이 어떠한지 등에 영향을 받아 개별 해변은 면적이 늘어나거나 줄어든다. 최신 과학 논문에 따르면, 마우이섬 해변이 오아후섬 해변이나 카우아이섬 해변보다 더 빠르게 침식되고 있으며, 이는 마우이섬 해변의 해수면 상승률이 상대적으로 높기 때문이라고 설명한다. 논문들은 또한 앞으로 해안선 손실이 더 많이 발생하리라는 의견에 동의한다.

마우이섬을 위해 우리가 할 수 있는 일이 있는지 키모케오에게 물었다. 그는 도로를 재건하거나 도로 위치를 바꾸고, 바다로 유실되는 집과 토지에 대한 대책을 세우는 일을 언급했다. 하지만 키모케오가 기억하는 넓은 모래사장은 아마도 마우이섬에 다시는 돌아오지 않을 것이다. 그는 이러한 변화의 심각성에 목소리를 높이면서도 뒤를 돌아보며 시간을 낭비하지 않는다. 키모케오는 미래를 변화시킬 수많은 프로젝트를 추진하는 데 정신적·육체적 노력을 기울이고 있다.

가장 강력한 도구:
관점, 지식 그리고 겸손

현대인으로 사는 것은 결코 쉽지 않다. 이전 세대와 다르게 우리는 정보가 눈사태처럼 쏟아지는 광경을 직면한다. 이 정보들은 인간을 둘러싼 세계의 복잡성과 풍요로움, 그리고 거대한 사회 체계가 세상에 미치는 해악을 알린다. 그런데 정보만으로는 인류를 구할 수가 없다. 정보도 물론 중요하지만 우리는 세상에 관심을 기울여야 하는 이유를 질문해야 한다. 세상에 관심을 갖지 않으면 우리는 세상을 위해서 행동하지도 않을 것이다. 그러면 정보는 중요성을 잃는다.

우리의 정체성은 우리가 맺는 관계로 정의된다. 이를테면 가족과 친구와의 관계, 공동체 내에서 주고받는 상호작용, 자원을 매개로 주위의 물리적 세계와 맺는 관계, 생각의 순환을 통해 다른 인류와 맺는 지적 연결 등이다. 우주의 진공상태가 위협적인 이유는 그 상태가 치명적이어서가 아니라(몸에 해로운 방사선이 많기는 하지만) 부재를 의미하기 때문이다. 항성에서 바깥으로 뿜어져 나오는 에너지는 존재하지만 그 에너지가 작용할 원자는 거의 없다. 우주에는 연결을 이룰 대상이 없다. 우리가 맺는 관계는 모두 지구에 있다. 우리는 지금까지 인류가 목격한 가장 아름답고 풍요로운 환경을 구성하는 경이로운 생물 요소다. 주위 환경과 공동체를 구성하고 있다는 사실에 감사함을 느끼는 것, 이것이 인간의 아름다움이다.

나는 전저《찻잔 속 물리학》에서 인간이 몸, 지구, 문명 기반 시설이라는 세 가지 생명유지시스템에 의존한다고 언급한 적 있다. 인간의 생존과 건강을 위해서는 세 체계가 모두 제 기능을 발휘해야 한다. 다음으로 세 체계는 서로 통합되어야 하며 여기에 다른 선택의 여지는 없다. 원자는 계속해서 순환해야 하고, 지구에서 사용 가능하지만 제한된 에너지는 원활히 흘러야 한다. 그러려면 무엇보다 장기적 사고가 필요하다. 인류는 세 체계가 통합된 틀 안에서 의사 결정을 해야 한다.

내가 바다에 관심을 기울이는 이유는 크게 두 가지다. 첫 번째는 해양 생물들이 지니는 정교함, 아름다움, 다양성을 볼 때 마음 깊이 감탄하기 때문이다. 이들의 존재를 인식하고, 이들의 특성을 관찰하고 탐구하며, 이들과 관계를 형성하는 일은 인간의 삶을 더 풍요롭고 보람되게 한다. 이는 인간이 본능적으로 느끼는 감정이자 인생에서 누릴 수 있는 가장 큰 기쁨이다. 두 번째는 실용적이기 때문이다. 인류 대다수에게 지구는 살아갈 수 있는 유일한 장소다. 아마도 인간 행동의 가장 근본적인 원동력은 생존에 대한 욕구일 것이다. 인간이 생존하려면 지구가 완벽하게 작동해야 한다. 지금까지 살펴본 것처럼 해양 엔진의 물리적 체계와 생물학적 체계 모두 지구의 생명유지시스템에서 주요 부분을 차지한다. 따라서 인간은 하나의 생물종으로서 살아남아 번성하고 싶다면 바다를 보존하는 선한 관리자가 되어야 한다.

네이노아와 키모케오 그리고 폴리네시아 문화권의 다른 스승들은 무엇보다 다음 구절을 반복해 말할 것이다. "헤 모쿠 헤 와아, 헤 와

아 헤 모쿠He moku he wa'a, he wa'a he moku." 이는 '카누는 섬이고 섬은 카누다'라는 의미다. 광활한 태평양 한가운데 자리한 작은 섬의 주민들은 이 구절을 완벽히 이해한다. 섬에서 번영을 누리고 싶은 사람에게 가장 효과적인 방법은 타인에게 협력하고 친절하게 대하려고 노력하는 것이다(이곳은 작은 섬이라 서로 많이 부딪힐 것이다). 팀워크가 무너지면 아무도 득을 보지 못하고 모두 해를 입는다. 카누도 마찬가지다. 이웃 섬으로 노를 저어 건너가려면, 카누에 탄 모든 사람이 행복하고 서로 돕는 강한 팀을 이루어야 한다. 일단 카누에 타면 더는 갈 곳도 없고 문제에서 도망칠 수도 없다. 솔직하고 정중하게 문제와 마주해야 한다. 카누가 목적지에 안전히 도착하려면 모든 사람이 제 역할을 해내야 한다.

지구는 인류가 힘을 모아 나아가는 카누다. 지구는 수많은 사람을 태우고 우주의 텅 빈 공간을 항해하는 연약한 오아시스다. 이것이 우주비행사가 지구로 돌아와 이야기하는 관점, 즉 '오버뷰 효과the overview effect'에서 도출된 결론이다. 이는 지구의 아름다움을 우주적 맥락에서 성찰하는 경험이다. 아폴로 9호에 탑승한 우주비행사 러스티 슈바이카트Rusty Schweickart는 다음과 같이 말했다. "우리는 우주선지구호의 승객이 아닙니다. 승무원입니다." 인류는 지구라는 가장 거대한 생명유지시스템을 운용하는 승무원이다. 좋든 싫든 우리는 한 팀이다. 우주선에서 일어나는 일은 우리 모두에게 영향을 미친다.

이것이 지구다. 그런데 지구의 가장 큰 특징인 푸른 바다는 어떠한가? 우리는 가능한 한 평면 지도 대신 구형 지구본을 자주 관찰해야 한다. 때로는 지구본을 돌려 태평양을 중심에 두고 바라봐야 한다.

그리고 사진이나 지구본에서 파란색을 발견할 때면, 지구의 고동치는 심장인 푸른 엔진을 마음의 눈으로 들여다봐야 한다. 바다의 끊임없는 움직임, 바다 내부의 복잡성, 바다를 가득 채우는 생물 연결망. 이것이 곧 우리가 사는 세계를 정의한다. 이러한 관점이 생겼을 때, 우리는 이를 바탕으로 무엇을 해야 할까?

'어떻게' 이전에 '무엇을'을 생각하다

'과학을 따르는 것'이 행동을 결정하는 주된 방식이라는 통념이 있다. 나는 과학자로서 이러한 통념은 틀렸다고 말하고 싶은데, 과학은 결정을 주도하지 않는다는 단순한 이유에서다. 리더십은 가치를 명확하게 서술하고, 가치에 따라 행동하는 방법을 정하기 위해 최선의 정보를 활용하는 능력이다. 우리는 자신과 공동체를 위해 무엇을 가치 있게 여길지 결정해야 한다. 사회정의, 경제적 이익, 개인의 자유, 공동체 가치, 그 외 가치 중에서 무엇을 우선시해야 할까? 답은 상황에 따라 다를 수 있으며 선택하기 무척 어려운 경우도 많다. 가치는 저마다 다양한 고려 사항이 복잡하게 얽혀 있고, 다른 가치와 상호 의존적일 수도 있다. 하지만 우리는 가치에 관해 명확히 이야기해야 한다. 가치는 우리가 무엇을 우선순위에 두는지 그리고 사회가 어느 방향으로 나아가기를 바라는지 알려주기 때문이다. 여러분이 가치에 관한 결정을 내리면 과학은 가장 적합하고 포괄적인 해결책을 제시하며 우리가 목표를 달성할 수 있도록 돕는다.

과학적 조언을 주제로 토론하다보면 혼란이 종종 발생한다. 이는 토론에서 저마다 우선시하는 가치를 분명하게 밝히지 않은 까닭이며, 때로 자신의 가치 체계를 다른 이와 공유한다고 가정하기 때문이다. 하지만 그러한 경우는 거의 없기에 가치는 명시적으로 논의되어야 한다. 물론 과학은 올바른 질문을 던지고, 가치 적용이 필요한 주제를 도출하는 과정에 중요한 역할을 한다. 하지만 '무엇을 해야 하는지'는 가르쳐주지 않는다. 그렇다면 이 모든 문제가 바다에 중요한 이유는 무엇일까? 관점은 가치 체계를 아우르는 맥락을 제공하기 때문이다. 여러분이 바다를 지구의 생명유지시스템에서 핵심인 방대하고 역동적인 엔진으로 간주한다면, 여러분의 가치에 따라 결정을 내릴 때는 더욱 폭넓은 맥락을 고려해야 한다. 해양 엔진에 관한 이해는 우리가 해야 하는 일을 알려주지 않지만, 우리가 원하는 것을 떠올리는 맥락을 제공한다.

인간은 육지 문제보다 바다 문제를 다루기가 더 어렵다. 일부는 보편적으로 바다가 접근성이 떨어지기 때문이고, 대개는 바다의 상호작용을 관측하기가 훨씬 까다롭기 때문이다. 바다는 한 자리에 고정된 커다란 나무 대신 이곳저곳 움직여 다니는 미세한 식물성플랑크톤이 있고, 해류와 함께 이동하며 날씨와 계절에 따라 끊임없이 변화하고 적응하는 생태계가 조성되어 있으며, 바닷물의 수온과 염분이 비교적 소소하게 변화해도 해양 엔진의 작동에 큰 변화가 일어난다. 누군가 오래된 숲에 시멘트 공장을 짓는다면 그 결과는 가시화될 가능성이 높다. 이를테면 교통량이 증가하고, 일자리가 창출되고, 환경이 오염되고, 야생동물이 사라지며, 공장 지역으로 자금이 유입될 것이다. 지역 주민은 적어도 공장과 관련해 서로 상충하는 요소들을 개괄적으로 살펴볼 기회를 얻는다.

그런데 누군가 해저를 준설하고 물고기를 잡는다면 그 결과를 제대로 확인할 수 있는 사람은 없다. 이를테면 지역 환경에 악영향이 얼마나 장기간 지속되는지, 어느 생물종이 피해를 입었는지, 물고기가 얼마에 팔렸는지, 얼마나 많은 사람이 어선에서 일하는지 등을 알아내기는 힘들다. 따라서 바다에서는 신중하게 활동해야 한다. 우리의 행동이 고의든 우연이든 전체적인 그림을 보지 못할 가능성이 크기 때문이다. 인간이 바다에서 활동하는 동기는 무엇일까? 개인적으로 만족감을 얻기 위해서일까? 아니면 그러한 활동이 장기적으로 자연계에 실제 도움이 되어서일까? 아니면 짧은 시일 내에 돈을 벌기 위해서일까?

바다에서는 해결하기 힘든 갈등이 종종 일어난다. 해양 프로젝트에서 두 가지 목표가 동시에 언급되는 경우는 드물지 않다. 첫 번째 목표는 '원시' 자연환경으로 되돌리는 것,[9] 두 번째 목표는 바다가 탄소를 저장하고 해안침식을 방지하고 식량과 에너지원을 제공하는 등 인간을 위해 특정 활동을 하도록 만드는 것이다. 해양 생태계가 건강해지면 다양한 이유로 이득이 되는 것은 분명하다. 하지만 시간 흐름에 따

9 '원시pristine'라는 단어는 명확히 정의되지 않았다는 점에서 유용한 용어가 아니다. 자연계는 시간이 지날수록 변화하고, 인간 또한 오랫동안 자연 곳곳에 존재해왔다. 여러분은 어떤 시점의 과거를 원하는가? 주위 모든 환경이 현대에 단단히 자리 잡은 지금, 과거 특정 시점으로 세계의 일부를 바꾸는 일이 가능한가? 그리고 자연을 그냥 내버려두면 현대의 나머지 세계와 잘 어우러지는 새롭고 건강한 생태계가 조성되며, 이는 과거의 어떤 자연과도 다르다. 이것은 '원시' 자연일까?

라 자연이 알아서 하도록 내버려두자는 의견과 인간이 자연계를 더욱 능숙하게 관리할 수 있다는 의견 사이에 갈등이 생긴다. 여기에서 두 번째 의견은 신중한 자연계 관리에서 본격적인 지구 공학으로 발전한다. 인간의 욕구 충족을 위해 자연을 조작한다면, 우리는 '원시' 환경을 재현한다고 주장할 수 없다. 결국 두 목표 사이에서 균형을 찾아야 한다. 그런데 인간은 모든 목표를 달성할 수 없으며 상충 요소를 명시적으로 파악해야 한다.

상황이 단순한 척 꾸미거나 문제 해결책이 있는 듯 행동하는 것은 도움이 되지 않는다.[10] 바다를 '관리'한다는 것은 곧 인간이 완전히 이해하지 못하는 복잡한 시스템을 책임진다는 것을 의미한다. '지옥으로 가는 길은 선의로 포장되어 있다'라는 말이 있듯 환경 재앙으로 가는 길도 선의로 가득하다. 따라서 우리 앞에 놓인 과제는 지구 시스템에 맞서 싸우는 것이 아니라 그 시스템과 함께 일하는 겸손함을 지니는 것이다. 바다를 소유하는 인간은 없지만 오만함이 푸른 엔진을 자동차처럼 운전할 수 있다고 믿게 만든다. 고의로 일으킨 변화가 먼 미래에 어떤 결과를 초래하는지 계산하는 일은 종종 까다롭다. 몇몇 사람들이 대기에서 이산화탄소를 제거하기 위해 생물해양학과 화학해양학을 바탕으로 바다를 조작한다는 계획을 제안하기 시작했다. 조작된 요소가 복잡한 해양 엔진에서 실제로 얼마나 잘 작동하는지 추적

10 한 가지 예외는 화석연료 태우기를 중단하는 것이다. 이 목표가 실현되면(실현되지 않는 경우는 결과가 너무도 치명적이므로 목표 실현이 아닌 다른 대안은 없다) 지구 시스템에 가해지는 엄청난 압력을 제거할 수 있다. 그런데 이 목표는 시스템에서 새로운 행동을 시작하는 것이 아닌 행동을 중단하는 선택이다.

하고 검증하는 일은 무척 어렵다. 이들이 광고하는 내용은 진정 장기적으로 효과가 있을까? 해양 엔진의 다른 부분에 문제를 일으키지 않을까? 인간은 행동을 취하기 전에 그러한 행동의 잠재적 결과를 합리적인 수준으로 확신할 수 있어야 한다.

우리는 누가 이런 결정을 내리고 영향을 미칠지 고려해야 한다. 해양 지역, 특히 태평양 및 북극 원주민은 오랫동안 자연환경과 깊은 관계를 맺어왔다. 이들은 전 세계 바다를 훼손한 당사자가 아니지만, 그러한 결과를 생생하게 경험한다. 유대감이라는 개념은 원주민 삶의 방식 전반에 깊이 새겨져 있고, 이들은 서구권 방문객들과 함께 찾아온 분리주의와 관행적 수탈에 맞서 오랜 기간 싸웠다. 원주민 공동체는 생활 방식과 의견이 저마다 다양하지만, 역사적으로 해양 관리에 관한 모든 결정에서 배제되었다. 이들의 목소리가 마침내 들리기 시작했으나 때때로 원주민은 완전한 파트너로 여겨지지 않는다.

서양인은 측정, 계산, 소유, 힘겨루기에 초점을 맞추는 반면 원주민 공동체는 이들이 추구하는 가치를 바탕으로 논의를 시작한다. 우리는 원주민의 방식에서 배워야 한다. 위기 한복판에서 관계를 복원하고 협력적으로 논의하기는 어렵지만 노력을 기울여야 한다. 특히 북극 공동체의 많은 사람은 세계가 공동체의 관점은 고려하지 않은 채 공동체 위에 군림하는 행위를 정당화하는 수단으로 기후변화를 이용한다며 불평한다. 서구 세계는 자연뿐만 아니라 수많은 인간 동료와의 관계도 단절했다. 하지만 인류는 카누라는 한배를 타고 있으며 좋든 싫든 서로 연결되어 있으므로 모든 유형의 관계를 복원하는 일이 우선시되어야 한다.

가치에 관해 생각하는 것은 곧 인간으로서 사는 일을 생각하는 것이다. 이보다는 경제적 가치를 이야기하는 쪽이 훨씬 쉽다. 결론이 숫자로 도출되며 수학 특성상 한 숫자가 다른 숫자보다 큰지 작은지 드러나기 때문이다.[11] 하지만 존중, 평등, 공정, 기회, 자유, 공동체와 같은 가치에 관해서 논의하려면 성찰과 긴 시간이 필요하고, 간단한 답이 도출되지 않는 까다로운 질문을 던져야 하며, '옳고 그름'이 있고 '그른' 쪽의 사람은 얼간이이거나 악당이라는 사고방식에서 벗어나야 하므로 훨씬 어렵다.

자연사박물관 소속 아드리안 글로버는 자연에 영향을 주는 의사결정이 어떤 과정을 거치는지에 주목한다. 아드리안이 연구하는 지역, 즉 다금속 단괴로 덮인 깊고 광활한 해저 평원은 이 바다 감자를 심해에서 캐내는 일을 쉽게 여기는 광산업체에게 관심을 받고 있기 때문이다. 많은 심해생물학자는 인간이 심해에 들어가 자원을 약탈하기 전에 심해 환경이 실제 어떠한지 이해하고, 심해에서 고요히 일어나는 현상과 복잡성을 탐구하는 쪽이 현명하다고 생각한다. 그러나 사람들 대부분은 심해를 본 적 없고, 어쨌든 심해는 어둡고 차가우며 아주 멀리 떨어져 있는 장소로 느껴지는 까닭에, 우리는 무엇을 해야 하며 누가 그러한 사항을 결정해야 하는지를 주제로 대화 나누기가 쉽지 않다. 아드리안이 말했다. "우리가 바라는 것은 과거 산업재해를 주

11 초기 경제학자이자 GDP를 고안한 사이먼 쿠즈네츠는 숫자를 가장 중요시하는 체계에 큰 한계가 있다고 분명히 밝혔다. 쿠즈네츠는 1937년 미국 의회에서 "한 국가의 복지는 국민소득 측정치로부터 거의 유추할 수 없다"라고 말했다.

제로 논의할 당시보다 더 많은 정보가 제공되고 사람들이 논의에 적극적으로 참여하며 결정된 사항에 깊은 관심을 보이는 것입니다."

아드리안은 또한 인간에게 직접 경제적 이익을 가져다준다는 측면, 이를테면 새로운 약재나 식량을 발견할 가능성이 높고 탄소를 저장하기에 적합하다는 측면에서 자연 보전이 논의되는 경우가 점점 흔해진다고 지적한다. 이 점이 그를 괴롭게 한다. "지금까지 우리는 자연환경이 다양한 측면에서 정말 중요하다는 식으로만 이야기했습니다. 생물 다양성으로 가득한 야생의 자연환경만으로도 충분하다고는 말하지 않았어요. 하지만 사람들은 야생 지역이나 국립공원을 방문하고, 그곳에 서식하며 자연과 관계를 맺는 흥미로운 새와 독특한 곤충에 관한 안내문을 읽고 싶어 합니다. 이러한 행동은 경제적 이익이 뒤따르지 않아요. 인간의 타고난 본성입니다."

이 모든 문제를 해결할 시간이 얼마 남지 않았다. 바다의 물리적 체계와 생물학적 체계는 지금도 변화하는 중이다. 최선의 즉각적 조치는 피해를 유발하는 행위를 중단하는 것이다. 그런데 환경에 이미 발생한 피해를 복구하기 위해 인간이 장기간 개입하는 행위는 복잡할 것이다. 인류는 그러한 복잡성에서 벗어날 수 없다. 명시적 가치, 진정한 협력, 푸른 기계를 바라보는 전 지구적 관점과 결합한 강력한 과학기술을 바탕으로 인류는 미래의 더욱 건강한 바다로 나아가는 길을 선택할 것이다.

인간과 바다

인류는 유한한 행성에 살고 있는 현실을 외면하고, 자신을 생존하게 하는 지구의 생명유지시스템에 대한 별다른 고민 없이 성장과 소비에 기반한 문화를 구축했다. 이뿐만 아니라 자연 세계와의 관계를 상실하면서 자연이라는 거대한 존재의 구성 요소가 되는 기쁨과 경이로움을 잃었다. 우리가 바다를 존재하는 장소가 아닌 부재하는 장소로 취급하는 동안에도 바다는 변함없이 자리를 지켰다. 지구를 거주 가능한 장소로 만들고, 인류의 역사와 문화를 형성하고, 우리가 관찰하고 상호작용하는 해양 생물의 패턴을 조성했다. 항해용 카누 호쿨레아가 보여줬듯 인간은 원한다면 바다와 다시 완벽하게 연결될 수 있다. 바다는 여전히 존재하고, 여전히 물리적 현실을 구체화하고 있으며, 여전히 놀랍도록 아름다운 장소다. 인류는 바다를 잃지 않았다. 하지만 사람들은 바다를 재발견할 필요가 있다.

인간은 과거 행동 앞에 무력하지 않다. 지식과 이해는 우리에게 선택지를 제공한다. 인류가 바다에 초래한 문제(따라서 간접적으로 우리 자신에 초래한 문제)를 떠올리면 우울감을 느끼기 무척 쉽지만 이런 감정이 무관심으로 이어져서는 안 된다. 우리는 행동해야 하고, 행동에는 열정과 에너지와 결단력이 필요하다. 이를 실현하는 일이 가능한지 의문이 든다면 지난 50년 동안 우리 사회가 얼마나 달라졌는지 떠올려보자. 우리가 변화를 일으키는 데는 아무런 문제가 없다. 우리는 원하기만 하면 된다. 그런데… 원하는 것이 무엇일까? 우리는 결정해야 한다.

나는 내가 원하는 것을 안다. 바다가 변함없이 지구의 생명유지 시스템에서 건강한 심장 역할을 하는 미래를 원한다. 그러한 미래를 위해 희생을 감수할 필요는 없다. 지구뿐만 아니라 인류에게도 나은 시스템은 분명 존재한다. 우리는 화석연료 중독을 극복하고 앞으로 나아갈 수 있다. 이는 더 나은 세상을 향해 가는 길이다.

그러면 우리는 무엇을 실천해야 할까? 첫 번째이자 가장 큰 과제는 바다가 있는 지구의 거주민으로서 인간이 어떤 상태에 놓였는지 배우고 명료하게 표현하는 것이다. 우리는 푸른 기계를 주제로 대화를 나누고, 바다를 바라보는 관점을 공유하고 발전시켜서 이를 인간의 세계관으로 구축해야 한다. 그런 다음 행동에 나서야 한다. 바다가 직면하는 문제는 개인의 잘못된 행위가 아닌 인간 사회 시스템에서 유래한다. 전체적인 그림을 고려해야만 인류 문명은 문제를 바로잡고 거대한 지구의 생명유지시스템과 공존할 수 있다. 인류는 지구에 탑승한 승무원이기에 모두 실천할 수 있다. 실천은 정치인에게 편지를 쓰거나, 투표권을 행사하거나, 물건을 구매하면서 우선시하는 가치를 분명히 표현하거나, 작은 지역적 결정이 올바른 방향으로 향하는지 확인하는 등 다양한 형태로 이루어진다. 참여 하나하나가 모두 중요하다. 변화를 원한다면 우리는 변화를 실현할 수 있다.

우리는 푸른 기계의 본질을 이해할수록 변화하게 된다. 인간은 광활한 푸른 기계의 가장자리에서 이리저리 떠도는 조그마한 생물로, 푸른 행성에서 자기 위치를 상상하면 겸손과 위안을 동시에 얻는다. 인류는 이미 이 거대한 엔진에 영향력을 행사하지만 미래는 다를 수 있다. 미래는 무엇보다 전 세계 바다와 인간 사이의 관계에 달려 있다.

이는 정체성 문제로 귀결된다. 우리는 매일 아침 어떤 사람이 되기로 하는가? 지구의 특징을 자기 삶에 중요한 요소로 인식하며 푸른 행성의 거주민이 되기로 선택하는가? 아니면 외면하는 쪽을 택하는가?

우주의 어둠과 멀리 반짝이는 별빛이 시야에서 사라지며 하늘이 분홍빛과 보랏빛으로 물들기 시작했다. 오늘은 또 새로운 바다의 날이다. 우리는 노를 쥐고 앉아 해가 뜨기를 기다린다. 우주는 여전히 저 멀리 있고, 우리의 초점은 카누 안에 있다. 우리 모두 바다로 둘러싸인 지구의 거주민이다. 인류는 푸른 기계와 어떻게, 얼마나 강하게 관계를 맺을지 선택해야 한다. 바다를 무시하는 쪽은 택할 수 없다. 바다는 인간을 포용할 수도, 파괴할 수도 있다. 인간은 바다와 함께 일할 수도, 바다에 맞설 수도 있다.

햇빛 한 줄기가 카누 앞으로 내려와서 반짝인다. 지금이다. 노를 들어 올리자.

이무아!

푸른 행성을 움직이는 아름다운 기계

1990년 2월 14일 보이저 1호가 촬영한 사진을 두고 칼 세이건은 《창백한 푸른 점》이라는 제목의 책을 통해 우리가 사는 지구가 넓디넓은 우주 속에서 얼마나 작고 외로운 점에 불과한지 잘 표현한다. 이 작은 지구가 우리가 살 수 있는 유일한 행성이고 우리의 생명줄임을 생각할 때, 인류 역사에서 '창백한 푸른 점'의 극히 일부를 아주 잠깐이라도 더 차지하고자 서로에게 행한 만행이 얼마나 부질없는 짓이었는지도 깨닫는다. 그런데 왜 푸른 점일까? 지구가 노란 점도 붉은 점도 아닌 '창백한 푸른 점'으로 보이는 이유는 바로 해양이다.

해양은 지구 표면의 절반 이상을 뒤덮고, 해수면 위로 드러난 대륙보다 훨씬 깊은 심연을 채운다. 《블루 머신》은 그 광활한 해양의 본질과 형태, 구성 요소, 그리고 우리 인간과의 관계에 이르기까지 폭넓은 주제를 다룬다. 해양에 관한 방대한 이야기를 풀어내기에 헬렌 체르스키는 탁월한 저술가다. 그녀가 해양과학자로서 가지는 깊이 있는 통찰력은 극지와 적도, 미시와 거시, 물리학과 생물학, 그리고 자연과학과 인문학을 넘나들며 펼쳐진다. 또한 그녀는 남다른 열정과 풍부한 경험으로 해양의 과학적 작동 원리를 매우 독특한 시각으로 꿰뚫어보며 그것을 우리에게 친절하게 들려준다.

그녀에 의해 '푸른 기계The Blue Machine'로 묘사되는 해양의 진정한 모습은 오늘날의 과학적 패러다임에 정확히 근거하면서도 새로운 시각을 흥미롭게 제시하고 있다. 지구라는 푸른 행성에서 살아가는 거주민이라면 누구나 꼭 한번 읽어볼 만한 책으로 추천하고 싶다. 특히 먹고사는 문제에 치이며 바쁜 도시 속 일상에 매몰된 이들에게 권해주고 싶다. 빌딩숲을 벗어나 넓고 깊은 바다와 대양으로 풍부한 과학여행을 떠나게 하는 놀라운 책이다. 단 1권으로 이토록 값진 경험을 얻을 수 있다는 것은 1명의 독자로서 정말 감사한 일이다.

해양의 과학적 작동 원리를 이해하려면 우선 그 본질과 형태부터 알아야 한다. 헬렌 체르스키가 책의 앞부분을 할애해서 거대한 부피의 해수가 가지는 본질적 특성과 형태를 다룬 것도 바로 그러한 이유에서일 것이다. 모든 해수가 언제 어디에서나 일정한 특성을 가지는 것은 아니다. 수온과 염분에 따라 무거워지기도 가벼워지기도 한다. 이를 알면 거대한 푸른 기계를 작동하는 원동력도 이해할 수 있다. 해양의 형태도 단순하지 않다. 해수면은 평탄하지 않고 끝없이 역동적으로 변화한다. 이는 해저 지형에 의해 더욱 복잡해지기도 한다.

해수면부터 심해까지 바다에 관해 우리가 알아야 할 것은 무궁무진하게 많다. “우리는 심해보다 달과 화성에 관해 아는 것이 더 많다”라는 표현을 경계하는 이유도 크게 공감했다. 우리는 바다에 관해 이미 많은 것을 알지만, 그 광활함을 생각하면 앞으로 알아가야 할 것이 더 많다는 사실을 잊어서는 안 된다. 이처럼 1부만 해도 이 책에는 놓치지 말아야 할 내용이 가득하다.

이 책은 물리해양학자 혹은 해양물리학자의 통찰력을 훨씬 뛰어넘어 과학, 문화, 역사를 아우르고 있다. 그래서 푸른 엔진으로 구동되는 우리 인간 세상을 새롭게 볼 수 있게 해준다. 제2차세계대전의 끝이 다가올 무렵, 과학적으로 파도를 예측한 노르망디상륙작전이 전쟁의 판도를 뒤집은 사건은 해양과학이 역사에 개입한 분명한 사례다. 단순한 과학 이야기는 인류의 역사가 더해지며 더욱 흥미로워진다. 대담한 극지 탐험가 프리드쇼프 난센의 항해를 어렵게 만든 ‘죽은 물’ 현상, 악티움 해전에서 전함의 발을 묶음으로써 클레오파트라와 안토니우스에게 치욕적 패배를 안겨준 정체된 바다… 역사 속 인물들이 경험한 기이한 바다는 표면의 파도뿐만 아니라 내부의 파도와 같은 해양 현상이 동시에 작용하고 있는 놀라운 자연환경이다. 이처럼 거대한 푸른 엔진의 작용은 길고도 짧은 인간들의 시간에 자신의 존재를 선명하게 드러냈다.

헬렌 체르스키의 글에서 무엇보다 신선하게 느껴진 발상은 해양 생태계를 구성하는 다양한 요소를 ‘전달자Messengers, 표류자Passengers, 항해자Voyagers’로 구분해 소개한 점이다. 이 부분에서 책을 읽는 내내 머릿속에 마치 1편의 영화가 상영되는 듯 수많은 상상력을 자극받을 수 있었다. 빛과 소리라는 두 ‘전달자’에 대한 독창적인 시선은 해양 탐사

뿐만 아니라 우리가 세상을 인식하는 방식에 관해서도 다시 생각해볼 수 있게 만든다. 해수에 용해된 화학적 물질을 구성하는 원자와 분자부터 플랑크톤 같은 작은 생명체와 고래 등의 대형 생물까지 해양을 떠다니는 '표류자'를 보면서 푸른 기계가 작동하는 원리에서 순환과 균형이 가지는 중요성을 일깨운다.

그리고 마지막으로 해류에 밀려다니지 않고 적극적으로 해양을 탐험하며 이득을 얻는 '항해자'를 이야기한다. 먹이를 찾기 위해 정확한 목표 지점을 설정하고 물살을 가르며 나아가는 암컷 킹펭귄과 참다랑어, 그리고 끝에는 인간의 이야기가 나온다. 우리 인간이 지금까지 어떻게 해양과 상호작용해왔으며, 한 생태계에서 다른 생태계로 이동해왔는지 풍부한 사례를 통해서 알려준다. 인간은 때로 푸른 기계의 작동에 방해가 될 정도로 아주 막강한 영향력을 행사해왔다. 그 과정을 지켜보고 있으면 미래 바다와의 관계에 관해서 고민하지 않을 수 없다.

인간과 해양의 관계에 대한 해석과 통찰력이 유난히 돋보이는 부분은 바로 책의 마지막 부분이다. 세상을 움직이는 지구의 경이로운 해양 엔진이 어떻게 작용하는지, 모든 요소가 어떻게 서로 맞물려 있으며 왜 중요한지를 이해함으로써 지구와 인간을 보는 관점을 근본적으로 바꿀 수 있기 때문이다. 과거와 오늘의 이야기를 통해 푸른 기계의 작동 방식이 변화하는 핵심 원인은 우리에게 있다는 점을 새삼 일깨운다. 그리고 우리가 가지는 관심과 이해에서 출발하는 미래가 얼마나 소중한 것인지를 알 수 있도록 한다. "인류는 지구라는 거대한 생명유지시스템을 운용하는 승무원이다. 좋든 싫든 우리는 한 팀이다.

우주선지구호에서 일어나는 일은 우리 모두에게 영향을 미친다." 이 책에서 잘 묻어나는 인류애의 향기를 통해 모쪼록 우리가 사는 지구를 움직이는 아름다운 푸른 기계의 진정한 가치를 발견할 수 있기를 기대한다.

남성현(서울대학교 지구환경과학부 교수)

참고문헌

서문

University Corporation for Atmospheric Research, Center for Science Education, *The Water Cycle*, https://scied.ucar.edu/learning-zone/how-weather-works/water-cycle.

Ernest Henry Shackleton, *South: the Story of Shackleton's Last Expedition, 1914-1917* (London: William Heinemann, 1919), ch. 9, 'The boat journey'.

G. A. Belcher, C. Tarling, A. Manno, A. Atkinson, P. Ward, G. Skaret, S. Fielding, S. A. Henson and R. Sanders, 'The potential role of Ant-arctic krill faecal pellets in efficient carbon export at the marginal ice zone of the South Orkney Islands in spring', *Polar Biology* 40 (2017), pp. 2001-13, https://doi.org/10.1007/s00300-017-2118-z.

1장 바다의 본질

Adele K. Morrison, Thomas L. Frölicher and Jorge L. Sarmiento, 'Upwelling in the Southern Ocean', *Physics Today* 68 (2015), https://doi.org/10.1063/PT.3.2654.

하와이 자연에너지 연구소

Guy Toyama, 'Deep ocean water as a catalyst for economic development at NELHA (Natural Energy Laboratory of Hawai'i Authority)', *Deep Ocean Water Research* 11 (2010), pp. 21-3.

J. C. War, 'Land based temperate species mariculture in warm tropical Hawai'i', *Oceans'11 MTS/IEEE KONA* (2011), pp. 1-8, https://doi.org/10.23919/

OCEANS.2011.6107220.

Rod Fujita, Alexander C. Markham, Julio E. Diaz Diaz, Julia Rosa Martinez Garcia, Courtney Scarborough, Patrick Greenfield, Peter Black and Stacy E. Aguilera, 'Revisiting ocean thermal energy conver-sion', *Marine Policy* 36 (2012), pp. 463-5.

에너지 균형

Andrew C. Kren, Peter Pilewskie and Odele Coddington, 'Where does Earth's atmosphere get its energy?', *Journal of Space Weather and Space Climate* 7 (2017), p. A10.World Nuclear Association, *Nuclear Power in the World Today*, Oct. 2022, https://www.world-nuclear.org/information-library/currentand-future-generation/nuclear-power-in-the-world-today.aspx.

M. Wild, D. Folini, M. Z. Hakuba, Christoph Schär, Sonia I. Seneviratne, Seiji Kato, David Rutan, Christof Ammann, Eric F. Wood and Gert König-Langlo, 'The energy balance over land and oceans: an assessment based on direct observations and CMIP5 climate models', *Climate Dynamics* 44 (2015), pp. 3393-429, https://doi. org/10.1007/s00382-014-2430-z.

E. W. Wong and P. J. Minnett, 'The response of the ocean thermal skin layer to variations in incident infra-red radiation', *Journal of Geophysical Research: Oceans* 123 (2018), pp. 2475-93, https://doi.org/10.1002/2017JC013351.

Zhongping Lee, Chuanmin Hu, Shaoling Shang, Keping Du, Marlon Lewis, Robert Arnone and Robert Brewin, 'Penetration of UVvisible solar radiation in the global oceans: insights from ocean color remote sensing', *Journal of Geophysical Research*: Oceans 118 (2013), pp. 4241-55.

그린란드 상어

Julius Nielsen, Rasmus B. Hedeholm, Jan Heinemeier, Peter G. Bush-nell, Jørgen S. Christiansen, Jesper Olsen, Christopher Bronk Ramsey, Richard W. Brill, Malene Simon, Kirstine F. Steffenson and John F. Steffenson, 'Eye lens radiocarbon reveals centuries of longevity in the Greenland shark (*Somniosus microcephalus*)', *Science* 353 (2016), pp. 702-4.

M. A. MacNeil, B. C. McMeans, N. E. Hussey, P. Vecsei, J. Svavarsson, K. M. Kovacs, C. Lydersen, M. A. Treble, G. B. Skomal, A. Ramsey and A. T. Fisk, 'Biology of the Greenland shark *Somniosus microceph-alus*', *Journal of Fish Biology* 80 (2012), pp. 991-1018.

Julius Nielsen, Rasmus B. Hedeholm, Malene Simon and John F. Steffensen, 'Distribution and feeding ecology of the Greenland shark (*Somniosus microcephalus*) in Greenland waters', *Polar Biology* 37 (2014), pp. 37-46, https://doi.org/10.1007/s00300-013-1408-3.

Julius Nielsen, Jørgen Schou Christiansen, Peter Grønkjær, Peter Bushnell, John Fleng Steffensen, Helene Overgaard Kiilerich, Kim Præbel and Rasmus Hedeholm,

'Greenland shark (*Somniosus microcephalus*) stomach contents and stable isotope values reveal an ontogenetic dietary shift', *Frontiers in Marine Science* 6 (2019), p. 125.

David Costantini, Shona Smith, Shaun S. Killen, Julius Nielsen and John F. Steffensen, 'The Greenland shark: a new challenge for the oxidative stress theory of ageing?', *Comparative Biochemistry and Physiology Part A: Molecular & Integrative Physiology* 203 (2017), pp. 227-32.

Frank E. MullerKarger, Joseph P. Smith, Sandra Werner, Robert Chen, Mitchell Roffer, Yanyun Liu, Barbara Muhling, David LindoAtichati, John Lamkin, Sergio CèrdieroEstrada and David B. Enfield, 'Natural variability of surface oceanographic conditions in the offshore Gulf of Mexico', *Progress in Oceanography* 134 (2015), pp. 54-76.

Paula Pérez-Brunius, Heather Furey, Amy Bower, Peter Hamilton, Julio Candela, Paula García-Carrillo and Robert Leben, 'Dominant circulation patterns of the deep Gulf of Mexico', *Journal of Physical Oceanography* 48 (2018), pp. 511-29.

David Rivas, Antoine Badan and José Ochoa, 'The ventilation of the deep Gulf of Mexico', *Journal of Physical Oceanography* 35 (2005), pp. 1763-81.

Ahmed Ibrahim, Are Olsen, Siv Lauvset and Francisco Rey, 'Seasonal variations of the surface nutrients and hydrography in the Norwegian Sea', *International Journal of Environmental Science and Development* 5 (2014), pp. 496-505.

Brynn M. Devine, Laura J. Wheeland and Jonathan A. D. Fisher, 'First estimates of Greenland shark (*Somniosus microcephalus*) local abun-dances in Arctic waters', *Scientific Reports* 8 (2018), pp. 1-10.

수층

Andrea Wulf, The Invention of Nature: *The Adventures of Alexander von Humboldt, the Lost Hero of Science* (Hachette, 2015).Bin Wang, Renguang Wu and Roger Lukas, 'Annual adjustment of the thermocline in the tropical Pacific Ocean', *Journal of Climate* 13 (2000), pp. 596-616.

Pierrick Penven, Vincent Echevin, J. Pasapera, François Colas and Jorge Tam, 'Average circulation, seasonal cycle, and mesoscale dynamics of the Peru Current System: a modeling approach', *Journal of Geophysical Research: Oceans* 110 (2005), C10021.

Damián Oyarzún and Chris M. Brierley, 'The future of coastal upwelling in the Humboldt Current from model projections', *Climate Dynamics* 52 (2019), pp. 599-615.

Alice Pietri, Pierre Testor, Vincent Echevin, Alexis Chaigneau, Laurent Mortier, Gérard Eldin and Carmen Grados, 'Finescale vertical structure of the upwelling system off southern Peru as observed from glider data', *Journal of Physical Oceanography* 43 (2013), pp. 631-46.

Villy Christensen, Santiago de la Puente, Juan Carlos Sueiro, Jeroen Steenbeek and

Patricia Majluf, 'Valuing seafood: the Peruvian fisheries sector', *Marine Policy* 44 (2014), pp. 302–11.

AFP, 'Peru mines new gold in guano', *Independent*, 9 Oct. 2010, https://www.independent.co.uk/climate-change/news/peru-mines-new-gold-in-guano-2102574.html.

Vivian Montecino and Carina B. Lange, 'The Humboldt Current system: ecosystem components and processes, fisheries, and sediment studies', *Progress in Oceanography* 83 (2009), pp. 65–79.

Alexander von Humboldt, *Cosmos: A Sketch of the Physical Description of the Universe*, vol. 1 (Harper, 1858), https://www.gutenberg.org/cache/epub/14565/pg14565-images.html.

Timothy Rooks, *How Humboldt Put South America on the Map*, Deutsche Welle, 7 Dec.2019,https://www.dw.com/en/how-scientist-alexander-von-humboldt-put-spanish-south-america-on-the-global-map/a-46693502.

P. Espinoza and Arnaud Bertrand, 'Ontogenetic and spatiotemporal variability in anchoveta *Engraulis ringens* diet off Peru', *Journal of Fish Biology* 84 (2014), pp. 422–35.

David M. Checkley Jr, Rebecca G. Asch and Ryan R. Rykaczewski, 'Climate, anchovy, and sardine', *Annual Review of Marine Science* 9 (2017), pp. 469–93.

Manuel Barange, Janet Coetzee, Akinori Takasuka, Kevin Hill, Mariano Gutierrez, Yoshioki Oozeki, Carl van der Lingen and Vera Agostini, 'Habitat expansion and contraction in anchovy and sardine populations', *Progress in Oceanography* 83 (2009), pp. 251–60.

UN Food and Agriculture Organization, *The State of World Fisheries and Aquaculture 2018: Meeting the Sustainable Development Goals* (Rome, 2018), licence: CC BY-NC-SA 3.0 IGO.

Kristin Wintersteen, *Protein from the sea: the global rise of fishmeal and the industrialization of southeast Pacific fisheries, 1918–1973*, desiguALdades.net, working paper series no. 26 (Berlin: desiguALdades.net Research Network on Interdependent Inequalities in Latin America, 2012).

C. J. Shepherd and A. J. Jackson, 'Global fishmeal and fish-oil supply: inputs, outputs and markets', J*ournal of Fish Biology* 83 (2013), pp. 1046–66.

Andrew C. Godley and Bridget Williams, *The Chicken, the Factory Farm and the Supermarket: The Emergence of the Modern Poultry Industry in Britain* (Reading: University of Reading Department of Economics, 2007).

Hannah Ritchie, Pablo Rosado and Max Roser, 'Meat and dairy production', *Our World in Data*, Aug. 2017, last revised Nov. 2019, https://ourworldindata.org/meat-production.

Tim Cashion, Frédéric le Manach, Dirk Zeller and Daniel Pauly, 'Most fish destined for fishmeal production are food-grade fish', *Fish and Fisheries* 18 (2017), pp. 837–44.

나무늘보와 해양이 강수량에 미치는 영향

D. P. Gilmore, C. Peres da Costa and D. P. F. Duarte, 'Sloth biology: an update on their physiological ecology, behavior and role as vectors of arthropods and arboviruses', *Brazilian Journal of Medical and Biological Research* 34 (2001), pp. 9–25.

Jonathan N. Pauli, Jorge E. Mendoza, Shawn A. Steffan, Cayelan C. Carey, Paul J. Weimer and M. Zachariah Peery, 'A syndrome of mutualism reinforces the lifestyle of a sloth', *Proceedings of the Royal Society B: Biological Sciences* 281 (2014), 20133006, https://doi.org/10.1098/rspb.2013.3006.

Mohammed Faizal and M. Rafiuddin Ahmed, 'On the ocean heat budget and ocean thermal energy conversion', *International Journal of Energy Research* 35 (2011), pp. 1119–44.

Andrew C. Kren, Peter Pilewskie and Odele Coddington, 'Where does Earth's atmosphere get its energy?', *Journal of Space Weather and Space Climate* 7 (2017), pp. A10.

Kevin E. Trenberth, John T. Fasullo and Jeffrey Kiehl, 'Earth's global energy budget', *Bulletin of the American Meteorological Society* 90 (2009), pp. 311–24.

Peter R. Waylen, César N. Caviedes and Marvin E. Quesada, 'Interannual variability of monthly precipitation in Costa Rica', *Journal of Climate* 9 (1996), pp. 2606–13.

Xin-Yue Wang, Xichen Li, Jiang Zhu and Clemente A. S. Tanajura, 'The strengthening of the Amazonian precipitation in the wet season driven by tropical sea surface temperature forcing', *Environmental Research Letters* 13 (2018), https://doi.org/10.1088/1748-9326/aadbb9.

John Abraham, 'Warming oceans are changing the world's rainfall', *Guardian*, 12 Sep. 2018, https://www.theguardian.com/environment/climate-consensus-97-per-cent/2018/sep/12/warming- oceansare-changing-the-worlds-rainfall.

구아노

William Mitchell Mathew, 'Peru and the British guano market, 1840–1870', *Economic History Review* 23 (1970), pp. 112–28.

Ewald Schnug, Frank Jacobs and Kirsten Stöven, 'Guano: the white
gold of the seabirds', *Seabirds* (2018), pp. 81–100. https://doi.org/ 10.5772/intechopen.79501

소금

Mark Kurlansky, *Salt* (Random House, 2011).

James E. Breck, 'Body composition in fishes: body size matters', *Aquaculture* 433 (2014), pp. 40–9, https://doi.org/10.1016/j.aquaculture.2014.05.049.

John M. Wright and Angela Colling, *Sea Water: Its Composition, Properties and Behaviour, Prepared by an Open University Course Team* (Elsevier, 2013).

William W. Hay, Areg Migdisov, Alexander N. Balukhovsky, Christopher N. Wold,

Sascha Flögel and Emanuel Söding, 'Evaporites and the salinity of the ocean during the Phanerozoic: implications for climate, ocean circulation and life', *Palaeogeography, Palaeoclimatology, Palaeoecology* 240 (2006), pp. 3–46.

Nadya Vinogradova, Tong Lee, Jacqueline Boutin, Kyla Drushka, Severine Fournier, Roberto Sabia, Detlef Stammer et al., 'Satellite salinity observing system: Recent discoveries and the way forward', *Frontiers in Marine Science* (2019), p. 243.

Robert Boyle, *The Saltness of the Sea* (1674), https://digital.nmla.metoffice.gov.uk/IO_845a61a4-3988-4e0b-98ee-ed216651b3e5/.

HMS 챌린저호

Heidi M. Dierssen, A. E. Theberge and Y. Wang, 'Bathymetry: history of sea floor mapping', *Encyclopedia of Natural Resources* 2 (2014), pp. 564–8.

J. J. Middelburg, K. Soetaert and M. Hagens, 'Understanding alkalinity to quantify ocean buffering', *Eos*, 29 July 2020, https://eos.org/editors-vox/understanding-alkalinity-to-quantify-ocean-buffering.

Thomas Henry Tizard, *Narrative of the Cruise of HMS Challenger: With a General Account of the Scientific Results of the Expedition*, vol. 2 (HMStationery Office, 1882).

Joel W. Hedgpeth, 'The voyage of the *Challenger* ', *Scientific Monthly* 63 (1946), pp. 194–202.

J. Y. Buchanan, 'On the distribution of salt in the ocean, as indicated by the specific gravity of its waters', *Journal of the Royal Geographical Society of London* 47 (1877), pp. 72–86.

C. Spencer Jones and Paola Cessi, 'Size matters: another reason why the Atlantic is saltier than the Pacific', *Journal of Physical Oceanography* 47 (2017), pp. 2843–59.

거북

Rebecca Rash and Harvey B. Lillywhite, 'Drinking behaviors and water balance in marine vertebrates', *Marine Biology* 166 (2019), pp. 1–21.

John Davenport, 'Crying a river: how much salt-laden jelly can a leatherback turtle really eat?', *Journal of Experimental Biology* 220 (2017), pp. 1737–44.

고래

Bertrand Bouchard, Jean-Yves Barnagaud, Philippe Verborgh, Pauline Gauffier, Sylvie Campagna and Aurélie Célérier, 'A field study of chemical senses in bottlenose dolphins and pilot whales', *Anatomical Record* 305 (2022), pp. 668–79.

Danielle Venton, 'Highlight: a matter of taste—whales have abandoned their ability to taste food', *Genome Biology and Evolution* 6 (2014), pp. 1266.

Bertrand Bouchard, Jean-Yves Barnagaud, Marion Poupard, Hervé Glotin, Pauline Gauffier, Sara Torres Ortiz, Thomas J. Lisney, Sylvie Campagna, Marianne Rasmussen and Aurélie Célérier, 'Behavioural responses of humpback whales to food-related chemical stimuli', *PloS One* 14 (2019), e0212515, https://doi.org/10.1371/journal.pone.0212515.

Dorothee Kremers, Aurélie Célérier, Benoist Schaal, Sylvie Campagna, Marie Trabalon, Martin Böye, Martine Hausberger and Alban Lemasson, 'Sensory perception in cetaceans, part I: current knowledge about dolphin senses as a representative species', *Frontiers in Ecology and Evolution* 4 (2016), art. 49, https://doi.org/10.3389/fevo.2016.00049.

Takushi Kishida, J. G. M. Thewissen, Takashi Hayakawa, Hiroo Imai and Kiyokazu Agata, 'Aquatic adaptation and the evolution of smell and taste in whales', *Zoological Letters* 1 (2015), pp. 1–10.

Kangli Zhu, Xuming Zhou, Shixia Xu, Di Sun, Wenhua Ren, Kaiya Zhou and Guang Yang, 'The loss of taste genes in cetaceans', *BMC Evolutionary Biology* 14 (2014), pp. 1–10.

Rebecca Rash and Harvey B. Lillywhite, 'Drinking behaviors and water balance in marine vertebrates', *Marine Biology* 166 (2019), pp. 1–21.

Robert Kenney, 'How can sea mammals drink saltwater?', *Scientific American*, 30 April 2001, https://www.scientificamerican.com/article/how-can-sea-mammals-drink/.

Martin G. Greenwell, Johanna Sherrill and Leigh A. Clayton, 'Osmoreg☒ulation in fish: mechanisms and clinical implications', *Veterinary Clinics: Exotic Animal Practice* 6 (2003), pp. 169–89.

달팽이

Celia K. C. Churchill, Diarmaid Ó. Foighil, Ellen E. Strong and Adriaan Gittenberger, 'Females floated first in bubble-rafting snails', *Current Biology* 21 (2011), pp. R802–3.

Patrick A. Rühs, Jotam Bergfreund, Pascal Bertsch, Stefan J. Gstöhl and Peter Fischer, 'Complex fluids in animal survival strategies', *Soft Matter* 17 (2021), pp. 3022–36.

Alan Glenn Beu, *Evolution of Janthina and Recluzia (Mollusca: Gastropoda: Epitoniidae)* (Australian Museum, 2017).

해빙

Kerstin Jochumsen, Manuela Köllner, Detlef Quadfasel, Stephen Dye, Bert Rudels and Heðinn Valdimarsson, 'On the origin and propagation of Denmark Strait overflow water anomalies in the Irminger Basin', *Journal of Geophysical Research: Oceans* 120 (2015), pp. 1841–55.

Paul R. Holland and Daniel L. Feltham, 'Frazil dynamics and precipitation in a water column with depth-dependent supercooling', *Journal of Fluid Mechanics* 530 (2005), pp. 101–24.

David W. Rees Jones and Andrew J. Wells, 'Frazil-ice growth rate and dynamics in mixed layers and sub-ice-shelf plumes', *The Cryosphere* 12 (2018), pp. 25–38.

Ellen Kathrine Bludd, 'On a groundbreaking 1893 expedition Nansen froze his ship in Arctic ice for a year-now MOSAiC is following his path', *Journal of the North Atlantic and Arctic*, 2022, https://www.jonaa.org/content/ on-a-groundbreaking-1893-expedition-nansenfroze-his-ship-in-arctic-ice-for-a-year-now-mosaic-is-following-hispath.

Mary-Louise Timmermans and John Marshall, 'Understanding Arctic Ocean circulation: a review of ocean dynamics in a changing climate', *Journal of Geophysical Research: Oceans* 125 (2020), e2018JC014378, https://doi.org/10.1029/2018JC014378.

Paul Webb, *Introduction to Oceanography* (Pressbooks, 2021), https://rwu.pressbooks.pub/webboceanography/, ch. 6.3.

덴마크해협 범람

World Waterfall Database, *World's Largest Waterfalls*, 2002–22, https://www.worldwaterfalldatabase.com/largest-waterfalls/volume.

V. M. Zhurbas, V. T. Paka, B. Rudels and D. Quadfasel, 'Estimates of entrainment in the Denmark Strait overflow plume from CTD/LADCP data', *Oceanology* 56 (2016), pp. 205–13.

자전

Niels J. de Winter, Steven Goderis, Stijn J. M. van Malderen, Matthias Sinnesael, Stef Vansteenberge, Christophe Snoeck, Joke Belza, Frank Vanhaecke and Philippe Claeys, 'Subdaily-scale chemical variability in a Torreites sanchezi rudist shell: implications for rudist paleobiology and the Cretaceous day-night cycle', *Paleoceanography and Paleoclimatology* 35 (2020), e2019PA003723, https://doi.org/10.1029/2019PA003723.

Erik Brown, 'Mankind launched the first object into the stratosphere in 1918', *Lessons from History*, 6 Dec. 2020, https://medium.com/lessons-from-history/ mankind-launched- the- first- object- into- thestratosphere-in-1918-39571ad1c092.

David T. Zabecki, 'Paris under the gun', *Historynet*, 24 Jan. 2017, https://www.historynet.com/paris-under-the-gun/?f.

Kenneth Hunkins, 'Ekman drift currents in the Arctic Ocean', *Deep Sea Research and Oceanographic Abstracts* 13 (1966), pp. 607–20.

V. W. Ekman, *On the influence of the earth's rotation on ocean-currents*(1905), https://jscholarship.library.jhu.edu/bitstream/handle/1774.2/33989/31151027498728.pdf.

2장 바다의 형태

David Eugene Hitzl, Yi-Leng Chen and Hiep van Nguyen, 'Numerical simulations and observations of airflow through the 'Alenuihāhā Channel, Hawai'i', *Monthly Weather Review* 142 (2014), pp. 4696–718.

월터 뭉크

Hugh Aldersey-Williams, *The Tide: The Science and Stories Behind the Greatest Force on Earth* (Norton, 2016).

Chris Garrett and Carl Wunsch, 'Walter Heinrich Munk, 19 October 1917–8 February 2019', *Biographical Memoirs of the Fellows of the Royal Society* (2020), pp. 393–424.

Hans Storch and Klaus Hasselmann, *Seventy Years of Exploration in Oceanography* (Springer, 2010).

Guoqiang Liu, Yijun He, Yuanzhi Zhang and Hui Shen, 'Estimation of global wind energy input to the surface waves based on the scatterometer', *IEEE Geoscience and Remote Sensing Letters* 9 (2012), pp. 1017–20.

David K. Lynch, David S. P. Dearborn and James A. Lock, 'Glitter and glints on water', *Applied Optics* 50 (2011), pp. F39–49.

Paul C. Liu, 'Fifty years of wave growth curves', in *Proceedings of 25th International Conference on Coastal Engineering*, Orlando, FL, 2–6 Sept. 1996 (American Society of Civil Engineers, 1997), pp. 457–64.

Owen M. Phillips, 'On the generation of waves by turbulent wind', *Journal of Fluid Mechanics* 2 (1957), pp. 417–45.

Nick Pizzo, Luc Deike and Alex Ayet, 'How does the wind generate waves?', *Physics Today* 74 (2021), https://doi.org/10.1063/PT.3.4880.

윌리엄 비브

William Beebe, *Half Mile Down* (New York: Harcourt, Brace and Company, 1934).

모홀

Sara E. Pratt, 'Benchmarks: March 1961: Project Mohole undertakes the first deep-ocean drilling', *Earth: the science behind the headlines*, 6 July 2016, https://www.earthmagazine.org/article/benchmarks-march1961-project-mohole-undertakes-first-deep-ocean-drilling.

Byrd Pinkerton, 'Unexplainable', episode 3, 'How an ill-fated undersea adventure in the 1960s changed the way scientists see the Earth', *Vox*,17 March 2021, https://www.vox.com/unexplainable/22276597/project-mohole-deep-ocean-drilling-unexplainable-podcast.

John Steinbeck, 'High drama of bold thrust through ocean floor', *Life*, 14 April 1961, https://books.google.fr/books?id=9lEEAAAAMBAJ&lp-

g=PA110&ots=iFqfSHZdb0&dq=John+Steinbeck+1961+crust+pacific+life&pg=PA110%23v%3Dtwopage&q=&hl=fr#v=onepage&q&f=false.

N. Sönnichsen, 'Distribution of global crude oil production onshore and offshore 2005–2025', *Statista*, 28 Jan. 2021, https://www.statista.com/statistics/624138/distribution-of-crude-oil-production-worldwide-onshore-and-offshore/.

HMS 챌린저호

J. Murray, *A Summary of the Scientific Results Obtained at the Sounding, Dredging and Trawling Stations of HMS* Challenger, vol. 1 (HM Stationery Office, 1895).

James Hanley, 'How deep is the ocean?', *Significance* 11 (2014), pp. 30–3.

Robert Kunzig, *The Restless Sea* (Norton, 1999).

The Voyage of HMS Challenger, vol. 1 (Johnson, 1885), https://archimer.ifremer.fr/doc/1885/publication-4746.pdf.

국지적 케이블 배열

'Shore station', Interactive Oceans, University of Washington, n.d., https://io.ocean.washington.edu/story/Shore_Station; the live camera system is at https://interactiveoceans.washington.edu/instruments/high-definition-video-camera/.

'2015 Axial Seamount eruption', *Ocean Data Labs*, n.d., https://datalab. marine.rutgers.edu/data-nuggets/axial-eruption/.

Marvin D. Lilley, David A. Butterfield, John E. Lupton and Eric J. Olson, 'Magmatic events can produce rapid changes in hydrothermal vent chemistry', *Nature* 422 (2003), pp. 878–81.

George W. Luther, Tim F. Rozan, Martial Taillefert, Donald B. Nuzzio, Carol di Meo, Timothy M. Shank, Richard A. Lutz and S. Craig Cary, 'Chemical speciation drives hydrothermal vent ecology', *Nature* 410 (2001), pp. 813–16.

다금속 단괴

Alex Rogers, *The Deep* (Headline Publishing Group, 2019).

Helen Scales, *The Brilliant Abyss* (Atlantic Monthly Press, 2021).

James R. Hein, Andrea Koschinsky and Thomas Kuhn, 'Deep-ocean polymetallic nodules as a resource for critical materials', *Nature Reviews Earth & Environment* 1 (2020), pp. 158–69.

'Mineral resources', *World Ocean Review* 2014, https://worldoceanreview.com/en/wor-3/mineral-resources/manganese-nodules/.

Robin McKie, 'Is deep-sea mining a cure for the climate crisis or a curse?', *Guardian*, 29 Aug. 2021, https://www.theguardian.com/world/2021/aug/29/is-deep-sea- mining-a-cure-for-the-climatecrisis-or-a-curse.

뱀장어

Estuaries and Wetlands Conservation Programme, Zoological Society of London, *The Thames European Eel Project Report*, Nov. 2018, https://www.zsl.org/sites/default/files/media/2018- 12/ZSL%202018%20eel%20report_FINAL.pdf.

Port of London Authority, *History of the Port of London pre* 1908, n.d., https://pla.co.uk/ Port-Trade/ History-of-the-Port-of-Londonpre-1908#18.

Vincent J. T. van Ginneken and Gregory E. Maes, 'The European eel (*Anguilla anguilla*, Linnaeus), its lifecycle, evolution and reproduction: a literature review', *Reviews in Fish Biology and Fisheries* 15 (2005), pp. 367-98.

J. F. López-Olmeda, I. López-García, M. J. Sánchez-Muros, B. BlancoVives, R. Aparicio and F. J. Sánchez-Vázquez, 'Daily rhythms of digestive physiology, metabolism and behaviour in the European eel (*Anguilla anguilla*)', *Aquaculture International* 20 (2012), pp. 1085-96.

Arjan P. Palstra and Guido E. E. J. M. van den Thillart, 'Swimming physiology of European silver eels (*Anguilla anguilla* L.): energetic costs and effects on sexual maturation and reproduction', *Fish Physiology and Biochemistry* 36 3 (2010), pp. 297-322.

Caroline M. F. Durif, Howard I. Browman, John B. Phillips, Anne Berit Skiftesvik, L. Asbjørn Vøllestad and Hans H. Stockhausen, 'Magnetic compass orientation in the European eel', *PloS One* 8 (2013), e59212, https://doi.org/10.1371/journal.pone.0059212.

Bernd Pelster, 'Swimbladder function and the spawning migration of the European eel *Anguilla anguilla*', *Frontiers in Physiology* 5 (2015), art. 486, https://doi.org/10.3389/fphys.2014.00486.

Thomas D. Als, Michael M. Hansen, Gregory E. Maes, Martin Castonguay, Lasse Riemann, K. I. M. Aarestrup, Peter Munk, Henrik Sparholt, Reinhold Hanel and Louis Bernatchez, 'All roads lead to home: panmixia of European eel in the Sargasso Sea', *Molecular Ecology* 20 (2011), pp. 1333-46.

Michael J. Miller, Håkan Westerberg, Henrik Sparholt, Klaus Wysujack, Sune R. Sørensen, Lasse Marohn, Magnus W. Jacobsen et al., 'Spawning by the European eel across 2000 km of the Sargasso Sea', *Biology Letters* 15 (2019), 20180835, https://doi.org/10.1098/rsbl.2018.0835.

Robert J. Lennox, Finn Økland, Hiromichi Mitamura, Steven J. Cooke and Eva B. Thorstad, 'European eel *Anguilla anguilla* compromise speed for safety in the early marine spawning migration', *ICES Journal of Marine Science* 75 (2018), pp. 1984-91.

David Righton, Håkan Westerberg, Eric Feunteun, Finn Økland, Patrick Gargan, Elsa Amilhat, Julian Metcalfe et al., 'Empirical observations of the spawning migration of European eels: The long and dangerous road to the Sargasso Sea', *Science Advances* 2 (2016), e1501694, https://doi.org/10.1126/sciadv.1501694.

Alessandro Cresci, 'A comprehensive hypothesis on the migration of European glass eels (*Anguilla anguilla*)', *Biological Reviews* 95 (2020), pp. 1273-86.

Lewis C. Naisbett-Jones, Nathan F. Putman, Jessica F. Stephenson, Sam Ladak and Kyle A. Young, 'A magnetic map leads juvenile European eels to the Gulf Stream', *Current Biology* 27 (2017), pp. 1236-40.

B. R. Quintella, C. S. Mateus, J. L. Costa, I. Domingos and Pedro R. Almeida, 'Critical swimming speed of yellow-and silver-phase European eel (*Anguilla anguilla*, L.)', *Journal of Applied Ichthyology* 26 (2010), pp. 432-5.

V. N. Mikhailov and M. V. Mikhailova, 'Tides and storm surges in the Thames River Estuary', *Water Resources* 39 (2012), pp. 351-65.

Willem Dekker, 'The history of commercial fisheries for European eel commenced only a century ago', *Fisheries Management and Ecology*26 (2019), pp. 6-19.

Helene Burningham and Jon French, 'Seabed dynamics in a large coastal embayment: 180 years of morphological change in the outer Thames estuary', *Hydrobiologia* 672 (2011), pp. 105-19.

Quanquan Cao, Jie Gu, Dan Wang, Fenfei Liang, Hongye Zhang, Xinru Li and Shaowu Yin, 'Physiological mechanism of osmoregulatory adaptation in anguillid eels', *Fish Physiology and Biochemistry* 44 (2018), pp. 423-33.

I. A. Naismith and B. Knights, 'Migrations of elvers and juvenile European eels, *Anguilla anguilla* L., in the River Thames', *Journal of Fish Biology* 33 (1988), pp. 161-75.

Johs Schmidt, 'IV. The breeding places of the eel', *Philosophical Transactions of the Royal Society of London, Series B, Containing Papers of a Biological Character* 211 (1923), pp. 179-208.

해조류

Geoff Maynard, 'Storm Tide Washes Away Resort Beach', *Daily Express*, 23 Jan. 2015, https://www.express.co.uk/news/nature/553709/Storm-tide-swept-away-resort-beach-Porthleven.

Robert D. Kinley, Gonzalo Martinez-Fernandez, Melissa K. Matthews, Rocky de Nys, Marie Magnusson and Nigel W. Tomkins, 'Mitigating the carbon footprint and improving productivity of ruminant livestock agriculture using a red seaweed', *Journal of Cleaner Production* 259 (2020), 120836, https://doi.org/10.1016/j.jclepro.2020.120836.

미역길

Tom D. Dillehay, Carlos Ocampo, José Saavedra, Andre Oliveira Sawakuchi, Rodrigo M. Vega, Mario Pino, Michael B. Collins et al., 'New archaeological evidence for an early human presence at Monte Verde, Chile', *PloS One* 10 (2015), e0141923, https://doi.org/10.1371/journal.pone.0141923.

Loren G. Davis and David B. Madsen, 'The coastal migration theory: formulation and testable hypotheses', *Quaternary Science Reviews* 249 (2020), 106605, https://doi.org/10.1016/j.quascirev.2020.106605.

Tom D. Dillehay, Carlos Ramírez, Mario Pino, Michael B. Collins, Jack Rossen and Jimena Daniela Pino-Navarro, 'Monte Verde: seaweed, food, medicine, and the peopling of South America', *Science* 320 (2008), pp. 784–6.

Todd J. Braje, Tom D. Dillehay, Jon M. Erlandson, Richard G. Klein and Torben C. Rick, 'Finding the first Americans', *Science* 358 (2017), pp. 592–4.

Jon M. Erlandson, Todd J. Braje, Kristina M. Gill and Michael H. Graham, 'Ecology of the kelp highway: did marine resources facilitate human dispersal from northeast Asia to the Americas?', *Journal of Island and Coastal Archaeology* 10 (2015), pp. 392–411.

Michael H. Graham, Brian P. Kinlan and Richard K. Grosberg, 'Postglacial redistribution and shifts in productivity of giant kelp forests', *Proceedings of the Royal Society B: Biological Sciences* 277 (2010), pp. 399–406.

Robert S. Steneck, Michael H. Graham, Bruce J. Bourque, Debbie Corbett, Jon M. Erlandson, James A. Estes and Mia J. Tegner, 'Kelp forest ecosystems: biodiversity, stability, resilience and future', *Environmental Conservation* 29 (2002), pp. 436–59.

Jon M. Erlandson, Michael H. Graham, Bruce J. Bourque, Debra Corbett, James A. Estes and Robert S. Steneck, 'The kelp highway hypothesis: marine ecology, the coastal migration theory, and the peopling of the Americas', *Journal of Island and Coastal Archaeology* 2 (2007), pp. 161–74.

Thomas Lamy, Craig Koenigs, Sally J. Holbrook, Robert J. Miller, Adrian C. Stier and Daniel C. Reed, 'Foundation species promote community stability by increasing diversity in a giant kelp forest', *Ecology* 101 (2020), e02987, https://doi.org/10.1002/ecy.2987.

Morten Rasmussen, Sarah L. Anzick, Michael R. Waters, Pontus Skoglund, Michael DeGiorgio, Thomas W. Stafford, Simon Rasmussen et al., 'The genome of a Late Pleistocene human from a Clovis burial site in western Montana', *Nature* 506 (2014), pp. 225–9.

마우이섬 양어장

'Fishpond basics', *Maui Fishpond*, n.d., http://mauifishpond.com/koieie/fishpond-basics/, https://seagrant.soest.hawaii.edu/thereturn-of-kuula/.

Paula Möhlenkamp, Charles Kaiaka Beebe, Margaret A. McManus, Angela Hi'ilei Kawelo, Keli'iahonui Kotubetey, Mirielle LopezGuzman, Craig E. Nelson and Rosanna 'Anolani Alegado, 'Kū hou kuapā: cultural restoration improves water budget and water quality dynamics in He'eia Fishpond', *Sustainability* 11 (2018), art. 161, https://www.mdpi.com/2071-1050/11/1/161.

Graydon 'Buddy' Keala with James R. Hollyer and Luisa Castro, *LOKO I'A: A Manual on Hawaiian Fishpond Restoration and Management* (College of Tropical Agriculture and Human Resources, 2017)

3장 바다의 해부학

따개비

Ryan M. Pearson, Jason P. van de Merwe and Rod M. Connolly, 'Global oxygen isoscapes for barnacle shells: application for tracing movement in oceans', *Science of the Total Environment* 705 (2020), 135782, https://doi.org/10.1016/j.scitotenv.2019.135782.

Ryan M. Pearson, Jason P. Van de Merwe, Michael K. Gagan and Rod

M. Connolly, 'Unique post-telemetry recapture enables development of multi-element isoscapes from barnacle shell for retracing host movement', *Frontiers in Marine Science* 7 (2020), art. 596, https://www.frontiersin.org/articles/10.3389/fmars.2020.00596/full.

John D. Zardus, 'A global synthesis of the correspondence between epizoic barnacles and their sea turtle hosts', *Integrative Organismal Biology* 3 (2021), obab002, https://doi.org/10.1093/iob/obab002.

Ryan M. Pearson, Jason P. van de Merwe, Michael K. Gagan, Colin J. Limpus and Rod M. Connolly, 'Distinguishing between sea turtle foraging areas using stable isotopes from commensal barnacle shells', *Scientific Reports* 9 (2019), pp. 1-11.

Sophie A. Doell, Rod M. Connolly, Colin J. Limpus, Ryan M. Pearson and Jason P. van de Merwe, 'Using growth rates to estimate age of the sea turtle barnacle *Chelonibia testudinaria* ', *Marine Biology* 164 (2017), pp. 1-7.

악티움 해전

Johan Fourdrinoy, Clément Caplier, Yann Devaux, Germain Rousseaux, Areti Gianni et al., 'The naval battle of Actium and the myth of the ship-holder: the effect of bathymetry', 5th MASHCON: International Conference on Ship Manoeuvring in Shallow and Confined Water with non-exclusive focus on manoeuvring in waves, wind and current, Flanders Hydraulics Research, Maritime Technology Division, Ghent University, Ostend, Belgium, May 2019, WWC007 (pp. 104-33), hal-02139218, https://doi.org/10.48550/arXiv.1905.13024.

Annalisa Marzano, 'Fish and fishing in the Roman world', *Journal of Maritime Archaeology* 13 (2018), pp. 437-47.

Julia Calderone, 'Elusive underwater waves hold an uncertain grip on the climate', *Hakai Magazine*, 30 April 2015, https://hakaimagazine.com/news/ elusive- underwater- waves- hold- uncertain- gripclimate/.

J. M. Walker, 'Farthest north, dead water and the Ekman spiral', part 2: 'Invisible waves and a new direction in current theory', *Weather* 46 (1991), pp. 158-64.

Johan Fourdrinoy, Julien Dambrine, Madalina Petcu, Morgan Pierre and Germain Rousseaux, 'The dual nature of the dead-water phenomenology: Nansen versus Ekman wave-making drags', *Proceedings of the National Academy of Sciences* 117 (2020), pp. 16770-5.

토머스 미즐리와 염화불화탄소

Monika Rhein, Dagmar Kieke and Reiner Steinfeldt, 'Advection of North Atlantic deep water from the Labrador Sea to the southern hemisphere', *Journal of Geophysical Research: Oceans* 120 (2015), pp. 2471-87.

Monika Rhein, Reiner Steinfeldt, Dagmar Kieke, Ilaria Stendardo and Igor Yashayaev, 'Ventilation variability of Labrador Sea Water and its impact on oxygen and anthropogenic carbon: a review', *Philosophical Transactions of the Royal Society A: Mathematical, Physical and Engineering Sciences* 375 (2017), 20160321, https://doi.org/10.1098/rsta.2016.0321.

John Bullister, 'Chlorofluorocarbons as time-dependent tracers in the ocean', *Oceanography* 2, 1989, pp. 12-17.

J. L. Bullister, *Atmospheric Histories (1765-2015) for CFC-11, CFC-12, CFC-113, CCl4, SF6 and N2O (NCEI Accession 0164584)*, NOAA National Centers for Environmental Information, 2017, unpublished dataset, https://doi.org/10.3334/CDIAC/otg.CFC_ATM_Hist_2015.

Bill Kovarik, 'A century of tragedy: how the car and gas industry knew about the health risks of leaded fuel but sold it for 100 years anyway', *The Conversation*, 8 Dec. 2021, https://theconversation.com/a-century-of-tragedy-how-the-car-and-gas-industry- knew-aboutthe-health-risks-of-leaded-fuel-but-sold-it-for-100-years-anyway173395.9781911709107

Joseph A. Williams, 'This 1920s inventor sped up climate change with his chemical creations', *History*, 23 Aug. 2019, https://www.history.com/news/cfcs-leaded-gasoline-inventions-thomas-midgley.

Danny Schleien, 'Meet Thomas Midgley Jr., arguably the most dangerous man of all time', *Climate Conscious*, 12 Oct. 2020, https://medium.com/climate- conscious/ meet-thomas-midgley-jr- arguablythe-most-dangerous-man-of-all-time-2ae66b1cc101.

M. Susan Lozier, Feili Li, Sheldon Bacon, F. Bahr, Amy S. Bower, S. A. Cunningham, M. Femke de Jong et al., 'A sea change in our view of overturning in the subpolar North Atlantic', *Science* 363 (2019), pp. 516-21.

타이태닉호

John Roach, '*Titanic* was found during secret Cold War navy mission', *National Geographic*, 23 Dec. 2018, https://www.nationalgeographic.co.uk/history-and-civilisation/2018/11/titanic-was-found-during-secretcold-war-navy-mission.

Lonny Lippsett and Marine Conservation, 'The quest to map *Titanic*', *Oceanus* 49 (2012), pp. 26-36.

Kenneth J. Vrana, Paul-Henry Nargeolet, William Sauder, Alexandra Klingelhofer, Rebecca King, Laura Pasch, Sarah J. AcMoody et al., 'Mapping RMS *Titanic* with GIS: implications for forensic investigations', *Marine Technology Society Journal* 46 (2012), pp. 111-28.

'Full *Titanic* site mapped for 1st time', *New York Post*, 8 March 2012, https://nypost.com/2012/03/08/ full- titanic- site- mapped- for- 1sttime/.

Robert D. Ballard and Will Hively, *The Eternal Darkness: A Personal History of Deep-Sea Exploration*, (Princeton University Press, 2017).

칼라누스 핀마르키쿠스

U. V. Bathmann, T. T. Noji, Max Voss and R. Peinert, *Copepod fecal pellets: abundance, sedimentation and content at a permanent station in the Norwegian Sea in May/June 1986*, Marine Ecology Progress Series (Inter-Research Science Center, 1987), vol. 38(1), pp. 45-51.

Webjørn Melle, Jeffrey Runge, Erica Head, Stéphane Plourde, Claudia Castellani, Priscilla Licandro, James Pierson et al., 'The North Atlantic Ocean as habitat for *Calanus finmarchicus* : environmental factors and life history traits', *Progress in Oceanography* 129 (2014), pp. 244-84.

Laura A. Bristow, Wiebke Mohr, Soeren Ahmerkamp and Marcel M. M. Kuypers, 'Nutrients that limit growth in the ocean', *Current Biology* 27 (2017), pp. R474-8.

Mark F. Baumgartner, Nadine S. J. Lysiak, Carrie Schuman, Juanita Urban-Rich and Frederick W. Wenzel, *Diel vertical migration behavior of Calanus finmarchicus and its influence on right and sei whale occurrence*, Marine Ecology Progress Series no. 423 (Inter-Research Science Center, 2011), pp. 167-84.

David W. Pond and Geraint A. Tarling, 'Phase transitions of wax esters adjust buoyancy in diapausing *Calanoides acutus* ', *Limnology and Oceanography* 56 (2011), pp. 1310-18.

Jonathan H. Cohen, Kim S. Last, Jack Waldie and David W. Pond, 'Loss of buoyancy control in the copepod *Calanus finmarchicus* ', *Journal of Plankton Research* 41 (2019), pp. 787-90.

혼합

Kakani Katija, 'Biogenic inputs to ocean mixing', *Journal of Experimental Biology* 215 (2012), pp. 1040-9.

Daisuke Hasegawa, 'Island mass effect', in T. Nagai, H. Saito, K. Suzuki and M. Takahashi, eds, *Kuroshio Current* (AGU, 2019), https://doi.org/10.1002/9781119428428.ch10.

Quirin Schiermeier, 'Oceanography: churn, churn, churn', *Nature* 447 (2007), pp. 522-5.

Jessica C. Garwood, Ruth C. Musgrave and Andrew J. Lucas, 'Life in internal waves', *Oceanography* 33 (2020), pp. 38-49.

Chris Garrett, 'Internal tides and ocean mixing', *Science* 301 (2003), pp. 1858-9.

S. Sarkar and A. Scotti, 'From topographic internal gravity waves to turbulence', *Annual Review of Fluid Mechanics* 49 (2017), pp. 195-220.

Daniel L. Rudnick, Timothy J. Boyd, Russell E. Brainard, Glenn S. Carter, Gary D. Egbert, Michael C. Gregg, Peter E. Holloway et al., 'From tides to mixing along the Hawaiian Ridge', *Science* 301 (2003), pp. 355-7.

Joseph P. Martin and Daniel L. Rudnick, 'Inferences and observations of turbulent dissipation and mixing in the upper ocean at the Hawaiian Ridge', *Journal of Physical Oceanography* 37 (2007), pp. 476-94.

Jody M. Klymak, Robert Pinkel and Luc Rainville, 'Direct breaking of the internal tide near topography: Kaena Ridge, Hawai'i', *Journal of Physical Oceanography* 38 (2008), pp. 380-99.

Luc Rainville, T. M. Shaun Johnston, Glenn S. Carter, Mark A. Merrifield, Robert Pinkel, Peter F. Worcester and Brian D. Dushaw, 'Interference pattern and propagation of the M2 internal tide south of the Hawaiian Ridge', *Journal of Physical Oceanography* 40 (2010), pp. 311-25.

Katharine A. Smith, Greg Rocheleau, Mark A. Merrifield, Sergio Jaramillo and Geno Pawlak, 'Temperature variability caused by internal tides in the coral reef ecosystem of Hanauma Bay, Hawai'i', *Continental Shelf Research* 116 (2016), pp. 1-12.

Jerome Aucan and Mark Merrifield, 'Boundary mixing associated with tidal and near-inertial internal waves', *Journal of Physical Oceanography* 38 (2008), pp. 1238-52.

Walter Munk and Carl Wunsch, 'Abyssal recipes II: energetics of tidal and wind mixing', *Deep Sea Research Part I: Oceanographic Research Papers* 45 (1998), pp. 1977-2010.

Carl Wunsch and Raffaele Ferrari, 'Vertical mixing, energy, and the general circulation of the oceans', *Annual Review of Fluid Mechanics* 36 (2004), pp. 281-314.

Chu-Fang Yang, Wu-Cheng Chi, Hans van Haren, Ching-Ren Lin and Ban-Yuan Kuo, 'Tracking deep-sea internal wave propagation with a differential pressure gauge array', *Scientific Reports* 11 (2021), pp. 1-9.

나라간셋만

Todd McLeish, 'More tropical fish arriving in Narragansett Bay earlier', *ecoRI News*, 17 Aug. 2016, https://ecori.org/2016-8-17-more-tropicalfish-arriving-in-narragansett-bay-earlier-1/.

Charles Avenengo, '"Gulf Stream orphans" make their way to the bay', *Newport This*

Week, 12 Nov. 2022, https://www.newportthisweek.com/articles/ gulf- stream-orphans-make-theirway-to-the-bay/.

Weifeng Zhang and Dennis J. McGillicuddy Jr, 'Warm spiral streamers over Gulf Stream warm-core rings', *Journal of Physical Oceanography* 50 (2020), pp. 3331-51.

계절풍

'The Ming voyages' BBC Radio 4, *In Our Time*, 13 Oct. 2011, https://www.bbc.co.uk/programmes/b015p8c2.

Friedrich A. Schott and Julian P. McCreary Jr, 'The monsoon circulation of the Indian Ocean', *Progress in Oceanography* 51 (2001), pp. 1-123.

D. Shankar, P. N. Vinayachandran and A. S. Unnikrishnan, 'The monsoon currents in the north Indian Ocean', *Progress in Oceanography*52 (2002), pp. 63-120.

Panickal Swapna, R. Krishnan and J. M. Wallace, 'Indian Ocean and monsoon coupled interactions in a warming environment', *Climate Dynamics* 42 (2014), pp. 2439-54.

Ruth Geen, Simona Bordoni, David S. Battisti and Katrina Hui, 'Monsoons, ITCZs, and the concept of the global monsoon', *Reviews of Geophysics* 58 (2020), e2020RG000700, https://doi.org/10.1029/2020RG000700.

Sulochana Gadgil, 'The Indian monsoon and its variability', *Annual Review of Earth and Planetary Sciences* 31 (2003), pp. 429-67.

Edward Dreyer, *Zheng He: China and the Oceans in the Early Ming Dynasty, 1405-1433* (Pearson, 2006).

극지방

Rebecca Woodgate, 'Arctic Ocean circulation: going around at the top of the world', *Nature Education Knowledge Nature Education Knowledge* 4, no. 8 (2013): 8.

Mary-Louise Timmermans and John Marshall, 'Understanding Arctic Ocean circulation: a review of ocean dynamics in a changing climate', *Journal of Geophysical Research: Oceans* 125 (2020), e2018JC014378, https://doi.org/10.1029/2018JC014378.

Eddy C. Carmack, 'The alpha/beta ocean distinction: a perspective on freshwater fluxes, convection, nutrients and productivity in high-latitude seas', *Deep Sea Research Part II: Topical Studies in Oceanography* 54 (2007), pp. 2578-98.

Ceridwen Fraser, Christina Hulbe, Craig Stevens and Huw Griffiths, 'An ocean like no other: the Southern Ocean's ecological richness and significance for global climate', *The Conversation*, 6 Dec. 2020, https://theconversation.com/ an-ocean-like-no-other-the-southern-oceansecological-richness-and-significance-for-global-climate-151084.

4장 전달자

산란

Xiaodong Zhang and Lianbo Hu, 'Light scattering by pure water and sea water: recent development', *Journal of Remote Sensing* (2021), art. 9753625, https://doi.org/10.34133/2021/9753625.

Xiaodong Zhang, 'Molecular light scattering by pure sea water', in Alexander A. Kokhanovsky, ed., *Light Scattering Reviews*, vol. 7 (Springer, 2013), pp. 225–43, https://doi.org/10.1007/978-3-642-21907-8_7.

Robin M. Pope and Edward S. Fry, 'Absorption spectrum (380–700 nm) of pure water. II. Integrating cavity measurements', *Applied Optics* 36 (1997), pp. 8710–23.

새뮤얼 모스

Kenneth Silverman, *Lightning Man: The Accursed Life of Samuel F. B. Morse* (Da Capo Press, 2003).

Samuel Finley Breese Morse, *Examination of the telegraphic apparatus and the processes in telegraphy* (US Government Printing Office, 1869).

Tejaswini R. Murgod and S. Meenakshi Sundaram, 'Survey on underwater optical wireless communication: perspectives and challenges', *Indonesian Journal of Electrical Engineering and Computer Science* 13 (2019), pp. 138–46.

P. Nickolaenko, A. V. Shvets and M. Hayakawa, 'Extremely low frequency (ELF) radio wave propagation: a review', *International Journal of Electronics and Applied Research* 3 (2016), pp. 1–91.

Joseph Stromberg, 'Why the US Navy once wanted to turn Wisconsin into the world's largest antenna', *Vox*, 10 April 2015, https://www.vox.com/2015/4/10/8381983/project-sanguine.

Rajat Pandit, 'Navy gets new facility to communicate with nuclear submarines', *Times of India*, 31 July 2014, https://timesofindia.indiatimes.com/india/Navy-gets-new-facility-to-communicate-with-nuclear-submarines-prowling- underwater/articleshow/39371121.cms.

Walter Sullivan, 'How huge antenna can broadcast into the silence of the sea', *New York Times*, 13 Oct. 1981, https://www.nytimes.com/1981/10/13/science/ how- huge-antenna-can-broadcast-into-thesilence-of-the-sea.html?pagewanted=all.

'Sending signals to submarines', *New Scientist*, 4 July 1985, https://books.google.co.uk/books?id=NOPpwVvNu44C&pg=PA39&redir_esc=y#v=onepage&q&f=false.

Bob Aldridge, *ELF History: Extremely Low Frequency Communication*(Santa Clara, CA: Pacific Life Research Center, 18 Feb. 2001, http://www.plrc.org/docs/941005B.pdf.

Lloyd Butler, 'Underwater radio communication', *Amateur Radio*, April 1987.

고래의 시력

Jeremy A. Goldbogen, John Calambokidis, Donald A. Croll, James

T. Harvey, Kelly M. Newton, Erin M. Oleson, Greg Schorr and Robert E. Shadwick, 'Foraging behavior of humpback whales: kinematic and respiratory patterns suggest a high cost for a lunge', *Journal of Experimental Biology* 211 (2008), pp. 3712-19.

A. S. Friedlaender, R. B. Tyson, A. K. Stimpert, A. J. Read and D. P. Nowacek, *Extreme diel variation in the feeding behavior of humpback whales along the western Antarctic Peninsula during autumn*, Marine Ecology Progress Series no. 494 (Inter-Research Science, 2013), pp. 281-9.

훔볼트 오징어

Lars Schmitz, Ryosuke Motani, Christopher E. Oufiero, Christopher H. Martin, Matthew D. McGee, Ashlee R. Gamarra, Johanna J. Lee and Peter C. Wainwright, 'Allometry indicates giant eyes of giant squid are not exceptional', *BMC Evolutionary Biology* 13 (2013), pp. 1-9.

Gabriela A. Galeazzo, Jeremy D. Mirza, Felipe A. Dorr, Ernani Pinto, Cassius V. Stevani, Karin B. Lohrmann and Anderson G. Oliveira, 'Characterizing the bioluminescence of the Humboldt squid, *Dosidicus gigas* (d'Orbigny, 1835): one of the largest luminescent animals in the world', Photochemistry and Photobiology 95 (2019), pp. 1179-85.

Séverine Martini and Steven H. D. Haddock, 'Quantification of bioluminescence from the surface to the deep sea demonstrates its predominance as an ecological trait', *Scientific reports* 7 (2017), pp.

1-11.

Steven H. D. Haddock, Mark A. Moline and James F. Case, 'Bioluminescence in the sea', *Annual Review of Marine Science* 2 (2010), pp. 443-93.

Benjamin P. Burford and Bruce H. Robison, 'Bioluminescent backlighting illuminates the complex visual signals of a social squid in the deep sea', *Proceedings of the National Academy of Sciences* 117 (2020), pp. 8524-31.

Yuichi Oba, Cassius V. Stevani, Anderson G. Oliveira, Aleksandra S. Tsarkova, Tatiana V. Chepurnykh and Ilia V. Yampolsky, 'Selected least studied but not forgotten bioluminescent systems', *Photochemistry and Photobiology* 93 (2017), pp. 405-15.

Thomas L. Williams, Stephen L. Senft, Jingjie Yeo, Francisco J. Martín-Martínez, Alan M. Kuzirian, Camille A. Martin, Christopher W. DiBona et al., 'Dynamic pigmentary and structural coloration within cephalopod chromatophore organs', *Nature Communications* 10 (2019), pp. 1-15.

Justin Marshall, 'Vision and lack of vision in the ocean', *Current Biology* 27 (2017), pp. R494-502.

물고기의 청각

M. Clara P. Amorim, 'Diversity of sound production in fish', *Communication in Fishes* 1 (2006), pp. 71-104.

Eric Parmentier, Jean-Paul Lagardère, Jean-Baptiste Braquegnier, Pierre Vandewalle and Michael L. Fine, 'Sound production mechanism in carapid fish: first example with a slow sonic muscle', *Journal of Experimental Biology* 209 (2006), pp. 2952-60.

Sherrylynn Rowe and Jeffrey A. Hutchings, 'The function of sound production by Atlantic cod as inferred from patterns of variation in drumming muscle mass', Canadian *Journal of Zoology* 82 (2004), pp. 1391-8.

Jarle Tryti Nordeide and Ivar Folstad, 'Is cod lekking or a promiscuous group spawner?', *Fish and Fisheries* 1 (2000), pp. 90-3.

Sherrylynn Rowe and Jeffrey A. Hutchings, 'Sound production by Atlantic cod during spawning', *Transactions of the American Fisheries Society* 135 (2006), pp. 529-38.

사람의 골전도

Tatjana Tchumatchenko and Tobias Reichenbach, 'A cochlear-bone wave can yield a hearing sensation as well as otoacoustic emission', *Nature Communications* 5 (2014), pp. 1-10.

거품

Grant B. Deane and Helen Czerski, 'A mechanism stimulating sound production from air bubbles released from a nozzle', *Journal of the Acoustical Society of America* 123 (2008), pp. EL126-32.

해덕대구

Anthony D. Hawkins and Marta Picciulin, 'The importance of underwater sounds to gadoid fishes', *Journal of the Acoustical Society of America* 146 (2019), pp. 3536-51.

G. Buscaino, M. Picciulin, D. E. Canale, E. Papale, M. Ceraulo, R. Grammauta and S. Mazzola, 'Spatio-temporal distribution and acoustic characterization of haddock (*Melanogrammus aeglefinus*, Gadidae) calls in the Arctic fjord Kongsfjorden (Svalbard Islands)', *Scientific Reports* 10 (2020), pp. 1-16.

Licia Casaretto, Marta Picciulin and Anthony D. Hawkins, 'Mating behaviour by the haddock (*Melanogrammus aeglefinus*)', *Environmental Biology of Fishes* 98 (2015), pp. 913-23.

Licia Casaretto, Marta Picciulin, Kjell Olsen and Anthony D. Hawkins, 'Locating spawning haddock (*Melanogrammus aeglefinus*, *Linnaeus*, 1758) at sea by means of sound', Fisheries Research 154 (2014), pp. 127-34.

Anthony D. Hawkins, Licia Casaretto, Marta Picciulin and Kjell Olsen, 'Locating spawning haddock by means of sound', *Bioacoustics* 12 (2002), pp. 284-6.

'Haddock sounds', *Discovery of Sound in the Sea*, n.d., https://dosits.org/galleries/au-

dio-gallery/fishes/haddock/.
Noam Pinsk, Avital Wagner, Lilian Cohen, Christopher J. H. Smalley, Colan E. Hughes, Gan Zhang, Mariela J. Pavan et al., 'Biogenic guanine crystals are solid solutions of guanine and other purine metabolites', *Journal of the American Chemical Society* 144 (2022), pp. 5180-9.
Arthur N. Popper, Anthony D. Hawkins, Olav Sand and Joseph A. Sisneros, 'Examining the hearing abilities of fishes', *Journal of the Acoustical Society of America* 146 (2019), pp. 948-55.
Arthur N. Popper and Anthony D. Hawkins, 'The importance of particle motion to fishes and invertebrates', *Journal of the Acoustical Society of America* 143 (2018), pp. 470-88.
Tanja Schulz-Mirbach, Friedrich Ladich, Martin Plath and Martin Heß, 'Enigmatic ear stones: what we know about the functional role and evolution of fish otoliths', *Biological Reviews* 94 (2019), pp. 457-82.
M. Ashokan, G. Latha and R. Ramesh, 'Analysis of shallow water ambient noise due to rain and derivation of rain parameters', *Applied Acoustics* 88 (2015), pp. 114-22.
Timothy A. C. Gordon, Andrew N. Radford, Isla K. Davidson, Kasey Barnes, Kieran McCloskey, Sophie L. Nedelec, Mark G. Meekan, Mark I. McCormick and Stephen D. Simpson, 'Acoustic enrichment can enhance fish community development on degraded coral reef habitat', *Nature Communications* 10 (2019), pp. 1-7.

샛비늘칫과

Robert S. Dietz, 'The sea's deep scattering layers', *Scientific American* 207, Aug. 1962, pp. 44-51.
Robert S. Dietz, 'Deep scattering layer in the Pacific and Antarctic Oceans', *Journal of Marine Research* 7 (1948), pp. 430-42.
Martin W. Johnson, 'Sound as a tool in marine ecology, from data on biological noises and the deep scattering layer', *Journal of Marine Research* 7 (1948), pp. 443-58.
Venecia Catul, Manguesh Gauns and P. K. Karuppasamy, 'A review on mesopelagic fishes belonging to family *Myctophidae* ', *Reviews in Fish Biology and Fisheries* 21 (2011), pp. 339-54.
Elizabeth N. Shor, *Scripps Institution of Oceanography: Probing the Oceans 1936 to 1976*, (Tofua, 1978), https://escholarship.org/uc/item/6nb9j3mt.
'Oceanographic research of deep scattering layer by sonar and hydrophone', n.d., *YouTube*, https://www.youtube.com/watch?v=EQLupb3aK8Q.
Kanchana Bandara, Øystein Varpe, Lishani Wijewardene, Vigdis Tverberg and Ketil Eiane, 'Two hundred years of zooplankton vertical migration research', *Biological Reviews* 96 (2021), pp. 1547-89.
Carl F. Eyring, Ralph J. Christensen and Russell W. Raitt, 'Reverberation in the sea', *Journal of the Acoustical Society of America* 20 (1948), pp. 462-75.

고래의 귀지

Kathleen E. Hunt, Nadine S. Lysiak, Michael Moore and Rosalind M. Rolland, 'Multi-year longitudinal profiles of cortisol and corticosterone recovered from baleen of North Atlantic right whales (*Eubalaena glacialis*)', *General and Comparative Endocrinology* 254 (2017), pp. 50–9.

Ed Yong, 'The history of the oceans is locked in whale earwax', *The Atlantic*, 21 Nov. 2018.

Stephen J. Trumble, Stephanie A. Norman, Danielle D. Crain, Farzaneh Mansouri, Zach C. Winfield, Richard Sabin, Charles W. Potter, Christine M. Gabriele and Sascha Usenko, 'Baleen whale cortisol levels reveal a physiological response to 20th century whaling', *Nature Communications* 9 (2018), pp. 1–8.

허드섬 타당성 실험

The Heard Island Feasibility Test (University of Washington, 2007), https://staff.washington.edu/dushaw/heard/index.shtml.

Victoria Kaharl, 'Sounding out the ocean's secrets', *Beyond Discovery*(National Academy of Sciences, 1999), http://www.nasonline.org/publications/ beyond- discovery/ sounding- out- oceans- secrets.pdf.

R. Monastersky, 'Climate test: hum heard "round the world", (worldwide sound wave experiment to test greenhouse effect)', *Science News* 139, 26 Jan. 1991.

Heard Island Science Daily, 5 Jan. 1991, https://staff.washington.edu/dushaw/heard/experiment/docs/heard_island_science_daily.pdf.

Arthur Baggeroer and Walter Munk, 'The Heard Island feasibility test', *Physics Today* 45 (1992), pp. 22–30.

Brian Kahn, 'A forgotten underwater sound experiment almost changed how we measure global warming', *Gizmodo*, 24 Nov. 2017, https://gizmodo.com/a-forgotten-underwater-sound-experimentalmost-changed-1820659353.

'History of the SOFAR channel', *Discovery of Sound in the Sea*, n.d., recording from channel, https://dosits.org/science/movement/sofar-channel/history-of-the-sofar-channel/.

Wenbo Wu, Zhongwen Zhan, Shirui Peng, Sidao Ni and Jörn Callies, 'Seismic ocean thermometry', *Science* 369 (2020), pp. 1510–15.

Clément de Boyer Montégut, Gurvan Madec, Albert S. Fischer, Alban Lazar and Daniele Iudicone, 'Mixed layer depth over the global ocean: an examination of profile data and a profile-based climatology', *Journal of Geophysical Research: Oceans* 109 (2004), https://doi.org/10.1029/2004JC002378.

Carl Wunsch, 'Advance in global ocean acoustics', *Science* 369 (2020), pp. 1433–4.

5장 표류자

육지거북

Justin Gerlach, Catharine Muir and Matthew D. Richmond, 'The first substantiated case of trans-oceanic tortoise dispersal', *Journal of Natural History* 40 (2006), pp. 2403-8.

Anthony S. Cheke, Miguel Pedrono, Roger Bour, Atholl Anderson, Christine Griffiths, John B. Iverson, Julian P. Hume and Martin Walsh, 'Giant tortoises spread to western Indian Ocean islands by sea drift in pre-Holocene times, not by later human agency-response to Wilmé et al. (2016a)', *Journal of Biogeography* 44 (2017), pp. 1426-9.

Dennis M. Hansen, Jeremy J. Austin, Rich H. Baxter, Erik J. de Boer, Wilfredo Falcón, Sietze J. Norder, Kenneth F. Rijsdijk, Christophe Thébaud, Nancy J. Bunbury and Ben H. Warren, 'Origins of endemic island tortoises in the western Indian Ocean: a critique of the human-translocation hypothesis', *Journal of Biogeography* 44 (2017), pp. 1430-5.

Nikos Poulakakis, Michael Russello, Dennis Geist and Adalgisa Caccone, 'Unravelling the peculiarities of island life: vicariance, dispersal and the diversification of the extinct and extant giant Galápagos tortoises', *Molecular Ecology* 21 (2012), pp. 160-73.

Adalgisa Caccone, Gabriele Gentile, James P. Gibbs, Thomas H. Fritts, Howard L. Snell, Jessica Betts and Jeffrey R. Powell, 'Phylogeography and history of giant Galápagos tortoises', *Evolution* 56 (2002), pp. 2052-66.

프리츠 하버

Minoru Koide, Vern Hodge, Edward D. Goldberg and Kathe Bertine, 'Gold in sea water: a conservative view', *Applied Geochemistry* 3 (1988), pp. 237-41.

Ross R. Large, Daniel D. Gregory, Jeffrey A. Steadman, Andrew G. Tomkins, Elena Lounejeva, Leonid V. Danyushevsky, Jacqueline A. Halpin, Valeriy Maslennikov, Patrick J. Sack, Indrani Mukherjee, Ron Berry and Arthur Hickman, 'Gold in the oceans through time', *Earth and Planetary Science Letters* 428 (2015), pp. 139-50.

Forrest H. Nielsen, 'Evolutionary events culminating in specific minerals becoming essential for life', *European Journal of Nutrition* 39 (2000), pp. 62-6.

표류하는 생물

Ian A. Hatton, Ryan F. Heneghan, Yinon M. Bar-On and Eric D. Galbraith, 'The global ocean size spectrum from bacteria to whales', *Science Advances* 7 (2021), eabh3732, https://doi.org/10.1126/sciadv.abh373.

Alexander von Humboldt, Cosmos: *A Sketch of the Physical Description of the Universe*, vol. 1 (Quality Classics, 2010), vol. 187703.

대왕고래

Sam Kean, *Caesar's Last Breath: The Epic Story of the Air Around Us* (Random House, 2017).

Victor Smetacek, 'A whale of an appetite revealed by analysis of prey consumption', *Nature* 599 (2021), pp. 33-4.

Matthew S. Savoca, Max F. Czapanskiy, Shirel R. Kahane-Rapport, William T. Gough, James A. Fahlbusch, K. C. Bierlich, Paolo S. Segre et al., 'Baleen whale prey consumption based on high-resolution foraging measurements', *Nature* 599 (2021), pp. 85-90.

Lavenia Ratnarajah, Andrew R. Bowie, Delphine Lannuzel, Klaus M. Meiners and Stephen Nicol, 'The biogeochemical role of baleen whales and krill in Southern Ocean nutrient cycling', *PloS One* 9 (2014), e114067, https://doi.org/10.1371/journal.pone.0114067.

Jessica J. Williams, Yannis P. Papastamatiou, Jennifer E. Caselle, Darcy Bradley and David M. P. Jacoby, 'Mobile marine predators: an understudied source of nutrients to coral reefs in an unfished atoll', *Proceedings of the Royal Society B: Biological Sciences* 285 (2018), 20172456, https://doi.org/10.1098/rspb.2017.2456.

Pablo Alba-González, Xosé Antón Álvarez-Salgado, Antonio CobeloGarcía, Joeri Kaal and Eva Teira, 'Faeces of marine birds and mammals as substrates for microbial plankton communities', *Marine Environmental Research* 174 (2022), 105560, https://doi.org/10.1016/j.marenvres.2022.105560.

Erica Sparaventi, Araceli Rodríguez-Romero, Andrés Barbosa, Laura Ramajo and Antonio Tovar-Sánchez, 'Trace elements in Antarctic penguins and the potential role of guano as source of recycled metals in the Southern Ocean', *Chemosphere* 285 (2021), 131423, https://doi.org/10.1016/j.chemosphere.2021.131423.

Lavenia Ratnarajah and Andrew R. Bowie, 'Nutrient cycling: are Antarctic krill a previously overlooked source in the marine iron cycle?', *Current Biology* 26 (2016), pp. R884-7.

Joe Roman, John Nevins, Mark Altabet, Heather Koopman and James McCarthy, 'Endangered right whales enhance primary productivity in the Bay of Fundy', *PLoS One* 11 (2016), e0156553, https://doi.org/10.1371/journal.pone.0156553.

Lavenia Ratnarajah, Jessica Melbourne-Thomas, Martin P. Marzloff, Delphine Lannuzel, Klaus M. Meiners, Fanny Chever, Stephen Nicol and Andrew R. Bowie, 'A preliminary model of iron fertilization by baleen whales and Antarctic krill in the Southern Ocean: sensitivity of primary productivity estimates to parameter uncertainty', *Ecological Modelling* 320 (2016), pp. 203-12.

Lavenia Ratnarajah, Delphine Lannuzel, Ashley T. Townsend, Klaus M. Meiners, Stephen Nicol, Ari S. Friedlaender and Andrew R. Bowie, 'Physical speciation and solubility of iron from baleen whale faecal material', *Marine Chemistry* 194 (2017), pp. 79-88.

E. J. Miller, J. M. Potts, M. J. Cox, B. S. Miller, S. Calderan, R. Leaper, P. A. Olson, Richard Lyell O'Driscoll and M. C. Double, 'The characteristics of krill swarms in relation to aggregating Antarctic blue whales', *Scientific Reports* 9 (2019), pp. 1-13.

런던 하수관

John Ashton and Janet Ubido, 'The healthy city and the ecological idea', *Social History of Medicine* 4 (1991), pp. 173-80.

콘크리트

Aidan Reilly and Oliver Kinnane, 'Construction is a cause of global warming, but is concrete really the problem?', *Architects Journal*, 1 March 2019.

M. Garside, 'Cement production worldside from 1995 to 2021', *Statista*, 1 April 2022, https://www.statista.com/statistics/1087115/globalcement-production-volume/.

Colin R. Gagg, 'Cement and concrete as an engineering material: an historic appraisal and case study analysis', *Engineering Failure Analysis* 40 (2014), pp. 114-40.

탄소

Pierre Friedlingstein, Matthew W. Jones, Michael O'Sullivan, Robbie M. Andrew, Dorothee C. E. Bakker, Judith Hauck, Corinne le Quéré et al., 'Global carbon budget 2021', *Earth System Science Data* 14 (2022), pp. 1917-2005.

Philip W. Boyd, Hervé Claustre, Marina Levy, David A. Siegel and Thomas Weber, 'Multi-faceted particle pumps drive carbon sequestration in the ocean', *Nature* 568 (2019), pp. 327-35. https://doi.org/10.5194/essd-14-1917-2022.

Hervé Claustre, Louis Legendre, Philip Boyd and Marina Levy, 'The oceans' biological carbon pumps: framework for a research observational community approach', *Frontiers in Marine Science* 8 (2021), 780052, https://doi.org/10.3389/fmars.2021.780052.

Christine Lehman, 'What is the "true" nature of diamond?', *Nuncius* 31 (2016), pp. 361-407.

Michael M. Woolfson, *The Origin and Evolution of the Solar System* (CRC Press, 2000).

Sophia E. Brumer, Christopher J. Zappa, Byron W. Blomquist, Christopher W. Fairall, Alejandro Cifuentes-Lorenzen, James B. Edson, Ian M. Brooks and Barry J. Huebert, 'Wave-related Reynolds number parameterizations of CO2 and DMS transfer velocities', *Geophysical Research Letters* 44 (2017), pp. 9865-75.

Paul Falkowski, R. J. Scholes, E. E. A. Boyle, Josep Canadell, D. Canfield, James Elser, Nicolas Gruber et al., 'The global carbon cycle: a test of our knowledge of Earth as a system', *Science* 290 (2000), pp. 291-6.

B. P. V. Hunt, E. A. Pakhomov, G. W. Hosie, V. Siegel, Peter Ward and K. Bernard, 'Pteropods in southern ocean ecosystems', *Progress in Oceanography* 78 (2008), pp. 193-221.

Clifford C. Walters, 'The origin of petroleum', in Chang Samuel Hsu and Paul R. Robinson, eds, *Practical Advances in Petroleum Processing* (Springer, 2006), pp. 79-101.

Paul G. Falkowski, Edward A. Laws, Richard T. Barber and James W. Murray, 'Phytoplankton and their role in primary, new, and export production', in Michael J. R. Fasham, ed., *Ocean Biogeochemistry* (Springer, 2003), pp. 99-121.

6장 항해자

라미실리스 물티카우다타

Guillermo Ponz-Segrelles, Christopher J. Glasby, Conrad Helm, Patrick Beckers, Jörg U. Hammel, Rannyele P. Ribeiro and M. Teresa Aguado, 'Integrative anatomical study of the branched annelid *Ramisyllis multicaudata* (Annelida, Syllidae)', *Journal of Morphology* 282 (2021), pp. 900-16.

Jennifer Frazer, 'One head, 1,000 rear ends: the tale of a deeply weird worm', *Scientific American*, Aug. 2021.

Christopher J. Glasby, Paul C. Schroeder and Maria Teresa Aguado, 'Branching out: a remarkable new branching syllid (Annelida) living in a Petrosia sponge (Porifera: Demospongiae)', *Zoological Journal of the Linnean Society* 164 (2012), pp. 481-97.

Heinz-Dieter Franke, 'Reproduction of the Syllidae (Annelida: polychaeta)', *Hydrobiologia* 402 (1999), pp. 39-55.

펭귄

Helen Phillips, Benoit Legresy and Nathan Bindoff, 'Explainer: how the Antarctic Circumpolar Current helps keep Antarctica frozen', *The Conversation*, 15 Nov. 2018, https://theconversation.com/explainer-how-the-antarctic-circumpolar-current-helps-keepantarctica-frozen-106164.

Mati Kahru, Emanuele Di Lorenzo, Marlenne Manzano-Sarabia and B. Greg Mitchell, 'Spatial and temporal statistics of sea surface temperature and chlorophyll fronts in the California Current', *Journal of Plankton Research* 34 (2012), pp. 749-60.

Natalie M. Freeman, Nicole S. Lovenduski and Peter R. Gent, 'Temporal variability in the Antarctic polar front (2002-2014)', *Journal of Geophysical Research: Oceans* 121 (2016), pp. 7263-76.

Alejandro H. Orsi, Thomas Whitworth III and Worth D. Nowlin Jr, 'On the meridional extent and fronts of the Antarctic Circumpolar Current', *Deep Sea Research Part I: Oceanographic Research Papers* 42 (1995), pp. 641-73.

Donata Giglio and Gregory C. Johnson, 'Subantarctic and polar fronts of the Antarctic Circumpolar Current and Southern Ocean heat and freshwater content variability: a view from Argo', *Journal of Physical Oceanography* 46 (2016), pp. 749-68.

Yves Cherel, Keith A. Hobson, Christophe Guinet and Cecile Vanpe, 'Stable isotopes document seasonal changes in trophic niches and winter foraging individual specialization in diving predators from the Southern Ocean', *Journal of Animal Ecology* 76 (2007), pp. 826–36.

Kozue Shiomi, Katsufumi Sato, Yves Handrich and Charles A. Bost, *Diel shift of king penguin swim speeds in relation to light intensity changes*, Marine Ecology Progress Series no. 561 (Inter-Research Science Publisher, 2016), pp. 233–43, https://doi.org/10.3354/meps11930.

Andrew J. S. Meijers, Michael P. Meredith, Eugene J. Murphy, D. P. Chambers, Mark Belchier and Emma F. Young, 'The role of ocean dynamics in king penguin range estimation', *Nature Climate Change* 9 (2019), pp. 120–1.

Annette Scheffer, Philip N. Trathan, Johnnie G. Edmonston and Charles-André Bost, 'Combined influence of meso-scale circulation and bathymetry on the foraging behaviour of a diving predator, the king penguin (*Aptenodytes patagonicus*)', *Progress in Oceanography* 141 (2016), pp. 1–16.

L. G. Halsey, P. J. Butler, A. Fahlman, Charles-André Bost and Yves Handrich, *Changes in the foraging dive behaviour and energetics of king penguins through summer and autumn: a month by month analysis*, Marine Ecology Progress Series no. 401 (Inter-Research Science Publisher, 2010), pp. 279–89.

Jean-Benoît Charrassin and Charles-André Bost, *Utilization of the oceanic habitat by king penguins over the annual cycle*, Marine Ecology Progress Series no. 221 (Inter-Research Science Publisher, 2001), pp. 285–98.

Charles-André Bost, Cédric Cotté, Frédéric Bailleul, Yves Cherel, Jean-Benoît Charrassin, Christophe Guinet, David G. Ainley and Henri Weimerskirch, 'The importance of oceanographic fronts to marine birds and mammals of the southern oceans', *Journal of Marine Systems* 78 (2009), pp. 363–76.

Barbara A. Block, Ian D. Jonsen, Salvador J. Jorgensen, Arliss J. Winship, Scott A. Shaffer, Steven J. Bograd, Elliott Lee Hazen et al., 'Tracking apex marine predator movements in a dynamic ocean', *Nature* 475 (2011), pp. 86–90.

Igor M. Belkin, 'Remote sensing of ocean fronts in marine ecology and fisheries', *Remote Sensing* 13 (2021), art. 883.

Alberto Baudena, Enrico Ser-Giacomi, Donatella D'Onofrio, Xavier Capet, Cédric Cotté, Yves Cherel and Francesco D'Ovidio, 'Fine-scale structures as spots of increased fish concentration in the open ocean', *Scientific Reports* 11 (2021), pp. 1–13.

S. V. Prants, 'Marine life at Lagrangian fronts', *Progress in Oceanography* 204 (2022), 102790, https://doi.org/10.1016/j.pocean.2022.102790.

Young-Hyang Park, Isabelle Durand, Élodie Kestenare, Gilles Rougier, Meng Zhou, Francesco d'Ovidio, Cédric Cotté and Jae-Hak Lee, 'Polar Front around the Kerguelen Islands: an up-to-date determination and associated circulation of surface/subsurface waters', *Journal of Geophysical Research: Oceans* 119 (2014), pp.

6575–92.

청어

Donna Heddle, '"Sharp tongues and sharp knives": the herring lassies', *Orkney News*, 20 Dec. 2020.

Minna Kajaste-McCormack, 'The Scottish Fisheries Museum: herring lasses and their silver darlings', *Art UK*, 20 Oct. 2021, https://artuk.org/discover/stories/the-scottish-fisheries-museum-herringlasses-and-their-silver-darlings.

Mark Dickey-Collas, *The current state of knowledge on the ecology and interactions of North Sea herring within the North Sea ecosystem*, CVO Report no. CVO 04.028 (Stichting DLO-Centre for Fishery Research, 2004), https://library.wur.nl/WebQuery/wurpubs/fulltext/121078.

Pierre Helaouët and Grégory Beaugrand, *Macroecology of* Calanus finmarchicus *and* C. helgolandicus *in the North Atlantic Ocean and adjacent seas*, Marine Ecology Progress Series no. 345 (Inter-Research Science Publisher, 2007), pp. 147–65.

Kanchana Bandara, Øystein Varpe, Frédéric Maps, Rubao Ji, Ketil Eiane and Vigdis Tverberg, 'Timing of *Calanus finmarchicus* diapause in stochastic environments', Ecological Modelling 460 (2021), e109739, https://doi.org/10.1016/j.ecolmodel.2021.109739.

A. Corten, 'A possible adaptation of herring feeding migrations to a change in timing of the *Calanus finmarchicus* season in the eastern North Sea', *ICES Journal of Marine Science* 57 (2000), pp. 1270–2000.

Vimal Koul, Corinna Schrum, André Düsterhus and Johanna Baehr, 'Atlantic inflow to the North Sea modulated by the subpolar gyre in a historical simulation with MPI-ESM', *Journal of Geophysical Research: Oceans* 124 (2019), pp. 1807–26.

Cecilie Broms, Webjørn Melle and Stein Kaartvedt, 'Oceanic distribution and life cycle of *Calanus* species in the Norwegian Sea and adjacent waters', *Deep Sea Research Part II: Topical Studies in Oceanography* 56 (2009), pp. 1910–21.

Shuang Gao, Solfrid Sætre Hjøllo, Tone Falkenhaug, Espen Strand, Martin Edwards and Morten D. Skogen, 'Overwintering distribution, inflow patterns and sustainability of Calanus finmarchicus in the North Sea', *Progress in Oceanography* 194 (2021), 102567, https://doi.org/10.1016/j.pocean.2021.102567.

Margaret H. King, 'A partnership of equals: women in Scottish east coast fishing communities', *Folk Life* 31 (1992), pp. 17–35.

참치

Bruce B. Collette (2020) 'The future of bluefin tunas: ecology, fisheries management, and conservation', *Reviews in Fisheries Science* & *Aquaculture* 28, 2020, pp. 136–7, https://doi.org/10.1080/23308249.2019.1665237.

Peter Gaube, Caren Barcelo, Dennis J. McGillicuddy Jr, Andrés Domingo, Philip Miller, Bruno Giffoni, Neca Marcovaldi and Yonat Swimmer, 'The use of mesoscale eddies by juvenile loggerhead sea turtles (*Caretta caretta*) in the southwestern Atlantic', *PloS One* 12 (2017), e0172839, https://doi.org/10.1371/journal.pone.0172839.

Barbara A. Block, Steven L. H. Teo, Andreas Walli, Andre Boustany, Michael J. W. Stokesbury, Charles J. Farwell, Kevin C. Weng, Heidi Dewar and Thomas D. Williams, 'Electronic tagging and population structure of Atlantic bluefin tuna', *Nature* 434 (2005), pp. 1121-7.

David E. Richardson, Katrin E. Marancik, Jeffrey R. Guyon, Molly E. Lutcavage, Benjamin Galuardi, Chi Hin Lam, Harvey J. Walsh, Sharon Wildes, Douglas A. Yates and Jonathan A. Hare, 'Discovery of a spawning ground reveals diverse migration strategies in Atlantic bluefin tuna (*Thunnus thynnus*)', *Proceedings of the National Academy of Sciences* 113 (2016), pp. 3299-3304. P. Reglero, A. Ortega, R. Balbín, F. J. Abascal, A. Medina, E. Blanco, F. de la Gándara, D. Alvarez-Berastegui, M. Hidalgo, L. Rasmuson, F. Alemany and Ø. Fiksen, 'Atlantic bluefin tuna spawn at suboptimal temperatures for their offspring', *Proceedings of the Royal Society B: Biological Sciences* 285 (2018), e20171405, https://doi.org/10.1098/rspb.2017.1405.

Walter J. Golet, Nicholas R. Record, Sigrid Lehuta, Molly Lutcavage, Benjamin Galuardi, Andrew B. Cooper and Andrew J. Pershing, *The paradox of the pelagics: why bluefin tuna can go hungry in a sea of plenty*, Marine Ecology Progress Series no. 527 (Inter-Research Science Publisher, 2015), pp. 181-92.

Ango C. Hsu, Andre M. Boustany, Jason J. Roberts, Jui-Han Chang and Patrick N. Halpin, 'Tuna and swordfish catch in the US northwest Atlantic longline fishery in relation to mesoscale eddies', *Fisheries Oceanography* 24 (2015), pp. 508-20.

Brynn Devine, Sheena Fennell, Daphne Themelis and Jonathan A. D. Fisher, 'Influence of anticyclonic, warm-core eddies on mesopelagic fish assemblages in the northwest Atlantic Ocean', *Deep Sea Research Part I: Oceanographic Research Papers* 173 (2021), e103555, https://doi.org/10.1016/j.dsr.2021.103555.

Insha Ahmed Taray, Azmin Shakrine Mohd Rafie, Mohammad Zuber and Kamarul Arifin Ahmad, 'Hydrodynamics of bluefin tuna: a review', *Journal of Advanced Research in Fluid Mechanics and Thermal Sciences* 64 (2019), pp. 293-303.

Jay R. Rooker, Igaratza Fraile, Hui Liu, Noureddine Abid, Michael A. Dance, Tomoyuki Itoh, Ai Kimoto, Yohei Tsukahara, Enrique Rodriguez-Marin and Haritz Arrizabalaga, 'Wide-ranging temporal variation in transoceanic movement and population mixing of bluefin tuna in the North Atlantic Ocean', *Frontiers in Marine Science* 6 (2019), art. 398, https://doi.org/10.3389/fmars.2019.00398.

Dudley B. Chelton, Michael G. Schlax and Roger M. Samelson, 'Global observations of nonlinear mesoscale eddies', *Progress in Oceanography* 91 (2011), pp. 167-216.

Barbara A. Block, Steven L. H. Teo, Andreas Walli, Andre Boustany, Michael J. W. Stokesbury, Charles J. Farwell, Kevin C. Weng, Heidi Dewar and Thomas D.

Williams, 'Electronic tagging and population structure of Atlantic bluefin tuna', *Nature* 434 (2005), pp. 1121–7.

호쿨레아

Sam Low, *Hawaiki rising: Hōkūle'a, Nainoa Thompson and the Hawaiian renaissance* (University of Hawai'i Press, 2018 [2013]).

7장 미래

Danielle Purkiss, Ayşe Lisa Allison, Fabiana Lorencatto, Susan Michie and Mark Miodownik, 'The big compost experiment: using citizen science to assess the impact and effectiveness of biodegradable and compostable plastics in UK home composting', *Frontiers in Sustainability*, 3 Nov. 2022, art. 132, https://doi.org/10.3389/frsus.2022.942724.

Sunke Schmidtko, Lothar Stramma and Martin Visbeck, 'Decline in global oceanic oxygen content during the past five decades', *Nature* 542 (2017), pp. 335–9.

Jozef Skákala, Jorn Bruggeman, David Ford, Sarah Wakelin, Anıl Akpınar, Tom Hull, Jan Kaiser et al., 'The impact of ocean biogeochemistry on physics and its consequences for modelling shelf seas', *Ocean Modelling* 172 (2022), 101976, https://doi.org/10.1016/j.ocemod.2022.101976.

Rebecca Loomis, Sarah R. Cooley, James R. Collins, Simon Engler and Lisa Suatoni, 'A code of conduct is imperative for ocean carbon dioxide removal research', *Frontiers in Marine Science* 9 (2022), https://doi.org/10.3389/fmars.2022.872800.

Norman G. Loeb, Gregory C. Johnson, Tyler J. Thorsen, John M. Lyman, Fred G. Rose and Seiji Kato, 'Satellite and ocean data reveal marked increase in Earth's heating rate', *Geophysical Research Letters* 48 (2021), e2021GL093047, https://doi.org/10.1029/2021GL093047.

I. Halevy and A. Bachan, 'The geologic history of seawater pH', *Science* 355 (2017), pp. 1069–71, https://doi.org/10.1126/science.aal415.

Chris Hadfield, *An Astronaut's Guide to Life on Earth* (Pan Macmillan, 2013).

Li Guancheng, Lijing Cheng, Jiang Zhu, Kevin E. Trenberth, Michael E. Mann and John P. Abraham, 'Increasing ocean stratification over the past half-century', *Nature Climate Change* 10 (2020), pp. 1116–23.

Andreas Oschlies, 'A committed fourfold increase in ocean oxygen loss', *Nature Communications* 12 (2021), pp. 1–8.

Lisa A. Levin, 'Manifestation, drivers, and emergence of open ocean deoxygenation', *Annual Review of Marine Science* 10 (2018), pp. 229–60.

Alison R. Taylor, Abdul Chrachri, Glen Wheeler, Helen Goddard and Colin Brownlee, 'A voltage-gated H+ channel underlying pH homeostasis in calcifying coccolithophores', *PLoS Biology* 9 (2011), e1001085, https://doi.org/10.1371/journal.pbio.1001085.

Fanny M. Monteiro, Lennart T. Bach, Colin Brownlee, Paul Bown, Rosalind E. M. Rickaby, Alex J. Poulton, Toby Tyrrell et al., 'Why marine phytoplankton calcify', *Science Advances* 2 (2016), e1501822, https://doi.org/10.1126/sciadv.1501822.

Wada Shigeki, Sylvain Agostini, Ben P. Harvey, Yuko Omori and Jason M. Hall-Spencer, 'Ocean acidification increases phytobenthic carbon fixation and export in a warm-temperate system', *Estuarine, Coastal and Shelf Science* 250 (2021), 107113, https://doi.org/10.1016/j.ecss.2020.107113.

N. Penny Holliday, Manfred Bersch, Barbara Berx, Léon Chafik, Stuart Cunningham, Cristian Florindo-López, Hjálmar Hátún et al., 'Ocean circulation causes the largest freshening event for 120 years in eastern subpolar North Atlantic', *Nature Communications* 11 (2020), pp. 1-15.

Peter Braesicke, Harald Elsner, Klaus Grosfeld, Julian Gutt, Stefan Hain, Hartmut H. Hellmer, Heike Herata et al., *World Ocean Review: Living with the Oceans 6: The Arctic and Antarctic–Extreme, Climatically Crucial and in Crisis* (Maribus, 2019).

Paul Voosen, 'Climate change spurs global speedup of ocean currents', *Science* 367 (2020), pp. 612-13, https://doi.org/10.1126/science.367.6478.612.

Sarah Stanley, 'Capturing how fast the Arctic Ocean is gaining fresh water', *Eos* 102,8 Dec. 2021, https://doi.org/10.1029/2021EO210652.

Regin Winther Poulsen, 'Cutting the food chain? The controversial plan to turn zooplankton into fish oil', *Guardian*, 19 Jan. 2022, https://www.theguardian.com/environment/2022/jan/19/cutting-food-chain-faroe- islands-controversial-plan-to-turnzooplankton-into-fish-oil-health-supplements.

Chloe Wayman and Helge Niemann, 'The fate of plastic in the ocean environment: a minireview', *Environmental Science: Processes & Impacts* 23 (2021), pp. 198-212.

Brian R. MacKenzie, Mark R. Payne, Jesper Boje, Jacob L. Høyer and Helle Siegstad, 'A cascade of warming impacts brings bluefin tuna to Greenland waters', *Global Change Biology* 20 (2014), pp. 2484-91.

Tiffany R. Anderson, Charles H. Fletcher, Matthew M. Barbee, Bradley M. Romine, Sam Lemmo and Jade Delevaux, 'Modeling multiple sea level rise stresses reveals up to twice the land at risk compared to strictly passive flooding methods', *Scientific Reports* 8 (2018), pp. 1-14.

Bradley M. Romine, Charles H. Fletcher, Matthew M. Barbee, Tiffany R. Anderson and L. Neil Frazer, 'Are beach erosion rates and sealevel rise related in Hawai'i?', *Global and Planetary Change* 108 (2013), pp. 149-57.

BLUE
MACHINE

블루 머신

2024년 5월 31일 초판 1쇄 발행 | 2024년 10월 31일 3쇄 발행

지은이 헬렌 체르스키 **옮긴이** 김주희 **감수** 남성현
펴낸이 이원주 **경영고문** 박시형

책임편집 최연서, 조아라
기획개발실 강소라, 김유경, 강동욱, 박인애, 류지혜, 이채은, 고정용
마케팅실 양근모, 권금숙, 양봉호, 이도경 **온라인홍보팀** 신하은, 현나래, 최혜빈
디자인실 진미나, 윤민지, 정은예 **디지털콘텐츠팀** 최은정 **해외기획팀** 우정민, 배혜림
경영지원실 홍성택, 강신우, 김현우, 이윤재 **제작팀** 이진영
펴낸곳 (주)쌤앤파커스 **출판신고** 2006년 9월 25일 제406-2006-000210호
주소 서울시 마포구 월드컵북로 396 누리꿈스퀘어 비즈니스타워 18층
전화 02-6712-9800 **팩스** 02-6712-9810 **이메일** info@smpk.kr

ISBN 979-11-6534-962-2 (03450)
